“十三五”国家重点出版物出版规划项目
现代机械工程系列精品教材
普通高等教育“十一五”国家级规划教材
山西省精品课程配套教材
荣获省教学成果一等奖

互换性与测量技术基础

第5版

主　编　王伯平
副主编　李　萍
参　编　武美先　宋冬芳　朱艳春　张延军
主　审　袁长良　武文堂　赵春明

机 械 工 业 出 版 社

本书基于二十大报告中关于“深入实施人才强国战略，坚持尊重劳动、尊重知识、尊重人才、尊重创造”的要求，本次编写在详细讲授基础理论知识的同时融入探索性实践内容，以增强学生的自信心和创造力，即用学科理论知识促进学生活跃思维、敢于创新，尽可能地将新思路在实践中进行创造性的转化，推动科学技术实现创新性发展。

本书包括绪论，光滑圆柱体结合的公差与配合，测量技术基础，几何公差及检测，表面粗糙度，光滑工件尺寸的检测，滚动轴承与孔、轴结合的互换性，尺寸链，圆锥结合的互换性，螺纹结合的互换性，键和花键的互换性，圆柱齿轮传动的互换性，共12章，并包含习题、实验指导书及机械精度设计三维动画演示综合案例。

本书概括了“互换性与测量技术基础”课程的主要内容，分析介绍了我国公差与配合方面的最新标准，阐述了技术测量的基本原理，同时也介绍了国内外一些新的测量技术。本书可作为高等院校机械专业教材，也可供其他行业的工程技术人员及计量、检验人员参考。

本书配有网络学习平台（天工讲堂微信小程序），可供学生预习、复习本课程使用，也可供教师备课、组卷使用。

图书在版编目（CIP）数据

互换性与测量技术基础/王伯平主编. —5版. —北京：机械工业出版社，2018.10（2024.11重印）

普通高等教育“十一五”国家级规划教材 “十三五”国家重点出版物出版规划项目 现代机械工程系列精品教材

ISBN 978-7-111-61759-4

Ⅰ.①互… Ⅱ.①王… Ⅲ.①零部件—互换性—高等学校—教材②零部件—测量技术—高等学校—教材 Ⅳ.①TG801

中国版本图书馆CIP数据核字（2019）第004712号

机械工业出版社（北京市百万庄大街22号 邮政编码100037）
策划编辑：余 皞 责任编辑：余 皞 安桂芳 商红云
责任校对：王明欣 封面设计：张 静
责任印制：郜 敏
中煤（北京）印务有限公司印刷
2024年11月第5版第14次印刷
184mm×260mm · 17.75印张 · 435千字
标准书号：ISBN 978-7-111-61759-4
定价：49.80元

电话服务	网络服务
客服电话：010-88361066	机 工 官 网：www.cmpbook.com
010-88379833	机 工 官 博：weibo.com/cmp1952
010-68326294	金 书 网：www.golden-book.com
封底无防伪标均为盗版	机工教育服务网：www.cmpedu.com

前　言

本书是“十三五”国家重点出版物出版规划项目——现代机械工程系列精品教材中的一本，也是普通高等教育“十一五”国家级规划教材。

“互换性与测量技术基础”是普通高等院校机械专业、仪器仪表专业和机电类专业必修的主干技术基础课程，是与机械工业发展紧密联系的基础学科。本书自第1版出版以来，受到同行的普遍认同，被国内百余所高校所选用，先后重印数十次，产生了良好的社会效益。本书曾获山西省教学成果一等奖。

为推进我国机械装备制造业的发展，助力我国成为世界制造强国，满足“双一流”和“新工科”课程建设的需要及开展高校教学质量工程建设，按照全国高等学校教学指导委员会的要求及教学大纲，作者根据近年来的学科发展变化情况及众多高校教师的反馈意见，进行了本书第5版的修订。

在教材的修订过程中，进行了全方位立体化课程建设，包括对《互换性与测量技术基础》第4版的修订，配套并更新了相应的CAI课件，以及习题详细参考解答，创新开发了机械精度设计三维动画演示综合案例。本次修订的特点是：①加强基础，突出应用，力求反映国内外最新成果；②内容新颖全面，资料丰富，阐述简明扼要，结构层次分明，使用面广；③既可作为高等工科学校相关专业教材，又可作为工矿企业有关技术人员的参考资料；④既可用于重型机械设备的大尺寸，又可用于精密仪器的小尺寸；⑤既适用于机械类各专业，也适用于精密仪器类各专业；⑥采用现行国家标准。

本书第5版相对前一版在内容方面进行了精选、改写、调整和补充，删除了部分在实践中应用较少的内容，增加了机械精度设计三维动画演示综合案例，实际演示软件可在机工教育网（www.cmpedu.com）以教师身份注册后下载。并更新了一些国家标准，使本书全部采用了至出版时所颁布的最新国家标准。同时，对第4版部分内容进行了增加和充实，保留设计制作、出版的《互换性与测量技术基础课程课件（光盘版）》《互换性与测量技术基础课程教学重点动画演示集（光盘版）》《互换性与测量技术基础学习指导及习题集与解答》。并配套有在线学习网站（天工讲堂微信小程序）。持续、充分的课程多教材资源建设，全面的备课自学支持使得本书更方便教学，也更利于自学。

本书由王伯平任主编，李萍任副主编，参加编写和修订的人员有：王伯平（第二、四、五、六、八、十、十一、十二章，实验指导书，附录，习题及前言）、李萍（第七章）、武美先（第一章）、宋冬芳（第九章）、朱艳春（第三章第一、三节）、张延军（第三章第二节）。本书由太原理工大学博士生导师袁长良教授担任主审，参加审稿的还有武文堂、赵春明。郝兴明、梁群龙、许音、袁文旭、李锦平、王晓慧、孟文俊、陶元芳、孙大刚等同志曾给予了热情的指导，在此一并致谢。

由于编著者水平有限，书中难免存在缺点和错误，敬请广大读者批评指正。

编　者
于山西太原

天工讲堂小程序

微信扫码直接进入小程序

平台介绍：

"天工讲堂"是机械工业出版社打造的官方知识学习平台，以数字产品为核心，以技能学习为特色，以提升学生专业知识水平和技能专长为目标；以云服务的方式构建的专属在线教学云平台；可用于开展线上线下混合教学。

荣誉与认证：

国家新闻出版署2019年度数字出版精品遴选推荐计划

中国出版协会2020年出版融合创新优秀案例暨出版智库推优

教育部移动教育APP备案

软件著作权登记证书

信息网络安全二级认证

平台功能特点：

微信小程序端可搜索并直接打开"天工讲堂"，方便用户浏览、搜索、学习。一书一空间的设计理念，涵盖了图书所有数字化资源，方便教师或学生检索或获取。学生可在微信小程序中随时随地利用碎片化时间学习。

目　录

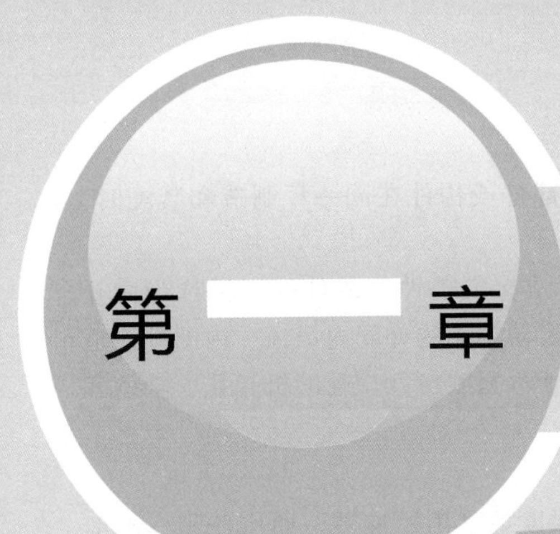

第一章 Chapter 绪论

第一节　互换性的意义和作用

互换性现象在工业及日常生活中到处都能遇到。例如，机器上丢了一个螺钉，可以按相同的规格装上一个；灯泡坏了，可以更换新的；自行车、缝纫机、钟表的零部件磨损了，换上一个相同规格的新的零部件，即能满足使用要求。可见，互换性的含义是指：同一规格的一批零部件，任取其一，不需任何挑选和修理就能装在机器上，并能满足其使用功能要求的性能。零部件所具有的不经任何挑选或修配便能在同规格范围内互相替换的特性称为互换性。互换性是机器和仪器制造行业中产品设计和制造的重要原则。

机器和仪器制造业中的互换性，通常包括零件几何参数（如尺寸）间的互换和机械性能（如硬度、强度）间的互换。本课程仅讨论几何参数的互换。

所谓几何参数，主要包括尺寸大小、几何形状（宏观、微观）以及相互的位置关系等。为了满足互换性的要求，最理想的情况是同规格的零部件其几何参数完全一致。但在生产实践中，由于各种因素的影响，这是不可能实现的，也是不必要的。实际上，只要零部件的几何参数在规定的范围内变动，就能满足互换的要求。

允许零件几何参数的变动量称为“公差”。

设计时要规定公差。由于加工时会产生误差，因此要使零件具有互换性，就应把零件的误差控制在规定的公差范围内，设计者的任务就在于正确地确定公差，并把它在图样上明确地表示出来。这就是说，互换性要用公差来保证。显然，在满足功能要求的条件下，公差应尽量规定得大些，以获得最佳的技术经济效益。

互换性按其互换程度可分为完全互换和不完全互换两种。前者要求零部件在装配时不需要挑选和辅助加工；后者则允许零部件在加工完后，通过测量将零件按实际尺寸大小分为若干组，使各组组内零件间实际尺寸的差别减小，装配时按对应组进行。这样，既可保证装配精度和使用要求，又能解决加工方面的困难，降低成本。但此时仅组内零件可以互换，组与组之间不可互换，故称为不完全互换。

一般来说，零部件需厂际协作时应采用完全互换，部件或构件在同一厂制造和装配时，可采用不完全互换。

对于标准部件，互换还可分为内互换和外互换。组成标准部件的零件的互换称为内互换；标准部件与其他零部件的互换称为外互换。例如，滚动轴承的外圈内滚道、内圈外滚道与滚动体的互换称为内互换，外圈外径、内圈内径以及轴承宽度与其相配的机壳孔、轴颈和轴承端盖的互换称为外互换。

互换性在机械制造业中的作用如下：

1）在设计方面，零部件具有互换性，就可以最大限度地采用标准件、通用件和标准部件，大大简化了绘图和计算工作，缩短了设计周期，有利于计算机辅助设计和产品品种的多样化。

2）在制造方面，互换性有利于组织专业化生产，有利于采用先进工艺和高效率的专用设备，有利于采用计算机辅助制造，有利于实现加工过程和装配过程的机械化、自动化，从而可以提高劳动生产率和产品质量，降低生产成本。

3）在使用和维修方面，具有互换性的零部件在磨损及损坏后可及时更换，因而减少了机器的维修时间和费用，保证了机器连续运转，从而提高了机器的使用价值。

总之，互换性在提高产品质量和可靠性、提高经济效益等方面具有重要的意义。它已成为现代化机械制造业中一个普遍遵守的原则，对我国的现代化建设起着重要作用。但应当注意，互换性原则不是在任何情况下都适用的，当只有采取单个配制才符合经济原则时，零件就不能互换。

第二节　标准化与优先数

一、标准化的意义

为了实现互换性，零部件的尺寸及其几何参数必须在其规定的公差范围内，这是就生产技术而言的。但从组织生产来说，如果同类产品的规格太多，或者规格相同而规定的公差大小各异，就会给实现互换性带来很大困难。因此，为了实现互换性生产，必须采用一种手段，使各个分散的、局部的生产部门和生产环节之间保持必要的技术统一，以形成一个统一的整体。标准与标准化正是建立这种关系的重要手段，是实现互换性生产的基础。

所谓标准，就是指为了取得国民经济的最佳效果，对需要协调统一的具有重复特征的物品（如产品、零部件等）和概念（如术语、规则、方法、代号、量值等），在总结科学试验和生产实践的基础上，由有关方面协调制定，经主管部门批准后，在一定范围内作为活动的共同准则和依据。

所谓标准化，就是指标准的制定、发布和贯彻实施的全部活动过程，包括从调查标准化对象开始，经试验、分析和综合归纳，进而制定和贯彻标准，以后还要修订标准等。标准化是以标准的形式体现的，也是一个不断循环、不断提高的过程。

按照标准化对象的特性，标准可分为基础标准、产品标准、方法标准、安全标准、卫生标准等。基础标准是指在一定范围内作为其他标准的基础并普遍使用、具有广泛指导意义的标准，如公差与配合标准、形状和位置公差标准等。

建立了标准，并且正确贯彻实施其标准，就可以保证产品质量，缩短生产周期，便于开发新产品和协作配套，提高企业管理水平。所以，标准化是组织现代化生产的重要手段之一，是实现专业化协作生产的必要前提，是科学管理的重要组成部分。现代化程度越高，对标准化的要求也越高。

标准化早在人类开始创造工具时代就已出现，它是社会生产劳动的产物。在近代工业兴起和发展的过程中，标准化日益重要起来。在 19 世纪，标准化的应用就非常广泛，特别在国防、造船、铁路运输行业中的应用更为突出。20 世纪初期，一些资本主义国家相继成立全国性的标准化组织机构，推进了本国的标准化事业。以后，随着生产的发展，国际间的交流越来越频繁，出现了地区性和国际性的标准化组织。1926 年成立了国际标准化组织（ISO）。现在，这个世界上最大的标准化组织已成为联合国甲级咨询机构。据统计，ISO 制定了约 8000 多个国际标准。

我国的标准化工作在新中国成立后也被重视起来，从 1958 年发布第一批 120 个国家标准起，至今已制定了 2 万多个国家标准。现在正以国际标准为基础制定出许多新的国家标准，向 ISO 靠拢。我国在 1978 年恢复为 ISO 成员国，1982 年、1985 年两届当选为 ISO 理事国，已开始承担 ISO 技术委员会秘书处工作和国际标准起草工作。

总之，标准化是发展贸易、提高产品在国际市场竞争能力的技术保证。较好地实现标准化，对于高速发展国民经济、提高产品和工程建设质量、提高劳动生产率、实现环境保护和安全生产、改善人民生活等都有重要作用。

二、优先数和优先数系

工程上各种技术参数的简化、协调和统一是标准化的一项重要内容。

在产品设计和技术标准制定时，涉及很多技术参数，这些技术参数在各生产环节中往往不是孤立的。当选定一个数值作为某种产品的参数指标后，这个数值就会按一定的规律向一切相关的制品、材料等的有关参数指标传播扩散。例如，动力机械的功率和转速数值确定后，不仅会传播到有关机器的相应参数上，而且必然会传播到其本身的轴、轴承、键、齿轮、联轴器等一整套零部件的尺寸和材料特性参数上，传播到加工和检验这些零部件的刀具、量具、夹具及专用机床等的相应参数上；工程技术上的参数数值，即使只有很小的差别，经过多次传播以后，也会造成尺寸规格的繁多杂乱。如果随意取值，势必给组织生产、协作配套和设备维修带来很大困难。因此，在生产中，为了满足用户各种各样的需求，同一种产品的同一参数就要从大到小取不同的值，从而形成不同规格的产品系列，这个系列确定得是否合理，与所取的数值如何分级直接相关。优先数和优先数系是一种科学的数值制度，也是国际上统一的数值分级制度，它不仅适用于标准的制定，也适用于标准制定前的规划、设计，从而把产品品种的发展一开始就引向科学的标准化的轨道，因此优先数系是国际上统一的一个重要的基础标准。

工程技术上通常采用的优先数系是一种十进制几何级数。即级数的各项数值中，包括 1、10、100、…、10^N 和 0.1、0.01、…、$1/10^N$ 这些数，其中的指数 N 是正整数。按 1~10、10~100、…和 1~0.1、0.1~0.01、…划分区间，称为十进段。级数的公比 $q=\sqrt[r]{10}$，这里 r 为每个十进段内的项数。GB/T 321—2005《优先数和优先数系》与 ISO 3、ISO 17、ISO 497 采用的优先数系相同，规定的 r 值有 5、10、20、40、80 五种，分别采用国际代号 R5、

R10、R20、R40、R80 表示。五种优先数系的公比如下：

R5 系列 $q_5=\sqrt[5]{10}\approx1.5849\approx1.60$

R10 系列 $q_{10}=\sqrt[10]{10}\approx1.2589\approx1.25$

R20 系列 $q_{20}=\sqrt[20]{10}\approx1.1220\approx1.12$

R40 系列 $q_{40}=\sqrt[40]{10}\approx1.0593\approx1.06$

R80 系列 $q_{80}=\sqrt[80]{10}\approx1.0292\approx1.03$

R5、R10、R20 和 R40 是常用系列，称为基本系列；R80 作为补充系列。R5 系列的项值包含在 R10 系列中，R10 的项值包含在 R20 之中，R20 的项值包含在 R40 之中，R40 的项值包含在 R80 之中。优先数系的基本系列见表 1-1。

优先数的主要优点是：相邻两项的相对差均匀，疏密适中，而且运算方便，简单易记。在同一系列中，优先数（理论值）的积、商、整数（正或负）的乘方等仍为优先数。因此，优先数得到了广泛应用。

表 1-1 优先数系的基本系列（常用值）（摘自 GB/T 321—2005）

R5	1.00		1.60		2.50		4.00		6.30		10.00
R10	1.00	1.25	1.60	2.00	2.50	3.15	4.00	5.00	6.30	8.00	10.00
R20	1.00	1.12	1.25	1.40	1.60	1.80	2.00	2.24	2.50	2.80	3.15
	3.55	4.00	4.50	5.00	5.60	6.30	7.10	8.00	9.00	10.00	
R40	1.00	1.06	1.12	1.18	1.25	1.32	1.40	1.50	1.60	1.70	1.80
	1.90	2.00	2.12	2.24	2.36	2.50	2.65	2.80	3.00	3.15	3.35
	3.55	3.75	4.00	4.25	4.50	4.75	5.00	5.30	5.60	6.00	6.30
	6.70	7.10	7.50	8.00	8.50	9.00	9.50	10.00			

另外，为了使优先数系具有更大的适应性来满足生产，可从基本系列中每隔几项选取一个优先数，组成新的系列，即派生系列。例如，经常使用的派生系列 R10/3，就是从基本系列 R10 中每逢三项取出一个优先数组成的，当首项为 1 时，R10/3 系列为：1.00、2.00、4.00、8.00、16.00、…其公比 $q=(\sqrt[10]{10})^3\approx1.2589^3\approx2$。

优先数系的应用很广，适用于各种尺寸、参数的系列化和质量指标的分级，对保证各种工业产品品种、规格的合理简化分档和协调具有重大的意义。选用基本系列时，应遵循先疏后密的原则，即应当按照 R5、R10、R20、R40 的顺序，优先采用公比较大的基本系列，以免规格太多。当基本系列不能满足分级要求时，可选用派生系列。选用时应优先采用公比较大和延伸项含有项值 1 的派生系列。

第三节 本课程的研究对象及任务

本课程是机械类各专业及相关专业的一门重要专业基础课，在教学计划中起着联系基础课及其他专业基础课与专业课的桥梁作用，同时也是联系机械设计类课程与机械制造工艺类课程的纽带。

本课程是从“精度”与“误差”两方面分析研究机械零件及机构的几何参数的。设计任何一台机器，除了进行运动分析、结构设计、强度和刚度计算之外，还要进行精度设计。这是因为机器的精度直接影响机器的工作性能、振动、噪声和寿命等，而且科技越发达，对机械精度的要求越高，对互换性的要求也越高，机械加工就越困难，这就必须处理好机器的使用要求与制造工艺之间的矛盾。因此，随着机械工业的发展，本课程的重要性越来越突显出来。

学生在学习本课程后应达到下列要求：

1）掌握互换性和标准化的基本概念。

2）了解本课程所介绍的各个公差标准和基本内容，掌握其特点和应用原则。

3）初步学会根据机器和零件的功能要求，选用合适的公差与配合，并能正确地标注到图样上。

4）掌握一般几何参数测量的基础知识。

5）了解各种典型零件的测量方法，学会使用常用的计量器具。

各类公差在国家标准的贯彻上都有严格的原则性和法规性，而在应用中却具有较大的灵活性，涉及的问题很多；测量技术又具有较强的实践性。因此，学生通过本课程的学习，只能获得机械工程师所必须具有的互换性与技术测量方面的基本知识、基本技术和基本训练，而要牢固掌握和熟练运用本课程的知识，则有待于后续有关课程的学习及毕业后的实际工作锻炼。

思 考 题

1. 什么是互换性？互换性分哪几类？
2. 互换性的优越性有哪些？实现互换性的条件是什么？
3. 试述标准化与互换性及测量技术的关系。
4. 优先数系形成的规律是什么？
5. 写出下列派生系列：R10/2，R10/5，R5/3，R20/3。
6. 第一个数为 10，按 R5 系列确定后五项优先数。

光滑圆柱体结合的公差与配合

圆柱体结合是由孔与轴构成的、在机械制造中应用最为广泛的一种结合。这种结合由结合直径与结合长度两个参数确定。从使用要求看，直径通常更重要，而且长径比可规定在一定范围内。因此，对圆柱体结合，可简化为按直径这一主参数进行考虑。

圆柱体结合的公差与配合是机械工程方面重要的基础标准，它不仅用于圆柱体内、外表面的结合，也用于其他结合中由单一尺寸确定的部分，如键结合中键与槽宽，花键结合中的外径、内径及键与槽宽等。

“公差”主要反映机器零件使用要求与制造要求的矛盾，而“配合”则反映组成机器的零件之间的关系。公差与配合的标准化有利于机器的设计、制造、使用和维修。公差与配合标准不仅是机械工业各部门进行产品设计、工艺设计和制定其他标准的基础，而且是广泛组织协作和专业化生产的重要依据。公差与配合标准几乎涉及国民经济的各个部门，因此国际上公认它是特别重要的基础标准之一。

为适应科学技术飞速发展，满足国际贸易、技术和经济交流以及采用国际标准的需要，经国家技术监督局批准，颁布了公差与配合标准（GB/T 1800.1—2009、GB/T 1800.2—2009、GB/T 1801—2009、GB/T 1804—2000），代替了旧标准中的相应内容。这些新标准是依据国际标准（ISO）制定的，以尽可能地使我国的国家标准与国际标准一致或等同。本章主要阐述公差与配合国家标准的构成规律和特征。

第一节　公差与配合的基本术语及定义

一、几何要素

1. 几何要素

构成零件几何特征的点、线、面统称为几何要素（简称要素）。

2. 组成要素

构成几何体的面或面上的线，即几何体和轮廓要素称为组成要素。

3. 导出要素

由一个或几个组成要素得到的中心点、中心线或中心面，即几何体的中心要素称为导出要素。例如，圆柱的中心线是由圆柱面得到的导出要素，该圆柱面为组成要素。

4. 尺寸要素

由一定大小的线性尺寸或角度尺寸确定的几何形状称为尺寸要素。尺寸要素可以是圆柱形、球形、两平行对应面、圆锥形或楔形。

5. 公称组成要素

由技术制图或其他方法确定的理论正确的组成要素称为公称组成要素。

6. 公称导出要素

由一个或几个公称组成要素导出的中心点、中心线或中心面称为公称导出要素。

7. 工件实际表面

实际存在并将整个工件与周围介质分隔的一组要素称为工件实际表面。

8. 实际（组成）要素

由接近实际（组成）要素所限定的工件实际表面的组成要素部分称为实际（组成）要素。

9. 提取组成要素

按规定方法，由实际（组成）要素提取有限数目的点所形成的实际（组成）要素的近似替代称为提取组成要素。

10. 提取导出要素

由一个或几个提取组成要素得到的中心点、中心线或中心面称为提取导出要素。

11. 拟合组成要素

按规定方法，由提取组成要素形成的并具有理想形状的组成要素称为拟合组成要素。

12. 拟合导出要素

由一个或几个拟合组成要素得到的中心点、中心线或中心面称为拟合导出要素。

几何要素定义间相互关系的结构框图如图 2-1 所示，其图解如图 2-2 所示。

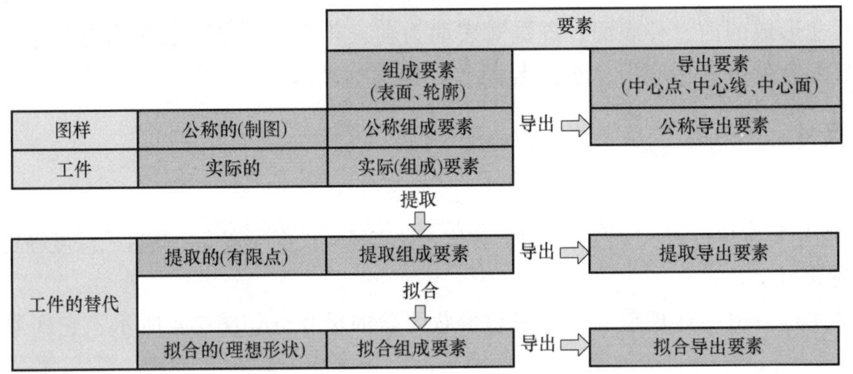

图 2-1 几何要素定义间相互关系的结构框图

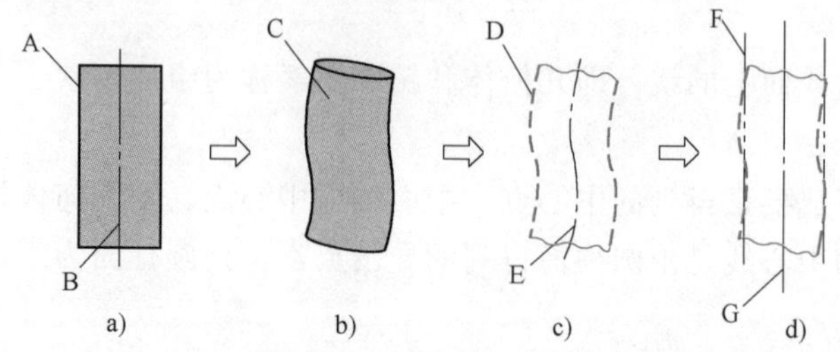

图 2-2 几何要素定义间相互关系的图解

a）制图 b）工件 c）提取要素 d）拟合要素

A—公称组成要素 B—公称导出要素 C—实际（组成）要素 D—提取组成要素

E—提取导出要素 F—拟合组成要素 G—拟合导出要素

二、孔和轴

1. 孔

孔通常是指工件的圆柱形内尺寸要素，也包括非圆柱形的内尺寸要素（由两平行平面或切面形成的包容面）。孔的直径尺寸用 D 表示。

2. 轴

轴通常是指工件的圆柱形外尺寸要素，也包括非圆柱形的外尺寸要素（由两平行平面或切面形成的被包容面）。轴的直径尺寸用 d 表示。

从装配关系看，孔是包容面，轴是被包容面；从广义方面看，孔和轴既可以是圆柱形的，也可以是非圆柱形的。图 2-3 中由标注尺寸 D_1、D_2、…、D_6 所确定的部分均为孔，而由 d_1、d_2、…、d_4 所确定的部分均为轴。

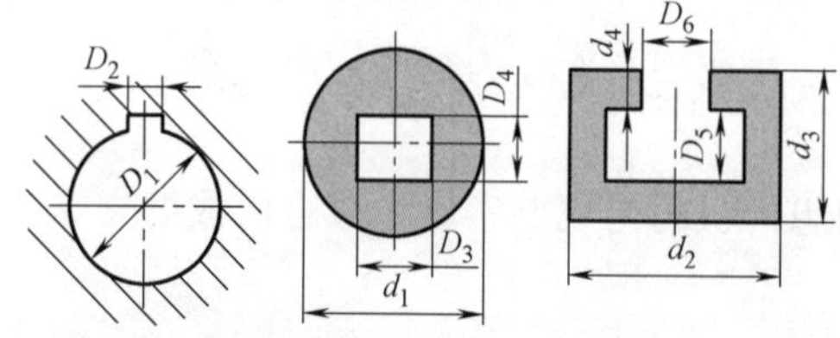

图 2-3 孔与轴的示意图

孔的作用尺寸

轴的作用尺寸

孔和轴的定义明确了《公差与配合》国家标准的应用范围。例如，键联接的配合表面为由单一尺寸形成的内、外表面，即键宽表面为轴，孔槽和轴槽宽表面均为孔。这样，键联接的公差与配合就可直接应用《公差与配合》国家标准。

三、尺寸

1. 尺寸

尺寸是指用特定单位表示线性尺寸值的数值，如直径、长度、宽度、高度、深度等均为尺寸。

2. 公称尺寸

公称尺寸是指由图样规范确定的理想形状要素的尺寸，如图 2-4 所示。它实质是由设计给定的尺寸。

3. 提取组成要素的局部尺寸

它是一切提取组成要素上两对应点之间距离的统称，简称为提取要素的局部尺寸。它是

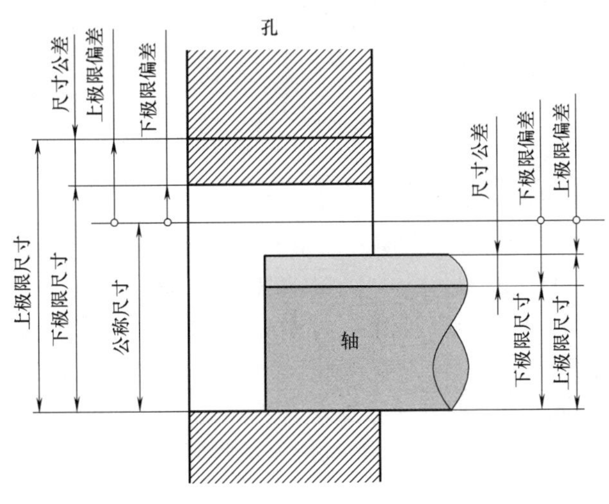

图 2-4　公称尺寸、极限尺寸和极限偏差、尺寸公差示意图

通过测量得到的，由于存在测量误差，提取组成要素的局部尺寸并非尺寸真值；又由于形状误差等的影响，零件同一表面不同部位的提取组成要素的局部尺寸往往是不相等的。孔和轴的提取组成要素的局部尺寸分别用 D_a 和 d_a 表示。

4. 极限尺寸

极限尺寸是指尺寸要素允许的尺寸的两个极端值，如图 2-4 所示。

（1）上极限尺寸　尺寸要素允许的最大尺寸，孔和轴的上极限尺寸分别用 D_{max} 和 d_{max} 表示。

（2）下极限尺寸　尺寸要素允许的最小尺寸，孔和轴的下极限尺寸分别用 D_{min} 和 d_{min} 表示。

四、偏差与公差

1. 尺寸偏差

某一尺寸减去公称尺寸所得的代数差即为尺寸偏差（简称偏差）。

2. 极限偏差

极限尺寸减去公称尺寸所得的代数差即为极限偏差。

（1）上极限偏差　上极限尺寸减去公称尺寸所得的代数差称为上极限偏差。孔的上极限偏差用 ES 表示，轴的上极限偏差用 es 表示。

（2）下极限偏差　下极限尺寸减去公称尺寸所得的代数差称为下极限偏差。孔的下极限偏差用 EI 表示，轴的下极限偏差用 ei 表示。

孔和轴的极限偏差用公式表示为

$$ES = D_{max} - D \qquad es = d_{max} - d$$

$$EI = D_{min} - D \qquad ei = d_{min} - d$$

3. 尺寸公差

允许尺寸的变动量称为尺寸公差（简称公差）。公差等于上极限尺寸与下极限尺寸之代数差的绝对值，也等于上极限偏差与下极限偏差之代数差的绝对值。孔和轴的公差分别用

T_h 和 T_s 表示。公差、极限尺寸及极限偏差的关系如下

$$T_h = | D_{max} - D_{min} | = | ES - EI |$$

$$T_s = | d_{max} - d_{min} | = | es - ei |$$

公差与极限偏差的比较：

1）极限偏差可以为正值、负值或零，而公差则一定是正值。

2）极限偏差用于限制实际偏差，而公差用于限制误差。

3）对于单个零件，只能测出尺寸的“实际偏差”；而对于数量足够多的一批零件，才能确定尺寸公差。

4）极限偏差取决于加工机床的调整（如车削时进刀的位置），不反映加工的难易程度；而公差表示制造精度，反映加工的难易程度。

5）极限偏差主要反映公差带位置，影响配合的松紧程度；而公差反映公差带大小，影响配合精度。

例 2-1　已知孔 $\phi40^{+0.025}_{0}$mm，轴 $\phi40^{-0.009}_{-0.025}$mm，求孔与轴的极限偏差与公差。

解　孔的上极限偏差 $ES = D_{max} - D = (40.025-40)\text{mm} = +0.025\text{mm}$

孔的下极限偏差 $EI = D_{min} - D = (40-40)\text{mm} = 0$

轴的上极限偏差 $es = d_{max} - d = (39.991-40)\text{mm} = -0.009\text{mm}$

轴的下极限偏差 $ei = d_{min} - d = (39.975-40)\text{mm} = -0.025\text{mm}$

孔的公差 $T_h = |D_{max} - D_{min}| = |40.025-40|\text{mm} = 0.025\text{mm}$

轴的公差 $T_s = |d_{max} - d_{min}| = |39.991-39.975|\text{mm} = 0.016\text{mm}$

4. 公差带与公差带图

（1）公差带图　直观表示出公称尺寸、极限偏差、公差以及孔与轴配合关系的图解，简称公差带图，如图 2-5 所示。图中公称尺寸的单位为 mm，偏差和公差的单位为 μm。

（2）零线　在公差带图中，表示公称尺寸的一条直线称为零线，以其为基准确定偏差和公差。正偏差位于零线的上方，负偏差位于零线的下方。

（3）公差带　在公差带图中，由代表上、下极限偏差或上、下极限尺寸的两条直线所限定的一个区域，称为公差带，如图 2-5 所示。公差带有两个基本参数，即公差带大小与公差带位置。公差带大小由标准公差确定，公差带位置由基本偏差确定。

（4）极限制　经标准化的公差与偏差制度称为极限制。

（5）基本偏差　国家标准中规定的，用于标准化公差位置的上极限偏差或下极限偏差，称为基本偏差，一般为靠近零线或位于零线的那个极限偏差（图 2-6）。

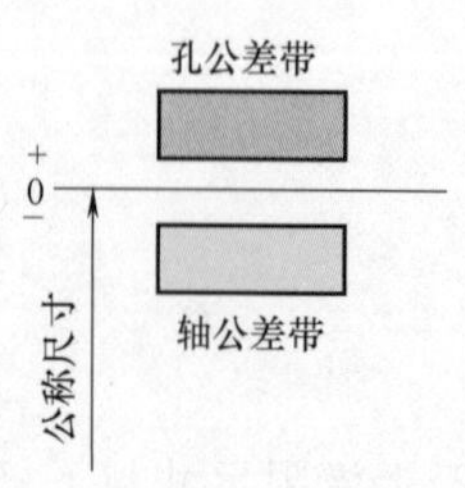

图 2-5　公差带图

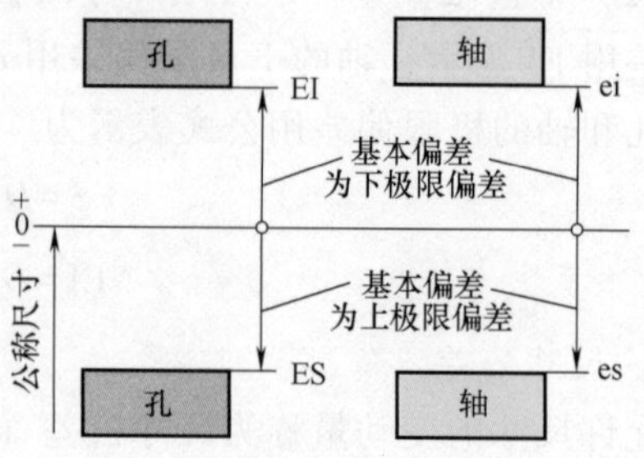

图 2-6　基本偏差示意图

（6）标准公差 国家标准中规定的，用以确定公差带大小的任一公差，称为标准公差。

五、配合与配合制

（一）配合

配合是指公称尺寸相同的，相互结合的孔和轴公差带之间的关系，如图 2-7 所示。

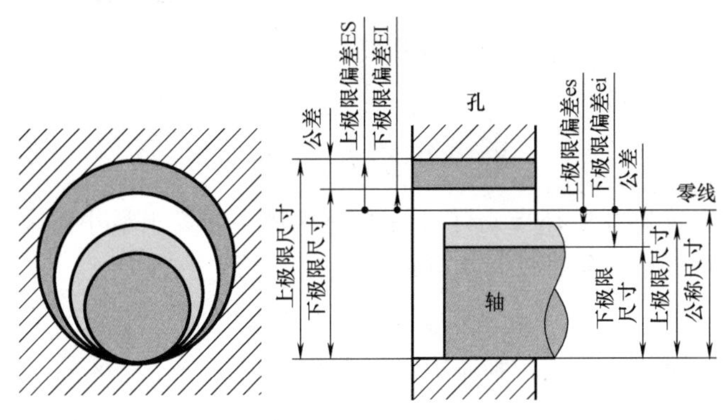

图 2-7 公差与配合示意图

（二）间隙与过盈

孔的尺寸减去相配合的轴的尺寸所得的代数差。差值为正时，称为间隙，用 X 表示；差值为负时，称为过盈，用 Y 表示。

（三）配合种类

1. 间隙配合

具有间隙（包括最小间隙等于零）的配合称为间隙配合。此时，孔的公差带在轴的公差带之上（图 2-8）。

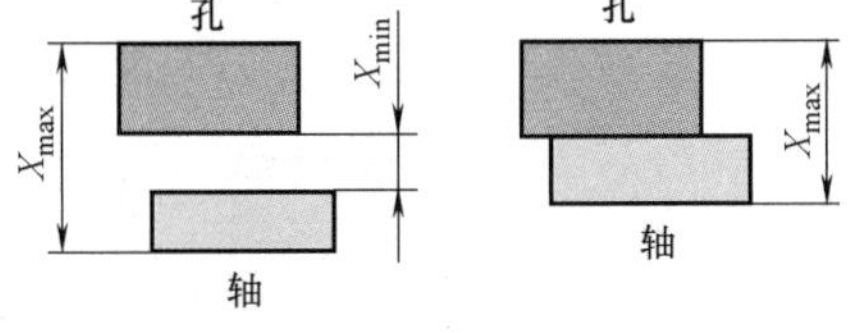

图 2-8 间隙配合

孔的上极限尺寸减去轴的下极限尺寸所得的代数差称为最大间隙，用 X_{max} 表示。即

$$X_{max}=D_{max}-d_{min}=ES-ei$$

孔的下极限尺寸减去轴的上极限尺寸所得的代数差称为最小间隙，用 X_{min} 表示。即

$$X_{min}=D_{min}-d_{max}=EI-es$$

配合公差（或间隙公差）是指允许间隙的变动量，它等于最大间隙与最小间隙之代数差的绝对值，也等于相互配合的孔公差与轴公差之和。配合公差用 T_f 表示，即

$$T_f=|X_{max}-X_{min}|=T_h+T_s$$

例 2-2 已知孔 $\phi50^{+0.039}_{0}$mm，轴 $\phi50^{-0.025}_{-0.050}$mm，求 X_{max}、X_{min} 及 T_f。

解

$$X_{max}=D_{max}-d_{min}=(50.039-49.950)\text{mm}=0.089\text{mm}$$

$$X_{min}=D_{min}-d_{max}=(50-49.975)\text{mm}=0.025\text{mm}$$

$$T_f=|X_{max}-X_{min}|=|0.089-0.025|\text{mm}=0.064\text{mm}$$

2. 过盈配合

具有过盈（包括最小过盈等于零）的配合称为过盈配合。此时，孔的公差带在轴的公差带之下（图 2-9）。

孔的下极限尺寸减去轴的上极限尺寸所得的代数差称为最大过盈，用 Y_{max} 表示。即

$$Y_{max}=D_{min}-d_{max}=\mathrm{EI}-\mathrm{es}$$

孔的上极限尺寸减去轴的下极限尺寸所得的代数差称为最小过盈，用 Y_{min} 表示。即

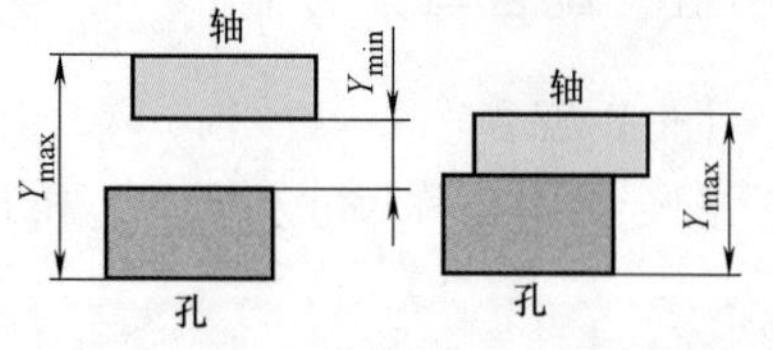

图 2-9　过盈配合

$$Y_{min}=D_{max}-d_{min}=\mathrm{ES}-\mathrm{ei}$$

配合公差（或过盈公差）是指允许过盈的变动量，它等于最小过盈与最大过盈之代数差的绝对值，也等于相互配合的孔公差与轴公差之和。即

$$T_f=|Y_{min}-Y_{max}|=T_h+T_s$$

例 2-3　已知孔 $\phi50^{+0.039}_{0}$mm，轴 $\phi50^{+0.079}_{+0.054}$mm，求 Y_{max}、Y_{min}及 T_f。

解

$$Y_{max}=D_{min}-d_{max}=(50-50.079)\text{mm}=-0.079\text{mm}$$

$$Y_{min}=D_{max}-d_{min}=(50.039-50.054)\text{mm}=-0.015\text{mm}$$

$$T_f=|Y_{min}-Y_{max}|=|-0.015-(-0.079)|\text{mm}=0.064\text{mm}$$

3. 过渡配合

可能具有间隙或过盈的配合称为过渡配合。此时，孔的公差带与轴的公差带相互交叠（图 2-10）。

在过渡配合中，其配合的极限情况是最大间隙与最大过盈。

最大间隙与最大过盈的平均值为平均间隙或平均过盈，即

$$X_{av}(Y_{av})=(X_{max}+Y_{max})/2$$

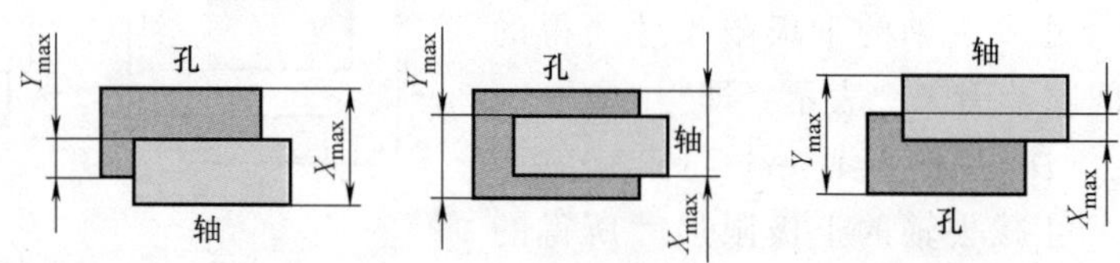

图 2-10　过渡配合

配合公差等于最大间隙与最大过盈之代数差的绝对值，也等于相互配合的孔与轴公差之和，即

$$T_f=|X_{max}-Y_{max}|=T_h+T_s$$

例 2-4　已知孔 $\phi50^{+0.039}_{0}$mm，轴 $\phi50^{+0.034}_{+0.009}$mm，求 X_{max}、Y_{max}及 T_f。

解

$$X_{max}=D_{max}-d_{min}=(50.039-50.009)\text{mm}=0.030\text{mm}$$

$$Y_{max}=D_{min}-d_{max}=(50-50.034)\text{mm}=-0.034\text{mm}$$

$$T_f=|X_{max}-Y_{max}|=|0.030-(-0.034)|\text{mm}=0.064\text{mm}$$

例 2-5　画出例 2-2、例 2-3、例 2-4 的公差带图。

解　结果如图 2-11 所示。

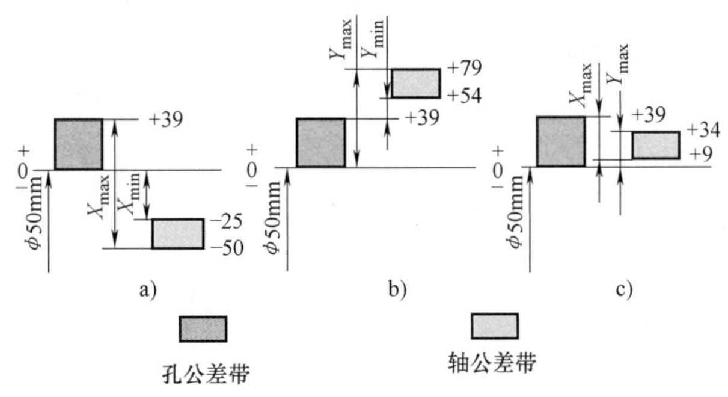

图 2-11　例题的公差带图解（图中单位除注明者外均为 μm）
a）间隙配合　b）过盈配合　c）过渡配合

（四）配合制

GB/T 1800. 1—2009 对配合规定了两种配合制，即基孔制配合和基轴制配合。配合制是同一极限制的孔和轴组成的一种配合制度，也称为基准制。

（1）基孔制配合　基本偏差为一定的孔的公差带，与不同基本偏差的轴的公差带形成各种配合的一种制度称为基孔制配合。基孔制配合的孔为基准孔，其代号为 H。标准规定的基准孔的基本偏差（下极限偏差）为零，如图 2-12a 所示。

（2）基轴制配合　基本偏差为一定的轴的公差带，与不同基本偏差的孔的公差带形成各种配合的一种制度称为基轴制配合。基轴制配合的轴为基准轴，其代号为 h。标准规定的基准轴的基本偏差（上极限偏差）为零，如图 2-12b 所示。

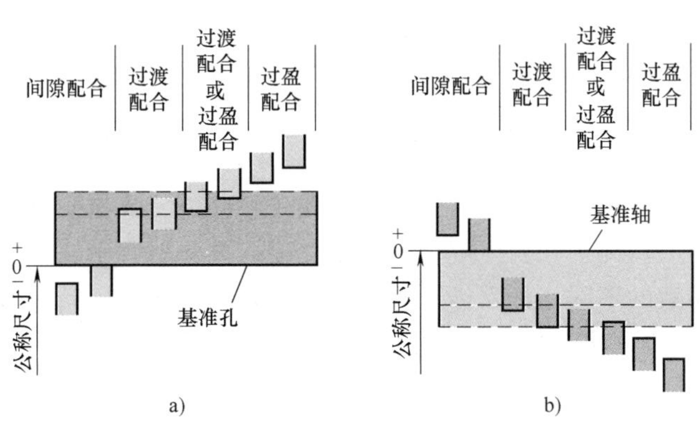

图 2-12　基孔制配合和基轴制配合
a）基孔制配合　b）基轴制配合

第二节　公差与配合国家标准

公差与配合国家标准主要包括：GB/T 1800. 1—2009《产品几何技术规范（GPS）　极

限与配合　第1部分：公差、偏差和配合的基础》、GB/T 1800.2—2009《产品几何技术规范（GPS）　极限与配合　第2部分：标准公差等级和孔、轴极限偏差表》、GB/T 1801—2009《产品几何技术规范（GPS）　极限与配合　公差带和配合的选择》、GB/T 1804—2000《一般公差　未注公差的线性和角度尺寸的公差》。

国家标准是按标准公差系列（公差带大小或公差数值）标准化和基本偏差系列（公差带位置）标准化的原则制定的。下面介绍其构成规则及特征。

一、标准公差系列

标准公差是国家标准规定的用以确定公差带大小的任一公差值，它是按以下原则制定的。

1. 公差单位（标准公差因子）

生产实践表明，对于公称尺寸相同的零件，可按公差大小评定其尺寸制造精度的高低，但对于公称尺寸不同的零件，就不能仅看公差大小评定其制造精度。因此，为了评定零件精度等级或公差等级的高低，合理规定公差数值，就需要建立公差单位。

公差单位是计算标准公差的基本单位，是制定标准公差系列的基础，公差单位与公称尺寸之间具有一定的关系。

当公称尺寸≤500mm 时，标准公差因子 i(单位为 μm)的计算公式为

$$i=0.45\sqrt[3]{D}+0.001D \tag{2-1}$$

式中　D——公称尺寸段的几何平均值(mm)。

当公称尺寸>500~3150mm 时，标准公差因子 I(单位为 μm)的计算公式为

$$I=0.004D+2.1 \tag{2-2}$$

当公称尺寸>3150mm 时，以 $I=0.004D+2.1$ 为基础来计算标准公差，也不能完全反映实际出现的误差规律，但目前尚未确定出合理的计算公式，只能暂按直线关系式计算，更合理的计算公式有待在生产中进一步加以总结。

2. 公差等级

国家标准规定的标准公差是由公差等级系数和公差单位的乘积值决定的。

在公称尺寸一定的情况下，公差等级系数是决定标准公差大小的唯一参数。

根据公差等级系数的不同，国家标准规定标准公差分为20个等级，以IT后加阿拉伯数字表示，即IT01、IT0、IT1、IT2、…、IT18。IT表示标准公差，即国标公差（ISO Tolerance）的编写代号。例如，IT8表示标准公差8级或8级标准公差。从IT01到IT18，等级依次降低，而相应的标准公差值依次增大。

在公称尺寸≤500mm 的常用尺寸范围内，各级标准公差的计算公式见表2-1。从IT5开始，以下各级都按公差单位与公差等级系数的乘积来计算。自IT6以下，各级的公差等级系数按R5优先数系增加，公比为 $\sqrt[5]{10}\approx1.6$，即每增加5个等级，公差值增大10倍。对于IT01、IT0及IT1等更高的公差等级，主要考虑测量误差，公差单位宜采用线性关系式。IT2、IT3及IT4三个等级的公差值在IT1~IT5之间，近似呈几何级数，公比为$(IT5/IT1)^{1/4}$。

在公称尺寸>500~3150mm 的大尺寸范围内，各级标准公差的计算公式见表2-2。

表 2-1 公称尺寸≤500mm 的各级标准公差的计算公式

公差等级	公　　式	公差等级	公　　式	公差等级	公　　式
IT01	$0.3+0.008D$	IT5	$7i$	IT12	$160i$
IT0	$0.5+0.012D$	IT6	$10i$	IT13	$250i$
IT1	$0.8+0.020D$	IT7	$16i$	IT14	$400i$
IT2	$(\mathrm{IT1})\left(\frac{\mathrm{IT5}}{\mathrm{IT1}}\right)^{1/4}$	IT8	$25i$	IT15	$640i$
		IT9	$40i$	IT16	$1000i$
IT3	$(\mathrm{IT1})\left(\frac{\mathrm{IT5}}{\mathrm{IT1}}\right)^{1/2}$	IT10	$64i$	IT17	$1600i$
IT4	$(\mathrm{IT1})\left(\frac{\mathrm{IT5}}{\mathrm{IT1}}\right)^{3/4}$	IT11	$100i$	IT18	$2500i$

表 2-2 公称尺寸>500~3150mm 的各级标准公差的计算公式

公差等级	公　　式	公差等级	公　　式	公差等级	公　　式
IT01		IT5	$7I$	IT12	$160I$
IT0		IT6	$10I$	IT13	$250I$
IT1	$2I$	IT7	$16I$	IT14	$400I$
IT2	$2.7I$	IT8	$25I$	IT15	$640I$
		IT9	$40I$	IT16	$1000I$
IT3	$3.7I$	IT10	$64I$	IT17	$1600I$
IT4	$5I$	IT11	$100I$	IT18	$2500I$

3. 公称尺寸分段

根据标准公差计算公式，每一个公称尺寸都对应一个公差值。但在实际生产中公称尺寸很多，因而就会形成一个庞大的公差数值表，给实际生产带来麻烦，同时也不利于公差值的标准化和系列化。为了减少标准公差的数量，统一公差值，简化公差表格，以便于生产实际应用，国家标准对公称尺寸进行了分段，具体分段情况见表 2-3。

在公差表格中，一般使用主段落，对过盈或间隙比较敏感的一些配合，使用分段比较密的中间段落，见表 2-7 和表 2-8。

在标准公差及基本偏差的计算公式中，公称尺寸一律以所属尺寸分段（$>D_1 \sim D_2$）内首、尾两项的几何平均值 $D=\sqrt{D_1D_2}$ 进行计算（但对于≤3mm 的尺寸段，$D=\sqrt{1\times3}\ \mathrm{mm}=1.732\mathrm{mm}$）。

按几何平均值计算出的公差数值，再经尾数化整，即得出标准公差数值。由标准公差数值构成的表格为标准公差数值表，见表 2-4。

表 2-3　公称尺寸分段

（单位：mm）

主段落		中间段落	
大于	至	大于	至
—	3	无细分段	
3	6		
6	10		
10	18	10	14
		14	18
18	30	18	24
		24	30
30	50	30	40
		40	50
50	80	50	65
		65	80
80	120	80	100
		100	120
120	180	120	140
		140	160
		160	180
180	250	180	200
		200	225
		225	250

主段落		中间段落	
大于	至	大于	至
250	315	250	280
		280	315
315	400	315	355
		355	400
400	500	400	450
		450	500
500	630	500	560
		560	630
630	800	630	710
		710	800
800	1000	800	900
		900	1000
1000	1250	1000	1120
		1120	1250
1250	1600	1250	1400
		1400	1600
1600	2000	1600	1800
		1800	2000
2000	2500	2000	2240
		2240	2500
2500	3150	2500	2800
		2800	3150

表 2-4　标准公差数值（摘自 GB/T 1800.1—2009）

公称尺寸/mm		标准公差等级																			
		IT01	IT0	IT1	IT2	IT3	IT4	IT5	IT6	IT7	IT8	IT9	IT10	IT11	IT12	IT13	IT14	IT15	IT16	IT17	IT18
大于	至	μm													mm						
—	3	0.3	0.5	0.8	1.2	2	3	4	6	10	14	25	40	60	0.1	0.14	0.25	0.4	0.6	1	1.4
3	6	0.4	0.6	1	1.5	2.5	4	5	8	12	18	30	48	75	0.12	0.18	0.3	0.48	0.75	1.2	1.8
6	10	0.4	0.6	1	1.5	2.5	4	6	9	15	22	36	58	90	0.15	0.22	0.36	0.58	0.9	1.5	2.2
10	18	0.5	0.8	1.2	2	3	5	8	11	18	27	43	70	110	0.18	0.27	0.43	0.7	1.1	1.8	2.7
18	30	0.6	1	1.5	2.5	4	6	9	13	21	33	52	84	130	0.21	0.33	0.52	0.84	1.3	2.1	3.3
30	50	0.6	1	1.5	2.5	4	7	11	16	25	39	62	100	160	0.25	0.39	0.62	1	1.6	2.5	3.9
50	80	0.8	1.2	2	3	5	8	13	19	30	46	74	120	190	0.3	0.46	0.74	1.2	1.9	3	4.6
80	120	1	1.5	2.5	4	6	10	15	22	35	54	87	140	220	0.35	0.54	0.87	1.4	2.2	3.5	5.4
120	180	1.2	2	3.5	5	8	12	18	25	40	63	100	160	250	0.4	0.63	1	1.6	2.5	4	6.3
180	250	2	3	4.5	7	10	14	20	29	46	72	115	185	290	0.46	0.72	1.15	1.85	2.9	4.6	7.2
250	315	2.5	4	6	8	12	16	23	32	52	81	130	210	320	0.52	0.81	1.3	2.1	3.2	5.2	8.1
315	400	3	5	7	9	13	18	25	36	57	89	140	230	360	0.57	0.89	1.4	2.3	3.6	5.7	8.9
400	500	4	6	8	10	15	20	27	40	63	97	155	250	400	0.63	0.97	1.55	2.5	4	6.3	9.7
500	630	—	—	9	11	16	22	32	44	70	110	175	280	440	0.7	1.1	1.75	2.8	4.4	7	11
630	800	—	—	10	13	18	25	36	50	80	125	200	320	500	0.8	1.25	2	3.2	5	8	12.5
800	1000	—	—	11	15	21	28	40	56	90	140	230	360	560	0.9	1.4	2.3	3.6	5.6	9	14
1000	1250	—	—	13	18	24	33	47	66	105	165	260	420	660	1.05	1.65	2.6	4.2	6.6	10.5	16.5
1250	1600	—	—	15	21	29	39	55	78	125	195	310	500	780	1.25	1.95	3.1	5	7.8	12.5	19.5
1600	2000	—	—	18	25	35	46	65	92	150	230	370	600	920	1.5	2.3	3.7	6	9.2	15	23
2000	2500	—	—	22	30	41	55	78	110	175	280	440	700	1110	1.75	2.8	4.4	7	11	17.5	28
2500	3150	—	—	26	36	50	68	96	135	210	330	540	860	1350	2.1	3.3	5.4	8.6	13.5	21	33

注：1. 公称尺寸大于 500mm 的 IT1～IT5 的标准公差数值为试行值。

2. 公称尺寸小于或等于 1mm 时，无 IT14～IT18。

例 2-6　已知公称尺寸为 20mm，求 IT6、IT7 的公差值。

解　公称尺寸为 20mm，属于 18~30mm 尺寸段，则 $D=\sqrt{18\times30}\ \text{mm}=23.24\text{mm}$

标准公差因子 $i=0.45\sqrt[3]{D}+0.001D=(0.45\times\sqrt[3]{23.24}+0.001\times23.24)\mu\text{m}=1.31\mu\text{m}$

由表 2-1 查得 IT6 = 10i，IT7 = 16i，即

$$IT6=10i=10\times1.31\mu\text{m}=13.1\mu\text{m}\approx13\mu\text{m}$$

$$IT7=16i=16\times1.31\mu\text{m}=20.96\mu\text{m}\approx21\mu\text{m}$$

二、基本偏差系列

（一）基本偏差及其代号

1. 基本偏差

基本偏差是确定零件公差带相对零线位置的上极限偏差或下极限偏差。它是公差带位置标准化的唯一指标。除 JS 和 js 以外，基本偏差均指靠近零线的偏差，它与公差等级无关。而 JS 和 js 的公差带对称于零线分布，其基本偏差是上极限偏差或下极限偏差，它与公差等级有关。

2. 基本偏差代号

图 2-13 所示为基本偏差系列。基本偏差的代号用拉丁字母表示，大写字母代表孔，小写字母代表轴。在 26 个字母中，除去易与其他混淆的五个字母：I、L、O、Q、W（i、l、o、q、w），再加上七个用两个字母表示的代号（CD、EF、FG、JS、ZA、ZB、ZC 和 cd、ef、fg、js、za、zb、zc），共有 28 个代号，即孔和轴各有 28 个基本偏差。其中 JS 和 js 在各个公差等级中相对零线是完全对称的。JS 和 js 将逐渐代替近似对称的基本偏差 J 和 j。因

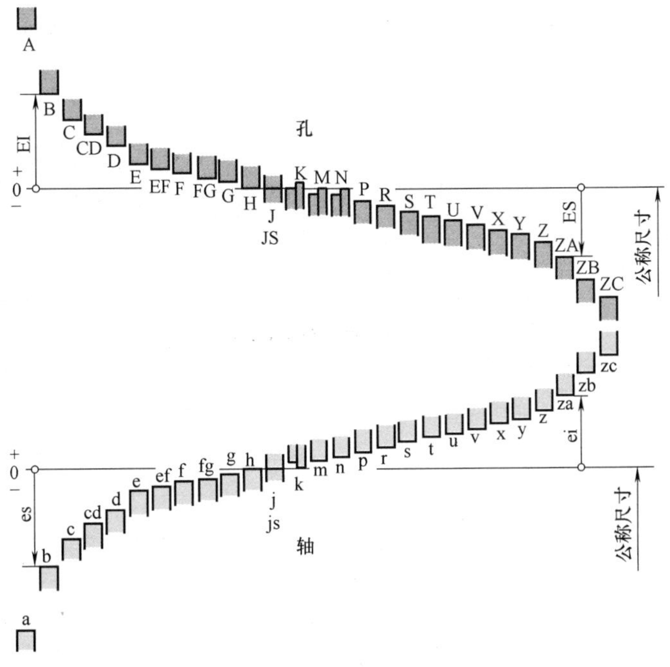

图 2-13　基本偏差系列

此，在国家标准中，孔仅保留 J6、J7 和 J8，轴仅保留 j5、j6、j7 和 j8。基本偏差代号见表 2-5。

表 2-5 基本偏差代号

孔或轴	基 本 偏 差		说 明
孔	下极限偏差	A、B、C、CD、D、E、EF、F、FG、G、H	H 代表下极限偏差为零的孔，即基准孔
	上极限偏差或下极限偏差	$JS=\pm\frac{IT}{2}$	
	上极限偏差	J、K、M、N、P、R、S、T、U、V、X、Y、Z、ZA、ZB、ZC	
轴	上极限偏差	a、b、c、cd、d、e、ef、f、fg、g、h	h 代表上极限偏差为零的轴，即基准轴
	上极限偏差或下极限偏差	$js=\pm\frac{IT}{2}$	
	下极限偏差	j、k、m、n、p、r、s、t、u、v、x、y、z、za、zb、zc	

对于轴：a~h 的基本偏差为上极限偏差 es，其绝对值依次减小；j~zc 的基本偏差为下极限偏差 ei，其绝对值逐渐增大。

对于孔：A~H 的基本偏差为下极限偏差 EI，其绝对值依次减小；J~ZC 的基本偏差为上极限偏差 ES，其绝对值依次增大。

H 和 h 的基本偏差为零。

在图 2-13 中，基本偏差系列各公差带只画出一端，另一端未画出，因为它取决于公差带的大小。

（二）轴的基本偏差

轴的基本偏差是在基孔制的基础上制定的。根据科学试验和生产实践，轴的基本偏差计算公式见表 2-6。

表 2-6 轴的基本偏差计算公式

公称尺寸/mm		代 号	符 号	极限偏差	公式/μm
大于	至				
1	120	a	−	es	$265+1.3D$
120	500				$3.5D$
1	160	b	−	es	$\approx 140+0.85D$
160	500				$\approx 1.8D$
0	40	c	−	es	$52D^{0.2}$
40	500				$95+0.8D$
0	10	cd	−	es	c 和 d 值的几何平均值
0	3150	d	−	es	$16D^{0.44}$
0	3150	e	−	es	$11D^{0.41}$
0	10	ef	−	es	e 和 f 值的几何平均值
0	3150	f	−	es	$5.5D^{0.41}$
0	10	fg	−	es	f 和 g 值的几何平均值

（续）

公称尺寸/mm		代　号	符　号	极限偏差	公式/μm
大于	至				
0	3150	g	−	es	$2.5D^{0.34}$
0	3150	h	无符号	es	偏差 = 0
0	500	j			无公式
0	3150	js	+ −	es ei	$0.5\mathrm{IT}_n$
0	500	k	+	ei	$0.6\sqrt[3]{D}$
500	3150		无符号		偏差 = 0
0	500	m	+	ei	IT7−IT6
500	3150				$0.024D+12.6$
0	500	n	+	ei	$5D^{0.34}$
500	3150				$0.04D+21$
0	500	p	+	ei	IT7+(0~5)
500	3150				$0.072D+37.8$
0	3150	r	+	ei	p 和 s 值的几何平均值
24	3150	t	+	ei	IT7+0.63D
0	50	s	+	ei	IT8+(1~4)
50	3150				IT7+0.4D
0	3150	u	+	ei	IT7+D
14	500	v	+	ei	IT7+1.25D
0	500	x	+	ei	IT7+1.6D
18	500	y	+	ei	IT7+2D
0	500	z	+	ei	IT7+2.5D
0	500	za	+	ei	IT8+3.5D
0	500	zb	+	ei	IT9+4D
0	500	zc	+	ei	IT10+5D

注：1. 公式中 D 是公称尺寸段的几何平均值，单位为 mm。

2. 公称尺寸至 500mm 轴的基本偏差 k 的计算公式仅适用于标准公差等级 IT4~IT7，对所有其他公称尺寸和所有其他 IT 等级的基本偏差 k = 0。

a~h 用于间隙配合，当与基准孔配合时，这些轴的基本偏差的绝对值正好等于最小间隙的绝对值（图 2-14）。基本偏差 a、b、c 用于大间隙或热动配合，考虑发热膨胀的影响，采用与直径成正比的关系（其中 c 适用于直径>40mm 时）。基本偏差 d、e、f 主要用于旋转运动，为保证良好的液体摩擦，从理论上讲，最小间隙应按直径的平方根关系，但考虑到表面粗糙度的影响，将间隙适当减小。g 主要用于滑动或半液体摩擦及要求定心的配合，间隙要小，故直径的指数减小。cd、ef、fg 的绝对值，分别按 c 与 d、e 与 f、f 与 g 的绝对值的几何平均值确定，适用于尺寸较小的旋转运动件。

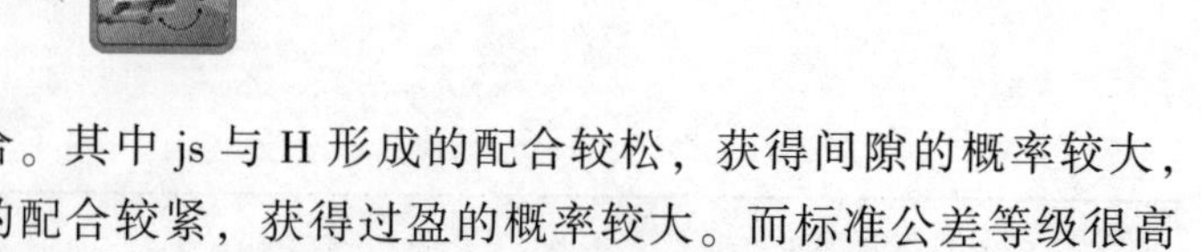

js、j、k、m、n 五种为过渡配合。其中 js 与 H 形成的配合较松，获得间隙的概率较大，此后，配合依次变紧，n 与 H 形成的配合较紧，获得过盈的概率较大。而标准公差等级很高的 n 与 H 形成的配合则为过盈配合。这是这五种轴的基本偏差与基准孔基本偏差 H 相配合的情况。

p~zc 按过盈配合来规定，从保证配合的主要特征——最小过盈来考虑（图 2-15），而且大多数按它们与最常用的基准孔 H7 相配合为基础来考虑。p 比 IT7 大 n 个微米，故 p 轴与 H7 孔配合时，有 n 个微米的最小过盈，这是最早使用的过盈配合之一。r 按 p 与 s 的几何平均值确定。对于 s，当 $D\leqslant 50$mm 时，要求与 H8 配合时有 n 个微米的最小过盈，故 ei=+IT8+(1~4)。从 s(当 $D>50$mm 时)起，包括 t、u、v、x、y、z 等，当与 H7 配合时，最小过盈依次为 0.4D、0.63D、D、1.25D、1.6D、2D、2.5D，而 za、zb、zc 分别与 H8、H9、H10 配合时，最小过盈依次为 3.15D、4D、5D。最小过盈的系列符合优先数系 R10，规律性较好，便于选用。

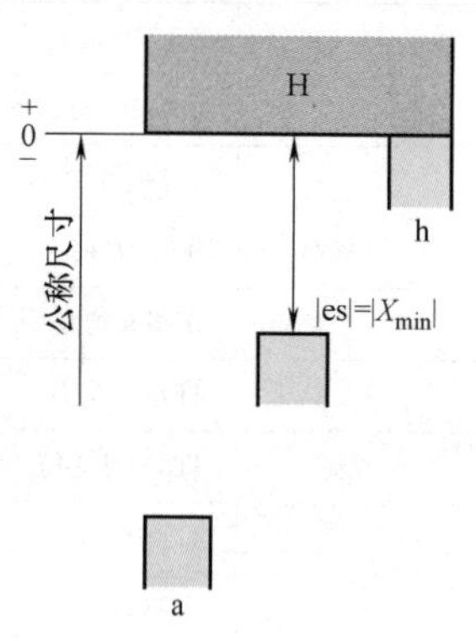

图 2-14　轴基本偏差 a~h

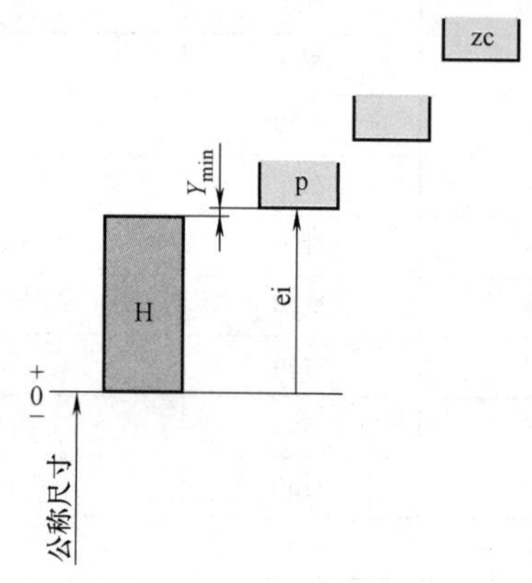

图 2-15　轴基本偏差 p~zc

轴的另一个偏差（上极限偏差或下极限偏差），根据轴的基本偏差和标准公差，按下列公式计算，即

$$ei=es-IT \tag{2-3}$$

或

$$es=ei+IT \tag{2-4}$$

（三）孔的基本偏差

孔的基本偏差是由轴的基本偏差换算得到的。换算的原则是基于国家标准的两条原则：工艺等价和同名配合。

1）标准的基孔制与基轴制配合中，应保证孔和轴的工艺等价，即孔和轴加工难易程度相当。

2）用同一字母表示孔和轴的基本偏差所组成的公差带，按照基孔制形成的配合和按照基轴制形成的配合称为同名配合。满足工艺等价的同名配合，其配合性质相同，即配合种类相同，且极限间隙或极限过盈相等。例如：H9/d9 与 D9/h9、H7/f6 与 F7/h6，它们的配合性质均相同。

根据上述原则，孔的基本偏差按以下两种规则换算（图 2-16）。

1. 通用规则

用同一字母表示的孔、轴的基本偏差的绝对值相等，符号相反。孔的基本偏差是轴的基

本偏差相对于零线的倒影，因此又称为倒影规则。即

$$ES = -ei \tag{2-5}$$

$$EI = -es \tag{2-6}$$

通用规则适用于以下情况：

1）对于 A～H，因其基本偏差 EI 和对应轴的基本偏差 es 的绝对值都等于最小间隙，故不论孔与轴是否采用同级配合，均按通用规则确定，即 EI＝－es。

2）对于 K～ZC，因标准公差大于 IT8 的 K、M、N 和大于 IT7 的 P～ZC，一般孔、轴采用同级配合，故按通用规则确定，即 ES＝－ei。

但标准公差大于 IT8、公称尺寸大于 3mm 的 N 例外，其基本偏差 ES 等于零，即 ES＝0。

2. 特殊规则

用同一字母表示孔、轴基本偏差时，孔的基本偏差 ES 和轴的基本偏差 ei 符号相反，而绝对值相差一个 Δ 值。

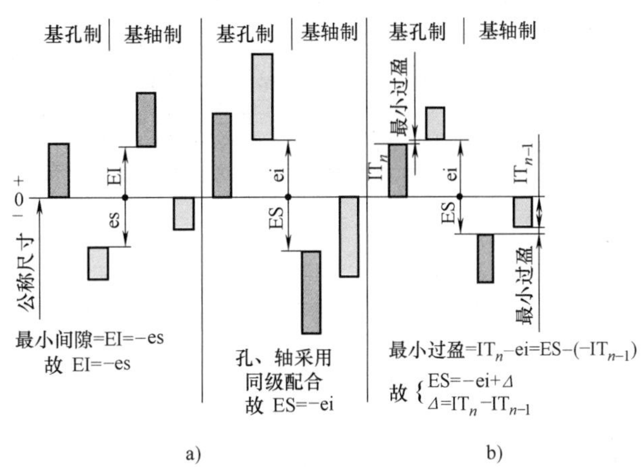

图 2-16　孔的基本偏差的计算规则

a）通用规则　b）特殊规则

因为在较高级的公差等级中，同一公差等级的孔比轴加工困难，因而常采用比轴低一级的孔相配合，即异级配合，并要求两种配合制所形成的配合性质相同。

基孔制配合时　　$Y_{min} = ES - ei = +IT_n - ei$

基轴制配合时　　$Y_{min} = ES - ei = ES - (-IT_{n-1})$

要求具有相同的配合性质，故有

$$IT_n - ei = ES + IT_{n-1}$$

由此得出孔的基本偏差为

$$ES = -ei + \Delta \tag{2-7}$$

$$\Delta = IT_n - IT_{n-1} \tag{2-8}$$

式中　IT_n——某一级孔的标准公差；

IT_{n-1}——比某一级孔高一级的轴的标准公差。

特殊规则适用于以下情况：公称尺寸小于或等于 500mm，标准公差小于或等于 IT8 的 J、K、M、N 和标准公差小于或等于 IT7 的 P～ZC。

孔的另一个偏差（上极限偏差或下极限偏差），根据孔的基本偏差和标准公差，按以下关系计算，即

$$EI = ES - IT \tag{2-9}$$

或

$$ES = EI + IT \tag{2-10}$$

按上述轴的基本偏差计算公式和孔的基本偏差换算规则，国标列出的轴和孔基本偏差数值见表 2-7 和表 2-8。

表 2-7 公称尺寸≤500mm 轴

公称尺寸/mm		基本偏																
		上极限偏差 es											js	下极限偏				
		a	b	c	cd	d	e	ef	f	fg	g	h		j			k	
大于	至	所有标准公差等级												5、6	7	8	4~7	≤3 >7
—	3	-270	-140	-60	-34	-20	-14	-10	-6	-4	-2	0	偏差等于 $\pm\frac{IT_n}{2}$	-2	-4	-6	0	0
3	6	-270	-140	-70	-46	-30	-20	-14	-10	-6	-4	0		-2	-4	—	+1	0
6	10	-280	-150	-80	-56	-40	-25	-18	-13	-8	-5	0		-2	-5	—	+1	0
10	14	-290	-150	-95	—	-50	-32	—	-16	—	-6	0		-3	-6	—	+1	0
14	18																	
18	24	-300	-160	-110	—	-65	-40	—	-20	—	-7	0		-4	-8	—	+2	0
24	30																	
30	40	-310	-170	-120	—	-80	-50	—	-25	—	-9	0		-5	-10	—	+2	0
40	50	-320	-180	-130														
50	65	-340	-190	-140	—	-100	-60	—	-30	—	-10	0		-7	-12	—	+2	0
65	80	-360	-200	-150														
80	100	-380	-220	-170	—	-120	-72	—	-36	—	-12	0		-9	-15	—	+3	0
100	120	-410	-240	-180														
120	140	-460	-260	-200	—	-145	-85	—	-43	—	-14	0		-11	-18	—	+3	0
140	160	-520	-280	-210														
160	180	-580	-310	-230														
180	200	-660	-340	-240	—	-170	-100	—	-50	—	-15	0		-13	-21	—	+4	0
200	225	-740	-380	-260														
225	250	-820	-420	-280														
250	280	-920	-480	-300	—	-190	-110	—	-56	—	-17	0		-16	-26	—	+4	0
280	315	-1050	-540	-330														
315	355	-1200	-600	-360	—	-210	-125	—	-62	—	-18	0		-18	-28	—	+4	0
355	400	-1350	-680	-400														
400	450	-1500	-760	-440	—	-230	-135	—	-68	—	-20	0		-20	-32	—	+5	0
450	500	-1650	-840	-480														

注：1. 公称尺寸小于或等于 1mm 时，基本偏差 a 和 b 均不采用。

2. 公差带 js7~js11，若 IT_n 数值为奇数，则取偏差 = $\pm(IT_n-1)/2$。

的基本偏差（摘自 GB/T 1800.1—2009）　　　　（单位：μm）

差数值													
差 ei													
m	n	p	r	s	t	u	v	x	y	z	za	zb	zc
所有标准公差等级													
+2	+4	+6	+10	+14	—	+18	—	+20	—	+26	+32	+40	+60
+4	+8	+12	+15	+19	—	+23	—	+28	—	+35	+42	+50	+80
+6	+10	+15	+19	+23	—	+28	—	+34	—	+42	+52	+67	+97
+7	+12	+18	+23	+28	—	+33	—	+40	—	+50	+64	+90	+130
							+39	+45	—	+60	+77	+108	+150
+8	+15	+22	+28	+35	—	+41	+47	+54	+63	+73	+90	+136	+188
					+41	+48	+55	+64	+75	+88	+118	+160	+218
+9	+17	+26	+34	+43	+48	+60	+68	+80	+94	+112	+148	+200	+274
					+54	+70	+81	+97	+114	+136	+180	+242	+325
+11	+20	+32	+41	+53	+66	+87	+102	+122	+144	+172	+226	+300	+405
			+43	+59	+75	+102	+120	+146	+174	+210	+274	+360	+480
+13	+23	+37	+51	+71	+91	+124	+146	+178	+214	+258	+335	+445	+585
			+54	+79	+104	+144	+172	+210	+254	+310	+400	+525	+690
+15	+27	+43	+63	+92	+122	+170	+202	+248	+300	+365	+470	+620	+800
			+65	+100	+134	+190	+228	+280	+340	+415	+535	+700	+900
			+68	+108	+146	+210	+252	+310	+380	+465	+600	+780	+1000
+17	+31	+50	+77	+122	+166	+236	+284	+350	+425	+520	+670	+880	+1150
			+80	+130	+180	+258	+310	+385	+470	+575	+740	+960	+1250
			+84	+140	+196	+284	+340	+425	+520	+640	+820	+1050	+1350
+20	+34	+56	+94	+158	+218	+315	+385	+475	+580	+710	+920	+1200	+1550
			+98	+170	+240	+350	+425	+525	+650	+790	+1000	+1300	+1700
+21	+37	+62	+108	+190	+268	+390	+475	+590	+730	+900	+1150	+1500	+1900
			+114	+208	+294	+435	+530	+660	+820	+1000	+1300	+1650	+2100
+23	+40	+68	+126	+232	+330	+490	+595	+740	+920	+1100	+1450	+1850	+2400
			+132	+252	+360	+540	+660	+820	+1000	+1250	+1600	+2100	+2600

表 2-8 公称尺寸≤500mm 孔的

公称尺寸/mm		基本偏差																				
		下极限偏差 EI											JS	上极限偏差								
		A	B	C	CD	D	E	EF	F	FG	G	H		J			K		M		N	
大于	至	所有标准公差等级												6	7	8	≤8	>8	≤8	>8	≤8	>8
—	3	+270	+140	+60	+34	+20	+14	+10	+6	+4	+2	0	偏差等于±$\frac{IT_n}{2}$	+2	+4	+6	0	0	−2	−2	−4	−4
3	6	+270	+140	+70	+46	+30	+20	+14	+10	+6	+4	0		+5	+6	+10	−1+Δ	—	−4+Δ	−4	−8+Δ	0
6	10	+280	+150	+80	+56	+40	+25	+18	+13	+8	+5	0		+5	+8	+12	−1+Δ	—	−6+Δ	−6	−10+Δ	0
10	14	+290	+150	+95	—	+50	+32	—	+16	—	+6	0		+6	+10	+15	−1+Δ	—	−7+Δ	−7	−12+Δ	0
14	18																					
18	24	+300	+160	+110	—	+65	+40	—	+20	—	+7	0		+8	+12	+20	−2+Δ	—	−8+Δ	−8	−15+Δ	0
24	30																					
30	40	+310	+170	+120	—	+80	+50	—	+25	—	+9	0		+10	+14	+24	−2+Δ		−9+Δ	−9	−17+Δ	0
40	50	+320	+180	+130																		
50	65	+340	+190	+140	—	+100	+60	—	+30	—	+10	0		+13	+18	+28	−2+Δ	—	−11+Δ	−11	−20+Δ	0
65	80	+360	+200	+150																		
80	100	+380	+220	+170	—	+120	+72	—	+36	—	+12	0		+16	+22	+34	−3+Δ	—	−13+Δ	−13	−23+Δ	0
100	120	+410	240	+180																		
120	140	+460	+260	+200	—	+145	+85	—	+43	—	+14	0		+18	+26	+41	−3+Δ	—	−15+Δ	−15	−27+Δ	0
140	160	+520	280	+210																		
160	180	+580	+310	+230																		
180	200	+660	+340	+240	—	+170	+100	—	+50	—	+15	0		+22	+30	+47	−4+Δ	—	−17+Δ	−17	−31+Δ	0
200	225	+740	+380	+260																		
225	250	+820	+420	+280																		
250	280	+920	480	+300	—	+190	+110	—	+56	—	+17	0		+25	+36	+55	−4+Δ	—	−20+Δ	−20	−34+Δ	0
280	315	+1050	+540	+330																		
315	355	+1200	+600	+360	—	+210	+125	—	+62	—	+18	0		+29	+39	+60	−4+Δ	—	−21+Δ	−21	−37+Δ	0
355	400	+1350	+680	+400																		
400	450	+1500	+760	+440	—	+230	+135	—	+68	—	+20	0		+33	+43	+66	−5+Δ	—	−23+Δ	−23	−40+Δ	0
450	500	+1650	+840	+480																		

注：1. 公称尺寸小于或等于 1mm 时，基本偏差 A 和 B 及大于 IT8 的 N 均不采用。

2. 标准公差等级≤IT8 的 K、M、N 及≤IT7 的 P～ZC 的基本偏差中的 Δ 值从表内右侧选取。
例如：18～30mm 段的 P7，因为 P8 的 ES′=−22μm；而 P7 的 Δ=8μm，因此 ES=ES′+Δ=−14μm。

3. 特殊情况：当公称尺寸大于 250～315mm 时，M6 的 ES=−9μm（代替−11μm）。

4. 公差带 JS7～JS11，若 IT_n 数值为奇数，则取偏差=±$(IT_n-1)/2$。

基本偏差（摘自 GB/T 1800.1—2009） （单位：μm）

差数值													Δ					
差 ES																		
P到ZC	P	R	S	T	U	V	X	Y	Z	ZA	ZB	ZC	标准公差等级					
≤7	>7												3	4	5	6	7	8
在大于IT7的相应数值上增加一个Δ值	-6	-10	-14	—	-18	—	-20	—	-26	-32	-40	-60	0					
	-12	-15	-19	—	-23	—	-28	—	-35	-42	-50	-80	1	1.5	1	3	4	6
	-15	-19	-23	—	-28	—	-34	—	-42	-52	-67	-97	1	1.5	2	3	6	7
	-18	-23	-28	—	-33	—	-40	—	-50	-64	-90	-130	1	2	3	3	7	9
						-39	-45	—	-60	-77	-108	-150						
	-22	-28	-35	—	-41	-47	-54	-63	-73	-98	-136	-188	1.5	2	3	4	8	12
				-41	-48	-55	-64	-75	-88	-118	-160	-218						
	-26	-34	-43	-48	-60	-68	-80	-94	-112	-148	-200	-274	1.5	3	4	5	9	14
				-54	-70	-81	-97	-114	-136	-180	-242	-325						
	-32	-41	-53	-66	-87	-102	-122	-144	-172	-226	-300	-405	2	3	5	6	11	16
		-43	-59	-75	-102	-120	-146	-174	-210	-274	-360	-480						
	-37	-51	-71	-91	-124	-146	-178	-214	-258	-335	-445	-585	2	4	5	7	13	19
		-54	-79	-104	-144	-172	-210	-254	-310	-400	-525	-690						
	-43	-63	-92	-122	-170	-202	-248	-300	-365	-470	-620	-800	3	4	6	7	15	23
		-65	-100	-134	-190	-228	-280	-340	-415	-535	-700	-900						
		-68	-108	-146	-210	-252	-310	-380	-465	-600	-780	-1000						
	-50	-77	-122	-166	-236	-284	-350	-425	-520	-670	-880	-1150	3	4	6	9	17	26
		-80	-130	-180	-258	-310	-385	-470	-575	-740	-960	-1250						
		-84	-140	-196	-284	-340	-425	-520	-640	-820	-1050	-1350						
	-56	-94	-158	-218	-315	-385	-475	-580	-710	-920	-1200	-1550	4	4	7	9	20	29
		-98	-170	-240	-350	-425	-525	-650	-790	-1000	-1300	-1700						
	-62	-108	-190	-268	-390	-475	-590	-730	-900	-1150	-1500	-1900	4	5	7	11	21	32
		-114	-208	-294	-435	-530	-660	-820	-1000	-1300	-1650	-2100						
	-68	-126	-232	-330	-490	-595	-740	-920	-1100	-1450	-1850	-2400	5	5	7	13	23	34
		-132	-252	-360	-540	-660	-820	-1000	-1250	-1600	-2100	-2600						

例 2-7　确定 ϕ25H7/f6、ϕ25F7/h6 孔与轴的极限偏差（要求用公式计算标准公差和基本偏差）。

解　ϕ25mm 属于>18～30mm 尺寸分段，故计算直径（几何平均值）D 为

$$D=\sqrt{18\times30}\ \text{mm}\approx23.24\text{mm}$$

根据公差单位公式可计算得

$$i=0.45\sqrt[3]{D}+0.001D=(0.45\times\sqrt[3]{23.24}+0.001\times23.24)\text{mm}\approx1.31\mu\text{m}$$

即

$$\text{IT6}=ai=10i=10\times1.31\mu\text{m}\approx13\mu\text{m}$$

$$\text{IT7}=ai=16\times1.31\mu\text{m}\approx21\mu\text{m}$$

轴 f 的基本偏差为上极限偏差，查表 2-6 得

$$\text{es}=-5.5D^{0.41}=-5.5\times(23.24)^{0.41}\mu\text{m}=-19.96\mu\text{m}\approx-20\mu\text{m}$$

即 f6 的上极限偏差为-20μm。

f6 的下极限偏差　$\text{ei}=\text{es}-\text{IT6}=(-20-13)\mu\text{m}=-33\mu\text{m}$

基准孔 H7 的下极限偏差 EI=0，H7 的上极限偏差为

$$\text{ES}=\text{EI}+\text{IT7}=(0+21)\mu\text{m}=+21\mu\text{m}$$

孔 F 的基本偏差应按通用规则换算，故

$$\text{EI}=-\text{es}=+20\mu\text{m}$$

孔 F7 的上极限偏差

$$\text{ES}=\text{EI}+\text{IT7}=(+20+21)\mu\text{m}=+41\mu\text{m}$$

基准轴 h6 的上极限偏差 es=0，h6 的下极限偏差为

$$\text{ei}=\text{es}-\text{IT6}=(0-13)\mu\text{m}=-13\mu\text{m}$$

由此得

$$\phi25\text{H7}=\phi25^{+0.021}_{0}\text{mm},\ \phi25\text{f6}=\phi25^{-0.020}_{-0.033}\text{mm}$$

$$\phi25\text{F7}=\phi25^{+0.041}_{+0.020}\text{mm},\ \phi25\text{h6}=\phi25^{0}_{-0.013}\text{mm}$$

两对孔、轴配合的公差带如图 2-17a 所示。从图中可以看出，一组为基孔制配合，一组为基轴制配合，但最大间隙和最小间隙不变，即具有相同的配合性质。

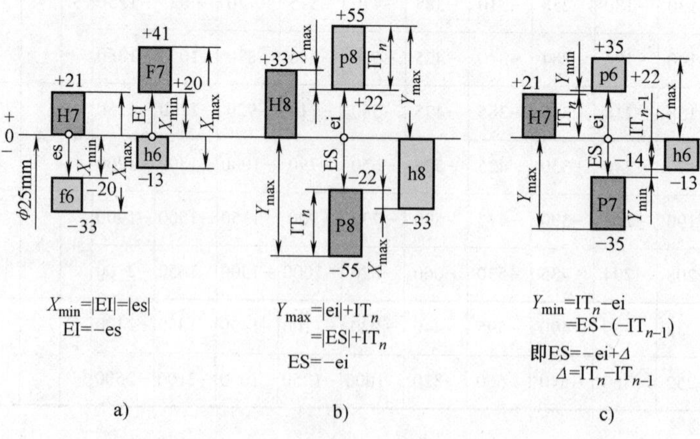

图 2-17　孔、轴公差带图(图中单位除注明者外均为 μm)

a)、b) 通用规则　c) 特殊规则

例 2-8　确定 ϕ25H8/p8、ϕ25P8/h8 孔与轴的极限偏差（要求用查表法确定）。

解　由表 2-4 查得：IT8 = 33μm。

轴 p8 的基本偏差为下极限偏差，由表 2-7 查得

$$ei = +22\mu m$$

轴 p8 的上极限偏差为

$$es = ei + IT8 = (+22+33)\mu m = +55\mu m$$

孔 H8 的下极限偏差为 0,上极限偏差为

$$ES = EI + IT8 = (0+33)\mu m = +33\mu m$$

孔 P8 的基本偏差为上极限偏差,由表 2-8 查得

$$ES = -22\mu m$$

孔 P8 的下极限偏差为

$$EI = ES - IT8 = (-22-33)\mu m = -55\mu m$$

轴 h8 的上极限偏差为 0，下极限偏差为

$$ei = es - IT8 = (0-33)\mu m = -33\mu m$$

由此得

$$\phi25H8 = \phi25^{+0.033}_{0}mm, \ \phi25p8 = \phi25^{+0.055}_{+0.022}mm$$

$$\phi25P8 = \phi25^{-0.022}_{-0.055}mm, \ \phi25h8 = \phi25^{0}_{-0.033}mm$$

两对孔、轴配合的公差带如图 2-17b 所示。从图中可以看出，配合性质相同。

例 2-9　确定 ϕ25H7/p6、ϕ25P7/h6 孔与轴的极限偏差（要求孔的基本偏差用公式计算）。

解　由表 2-4 查得：IT6 = 13μm，IT7 = 21μm。

轴 p6 的基本偏差为下极限偏差，由表 2-7 查得

$$ei = +22\mu m$$

轴 p6 的上极限偏差为

$$es = ei + IT6 = (+22+13)\mu m = +35\mu m$$

基准孔 H7 的下极限偏差 EI = 0,H7 的上极限偏差为

$$ES = EI + IT7 = (0+21)\mu m = +21\mu m$$

孔 P7 的基本偏差为上极限偏差 ES,应按特殊规则计算。

因为

$$\Delta = IT7 - IT6 = (21-13)\mu m = 8\mu m$$

所以

$$ES = -ei + \Delta = (-22+8)\mu m = -14\mu m$$

孔 P7 的下极限偏差为

$$EI = ES - IT7 = (-14-21)\mu m = -35\mu m$$

基准轴 h6 的上极限偏差 es = 0,h6 的下极限偏差为

$$ei = es - IT6 = (0-13)\mu m = -13\mu m$$

由此得

$$\phi25H7 = \phi25^{+0.021}_{0}mm, \ \phi25p6 = \phi25^{+0.035}_{+0.022}mm$$

$$\phi25P7 = \phi25^{-0.014}_{-0.035}mm, \ \phi25h6 = \phi25^{0}_{-0.013}mm$$

本例中孔 P7 的基本偏差也可以从表 2-8 中直接查得，在实际使用中常直接查表。

从图 2-17c 中可以看出，本例中的两对孔、轴的配合性质相同。

例 2-10　已知孔、轴配合的公称尺寸为 ϕ50mm，配合公差 $T_f = 41\mu m$，$X_{max} = +66\mu m$，孔的公差 $T_h = 25\mu m$，轴的下极限偏差 ei = +41μm，求孔、轴的其他极限偏差，画出尺寸公差带图。

解　按照配合、公差、偏差、间隙等有关计算公式进行计算。

因为 $T_f = T_h + T_s$

所以 轴的公差 $T_s = T_f - T_h = (41-25)\mu m = 16\mu m$

因为 $T_s = es - ei$

所以 轴的上极限偏差 $es = T_s + ei = (16+41)\mu m = +57\mu m$

因为 最大间隙 $X_{max} = ES - ei$

所以 孔的上极限偏差 $ES = X_{max} + ei = (66+41)\mu m = 107\mu m$

因为 孔的公差 $T_h = ES - EI$

所以 孔的下极限偏差 $EI = ES - T_h = (107-25)\mu m = 82\mu m$

由此得：孔为 $\phi 50^{+0.107}_{+0.082}$mm，轴为 $\phi 50^{+0.057}_{+0.041}$mm（公差带图见图 2-18）。

当公称尺寸>500mm 时，孔和轴一般都采用同级配合，所以只要孔与轴的基本偏差代号相对应（如 F 与 f 相对应），它们的基本偏差数值相等，而正、负号相反，故孔与轴的基本偏差使用同一表格。

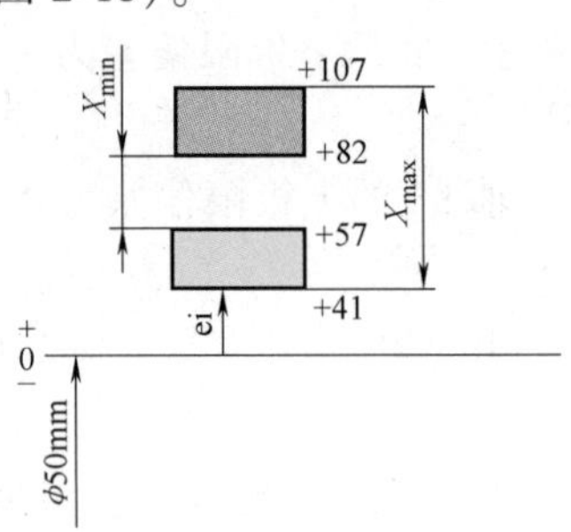

图 2-18 孔、轴公差带图（图中单位除注明者外均为 μm）

公称尺寸>500~3150mm 基本偏差计算公式见表 2-9。公称尺寸>500~3150mm 国标孔与轴的基本偏差见表 2-10。

从表 2-10 中可以看出，一般情况下，公差等级只用到 IT6~IT16 范围，基本偏差只用到 d(D)~u(U) 范围，在此范围内不用 ef(EF)、fg(FG) 和 j(J) 等基本偏差。g 和 G 相对大尺寸来说基本偏差数值很小，由于存在测量等误差，想让它形成间隙配合的可能性是很小的，所以在表 2-9 和表 2-10 中对 g 和 G 加有括号，选用时要特别注意。

表 2-9 公称尺寸>500~3150mm 基本偏差计算公式

轴			公式/μm	孔			轴			公式/μm	孔		
d	es	−	$16D^{0.44}$	+	EI	D	m	ei	+	$0.024D+12.6$	−	ES	M
e	es	−	$11D^{0.41}$	+	EI	E	n	ei	+	$0.04D+21$	−	ES	N
f	es	−	$5.5D^{0.41}$	+	EI	F	p	ei	+	$0.072D+37.8$	−	ES	P
(g)	es	−	$2.5D^{0.34}$	+	EI	(G)	r	ei	+	$\sqrt{p \cdot s}$或$\sqrt{P \cdot S}$	−	ES	R
h	es	无符号	0	无符号	EI	H	s	ei	+	$IT7+0.4D$	−	ES	S
js	es ei	+ −	$0.5IT_n$	+ −	EI ES	JS	t	ei	+	$IT7+0.63D$	−	ES	T
k	ei	无符号	0	无符号	ES	K	u	ei	+	$IT7+D$	−	ES	U

注：1. 式中，D 为公称尺寸分段的计算尺寸（单位为 mm）。

2. 除 js 和 JS 外，表中所列公式与公差等级无关。

表 2-10　公称尺寸>500~3150mm 国标孔与轴的基本偏差

			d	e	f	(g)	h	js	k	m	n	p	r	s	t	u
轴	代号	基本偏差代号	d	e	f	(g)	h	js	k	m	n	p	r	s	t	u
		公差等级	6~18													
	偏差	表中偏差	es						ei							
		另一偏差计算式	ei=es−IT						es=ei+IT							
		表中偏差正负号	−	−	−	−				+	+	+	+	+	+	+
直径分段/mm	>500~560	偏差数值/μm	260	145	76	22	0	偏差 $=\pm\frac{IT}{2}$	0	26	44	78	150	280	400	600
	>560~630												155	310	450	660
	>630~710		290	160	80	24	0		0	30	50	88	175	340	500	740
	>710~800												185	380	560	840
	>800~900		320	170	86	26	0		0	34	56	100	210	430	620	940
	>900~1000												220	470	680	1050
	>1000~1120		350	195	98	28	0		0	40	66	120	250	520	780	1150
	>1120~1250												260	580	840	1300
	>1250~1400		390	220	110	30	0		0	48	78	140	300	640	960	1450
	>1400~1600												330	720	1050	1600
	>1600~1800		430	240	120	32	0		0	58	92	170	370	820	1200	1850
	>1800~2000												400	920	1350	2000
	>2000~2240		480	260	130	34	0		0	68	110	195	440	1000	1500	2300
	>2240~2500												460	1100	1650	2500
	>2500~2800		520	290	145	38	0		0	76	135	240	550	1250	1900	2900
	>2800~3150												580	1400	2100	3200
孔	偏差	表中偏差正负号	+	+	+	+				−	−	−	−	−	−	−
		另一偏差计算式	ES=EI+IT						EI=ES−IT							
		表中偏差	EI						ES							
	代号	公差等级	6~18													
		基本偏差代号	D	E	F	(G)	H	JS	K	M	N	P	R	S	T	U

第三节　国家标准规定的公差带与配合

根据国家标准提供的 20 个等级的标准公差及 28 种基本偏差代号，可组成 543 种孔的公差带、544 种轴的公差带，由孔和轴的公差带又可组成大量的配合。如此多的公差带与配合全部使用显然是不经济的。为了减少定值刀具、量具和工艺装备的品种及规格，对公差带和配合选用应加以限制。

一、常用尺寸段的公差与配合

根据生产实际情况，国家标准对常用尺寸段推荐了孔与轴的一般、常用和优先公差带。

国家标准规定了一般、常用和优先轴用公差带共 116 种，见表 2-11。其中方框内的 59

种为常用公差带，圆圈内的 13 种为优先公差带。

表 2-11　公称尺寸≤500mm 的轴的一般、常用、优先公差带

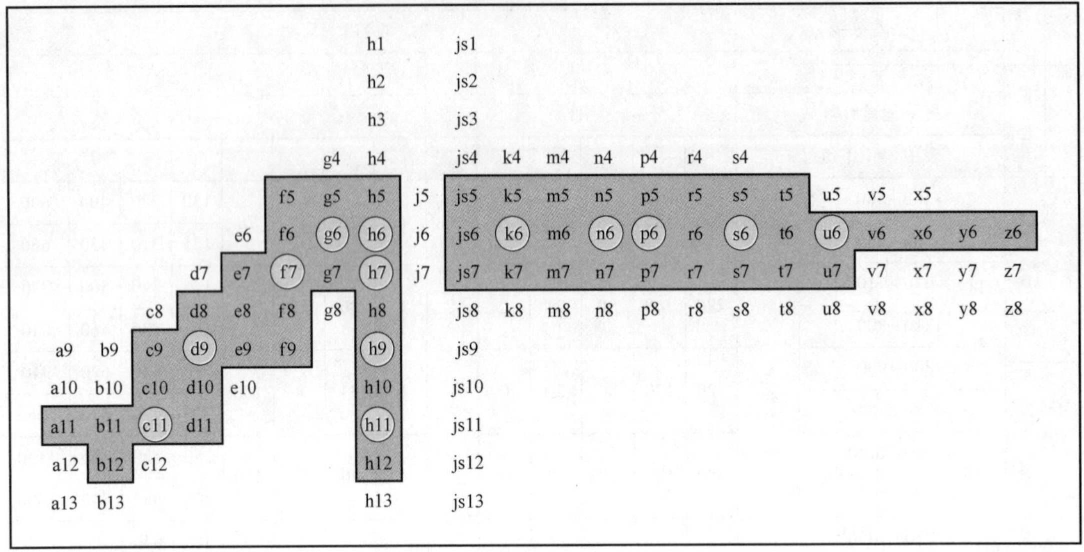

同时，国家标准规定了一般、常用和优先孔用公差带共 105 种，见表 2-12。其中方框内的 44 种为常用公差带，圆圈内的 13 种为优先公差带。

表 2-12　公称尺寸≤500mm 的孔的一般、常用、优先公差带

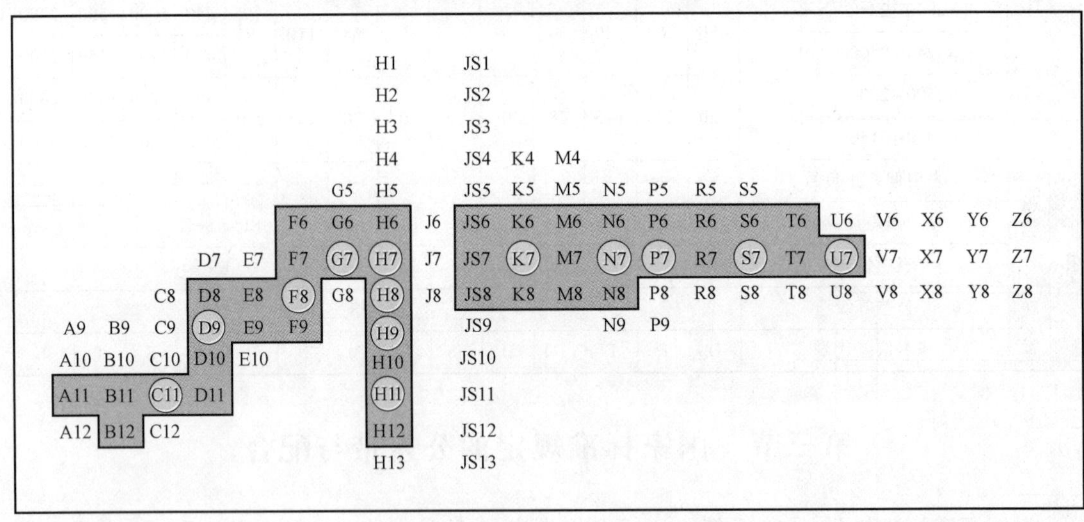

国家标准在规定孔、轴公差带选用的基础上，还规定了孔、轴公差带的组合。基孔制配合中常用配合 59 种，见表 2-13，其中注有黑◤符号的 13 种为优先配合。基轴制配合中常用配合 47 种，见表 2-14，其中注有黑◤符号的 13 种为优先配合。

表 2-13 中，当轴的公差小于或等于 IT7 时，与低一级的基准孔相配合；大于或等于 IT8 时，与同级基准孔相配合。表 2-14 中，当孔的公差小于 IT8 或少数等于 IT8 时，与高一级的基准轴相配合，其余则与同级基准轴相配合。

基孔制优先配合公差带如图 2-19 所示，基轴制优先配合公差带如图 2-20 所示。

表 2-13 基孔制优先、常用配合

基准孔	轴																				
	a	b	c	d	e	f	g	h	js	k	m	n	p	r	s	t	u	v	x	y	z
	间隙配合								过渡配合			过盈配合									
H6						H6/f5	H6/g5	H6/h5	H6/js5	H6/k5	H6/m5	H6/n5	H6/p5	H6/r5	H6/s5	H6/t5					
H7						H7/f6	◤H7/g6	◤H7/h6	H7/js6	◤H7/k6	H7/m6	◤H7/n6	◤H7/p6	H7/r6	◤H7/s6	H7/t6	◤H7/u6	H7/v6	H7/x6	H7/y6	H7/z6
H8					H8/e7	◤H8/f7	H8/g7	◤H8/h7	H8/js7	H8/k7	H8/m7	H8/n7	H8/p7	H8/r7	H8/s7	H8/t7	H8/u7				
				H8/d8	H8/e8	H8/f8		H8/h8													
H9			H8/c9	◤H9/d9	H9/e9	H9/f9		◤H9/h9													
H10			H10/c10	H10/d10				H10/h10													
H11	H11/a11	H11/b11	◤H11/c11	H11/d11				◤H11/h11													
H12		H12/b12						H12/h12													

注：1. $\frac{H6}{n5}$、$\frac{H7}{p6}$在公称尺寸小于或等于 3mm 和$\frac{H8}{r7}$在公称尺寸小于或等于 100mm 时，为过渡配合。

2. 标注◤符号的配合为优先配合。

表 2-14 基轴制优先、常用配合

基准轴	孔																				
	A	B	C	D	E	F	G	H	JS	K	M	N	P	R	S	T	U	V	X	Y	Z
	间隙配合								过渡配合			过盈配合									
h5						F6/h5	G6/h5	H6/h5	JS6/h5	K6/h5	M6/h5	N6/h5	P6/h5	R6/h5	S6/h5	T6/h5					
h6						F7/h6	◤G7/h6	◤H7/h6	JS7/h6	◤K7/h6	M7/h6	◤N7/h6	◤P7/h6	R7/h6	◤S7/h6	T7/h6	◤U7/h6				
h7					E8/h7	◤F8/h7		◤H8/h7	JS8/h7	K8/h7	M8/h7	N8/h7									
h8				D8/h8	E8/h8	F8/h8		H8/h8													
h9				◤D9/h9	E9/h9	F9/h9		◤H9/h9													
h10				D10/h10				H10/h10													
h11	A11/h11	B11/h11	◤C11/h11	D11/h11				◤H11/h11													
h12		B12/h12						H12/h12													

注：1. N6/h5、P7/h6 在公称尺寸小于或等于 3mm 时，为过渡配合。

2. 标注◤符号的配合为优先配合。

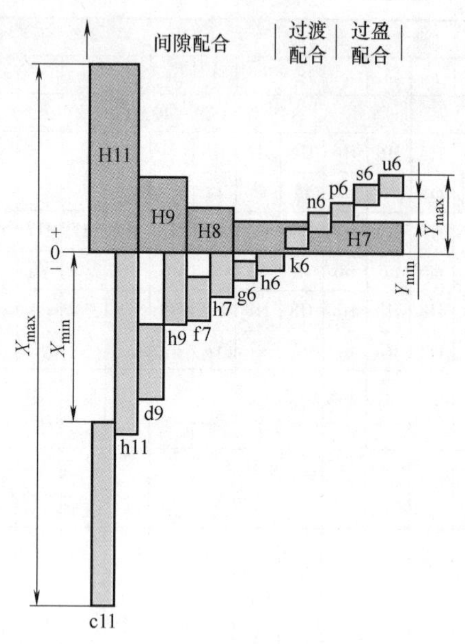

图 2-19 基孔制优先配合公差带图

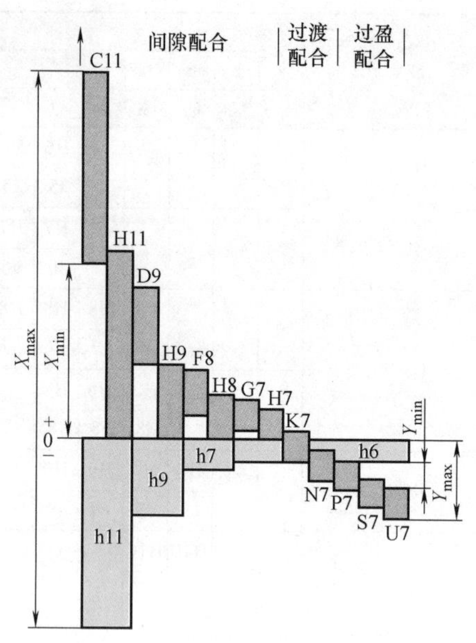

图 2-20 基轴制优先配合公差带图

二、大尺寸段的公差与配合

1. 特点

公称尺寸大于 500mm，有些甚至超过 10 000mm 的零件尺寸称为大尺寸。重型机械制造中常遇到大尺寸公差与配合的问题，如矿山机械、船舶制造、大型发电机组、飞机制造等。

根据国内外有关单位调查研究，影响大尺寸加工误差的主要因素是测量误差。

1）测量大尺寸孔和轴时，其测得值往往小于实际值，原因是测量时不容易找到真正的直径。又由于测量困难，时间长，致使量具温度升高而造成误差。

2）大直径内孔测量一般采用结构简单、轻便、刚性较好的内径千分尺或经过仪器对准的量杆进行测量，而外径测量用的是自重大、易变形、操作找正不方便的卡尺测量。因此，大尺寸外径比内径的测量更难掌握，测量误差更大。

3）在大尺寸测量中，测量基准的准确性和测量时量具轴线与被测工件的中心线的对准问题都对测量精度有影响。

4）被测工件与量具之间的温度差对测量误差也有较大的影响。

由于大尺寸工件在测量方面及其他方面的特殊问题，因而对大尺寸公差与配合要考虑以下几点：

1）在大尺寸段零件的公差单位公式中，应充分反映测量误差的影响，并注意测量误差对配合性质的影响。

2）由于大尺寸零件制造和测量的困难，因此在大尺寸范围内一般选用 IT6～IT12 公差值。

3）由于大轴比大孔更难测量，所以推荐孔、轴采用同级配合。

4）除采用互换配合外，根据其制造特点，可采用配制配合。

2. 常用孔、轴公差带

国家标准规定公称尺寸>500～3150mm 大尺寸段的常用孔、轴公差带分别见表 2-15 和表

2-16。其中只规定了常用轴公差带 41 种，常用孔公差带 31 种，没有推荐配合。对于公称尺寸>500~3150mm 的大尺寸段，国家标准规定一般采用基孔制的同级配合。

表 2-15　公称尺寸>500~3150mm 的孔常用公差带

			G6	H6	JS6	K6	M6	N6
		F7	G7	H7	JS7	K7	M7	N7
D8	E8	F8		H8	JS8			
D9	E9	F9		H9	JS9			
D10				H10	JS10			
D11				H11	JS11			
				H12	JS12			

表 2-16　公称尺寸>500~3150mm 的轴常用公差带

			g6	h6	js6	k6	m6	n6	p6	r6	s6	t6	u6
		f7	g7	h7	js7	k7	m7	n7	p7	r7	s7	t7	u7
d8	e8	f8		h8	js8								
d9	e9	f9		h9	js9								
d10				h10	js10								
d11				h11	js11								
				h12	js12								

3. 配制公差

国家标准对大尺寸段没有推荐配合，目前国内各单位采用“配作”的基础上，参考国外有关经验，以 GB/T 1801—2009 附录的规定为基础，推出“配制公差”。它是以一个零件的实际尺寸为基数，来配制另一个零件的一种工艺措施，适用于尺寸较大、公差等级较高、单件小批生产的配合零件，也可用于中小批零件生产中公差等级较高的场合。“配制公差”代号为 MF。

例 2-11　某一公称尺寸为 ϕ3000mm 的孔和轴配合，要求配合的最大间隙为 0.450mm，最小间隙为 0.140mm，采用配制配合。

解　1）首先根据互换性生产要求，为满足以上最大、最小间隙，选取配合为 ϕ3000H6/f6 或 ϕ3000F6/h6。从表 2-10、表 2-4 中查出这两种配合的最大间隙为 0.415mm，最小间隙为 0.145mm，符合零件配合要求。

如先加工孔，在图样上应标注为 ϕ3000H6/f6MF；如先加工轴，在图样上应标注为 ϕ3000F6/h6MF。

2）选择先加工零件。根据大尺寸零件加工测量的特点，一般先选择加工孔，因为孔的加工较困难，但能得到较高测量精度。先给出一个比较容易达到的尺寸公差，如 H8，在孔零件图上标注 ϕ3000H8MF。若按未注公差尺寸的极限偏差加工，则孔零件图上应标注为 ϕ3000MF。

3）对于配制件轴，根据配合公差来选取适当公差。本例可按最大、最小间隙来考虑。若选 f7，则最大间隙为 0.355mm，最小间隙为 0.145mm，符合要求。若选 f8，则最大间隙为 0.475mm，超过要求，故 f8 不适用，只能选 f7。

在轴的零件图上标注 ϕ3000f7MF 或 $\phi 3000_{-0.355}^{-0.145}$MF。

4）准确测出先加工孔的实际尺寸。若测得孔径为 ϕ3000.195mm，以此尺寸作为配制件极限尺寸计算起始尺寸，则 f7 轴的极限尺寸为

$$d_{max}=(3000.195-0.145)\text{mm}=3000.050\text{mm}$$

$$d_{min}=(3000.195-0.355)\text{mm}=2999.840\text{mm}$$

其公差带如图 2-21 所示。

注意：“配制配合”既能扩大制造公差，又具有系列化、理论化和标准化的优点。“配制公差”只涉及零件尺寸公差，其他技术要求，如表面粗糙度、几何公差等要求不降低。

4. 公称尺寸>3150~10000mm 的公差与配合

对于公称尺寸>3150~10000mm 的范围，标准公差因子只能在 $I=0.004D+2.1$ 的基础上采用延伸的方法确定，但科学依据与实践基础都不够充分。旧的国家标准的附录提供了有关数据供参考使用。表 2-17 所列为公称尺寸>3150~10000mm 的分段情况，表 2-18 所列为公称尺寸>3150~10000mm 的孔、轴基本偏差数值。公称尺寸>3150~10000mm 的标准公差值请参考相应行业标准。

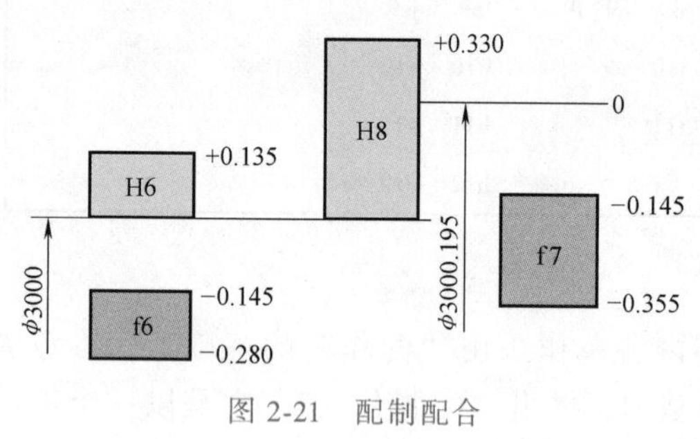

图 2-21 配制配合

表 2-17 公称尺寸>3150~10000mm 的分段情况

（单位：mm）

主段落		中间段落	
大于	至	大于	至
3150	4000	3150	3550
		3550	4000
4000	5000	4000	4500
		4500	5000
5000	6300	5000	5600
		5600	6300
6300	8000	6300	7100
		7100	8000
8000	10000	8000	9000
		9000	10000

表 2-18 公称尺寸>3150~10000mm 的孔、轴基本偏差数值 （单位：μm）

轴的基本偏差		上极限偏差 es						下极限偏差 ei							
		d	e	f	g	h	js	k	m	n	p	r	s	t	u
公差等级		IT6~IT18													
公称尺寸/mm		符号													
大于	至	−	−	−	−				+	+	+	+	+	+	+
3150	3550	580	320	160		0	偏差 $=\pm\frac{IT}{2}$				290	680	1600	2400	3600
3550	4000											720	1750	2600	4000
4000	4500	640	350	175		0					360	840	2000	3000	4600
4500	5000											900	2200	3300	5000
5000	5600	720	380	190		0					440	1050	2500	3700	5600
5600	6300											1100	2800	4100	6400
6300	7100	800	420	210		0					540	1300	3200	4700	7200
7100	8000											1400	3500	5200	8000
8000	9000	880	460	230		0					680	1650	4000	6000	9000
9000	10000											1750	4400	6600	10000
大于	至	+	+	+	+				−	−	−	−	−	−	−
公称尺寸/mm		符号													
公差等级		IT6~IT18													
孔的基本偏差		D	E	F	G	H	JS	K	M	N	P	R	S	T	U
		下极限偏差 EI						上极限偏差 ES							

三、公称尺寸至 18mm 的公差与配合

1. 特点

公称尺寸至 18mm 的零件，特别是公称尺寸<3mm 的零件，无论在加工、测量、装配和

使用等方面都与常用尺寸段和大尺寸段有所不同。

（1）加工误差　从理论上讲，零件的加工误差随公称尺寸增大而增大，因此小尺寸零件的加工误差应很小。但实际上，由于小尺寸零件刚性差，受切削力影响变形很大，同时加工时定位、装夹等都比较困难，因而有时零件尺寸越小反而加工误差越大，而且小尺寸轴比孔加工更困难。

（2）测量误差　通过对小尺寸零件的测量误差进行一系列调查分析，至少尺寸在 10mm 范围内，测量误差与零件尺寸不成正比关系，这主要是由于量具误差、温度变化以及测量力等因素的影响。

2. 孔、轴公差带与配合

国家标准规定了公称尺寸至 18mm 的孔、轴公差带，主要适用于仪器仪表和钟表工业。

国家标准规定了 163 种轴公差带（表 2-19）和 145 种孔公差带（表 2-20）。标准对这些公差带未指明优先、常用和一般的选用次序，也未推荐配合。各行业、工厂可根据实际情况自行选用公差带并组成配合。

表 2-19　公称尺寸至 18mm 的轴公差带

										h1		js1													
										h2		js2													
						ef3	f3	fg3	g3	h3		js3	k3	m3	n3	p3	r3								
						ef4	f4	fg4	g4	h4		js4	k4	m4	n4	p4	r4	s4							
		c5	cd5	d5	e5	ef5	f5	fg5	g5	h5	j5	js5	k5	m5	n5	p5	r5	s5	u5	v5	x5	z5			
		c6	cd6	d6	e6	ef6	f6	fg6	g6	h6	j6	js6	k6	m6	n6	p6	r6	s6	u6	v6	x6	z6	za6		
		c7	cd7	d7	e7	ef7	f7	fg7	g7	h7	j7	js7	k7	m7	n7	p7	r7	s7	u7	v7	x7	z7	za7	zb7	zc7
	b8	c8	cd8	d8	e8	ef8	f8	fg8	g8	h8		js8	k8	m8	n8	p8	r8	s8	u8	v8	x8	z8	za8	zb8	zc8
a9	b9	c9	cd9	d9	e9	ef9	f9			h9		js9	k9			p9	r9	s9	u9		x9	z9	za9	zb9	zc9
a10	b10	c10	cd10	d10	e10					h10		js10	k10												
a11	b11	c11		d11						h11		js11													
a12	b12	c12								h12		js12													
a13	b13	c13								h13		js13													

表 2-20　公称尺寸至 18mm 的孔公差带

										H1		JS1													
										H2		JS2													
						EF3	F3	FG3	G3	H3		JS3	K3	M3	N3	P3	R3								
										H4		JS4	K4	M4											
					E5	EF5	F5	FG5	G5	H5		JS5	K5	M5	N5	P5	R5	S5							
			CD6	D6	E6	EF6	F6	FG6	G6	H6	J6	JS6	K6	M6	N6	P6	R6	S6	U6	V6	X6	Z6			
			CD7	D7	E7	EF7	F7	FG7	G7	H7	J7	JS7	K7	M7	N7	P7	R7	S7	U7	V7	X7	Z7	ZA7	ZB7	ZC7
	B8	C8	CD8	D8	E8	EF8	F8	FG8	G8	H8	J8	JS8	K8	M8	N8	P8	R8	S8	U8	V8	X8	Z8	ZA8	ZB8	ZC8
A9	B9	C9	CD9	D9	E9	EF9	F9			H9		JS9	K9		N9	P9	R9	S9	U9		X9	Z9	ZA9	ZB9	ZC9
A10	B10	C10	CD10	D10	E10		F10			H10		JS10	K10		N10										
A11	B11	C11		D11						H11		JS11													
A12	B12	C12								H12		JS12													
										H13		JS13													

在小尺寸段，由于轴比孔难加工，所以较多采用基轴制。在配合中，孔和轴的公差等级

关系更为复杂。除孔和轴采用同级配合外，也有相差 1~3 级配合的，而且往往是孔的公差等级高于轴的公差等级。

第四节 常用尺寸公差与配合的选用

公差与配合的选择是机械设计与制造中至关重要的一环。公差与配合的选用是否恰当，对机械的使用性能和制造成本都有很大的影响，有时甚至起决定性作用。因此，公差与配合的选择，实质上是尺寸的精度设计。

在设计工作中，公差与配合的选用主要包括配合制、公差等级及配合种类。

一、配合制的选用

选用配合制时，应从零件的结构、工艺、经济几方面来综合考虑，权衡利弊。

一般情况下，设计时应优先选用基孔制配合。因为孔通常采用定值刀具（如钻头、铰刀、拉刀等）加工，用极限量规检验，所以采用基孔制配合可减少孔公差带的数量，大大减少所用定值刀具和极限量规的规格与数量，这显然是经济合理的。

但是，在有些情况下采用基轴制配合比较合理。例如：

1）在农业机械、建筑机械等制造中，有时采用具有一定公差等级的冷拉钢材，外径不需要加工，可直接做成轴。在此情况下，应选用基轴制配合。

2）在同一公称尺寸的轴上需要装配几个具有不同配合性质的零件时，应选用基轴制配合。图 2-22 所示为活塞销 1 与连杆 3 及活塞 2 的配合。根据要求，活塞销与活塞应为过渡配合，而活塞销与连杆之间有相对运动，应为间隙配合。如果三段配合均选基孔制配合，则应为 ϕ30H6/m5、ϕ30H6/h5 和 ϕ30H6/m5，公差带如图 2-22b 所示。此时必须将轴做成台阶轴才能满足各部分配合要求，这样做既不便于加工，又不利于装配。如果改用基轴制配合，则三段的配合可改为 ϕ30M6/h5、ϕ30H6/h5 和 ϕ30M6/h5，其公差带如图 2-22c 所示，将活塞销做成光轴，既方便加工，又利于装配。

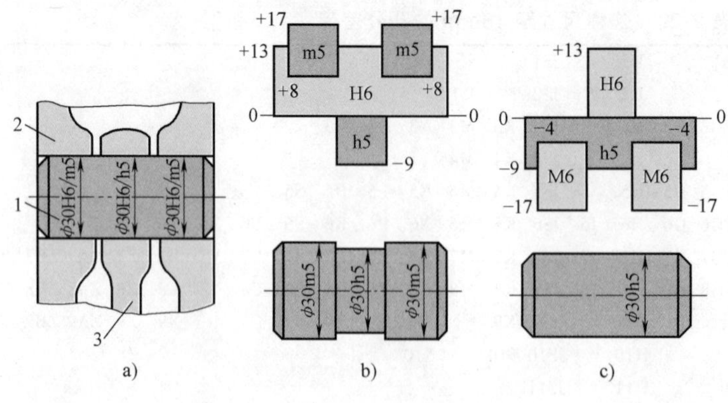

非基准配合

图 2-22 活塞部件装配

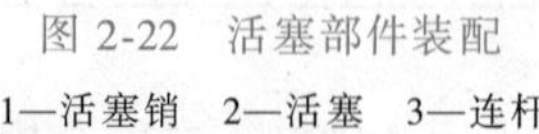
1—活塞销 2—活塞 3—连杆

3）与标准件相配合的孔或轴，应以标准件为基准件来确定配合制。例如，与滚动轴承（标准件）内圈相配合的轴应选用基孔制配合，而与滚动轴承外圆配合的孔则应选用基轴制配合。

此外，在特殊需要时可以采用非基准配合。即由不包含基本偏差为 H 和 h 的任一孔、轴公差带组成配合。例如，在 C616 车床主轴箱中齿轮轴筒和隔套的配合（图 2-23）。由于齿轮轴筒的外径已根据和滚动轴承配合的要求选为 ϕ60js6，而隔套的作用只是将两个滚动轴承隔开，做轴向定位用，为了方便装配，它只要松套在齿轮轴筒的外径上即可，公差等级也可选用更低的，所以它的公差带选为 ϕ60D10。同样，另一个隔套与主轴箱孔的配合采用 ϕ95K7/d11。这类配合就是由不同公差等级的非基准孔公差带组成的。

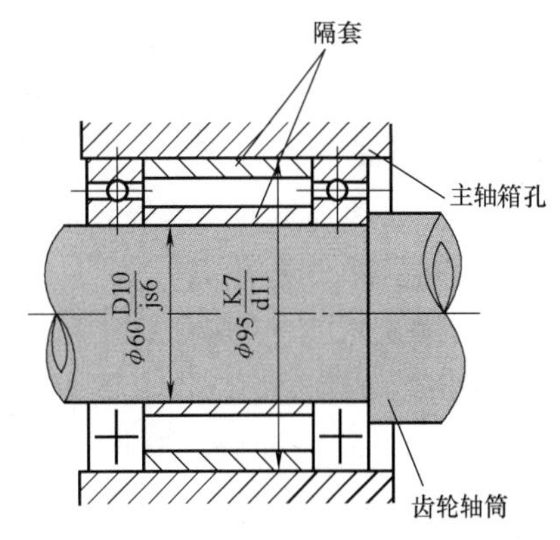

图 2-23 非基准制配合的应用实例

二、公差等级的选用

选用公差等级时，要正确处理使用要求、制造工艺和成本之间的关系。因此，选用公差等级的基本原则是：在满足使用要求的前提下，尽量选取低的公差等级。另外，在确定孔和轴的公差等级的关系时，要考虑孔和轴的工艺等价性，即对于公称尺寸≤500mm 的较高等级的配合，由于孔比同级轴加工困难，当标准公差≤IT8 时，国家标准推荐孔比轴低一级相配合，但对标准公差>IT8 或公称尺寸>500mm 的配合，由于孔的测量精度比轴容易保证，因而推荐采用同级孔、轴配合。

国家标准推荐的各公差等级的应用范围如下：

1）IT01、IT0、IT1 一般用于高精度量块和其他精密尺寸标准块的公差，它们大致相当于量块的 1、2、3 级精度的公差。

2）IT2~IT5 用于特别精密零件的配合。

3）IT5~IT12 用于配合尺寸公差。其中 IT5（孔到 IT6）用于高精度和重要的配合处，如精密机床主轴的轴颈、主轴箱体孔与精密滚动轴承的配合，车床尾座孔和顶尖套筒的配合，内燃机中活塞销与活塞销孔的配合等。

4）IT6（孔到 IT7）用于要求精密配合的情况，如机床中一般传动轴和轴承的配合，齿轮、带轮和轴的配合，内燃机中曲轴与轴套的配合。这个公差等级在机械制造中应用较广，国标推荐的常用公差带也较多。

5）IT7~IT8 用于一般精度要求的配合。例如，一般机械中速度不高的轴与轴承的配合，在重型机械中用于精度要求稍高的配合，在农业机械中则用于较重要的配合。

6）IT9~IT10 常用于一般要求的地方，或精度要求较高的槽宽的配合。

7）IT11~IT12 用于不重要的配合。

8）IT12~IT18 用于未注尺寸公差的尺寸精度，包括冲压件、铸锻件及其他非配合尺寸的公差等。

选用公差等级时，除上述有关原则和因素外，还应考虑以下问题：

（1）相关件和相配件的精度　例如，齿轮孔与轴的配合，它们的公差等级取决于相关件齿轮的精度等级，与滚动轴承相配合的外壳孔和轴颈的公差等级取决于相配件滚动轴承的公差等级。

（2）加工成本　如图 2-24 所示，外壳孔与轴承盖的配合、隔套孔与轴颈的配合，都要求大间隙配合，且配合公差很大。而外壳孔和轴颈的公差等级已由轴承的公差等级决定，因此为满足这样的使用要求，轴承盖和隔套孔的公差等级可以分别比外壳孔和轴颈低二、三级，以利于降低加工成本。

国家标准各公差等级与各种加工方法的大致关系见表 2-21。

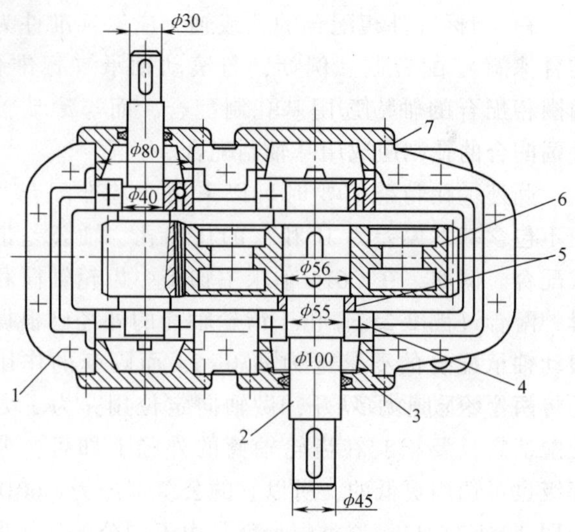

图 2-24　圆柱齿轮减速器

1—箱体　2—轴　3—轴承盖　4—滚动轴承　5—轴套　6—齿轮　7—垫片

表 2-21　各种加工方法的公差等级

加工方法	公差等级（IT）																			
	01	0	1	2	3	4	5	6	7	8	9	10	11	12	13	14	15	16	17	18
研磨	—	—	—	—	—	—	—													
珩磨						—	—	—	—											
圆磨							—	—	—	—										
平磨							—	—	—	—										
金刚石车							—	—	—											
金刚石镗							—	—	—											
拉削							—	—	—	—										
铰孔									—	—	—	—								
车									—	—	—	—	—							
镗									—	—	—	—	—							
铣										—	—	—	—							
刨、插												—	—							
钻												—	—	—	—					
滚压、挤压												—	—							
冲压												—	—	—	—	—				
压铸													—	—	—	—				
粉末冶金成形								—	—	—										
粉末冶金烧结									—	—	—	—								
砂型铸造、气割																		—	—	—
锻造																	—	—		

三、配合的选用

选择配合主要是为了解决结合零件孔与轴在工作时的相互关系，以保证机器正常工作。

在设计中，根据使用要求，应尽可能地选用优先配合和常用配合。如果优先配合与常用配合不能满足要求，则可选标准推荐的一般用途的孔、轴公差带，按使用要求组成需要的配合。若仍不能满足使用要求，还可从国标所提供的544种轴公差带和543种孔公差带中选取合适的公差带，组成所需要的配合。

确定了配合制之后，选择配合就是根据使用要求——配合公差（间隙或过盈）的大小，确定与基准件相配合的孔、轴的基本偏差代号，同时确定基准件及配合件的公差等级。

对于间隙配合，由于基本偏差的绝对值等于最小间隙，故可按最小间隙确定基本偏差代号；对于过盈配合，在确定基准件的公差等级后，即可按最小过盈选定配合件的基本偏差代号，并根据配合公差的要求确定孔、轴公差等级。

机器的质量大多取决于对其零部件所规定的配合及其技术条件是否合理。许多零件的尺寸公差都是由配合的要求所决定的。一般选用配合的方法有三种：计算法、试验法和类比法。

（1）计算法　它是根据一定的理论和公式，计算出所需的间隙或过盈。对于间隙配合中的滑动轴承，运用润滑理论，通过计算来保证滑动轴承处于液体摩擦状态所需的间隙，即计算出形成油膜润滑的最小间隙和确定不引起油膜破坏的最大间隙，并根据计算结果，选择合适的配合；对于过盈配合，可按弹塑性理论，计算出保证传递转矩的最小过盈和不引起材料破坏所允许的最大过盈，并根据计算结果，选择合适的配合。由于影响配合间隙量和过盈量的因素很多，理论计算结果也只是近似的，所以，在实际应用中还需经过试验来确定。

（2）试验法　对产品性能影响很大的一些配合，往往要用试验法来确定机器最佳工作性能的间隙或过盈。例如，风镐锤体与镐筒配合的间隙量对风镐工作性能有很大影响，一般采用试验法较为可靠。但这种方法必须进行大量试验，成本较高。

（3）类比法　类比法是指按同类型机器或机构中，经过生产实践验证的已用配合的实用情况，再考虑所设计机器的使用要求，然后参照确定需要配合的一种方法。

在生产实际中，广泛应用的选择配合的方法是类比法。要掌握这种方法，首先必须分析机器或机构的功用、工作条件及技术要求，进而研究结合件的工作条件及使用要求；其次要了解各种配合的特性和应用。

1. 分析零件的工作条件及使用要求

为了充分掌握零件的具体工作条件和使用要求，必须考虑下列问题：工作时结合件的相对位置状态（如运动方向、运动速度、运动精度、停歇时间等）、承受负荷情况、润滑条件、温度变化、配合的重要性、装卸条件以及材料的物理力学性能等。根据具体条件不同，结合件配合的间隙或过盈量必须相应地改变。表2-22可供不同工作情况下选用配合时参考。

表2-22　工作情况对过盈和间隙的影响

具体情况	过盈应增大或减小	间隙应增大或减小	具体情况	过盈应增大或减小	间隙应增大或减小
材料许用应力小	减小	—	装配时可能歪斜	减小	增大
经常拆卸	减小	—	旋转速度高	增大	增大
工作时，孔温高于轴温	增大	减小	有轴向运动	—	增大
工作时，轴温高于孔温	减小	增大	润滑油黏度增大	—	增大
有冲击载荷	增大	减小	装配精度高	减小	减小
配合长度较大	减小	增大	表面粗糙度高度参数值大	增大	减小
配合面几何误差较大	减小	增大			

2. 了解各种配合的特性和应用

间隙配合的特性是具有间隙。它主要用于结合件有相对运动的配合（包括旋转运动和轴向滑动），也可用于一般的定位配合。

过盈配合的特性是具有过盈。它主要用于结合件没有相对运动的配合。过盈不大时，用键联接传递转矩；过盈大时，靠孔、轴结合力传递转矩。前者可以拆卸，后者是不能拆卸的。

过渡配合的特性是可能具有间隙，也可能具有过盈，但所得到的间隙和过盈量一般比较小，它主要用于定位精确并要求拆卸的相对静止的连接。

表 2-23 所列为各种基本偏差的特性和应用，表 2-24 所列为优先配合选用说明，可供选择配合时参考。

表 2-23 各种基本偏差的特性和应用

配合	基本偏差	特性及应用
间隙配合	a(A)、b(B)	可得到特别大的间隙，应用很少
	c(C)	可得到很大的间隙，一般适用于缓慢、松弛的间隙配合，用于工作条件较差（如农业机械），受力变形，或为了便于装配而必须保证有较大的间隙时，推荐配合为 H11/c11，其较高等级的 H8/c7 配合适用于轴在高温工作的紧密间隙配合，如内燃机排气阀和导管
	d(D)	一般用于 IT7~IT11，适用于松的转动配合，如密封盖、滑轮、空转带轮等与轴的配合；也适用于大直径滑动轴承配合，如汽轮机、球磨机、轧滚成形和重型弯曲机，以及其他重型机械中的一些滑动轴承
	e(E)	多用于 IT7~IT9，通常用于要求有明显间隙、易于转动的轴承配合，如大跨距轴承、多支点轴承等配合。高等级的 e 轴适用于大的、高速、重载支承，如涡轮发电机、大型电动机及内燃机主要轴承、凸轮轴轴承等配合
	f(F)	多用于 IT6~IT8 的一般转动配合，当温度影响不大时，被广泛用于普通润滑油（或润滑脂）润滑的支承，如主轴箱、小电动机、泵等的转轴与滑动轴承的配合
	g(G)	配合间隙很小，制造成本高，除很轻负荷的精密装置外，不推荐用于转动配合。多用于 IT5~IT7，最适合不回转的精密滑动配合，也用于插销等定位配合，如精密连杆轴承、活塞及滑阀、连杆销等
	h(H)	多用于 IT4~IT11，广泛用于无相对转动的零件，作为一般的定位配合，若没有温度、变形影响，也用于精密滑动配合
过渡配合	js(JS)	偏差完全对称（±IT/2）、平均间隙较小的配合，多用于 IT4~IT7，要求间隙较 h 轴小，并允许略有过盈的定位配合，如联轴器、齿圈与钢制轮毂，可用木锤装配
	k(K)	平均间隙接近于零的配合，适用于 IT4~IT7，推荐用于稍有过盈的定位配合，如为了消除振动用的定位配合，一般用木锤装配
	m(M)	平均过盈较小的配合，适用于 IT4~IT7，一般可用木锤装配，但在最大过盈时，要求相当的压入力
	n(N)	平均过盈比 m 轴稍大，很少得到间隙，适用于 IT4~IT7，用木锤或压入机装配，通常推荐用于紧密的组件配合。H6/n5 配合时为过盈配合

（续）

配合	基本偏差	特性及应用
过盈配合	p(P)	与H6或H7孔配合时为过盈配合，与H8孔配合时则为过渡配合；对于非铁零件，为较轻的压入配合，当需要时易于拆卸；对于钢、铸铁或铜钢组件装配时为标准压入配合
	r(R)	对铁类零件为中等打入配合，对非铁类零件为轻打入配合；当需要时可以拆卸，与H8孔配合，直径在100mm以上时为过盈配合，直径小时为过渡配合
	s(S)	用于钢和铁制零件的永久性和半永久性装配，可产生相当大的结合力，当用弹性材料，如轻合金时，配合性质与铁类零件的p轴相当，如套环压装在轴上、阀座等的配合。尺寸较大时，为了避免损伤配合表面，需用热胀或冷缩法装配
	t(T)	过盈较大的配合，对钢和铸铁零件适于做永久性结合，不用键可传递力矩，需用热胀或冷缩法装配，如联轴器与轴的配合
	u(U)	这种配合过盈大，一般应验算在最大过盈时工件材料是否损坏，要用热胀或冷缩法装配，如火车轮毂和轴的配合
	v(V)、x(X)、y(Y)、z(Z)	这些基本偏差所组成配合的过盈量更大，目前使用的经验和资料还很少，必须经试验后才可应用，一般不推荐

表 2-24　优先配合选用说明

优先配合		说明
基孔制	基轴制	
$\frac{H11}{c11}$	$\frac{C11}{h11}$	间隙非常大，用于很松、转动很慢的间隙配合，用于装配方便的很松的配合
$\frac{H9}{d9}$	$\frac{D9}{h9}$	间隙很大的自由转动配合，用于精度为非主要要求时，或有大的温度变化，高转速或大的轴颈压力时
$\frac{H8}{f7}$	$\frac{F8}{h7}$	间隙不大的转动配合，用于中等转速与中等轴颈压力的精确转动，也用于装配较容易的中等定位配合
$\frac{H7}{g6}$	$\frac{G7}{h6}$	间隙很小的滑动配合，用于不希望自由转动，但可自由移动和滑动并精密定位时，也可用于要求明确的定位配合
$\frac{H7}{h6}$ $\frac{H8}{h7}$ $\frac{H9}{h9}$ $\frac{H11}{h11}$	$\frac{H7}{h6}$ $\frac{H8}{h7}$ $\frac{H9}{h9}$ $\frac{H11}{h11}$	均为间隙定位配合，零件可自由装拆，而工作时，一般相对静止不动，在最大实体条件下的间隙为零，在最小实体条件下的间隙由公差等级决定
$\frac{H7}{k6}$	$\frac{K7}{h6}$	过渡配合，用于精密定位
$\frac{H7}{n6}$	$\frac{N7}{h6}$	过渡配合，用于允许有较大过盈的更精密定位
$\frac{H7}{p6}$	$\frac{P7}{h6}$	过盈定位配合，即小过盈配合，用于定位精度特别重要时能以最好的定位精度达到部件的刚性及对中性要求
$\frac{H7}{s6}$	$\frac{S7}{h6}$	中等压入配合，适用于一般钢件，或用于薄壁件的冷缩配合，用于铸铁件可得到最紧的配合
$\frac{H7}{u6}$	$\frac{U7}{h6}$	压入配合，适用于可以承受高压入力的零件，或不宜承受大压入力的冷缩配合

第五节 一般公差 线性尺寸的未注公差

国家标准 GB/T 1804—2000《一般公差 未注公差的线性和角度尺寸的公差》是代替旧国标 GB/T 1804—1992 的新国标，它采用了国际标准 ISO 2768-1：1989《一般公差 第 1 部分：未注出公差的线性和角度尺寸的公差》。

一、线性尺寸的一般公差的概念

线性尺寸的一般公差是指在车间普通工艺条件下，机床设备一般加工能力可保证的公差。在正常维护和操作情况下，它代表经济加工精度。

采用一般公差的尺寸在正常车间精度保证的条件下，一般可不检验。

应用一般公差可简化制图，使图样清晰易读；节省图样设计时间，设计人员只要熟悉和应用一般公差的规定，可不必逐一考虑其公差值；突出了图样上注出公差的尺寸，以便在加工和检验时引起重视。

二、有关国标规定

线性尺寸的一般公差规定了四个公差等级。其公差等级从高到低依次为：精密级（f）、中等级（m）、粗糙级（c）、最粗级（v）。公差等级越低，公差数值越大。线性尺寸的极限偏差数值见表 2-25，倒圆半径和倒角高度尺寸的极限偏差数值见表 2-26，角度尺寸的极限偏差数值见表 2-27。

表 2-25 线性尺寸的极限偏差数值 （单位：mm）

公差等级	公称尺寸分段							
	0.5~3	>3~6	>6~30	>30~120	>120~400	>400~1000	>1000~2000	>2000~4000
f（精密级）	±0.05	±0.05	±0.1	±0.15	±0.2	±0.3	±0.5	—
m（中等级）	±0.1	±0.1	±0.2	±0.3	±0.5	±0.8	±1.2	±2
c（粗糙级）	±0.2	±0.3	±0.5	±0.8	±1.2	±2	±3	±4
v（最粗级）	—	±0.5	±1	±1.5	±2.5	±4	±6	±8

表 2-26 倒圆半径和倒角高度尺寸的极限偏差数值 （单位：mm）

公差等级	公称尺寸分段			
	0.5~3	>3~6	>6~30	>30
f(精密级) m(中等级)	±0.2	±0.5	±1	±2
c(粗糙级) v(最粗级)	±0.4	±1	±2	±4

注：倒圆半径和倒角高度的含义参见 GB/T 6403.4—2008《零件倒圆与倒角》。

表 2-27　角度尺寸的极限偏差数值

公差等级	长度分段/mm				
	~10	>10~50	>50~120	>120~400	>400
f（精密级）	±1°	±30′	±20′	±10′	±5′
m（中等级）					
c（粗糙级）	±1°30′	±1°	±30′	±15′	±10′
v（最粗级）	±3°	±2°	±1°	±30′	±20′

三、线性尺寸的一般公差的表示方法

线性尺寸的一般公差主要用于较低精度的非配合尺寸。当功能上允许的公差等于或大于一般公差时，均应采用一般公差。

采用国家标准规定的一般公差，在图样中的尺寸后不注出公差，而是在图样上、技术文件或标准中用本标准号和公差等级符号来表示。

例如，选用中等级时，表示为 GB/T 1804—m；选用粗糙级时，表示为 GB/T 1804—c。

思　考　题

1. 试述标准公差、基本偏差、误差及公差等级的区别和联系。
2. 提取组成要素和提取导出要素的区别是什么？它和拟合组成要素的区别又是什么？
3. 国家标准对所选用的公差带与配合做必要限制的原因是什么？选用时的顺序是什么？
4. 什么是基孔制配合和基轴制配合？优先采用基孔制配合的原因是什么？
5. 什么情况下应选用基轴制配合？
6. 间隙配合、过渡配合、过盈配合各适用于何种场合？每类配合在选定松紧程度时应考虑哪些因素？
7. 以轴的基本偏差为依据，计算孔的基本偏差为何有通用规则和特殊规则之分？
8. 什么是线性尺寸的一般公差？它分为几个公差等级？其极限偏差如何确定？线性尺寸的一般公差表示方法是怎样的？

第三章 测量技术基础

第一节 概述

自然界中存在的各种物理量，其特性都反映在“量”和“质”两个方面，而任何的“质”通常都反映为一定的“量”。测量的任务就在于确定物理量的数量特征，所以成为认识和分析物理量的基本方法。从科学技术的发展看，有关各种物理量及其相互关系的定理和公式等，许多是通过测量而发现或证实的。因此，著名科学家门捷列夫说：“没有测量，就没有科学。”1982 年，国际计量技术联合会（IMEKO）第 8 届大会提出“为科学技术的发展而测量”的主题，更深刻地阐明了测量的作用及发展方向。测量是进行科学实验的基本手段。离开了精确的测量，科学实验就得不出正确的结论，而许多学科领域的突破，正是由于测量技术的提高才得以实现。

随着工业技术的进步，对测量技术的精度要求越来越高。例如，1900 年长度测量的精度达到 0.01mm 就能满足生产需要；而到 1970 年，有些长度测量的精度则要求达到 0.01μm，70 年内提高了 1000 倍。其他如农业生产、医药卫生、国内外贸易和人民生活等方面，测量技术都占有重要地位。

在测量技术领域中，常用到“检验”与“测试”等术语。检验是指判断被测物理量是否合格（在规定范围内）的过程，通常不一定要求得到被测物理量的具体数值。测试则是指其有试验研究性质的测量。

研究测量，保证量值统一和准确的科学称为计量学，它研究计量单位及其基准、标准的建立、保存和使用，测量方法和测量器具，测量精度，观测者进行测量的能力以及计量法制和管理等。简单地讲，计量学就是关于测量知识领域的科学。按基本物理量计量单位划分，计量学研究的范围包括长度、质量、时间、电流、热力学温度、发光强度和物质的量七大类。

计量学科发展到现在，早已超出古老的度量衡范围，而成为一门多学科性的综合科学技术；它也是一项系统工程，对实施科教兴国和科学技术现代化具有十分重要的意义。

一、技术测量的概念

在机械制造业中所说的技术测量或精密测量，主要是指几何参数的测量，包括长度、角度、表面粗糙度和几何误差等的测量。

测量就是将被测量与具有计量单位的标准量在数值上进行比较，从而确定两者比值的实验认知过程。若被测量值为 L，计量单位为 u，则两者比值为

$$q=L/\mathrm{u} \tag{3-1}$$

这个公式的物理意义说明，在被测量值 L 一定的情况下，比值 q 的大小完全取决于所采用的计量单位 u，而且成反比关系。同时也说明计量单位 u 的选择取决于被测量值所要求的精确程度，这样经比较而得到的被测量值为

$$L=q\mathrm{u}$$

即测量所得量值为用计量单位表示的被测量的数值。

例如，某一被测长度 L，与毫米（mm）做单位的 u 进行比较，得到的比值 q 为 10.5，则被测量长度 $L=10.5$mm。

任何一个测量过程必须有被测量的对象和所采用的计量单位。此外还有两者是怎样进行比较和比较后它的精确程度如何的问题，即测量的方法和测量的精度问题。这样，测量过程就包括测量对象、计量单位、测量方法及测量精度四个要素。

（1）测量对象　在技术测量中指几何量，包括长度、角度、表面粗糙度及几何公差等。由于几何量的特点是种类繁多，形状又各式各样，因此对于它们的特性、被测参数的定义以及标准等都必须加以研究并熟悉掌握，以便进行测量。

（2）计量单位　我国于 1984 年 2 月 27 日由国务院颁发了《关于在我国统一实行法定计量单位的命令》，在采用国际单位制的基础上，规定我国计量单位一律采用《中华人民共和国法定计量单位》。在几何量测量中，长度单位是米（m），其他常用单位有毫米（$1\text{mm}=10^{-3}\text{m}$）、微米（$1\mu\text{m}=10^{-3}\text{mm}$）和纳米（$1\text{nm}=10^{-3}\mu\text{m}$）；角度单位是弧度（rad）、微弧度（μrad），其他常用单位还有度（°）、分（′）和秒（″）。

（3）测量方法　测量方法是指进行测量时所采用的测量原理、计量器具和测量条件的总和。根据被测对象的特点，如精度、大小、轻重、材质、数量等来确定所用的计量器具，分析研究被测参数的特点和它与其他参数的关系，确定最合适的测量方法以及测量的主客观条件。

（4）测量精度（即准确度）　测量精度是指测量结果与真值的一致程度。由于任何测量过程总不可避免地会出现或大或小的测量误差，误差大说明测量结果离真值远、精度低。因此，不知道测量精度的测量结果是没有意义的。对于每一测量过程的测量结果都应给出一定的测量精度。测量精度和测量误差是两个相对的概念，由于存在测量误差，任何测量结果都是以一近似值来表示，或者说测量结果的可靠有效值是由测量误差确定的。

测量条件是指被测对象和计量器具所处的环境条件，如温度、湿度、振动和灰尘等。测量时标准温度为 20℃。一般计量室的温度控制在 20℃±(2~0.5)℃，精密计量室的温度控制在 20℃±(0.05~0.03)℃，且尽可能使被测对象与计量器具在相同温度下进行测量。计量室的相对湿度以 50%~60%为宜，还应远离振动源，并且清洁度要高等。

二、尺寸传递

1983 年第 17 届国际计量大会对米的最新定义为：米是光在真空中 1/299 792 458s 的时间内所经过的距离。显然这个长度基准无法直接用于实际生产中的尺寸测量。因此，为使生产中使用的计量器具和工件的量值统一，就需要有一个统一的量值传递系统，即将米的定义长度一级一级地传递到工件计量器具上，再用其测量工件尺寸，从而保证量值的准确一致。

我国长度量值传递系统如图 3-1 所示。从最高基准谱线向下传递，有两个平行的系统，即端面量具（量块）系统和刻线量具（线纹尺）系统。其中以量块传递系统的应用范围最广。

角度也是机械制造业中的重要几何量之一。由于一个圆周定义为 360°，因此角度不需要与长度一样再建立一个自然基准，但是在计量部门，为了工作方便，仍用多面体（棱形块）或分度盘作为角度量的基准。机械制造中的一般角度标准多采用角度量块、测角仪或分度头等。

目前生产的多面棱体有 4、6、8、12、24、36 及 72 面体。图 3-2 所示为八面棱体，在该棱体的任一横截面上，其相邻两面法线间的夹角为 45°，用它做基准可以测量 $n\times45°$ 的角度（$n=1, 2, 3, \cdots$）。以多面棱体作为角度基准的量值传递系统如图 3-3 所示。

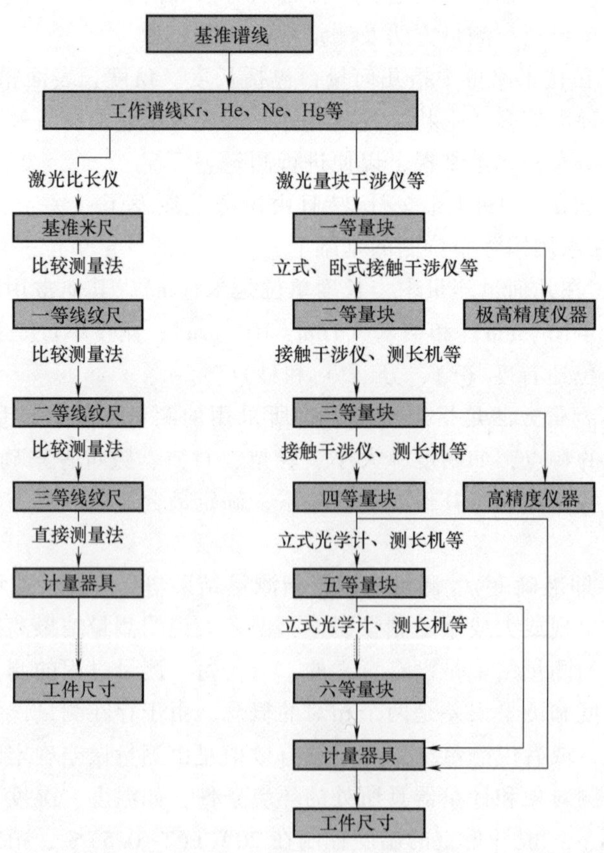

图 3-1 长度量值传递系统

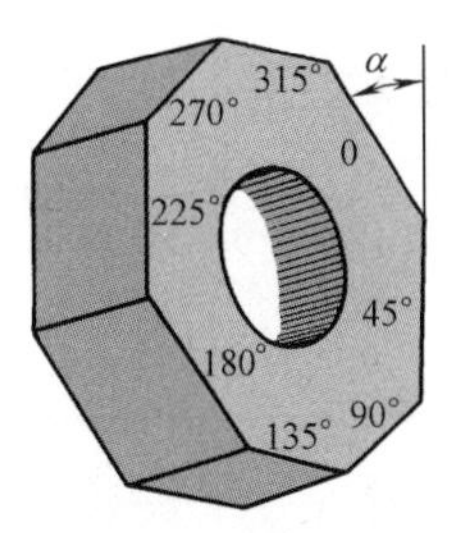

图 3-2 八面棱体

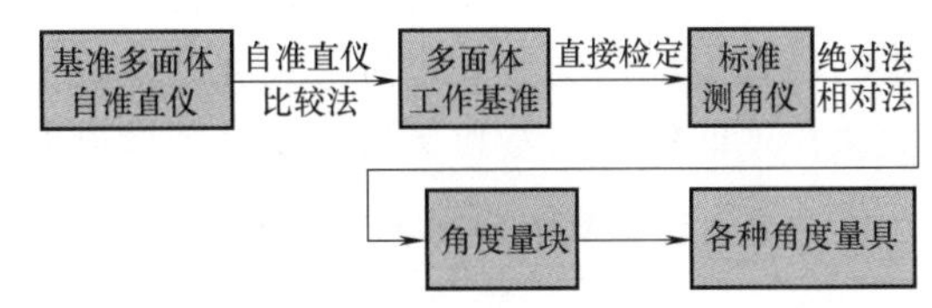

图 3-3 以多面棱体作为角度基准的量值传递系统

三、量块的基本知识

1. 量块的作用

量块用途很广，除了作为长度基准的传递媒介外，还可有以下的作用：

1）生产中用来检定和校准测量工具或量仪。

2）相对测量时用来调整量具或量仪的零位。

3）有时量块还可以直接用于精密测量、精密划线和精密机床的调整。

2. 量块的构成

量块用铬锰钢等特殊合金钢或线胀系数小、性质稳定、耐磨以及不易变形的其他材料制成。

量块的形状有长方体和圆柱体两种。常用的是长方体，它有两个平行的测量面和四个非测量面。测量面极为光滑、平整，其表面粗糙度 $Ra=0.008\sim0.012\mu m$。两测量面之间的距离即为量块的工作长度，称为标称长度（公称尺寸）。标称长度小于或等于 5.5mm 的量块，其标称长度值刻印在上测量面上；标称长度大于 5.5mm 的量块，其标称长度值刻印在上测量面的左侧平面上。标称长度小于或等于 10mm 的量块，其截面尺寸为 30mm×9mm；标称长度为 10～1000mm 的量块，其截面尺寸为 35mm×9mm，如图 3-4 所示。

3. 量块的精度

按 GB/T 6093—2001 的规定，量块按制造精度分为 5 级，即 0、1、2、3 和 K 级。其中 0 级精度最高，3 级精度最低，K 级为校准级。“级”主要是根据量块长度极限偏差、量块长度变动量允许值、测量面的平面度、量块测量面的表面粗糙度及量块的研合性等指标来划分的。

量块长度是指量块上测量面上任意点到与此量块下测量面相研合的辅助体（如平晶）表面之间的垂直距离。量块的中心长度是指量块测量面上中心点的量块长度，如图 3-5 中的 L_0。

量块

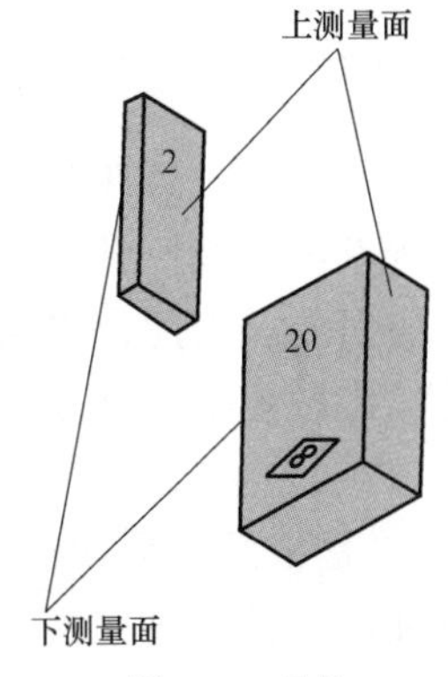

图 3-4 量块

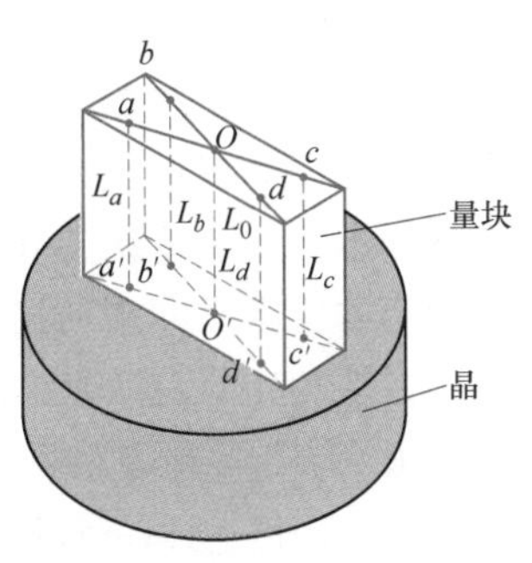

图 3-5 量块的长度定义

量块长度的极限偏差是指量块中心长度与标称长度之间允许的最大误差；量块长度变动量是指量块的最大量块长度与最小量块长度之差。

各级量块长度的极限偏差和量块长度变动量最大允许值见表3-1。

表3-1 各级量块长度的极限偏差和量块长度变动量最大允许值（摘自GB/T 6093—2001）

标称长度范围/mm		0级		1级		2级		3级		K级	
		量块长度的极限偏差	量块长度变动量最大允许值	量块长度的极限偏差	量块长度变动量最大允许值	量块长度的极限偏差	量块长度变动量最大允许值	量块长度的极限偏差	量块长度变动量最大允许值	量块长度的极限偏差	量块长度变动量最大允许值
大于	至	μm									
-	10	±0.12	0.10	±0.20	0.16	±0.45	0.30	±1.0	0.50	±0.20	0.05
10	25	±0.14	0.10	±0.30	0.16	±0.60	0.30	±1.2	0.50	±0.30	0.05
25	50	±0.20	0.10	±0.40	0.18	±0.80	0.30	±1.6	0.55	±0.40	0.06
50	75	±0.25	0.12	±0.50	0.18	±1.00	0.35	±2.0	0.55	±0.50	0.06
75	100	±0.30	0.12	±0.60	0.20	±1.20	0.35	±2.5	0.60	±0.60	0.07
100	150	±0.40	0.14	±0.80	0.20	±1.60	0.40	±3.0	0.65	±0.80	0.08
150	200	±0.50	0.16	±1.00	0.25	±2.00	0.40	±4.0	0.70	±1.00	0.09
200	250	±0.60	0.16	±1.20	0.25	±2.40	0.45	±5.0	0.75	±1.20	0.10
250	300	±0.70	0.18	±1.40	0.25	±2.80	0.50	±6.0	0.80	±1.40	0.10
300	400	±0.90	0.20	±1.80	0.30	±3.60	0.50	±7.0	0.90	±1.80	0.12
400	500	±1.10	0.25	±2.20	0.35	±4.40	0.60	±9.0	1.00	±2.20	0.14
500	600	±1.30	0.25	±2.60	0.40	±5.00	0.70	±11.0	1.10	±2.60	0.16
600	700	±1.50	0.30	±3.00	0.45	±6.00	0.70	±12.0	1.20	±3.00	0.18
700	800	±1.70	0.30	±3.40	0.50	±6.50	0.80	±14.0	1.30	±3.40	0.20
800	900	±1.90	0.35	±3.80	0.50	±7.50	0.90	±15.0	1.40	±3.80	0.20
900	1000	±2.00	0.40	±4.20	0.60	±8.00	1.00	±17.0	1.50	±4.20	0.25

注：距测量面边缘0.8mm范围内不计。

制造高精度量块的工艺要求高、成本也高，而且即使制造成高精度量块，在使用一段时间后，也会因磨损而引起尺寸减小。所以按“级”使用量块（即以标称长度为准），必然要引入量块本身的制造误差和磨损引起的误差。因此，需要定期检定出全套量块的实际尺寸，再按检定的实际尺寸来使用量块，这样比按标称尺寸使用量块的准确度高。按照JJG 146—2011《量块检定规程》的规定，量块按其检定精度分为五等，即1、2、3、4、5等，其中1等精度最高，5等精度最低。“等”主要是根据量块测量的不确定度的允许值、量块长度变动量 v 的允许值 t_v 和量块测量面的平面度公差 t_d 来划分的，见表3-2、表3-3。

表 3-2　各等量块长度测量不确定度和长度变动量最大允许值（摘自 JJG 146—2011）

量块的标称长度 l_n/mm	1 等		2 等		3 等		4 等		5 等	
	测量不确定度的允许值	长度变动量 v 的允许值 t_v	测量不确定度的允许值	长度变动量 v 的允许值 t_v	测量不确定度的允许值	长度变动量 v 的允许值 t_v	测量不确定度的允许值	长度变动量 v 的允许值 t_v	测量不确定度的允许值	长度变动量 v 的允许值 t_v
	μm									
$l_n \leqslant 10$	0.022	0.05	0.06	0.10	0.11	0.16	0.22	0.30	0.60	0.50
$10 < l_n \leqslant 25$	0.025	0.05	0.07	0.10	0.12	0.16	0.25	0.30	0.60	0.50
$25 < l_n \leqslant 50$	0.030	0.06	0.08	0.10	0.15	0.18	0.30	0.30	0.80	0.55
$50 < l_n \leqslant 75$	0.035	0.06	0.09	0.12	0.18	0.18	0.35	0.35	0.90	0.55
$75 < l_n \leqslant 100$	0.040	0.07	0.10	0.12	0.20	0.20	0.40	0.35	1.00	0.60
$100 < l_n \leqslant 150$	0.05	0.08	0.12	0.14	0.25	0.20	0.50	0.40	1.20	0.65
$150 < l_n \leqslant 200$	0.06	0.09	0.15	0.16	0.30	0.25	0.6	0.40	1.50	0.70
$200 < l_n \leqslant 250$	0.07	0.10	0.18	0.16	0.35	0.25	0.7	0.45	1.80	0.75

注：1. 距离量块测量面边缘 0.8mm 范围内不计。

2. 表内测量不确定度置信概率为 0.99。

表 3-3　各个精度等级的量块的平面度公差（摘自 JJG 146—2011）

量块的标称长度 l_n/mm	精度等级							
	1 等	K 级	2 等	0 级	3 等、4 等	1 级	5 等	2 级、3 级
	平面度公差 t_d/μm							
$0.5 < l_n \leqslant 150$	0.05		0.10		0.15		0.25	
$150 < l_n \leqslant 250$	0.10		0.15		0.18		0.25	

注：1. 距离量块测量面边缘 0.8mm 范围内不计。

2. 距离量块测量面边缘 0.8mm 范围内的表面不得高于测量面的平面。

量块按“级”使用时，是以标记在量块上的标称尺寸作为工作尺寸，该尺寸包含了量块实际制造误差。按“等”使用时，则是以量块检定后给出的实测中心长度作为工作尺寸，该尺寸不包含制造误差，但包含了量块检定时的测量误差。一般来说，检定时的测量误差要比制造误差小得多。所以量块按“等”使用时其精度比按“级”使用要高。

量块的“级”和“等”是表达精度的两种方式。我国进行长度尺寸传递时用“等”，许多工厂在精密测量中也常按“等”使用量块，因为其除可提高精度外，还能延长量块的使用寿命（磨损超过极限的量块经修复和检定后仍可作同“等”使用）。

4. 量块的选用

量块不仅尺寸准确、稳定、耐磨，而且测量面的表面粗糙度值和平面度误差均很小。当

测量面表面留有一层极薄的油膜（约 0.02μm）时，在切向推合力的作用下，由于分子之间的吸引力，两量块能研合在一起，即具有黏合性。

量块是定尺寸量具，一个量块只有一个尺寸。为了满足一定尺寸范围的不同要求，量块可以利用黏合性组合使用。根据 GB/T 6093—2001 规定，我国成套生产的量块共有 17 种套别，每套的块数为 91、83、46、12、10、8、6、5 等。表 3-4 所列为 83 块和 91 块一套的量块尺寸系列。

表 3-4　成套量块尺寸表

总块数	尺寸系列/mm	间隔/mm	块数	总块数	尺寸系列/mm	间隔/mm	块数
83	0.5	—	1	91	1.01~1.49	0.01	49
	1	—	1		1.5~1.9	0.1	5
	1.005	—	1		2.0~9.5	0.5	16
	1.01~1.49	0.01	49		10~100	10	10
	1.5~1.9	0.1	5		1.001~1.009	0.001	9
	2.0~9.5	0.5	16		1	—	1
	10~100	10	10		0.5	—	1

在使用量块时，为了减少量块的组合误差，应尽量减少量块的组合块数，一般不超过 4~5 块。选用量块时，应从所需组合尺寸的最后一位数开始，每选一块至少应减去所需尺寸的一位尾数。例如，从 83 块一套的量块中选取尺寸为 67.385mm 的量块组，选取方法为：

```
   67.385      所需尺寸
-   1.005      第一块量块尺寸
-----------
   66.380
-   1.38       第二块量块尺寸
-----------
   65.000
-   5.0        第三块量块尺寸
-----------
   60          第四块量块尺寸
```

第二节　计量器具和测量方法

一、计量器具的分类

计量器具是测量仪器和测量工具的总称。通常把没有传动放大系统的计量器具称为量具，如游标卡尺、直角尺和量规等；把具有传动放大系统的计量器具称为量仪，如机械比较仪、测长仪和投影仪等。

计量器具可按其测量原理、结构特点及用途等分为以下四类。

1. 标准量具

以固定形式复现量值的计量器具称为标准量具。通常用来校对和调整其他计量器具，或作为标准量与被测工件进行比较。有单值量具，如量块、角度量块；多值量具，如基准米尺、线纹尺、直角尺。成套的量块又称为成套量具。

2. 通用计量器具

通用计量器具通用性强，可测量某一范围内的任一尺寸（或其他几何量），并能获得具体读数值。按其结构又可分为以下几种：

（1）固定刻线量具　它是指具有一定刻线，在一定范围内能直接读出被测量数值的量具。例如，钢直尺、钢卷尺等均属于刻线量具。

（2）游标量具　它是指直接移动测头实现几何量测量的量具。这类量具有游标卡尺、深度游标卡尺、游标高度卡尺以及游标量角器等。

（3）微动螺旋副式量仪　它是指用螺旋方式移动测头来实现几何量测量的量仪。例如，外径千分尺、内径千分尺、深度千分尺等均属于此类计量器具。

（4）机械式量仪　它是指用机械方法来实现被测量的变换和放大，以实现几何量测量的量仪。例如，百分表、杠杆百分表、杠杆齿轮比较仪、扭簧比较仪等均属于此类计量器具。

（5）光学式量仪　它是指用光学原理来实现被测量的变换和放大，以实现几何量测量的量仪。例如，光学计、测长仪、投影仪、干涉仪等均属于此类计量器具。

（6）气动式量仪　它是指以压缩气体为介质，将被测量转换为气动系统状态（流量或压力）的变化，以实现几何量测量的量仪。例如，水柱式气动量仪、浮标式气动量仪等均属于此类计量器具。

（7）电动式量仪　它是指将被测量变换为电量，然后通过对电量的测量来实现几何量测量的量仪。例如，电感式量仪、电容式量仪、电接触式量仪、电动轮廓仪等均属于此类计量器具。

（8）光电式量仪　它是指利用光学方法放大或瞄准，通过光电元件再转换为电量进行检测，以实现几何量测量的量仪。例如，光电显微镜、光栅测长机、光纤传感器、激光准直仪、激光干涉仪等均属于此类计量器具。

3. 专用计量器具

专用计量器具是指专门用来测量某种特定参数的计量器具，如圆度仪、渐开线检查仪、丝杠检查仪、极限量规等。

极限量规是一种没有刻度的专用检验工具，用以检验零件尺寸、形状或相互位置。它只能判断零件是否合格，而不能得出具体尺寸。

4. 检验夹具

检验夹具是指量具、量仪和定位元件等组合的一种专用的检验工具。当配合各种比较仪时，能用来检验更多和更复杂的参数。

二、计量器具的基本度量指标

度量指标是选择和使用计量器具、研究和判断测量方法正确性的依据，是表征计量器具的性能和功能的指标。基本度量指标主要有以下几项：

（1）标尺间距 c　标尺间距是指计量器具标尺或刻度盘上两相邻刻线中心线间的距离，通常是等距刻线。为了适于人眼观察和读数，标尺间距一般为 0.75~2.5mm。

（2）分度值 i　计量器具标尺上每一标尺间距所代表的量值即分度值。一般长度量仪中的分度值有 0.1mm、0.01mm、0.001mm、0.0005mm 等。图 3-6 所示的计量器具 $i=1\mu m$。有一些计量器具（如数字式量仪）没有刻度尺，就不称分度值而称分辨率。分辨率是指量仪显示的最末一位数所代表的量值。例如，F604 坐标测量机的分辨率为 1μm，奥浦通（OPTON）光栅测长仪的分辨率为 0.2μm。

（3）测量范围　计量器具所能测量的被测量最小值到最大值的范围称为测量范围。图 3-6 所示计量器具的测量范围为 0~180mm。测量范围的最大、最小值称为测量范围的“上限值”和“下限值”。

（4）示值范围　示值范围是指由计量器具所显示或指示的最小值到最大值的范围。图 3-6 所示的示值范围为±100μm。

（5）灵敏度 S　灵敏度是指计量器具反映被测几何量微小变化的能力。如果被测参数的变化量为 ΔL，引起计量器具的示值变化量为 Δx，则灵敏度 $S=\Delta x/\Delta L$。当分子分母是同一类量时，灵敏度又称放大比 K。对于均匀刻度的量仪，放大比 $K=c/i$。此式说明当标尺间距 c 一定时，放大比 K 越大，分度值 i 越小，可以获得更精确的读数。

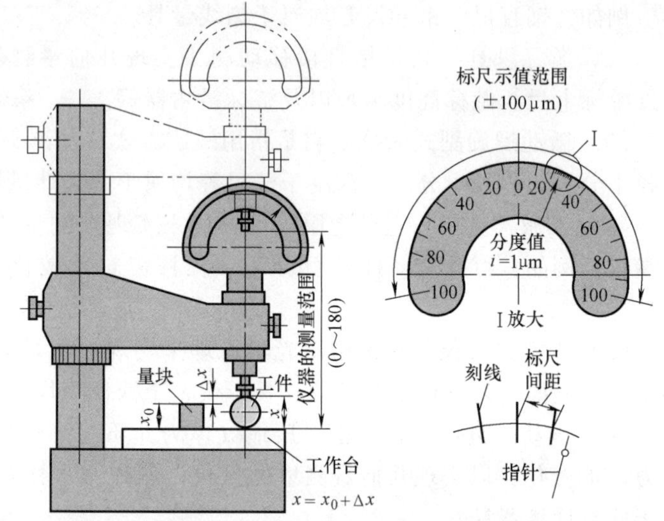

图 3-6　计量器具的基本度量指标

（6）示值误差　计量器具显示的数值与被测量的真值之差为示值误差。它主要由仪器误差和仪器调整误差引起。一般可用量块作为真值来检定计量器具的示值误差。

（7）校正值（修正值）　为消除计量器具系统测量误差，用代数法加到测量结果上的值称为校正值。它与计量器具的系统测量误差的绝对值相等而符号相反。

（8）回程误差　在相同的测量条件下，当被测量不变时，计量器具沿正、反行程在同一点上测量结果之差的绝对值称为回程误差。回程误差是由计量器具中测量系统的间隙、变形和摩擦等原因引起的。测量时，为了减少回程误差的影响，应按一个方向进行测量。

（9）重复精度　在相同的测量条件下，对同一被测参数进行多次重复测量时，其结果的最大差异称为重复精度。差异值越小，重复性就越好，计量器具精度也就越高。

（10）测量力　在接触式测量过程中，计量器具测头与被测工件之间的接触压力称为测量力。若测量力太小，则影响接触的可靠性；若测量力太大，则会引起弹性变形，从而影响测量精度。

（11）灵敏阈（灵敏限）　灵敏阈是指引起计量器具示值可觉察变化的被测量值的最小变化量。或者说，是不致引起量仪示值可觉察变化的被测量值的最大变动量。它表示量仪对被测量值微小变动的不敏感程度。

（12）允许误差　技术规范、规程等对给定计量器具所允许的误差的极限值称为允许误差。

（13）稳定度　在规定工作条件下，计量器具保持其计量特性恒定不变的程度称为稳定度。

（14）分辨力　分辨力是计量器具指示装置可以有效辨别所指示的紧密相邻量值的能力的定量表示。一般认为模拟式指示装置其分辨力为标尺间距的一半，数字式指示装置其分辨力为最后一位数的一个字。

三、测量方法的分类

广义的测量方法是指测量时所采用的测量原理、计量器具和测量条件的总和。但是在实际工作中，往往单纯从获得测量结果的方式来理解测量方法，它可按不同特征分类。

1. 按所测得的量（参数）是否为欲测量分类

（1）直接测量　直接从计量器具的读数装置上得到欲测量的数值或对标准值的偏差，称为直接测量。例如，用游标卡尺、千分尺测量外圆直径，用比较仪测量欲测尺寸。

（2）间接测量　测量有关量，并通过一定的函数关系式，求得欲测量的数值称为间接测量。例如，用弦高法测量圆柱体直径，由弦长 S 与弦高 H 的测量结果，可求得直径 D 的数值，如图 3-7 所示。即

$$D=\frac{S^2}{4H}+H \tag{3-2}$$

微分得

$$\mathrm{d}D=\frac{S}{2H}\mathrm{d}S+\left(1-\frac{S^2}{4H^2}\right)\mathrm{d}H \tag{3-3}$$

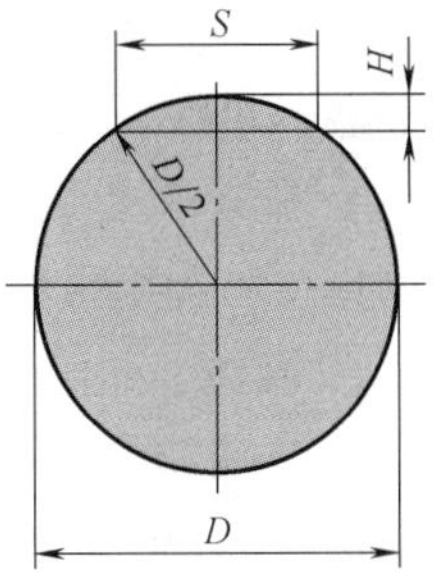

图 3-7　用弦高法测量圆柱体直径

显然，当 $S=2H$ 时，式（3-3）中第二项为零，即直接测量直径时，误差最小。但这一结论是有局限性的。当轴的直径很大时，若用千分尺等进行直接测量，则因量具过于笨重，操作困难，加上量具变形等影响，往往很难获得预期的精度。此时，用间接测量则较方便，精度也易于保证。

直接测量的测量过程简单，其测量精度只与这一测量过程有关。而间接测量的测量精度不仅取决于有关量的测量精度，还与计算的精度有关。

2. 按测量结果的读数值不同分类

（1）绝对测量　测量时从计量器具上直接得到被测参数的整个量值称为绝对测量。例如，用游标卡尺测量小工件尺寸。

（2）相对测量　在计量器具的读数装置上读得的是被测量相对于标准量的偏差值称为相对测量。例如，在比较仪上测量轴径 x（图 3-6）。先用量块（标准量）x_0 调整零位，实测后获得的示值 Δx 就是轴径相对于量块（标准量）的偏差值，实际轴径 $x=x_0+\Delta x$。

相对测量时，仪器的零位或起始读数常用已知的标准量（量块、调整棒等的尺寸）来调整，仪器读数装置仅指示出被测量对标准量的偏差值，因而仪器的示值范围大大缩小，有利于简化仪器结构，提高仪器示值的放大比和测量精度。在绝对测量中，温度偏离标准温度

(20℃) 以及测量力的影响可能会引起较大的测量误差。而在相对测量中，由于是在相同条件下将被测量对标准量进行比较，故可大大缩小由于温度、测量力的变化造成的误差。一般而言，相对测量易于获得较高的测量精度，尤其是在量块出现后，为相对测量提供了有利条件，所以其在生产中得到广泛应用。

3. 按被测工件表面与计量器具测头是否有机械接触分类

(1) 接触测量　接触测量是指计量器具测头与工件被测表面直接接触，并有机械作用的测量力，如用千分尺、游标卡尺测量工件。为了保证接触的可靠性，测量力是必要的，但它可能使计量器具或工件产生变形，从而造成测量误差。尤其是在绝对测量时，对于软金属或薄结构易变形工件，接触测量可能因变形造成较大的测量误差或划伤工件表面。

(2) 非接触测量　非接触测量是指计量器具的敏感元件与被测工件表面不直接接触，没有机械作用的测量力。此时可利用光、气、电、磁等物理量关系使测量装置的敏感元件与被测工件表面联系。例如，用干涉显微镜、磁力测厚仪、气动量仪等的测量。

4. 按测量在工艺过程中所起作用分类

(1) 主动测量　即零件在加工过程中进行的测量。其测量结果直接用来控制零件的加工过程，决定是否需要继续加工或判断工艺过程是否正常、是否需要进行调整，故能及时防止废品的产生，所以主动测量又称为积极测量。一般自动化程度高的机床具有主动测量的功能，如数控机床、加工中心等先进设备。

(2) 被动测量　即零件加工完成后进行的测量。其结果仅用于发现并剔除废品，所以被动测量又称为消极测量。

5. 按零件上同时被测参数的多少分类

(1) 单项测量　即单独地彼此没有联系地测量零件的单项参数。例如，分别测量齿轮的齿厚、齿形、齿距，螺纹的中径、螺距等。这种方法一般用于量规的检定、工序间的测量，或者为了工艺分析、调整机床等目的。

(2) 综合测量　测量零件几个相关参数的综合效应或综合参数，从而综合判断零件的合格性。例如，测量螺纹作用中径、测量齿轮的运动误差等。综合测量一般用于终结检验(验收检验)，测量效率高，能有效保证互换性，特别用于成批或大量生产中。

6. 按被测工件在测量时所处状态分类

(1) 静态测量　测量时被测零件表面与计量器具测头处于静止状态。例如，用齿距仪测量齿轮齿距，用工具显微镜测量丝杠螺距等。

(2) 动态测量　测量时被测零件表面与计量器具测头处于相对运动状态，或测量过程是模拟零件在工作或加工时的运动状态，它能反映生产过程中被测参数的变化过程。例如，用激光比长仪测量精密线纹尺，用电动轮廓仪测量表面粗糙度等。

7. 按测量中测量因素是否变化分类

(1) 等精度测量　即在测量过程中，决定测量精度的全部因素或条件不变。例如，由同一个人，用同一台仪器，在同样条件下，以同样方法，同样仔细地测量同一个量，求测量结果平均值时所依据的测量次数也相同，因而可以认为每一测量结果的可靠性和精确程度都是相同的。在一般情况下，为了简化测量结果的处理，大都采用等精度测量。实际上，绝对的等精度测量是做不到的。

(2) 不等精度测量　即在测量过程中，决定测量精度的全部因素或条件可能完全改变或部分改变。例如，用不同的测量方法，不同的计量器具，在不同的条件下，由不同的人员对同一被测量进行不同次数的测量。显然，其测量结果的可靠性与精确程度各不相同。由于不等精度测量的数据处理比较麻烦，因此一般用于重要的科研实验中的高精度测量。

以上测量方法分类是从不同角度考虑的。对于一个具体的测量过程，可能兼有几种测量方法的特征。例如，在内圆磨床上用两点式测头进行检测，属于主动测量、直接测量、接触测量和相对测量等。测量方法的选择应考虑零件结构特点、精度要求、生产批量、技术条件及经济效果等。

第三节 测量误差及数据处理

一、测量误差的基本概念

测量中，不管使用多么精确的计量器具，采用多么可靠的测量方法，进行多么仔细的测量，都不可避免地会产生误差。如果被测量的真值为 L，被测量的测得值为 l，则测量误差 δ 为

$$\delta=l-L \tag{3-4}$$

式（3-4）表达的测量误差也称绝对误差。

在实际测量中，虽然真值不能得到，但往往要求分析或估算测量误差的范围，即求出真值 L 必落在测得值 l 附近的最小范围，称为测量极限误差 $\delta_{\lim}$，它应满足

$$l-|\delta_{\lim}|\leqslant L\leqslant l+|\delta_{\lim}| \tag{3-5}$$

由于 l 可大于或小于 L，因此 δ 可能是正值或负值。即

$$L=l\pm|\delta| \tag{3-6}$$

绝对误差 δ 的大小反映了测得值 l 与真值 L 的偏离程度，决定了测量的精确度。$|\delta|$ 越小，l 偏离 L 越小，测量精度越高；反之测量精度越低。因此，要提高测量的精确度，只有从各个方面寻找有效措施来减少测量误差。

对同一尺寸的测量，可以通过绝对误差 δ 的大小来判断测量精度的高低。但对不同尺寸的测量，就要用测量误差的另一种表示方法，即相对误差的大小来判断测量精度。

相对误差 δ_r 是指测量的绝对误差 δ 与被测量真值 L 之比，通常用百分数表示。即

$$\delta_r=\frac{(l-L)}{L}\times100\%=\frac{\delta}{L}\times100\%\approx\frac{\delta}{l}\times100\% \tag{3-7}$$

从式（3-7）中可以看出，δ_r 是无量纲的量。

绝对误差和相对误差都可用来判断计量器具的精确度，因此测量误差是评定计量器具和测量方法在测量精确度方面的定量指标，每一种计量器具都有这种指标。

二、测量误差的来源及防止

在实际测量中，产生测量误差的原因很多，主要有以下几个方面：

1. 计量器具误差

计量器具误差是指计量器具设计、制造和装配调整不准确而产生的误差，分为设计原理误差、仪器制造和装配调整误差。例如，仪器读数装置中刻线尺、刻度盘等的刻线误差和装配时的偏斜或偏心引起的误差，光学系统的制造、调整误差，计量器具各零部件本身的制造误差、变形和磨损等引起的误差，都属于仪器制造和装配调整误差。又如，在设计计量器具时，为了简化结构，采用近似设计所产生的误差，属于设计原理误差。如图 3-8 所示，游标卡尺测量轴径所引起的误差就属于设计原理误差。根据长度测量的阿贝原则，在设计计量器具或测量工件时，应将被测长度与基准长度置于同一直线上。显然用游标卡尺测量时，不符合阿贝原则，用于读数的刻线尺上的基准长度和被测工件直径不在同一直线上，由于游标框架与主尺之间的间隙影响，可能使内外量爪倾斜，由此产生的测量误差为

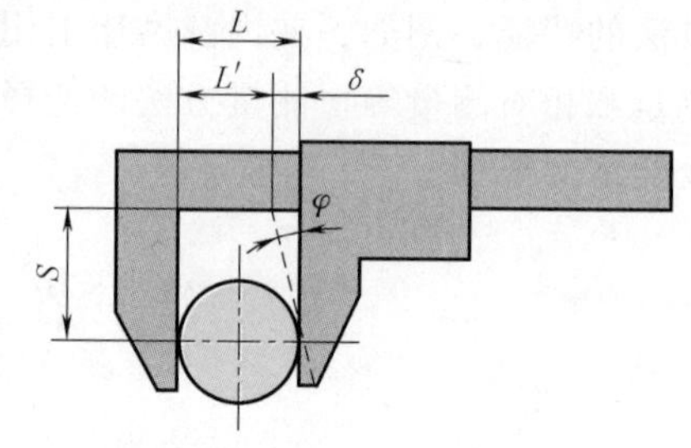

图 3-8　量具原理误差

$$\delta = L' - L = S\tan\varphi$$

式中　φ——活动量爪的倾斜角；

S——刻度尺与被测工件尺寸之间的距离。

对于理论误差，可以从设计原理上尽量少采用近似原理和机构，设计时尽量遵守阿贝测长原则等，将误差消除或控制在合理范围内。对于仪器制造和装配调整误差，由于影响因素很多，情况比较复杂，也难以消除掉。最好的方法是：在使用中，对一台仪器进行检定，掌握它的示值误差，并列出修正表，以消除其误差。另外，用多次测量的方法以减小其误差。

2. 基准件误差

基准件误差是指作为基准件使用的量块或标准件等本身存在的制造误差和使用过程中因磨损而产生的误差。特别是采用相对测量时，基准件的误差直接反映到测量结果中。

因此，生产实践中一般取基准件的误差占总测量误差的 1/5～1/3，并且要经常检验基准件。

3. 调整误差

调整误差是指测量前未能将计量器具或被测工件调整到正确位置（或状态）而产生的误差，如用未经调零或未调零位的百分表测量工件而产生的零位误差。

4. 测量方法误差

测量方法误差是指测量时选用的测量方法不完善（包括工件安装不合理、测量方法选择不当、计算公式不准确等）或对被测对象认识不够全面而引起的误差。如前述测量大型工件的直径，可以采用直接测量法，也可以采用测量弦长和弦高的间接测量法，其测量误差是不相同的。

5. 测量力误差

测量力误差是指在进行接触测量中，由于测量力使得计量器具和被测工件产生弹性变形而产生的误差。为了保证测量结果的可靠性，必须控制测量力的大小并保持恒定，特别对精密测量尤为重要。测量力过小不能保证测头与被测工件可靠接触而产生误差，测量力过大使测头和被测工件产生变形也产生误差。一般计量器具的测量力大都控制在 2N 之内，高精度

计量器具的测量力控制在 1N 之内。

6. 环境误差

环境误差是指测量时的环境条件不符合标准条件所引起的误差，包括温度、湿度、气压、振动、灰尘等因素引起的误差。其中温度是主要的，其余因素仅在精密测量时才考虑。例如用光波波长做基准进行绝对测量时，若气压、温度偏离标准状态，则光波波长将发生变化。

计量器具和被测工件的温度偏离标准温度 20℃ 而引起的测量误差的计算公式为

$$\delta=L(\alpha_1\Delta t_1-\alpha_2\Delta t_2) \tag{3-8}$$

式中　δ——温度引起的测量误差；

L——被测尺寸（通常用公称尺寸代替）；

α_1、α_2——计量器具、被测工件的线胀系数；

Δt_1——计量器具实际温度 t_1 与标准温度之差，$\Delta t_1=t_1-20℃$；

Δt_2——被测工件实际温度 t_2 与标准温度之差，$\Delta t_2=t_2-20℃$。

由式（3-8）可以看出，测量时最好使计量器具与被测工件材料相同（通用器具很难保证），即 $\alpha_1=\alpha_2$，这样只要温度相近，即使偏离标准温度影响也不大。一般高精度测量均应在恒温、恒湿、无灰尘、无振动条件下进行。

7. 人为误差

人为误差是指测量人员的主观因素（如技术熟练程度、工作疲劳程度、测量习惯、思想情绪等）引起的误差。例如，计量器具调整不正确、瞄准不准确、估读误差等都会造成测量误差。

总之，产生测量误差的因素很多，分析误差时，应找出产生误差的主要因素，并采取相应的预防措施，设法消除或减小其对测量结果的影响，以保证测量结果的精确。

三、测量误差的分类

根据测量误差的性质、出现规律和特点，可分为三大类，即系统误差、随机误差和粗大误差。

1. 系统误差

在同一测量条件下，多次测量同一量值时，误差的绝对值和符号保持恒定；或者当条件改变时，其值按某一确定的规律变化的误差，称为系统误差。所谓规律，是指这种误差可以归结为某一个因素或某几个因素的函数，这种函数一般可用解析公式、曲线或数表来表示。系统误差按其出现的规律又可分为常值系统误差和变值系统误差。

（1）常值系统误差（即定值系统误差）　它是指在相同测量条件下，多次测量同一量值时，其大小和方向均不变的误差。例如，基准件误差、仪器的原理误差和制造误差等。

（2）变值系统误差（即变动系统误差）　它是指在相同测量条件下，多次测量同一量值时，其大小和方向按一定规律变化的误差。例如，温度均匀变化引起的测量误差（按线性变化），刻度盘偏心引起的角度测量误差（按正弦规律变化）等。

当测量条件一定时，系统误差就获得一个客观上的定值，采用多次测量的平均值是不能减弱它的影响的。

从理论上讲，系统误差是可以消除的，特别是对常值系统误差，易于发现并能够消除或减小。但在实际测量中，系统误差不一定能完全消除，且消除系统误差也没有统一的方法，特别是对变值系统误差，只能针对具体情况采用不同的处理方法。对于那

些未能消除的系统误差，在规定允许的测量误差时应予以考虑。有关系统误差的处理将在后面介绍。

2. 随机误差（偶然误差）

在相同的测量条件下，多次测量同一量值时，其绝对值大小和符号均以不可预知的方式变化着的误差，称为随机误差。所谓随机，是指它的存在以及它的大小和方向不受人的支配与控制，即单次测量之间无确定的规律，不能用前一次的误差来推断后一次的误差。但是对于多次重复测量的随机误差，按概率与统计方法进行统计分析发现，它们是有一定规律的。随机误差主要是由一些随机因素，如计量器具的变形、测量力的不稳定、温度的波动、仪器中油膜的变化以及读数不准确等引起的。

3. 粗大误差

粗大误差是指由于测量不正确等原因引起的明显歪曲测量结果的误差或大大超出规定条件下预期的误差。粗大误差主要是由于测量操作方法不正确和测量人员的主观因素造成的。例如，工作上的疏忽、经验不足、外界条件的大幅度突变（如冲击振动、电压突降）等引起的误差，如读错数值、计量器具测头残缺等。一个正确的测量，不应包含粗大误差，所以在进行误差分析时，主要分析系统误差和随机误差，并应剔除粗大误差。

系统误差和随机误差也不是绝对的，它们在一定条件下可以互相转化。例如，线纹尺的刻度误差，对线纹尺制造厂来说是随机误差，但如果以某一根线纹尺为基准去成批地测量别的工件时，则该线纹尺的刻度误差就成为被测零件的系统误差。

四、测量精度

精度和误差是相对的概念。误差是不准确、不精确的意思，即指测量结果偏离真值的程度。由于误差分为系统误差和随机误差，因此笼统的精度概念已不能反映上述误差的差异，需要引出如下概念：

1. 精密度

精密度表示测量结果中随机误差大小的程度，表明测量结果随机分散的特性，是指在多次测量中所得到的数值重复一致的程度，是用于评定随机误差的精度指标。它说明在一个测量过程中，在同一测量条件下进行多次重复测量时，所得结果彼此之间相符合的程度。随机误差越小，精密度越高。

2. 正确度

正确度表示测量结果中系统误差大小的程度，理论上可用修正值来消除。它是用于评定系统误差的精度指标。系统误差越小，正确度越高。

3. 精确度（准确度）

精确度表示测量结果中随机误差和系统误差综合影响的程度，说明测量结果与真值的一致程度。

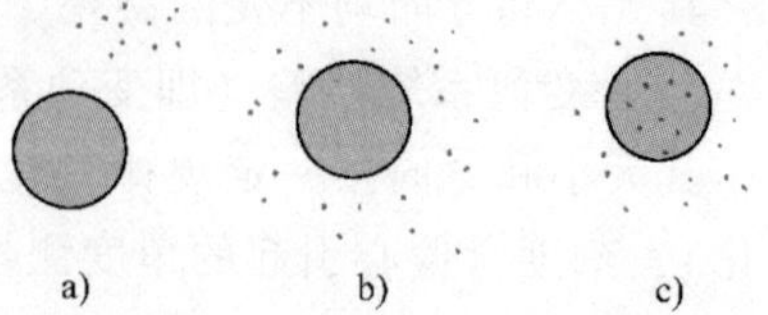

图 3-9 精密度、正确度和精确度

a）精密度高 b）正确度高 c）精确度高

一般来说，精密度高但正确度不一定高，反之亦然；但精确度高则精密度和正确度都高。如图 3-9 所示，以射击打靶为例，图 3-9a 表示随机误差小而系统误差大，即精密度高而正确度低；图 3-9b 表示系统误差小而随机误差大，即正确度高而精密度低；图 3-9c 表示随机误差和系统误差都小，即精确度高。

五、随机误差的特征及其评定

（一）随机误差的分布及其特征

前面提到，随机误差就其整体来说是有其内在规律的。例如，在相同测量条件下对一个工件的某一部位用同一方法进行 150 次重复测量，测得 150 个不同的读数（这一系列的测得值常称为测量列），然后找出其中的最大测得值和最小测得值，用最大值减去最小值得到测得值的分散范围为 7.131~7.141mm，以每隔 0.001mm 为一组分成 11 组，统计出每一组出现的次数 n_i，计算每一组频率（次数 n_i 与测量总次数 N 之比），见表 3-5。

表 3-5 随机误差的分布及其特征

测量值范围	测量中值	出现次数 n_i	相对出现频率 n_i/N	测量值范围	测量中值	出现次数 n_i	相对出现频率 n_i/N
7.1305~7.1315	$x_1=7.131$	$n_1=1$	0.007	7.1365~7.1375	$x_7=7.137$	$n_7=29$	0.193
7.1315~7.1325	$x_2=7.132$	$n_2=3$	0.020	7.1375~7.1385	$x_8=7.138$	$n_8=17$	0.113
7.1325~7.1335	$x_3=7.133$	$n_3=8$	0.054	7.1385~7.1395	$x_9=7.139$	$n_9=9$	0.060
7.1335~7.1345	$x_4=7.134$	$n_4=18$	0.120	7.1395~7.1405	$x_{10}=7.140$	$n_{10}=2$	0.013
7.1345~7.1355	$x_5=7.135$	$n_5=28$	0.187	7.1405~7.1415	$x_{11}=7.141$	$n_{11}=1$	0.007
7.1355~7.1365	$x_6=7.136$	$n_6=34$	0.227				

以测得值 x 为横坐标，频率 n_i/N 为纵坐标，将表 3-5 中的数据以每组的区间与相应的频率为边长画成直方图，即频率直方图，如图 3-10a 所示。如连接每个小方图的上部中点（每组区间的中值），得到一折线，称为实际分布曲线。由作图步骤可知，此图形的高矮受分组间隔 Δx 的影响，当间隔 Δx 大时，图形变高；而 Δx 小时，图形变矮。为了使图形不受 Δx 的影响，可用 $n_i/(N\Delta x)$ 代替纵坐标 n_i/N，此时图形高矮不再受 Δx 取值的影响，$n_i/(N\Delta x)$ 即为概率论中所知的概率密度。如果将测量次数 N 无限增大（$N\to\infty$），而间隔 Δx 取得很小（$\Delta x\to 0$），且用误差 δ 来代替尺寸 x，则得图 3-10b 所示光滑曲线，即随机误差的理论正态分布曲线。根据概率论原理，正态分布曲线方程为

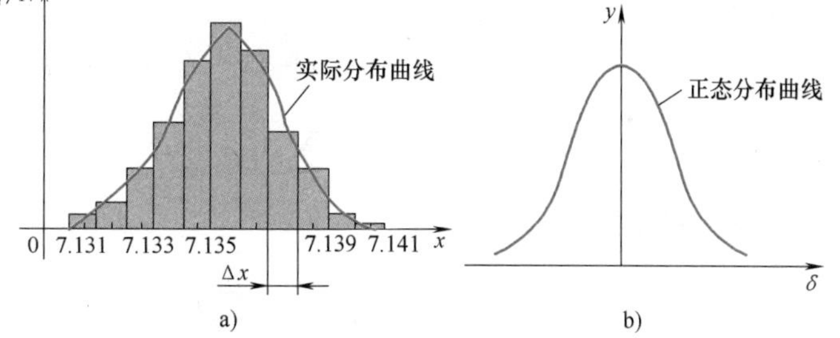

图 3-10 随机误差的正态分布曲线

$$y=\frac{e^{\frac{-\delta^2}{2\sigma^2}}}{\sigma\sqrt{2\pi}} \tag{3-9}$$

式中 y——概率密度；

e——自然对数的底（$e=2.718\ 28$）；

δ——随机误差（$\delta=l-L$）；

σ——标准偏差。

从式（3-9）、图 3-10 可以看出，随机误差具有以下四个基本特性：

1）绝对值相等的正、负误差出现的次数大致相等，即对称性。

2）绝对值小的误差比绝对值大的误差出现的次数多，即单峰性。

3）在一定条件下，误差的绝对值不会超过一定界限（即 $\delta \leqslant \pm 3\sigma$），即有界性。

4）当测量次数 N 无限增加时，随机误差的算术平均值趋于零，即抵偿性。

（二）随机误差的评定指标

评定随机误差时，通常以正态分布曲线的两个参数，即算术平均值 $\overline{L}$ 和标准偏差 σ 作为评定指标。

1. 算术平均值 $\overline{L}$

对同一尺寸进行一系列等精度测量，得到 l_1、l_2、…、l_N 一系列不同的测量值，则

$$\overline{L} = \frac{(l_1 + l_2 + \cdots + l_N)}{N} = \frac{\sum_{i=1}^{N} l_i}{N} \tag{3-10}$$

由式（3-4）可知

$$\delta_1 = l_1 - L$$
$$\delta_2 = l_2 - L$$
$$\vdots$$
$$\delta_N = l_N - L$$

将等式两边相加得

$$\delta_1 + \delta_2 + \cdots + \delta_N = (l_1 + l_2 + \cdots + l_N) - NL$$

即

$$\sum_{i=1}^{N} \delta_i = \sum_{i=1}^{N} l_i - NL$$

将等式两边同除以 N 得

$$\frac{\sum_{i=1}^{N} \delta_i}{N} = \frac{\sum_{i=1}^{N} l_i}{N} - L = \overline{L} - L$$

即

$$L = \overline{L} - \frac{\sum_{i=1}^{N} \delta_i}{N} \tag{3-11}$$

由随机误差抵偿性可知：当 $N \to \infty$ 时，$\sum_{i=1}^{N} \delta_i / N = 0$，则有 $L = \overline{L}$。由此可知，当测量次数 N 增大时，算术平均值 $\overline{L}$ 越趋近于真值，因此用算术平均值 $\overline{L}$ 作为最后测量结果是可靠的、合理的。

若算术平均值 $\overline{L}$ 作为测量的最后结果，则测量中各测得值与算术平均值的代数差称为残余误差 ν_i，即 $\nu_i = l_i - \overline{L}$。残余误差是由随机误差引伸出来的。当测量次数 $N \to \infty$ 时，有

$$\lim_{N \to \infty} \sum_{i=1}^{N} \nu_i = 0$$

2. 标准偏差 σ

用算术平均值表示测量结果是可靠的，但它不能反映测得值的精度。例如，有两组测得值：

第一组：12.005，11.996，12.003，11.994，12.002

第二组：11.90，12.10，11.95，12.05，12.00

可以算出 $\overline{L}_1=\overline{L}_2=12$。但从两组数据看出，第一组测得值比较集中，第二组比较分散，即说明第一组每一测得值比第二组的更接近于算术平均值 $\overline{L}$（即真值），也就是第一组测得值的精密度比第二组的高，故通常用标准偏差 σ 反映测量精度的高低。

（1）测量列中任一测得值的标准偏差 σ　根据误差理论，等精度测量列中单次测量（任一测量值）的标准偏差 σ 的计算公式为

$$\sigma=\sqrt{\frac{(\delta_1^2+\delta_2^2+\cdots+\delta_N{}^2)}{N}}=\sqrt{\frac{\sum_{i=1}^{N}\delta_i^2}{N}} \tag{3-12}$$

式中　δ_i——测量列中第 i 次测得值的随机误差，即 $\delta_i=l_i-L$；

N——测量次数。

由式（3-9）可知，概率密度 y 与随机误差 δ 及标准偏差 σ 有关。当 $\delta=0$ 时，概率密度最大，$y_{\max}=1/(\sigma\sqrt{2\pi})$，且不同的标准偏差对应不同形状的正态分布曲线。如图 3-11 所示，若三条正态分布曲线 $\sigma_1<\sigma_2<\sigma_3$，则 $y_{1\max}>y_{2\max}>y_{3\max}$。这表明 σ 越小，曲线越陡，随机误差分布也就越集中，即测得值分布越集中，测量的精密度也就越高；反之，σ 越大，曲线越平缓，随机误差分布就越分散，即测得值分布越分散，测量的精密度也就越低。因此，σ 可作为随机误差评定指标来评定测得值的精密度。

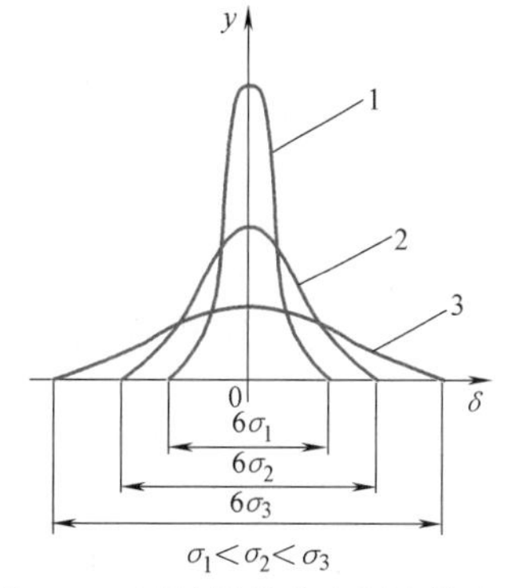

图 3-11　用随机误差来评定精密度

由概率论可知，随机误差正态分布曲线下所包含的面积等于其相应区间确定的概率，如果误差落在区间（$-\infty$，$+\infty$）之内，其概率为

$$P=\int_{-\infty}^{+\infty}y\mathrm{d}\delta=\int_{-\infty}^{+\infty}\frac{1}{\sigma\sqrt{2\pi}}\mathrm{e}^{-\frac{\delta^2}{2\sigma^2}}\mathrm{d}\delta=1$$

理论上，随机误差的分布范围应在正、负无穷大之间，但这在生产实践中是不切实际的。一般随机误差主要分布在 $\delta=\pm3\sigma$ 范围之内，因为 $P=\int_{-3\sigma}^{+3\sigma}y\mathrm{d}\delta=0.9973=99.73\%$，也就是说 δ 落在 $\pm3\sigma$ 范围内出现的概率为 99.73%，超出 3σ 之外的概率仅为 $1-0.9973=0.0027=0.27\%$，属于小概率事件，即随机误差分布在 $\pm3\sigma$ 之外的可能性很小，几乎不可能出现。所以可以把 $\delta=\pm3\sigma$ 看作随机误差的极限值，记作 $\delta_{\lim}=\pm3\sigma$。很显然，$\delta_{\lim}$ 也是测量列中任一测得值的测量极限误差，所以极限误差是单次测量标准偏差的 ±3 倍，或称为概率为

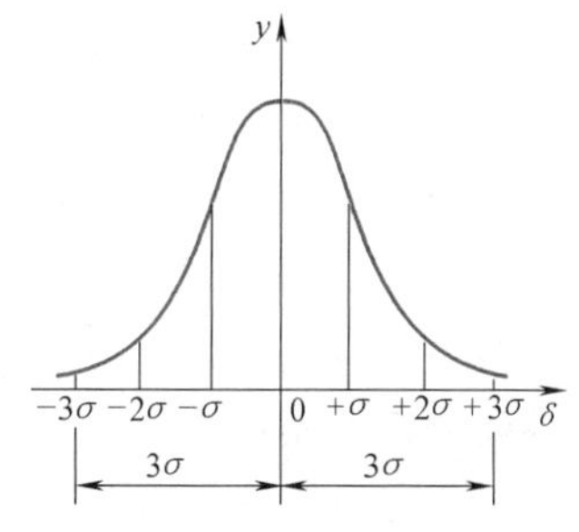

图 3-12　随机误差的极限值

99.73%的随机不确定度。随机误差的极限值如图 3-12 所示。

（2）标准偏差的估算值 σ'　由式（3-12）计算 σ 值必须具备三个条件：①真值 L 必须已知；②测量次数为无限次（$N\to\infty$）；③无系统误差。但在实际测量中要达到这三个条件是不可能的。因为真值 L 无法得知，则 $\delta_i=l_i-L$ 也就无法得知；测量次数也是有限量。所以在实际测量中常采用残余误差 ν_i 代替 δ_i 来估算标准偏差。标准偏差的估算值 σ'为

$$\sigma'=\sqrt{\frac{1}{N-1}\sum_{i=1}^{N}\nu_i^2} \tag{3-13}$$

（3）测量列算术平均值的标准偏差 $\sigma_{\bar{L}}$　标准偏差 σ 代表一组测量值中任一测得值的精密度。但在系列测量中，是以测得值的算术平均值作为测量结果的。因此，更重要的是要知道算术平均值的精密度，即算术平均值的标准偏差。

根据误差理论，测量列算术平均值的标准偏差 $\sigma_{\bar{L}}$与测量列中任一测得值的标准偏差 σ 存在如下关系，即

$$\sigma_{\bar{L}}=\frac{\sigma}{\sqrt{N}} \tag{3-14}$$

其估算值 $\sigma_{\bar{L}}'$为

$$\sigma_{\bar{L}}'=\frac{\sigma'}{\sqrt{N}}=\sqrt{\frac{\sum_{i=1}^{N}\nu_i^2}{N(N-1)}} \tag{3-15}$$

式中　N——总的测量次数。

六、测量列中各类测量误差的处理

（一）系统误差的处理

在测量过程中产生系统误差的因素有很多种。系统误差的数值往往比较大，对测量结果的影响很明显。因此，在测量数据中如何发现进而消除或减少系统误差，是提高测量精度的一个重要问题。

1. 常值系统误差的发现

由于常值系统误差的大小和方向不变，因此对测量结果的影响也是一定值。所以，它不能从一系列测得值的处理中揭示，而只能通过实验对比方法去发现，即通过改变测量条件进行不等精度测量来揭示常值系统误差。例如，在相对测量中，用量块做标准件并按其标称尺寸使用时，由于量块的尺寸偏差引起的系统误差可用高精度的仪器对量块实际尺寸进行检定来发现它，或用更高精度的量块进行对比测量来发现。

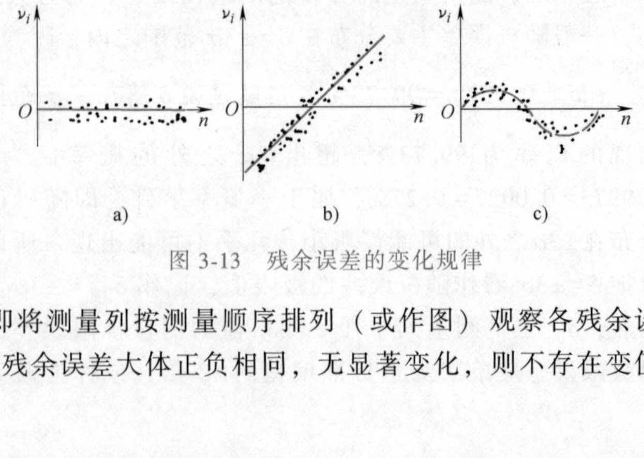

2. 变值系统误差的发现

变值系统误差可以从系列测量值的处理和分析观察中发现，有多种方法。常用的方法有残余误差观察法，即将测量列按测量顺序排列（或作图）观察各残余误差 ν_i 的变化规律，如图 3-13 所示。若残余误差大体正负相同，无显著变化，则不存在变值

图 3-13　残余误差的变化规律

系统误差，如图 3-13a 所示；若残余误差有规律地递增或递减，且其趋势始终不变，则可认为存在线性变化的系统误差，如图 3-13b 所示；若残余误差有规律地增减交替，形成循环重复时，则认为存在周期性变化的系统误差，如图 3-13c 所示。

3. 系统误差的消除

（1）误差根除法　即从产生误差的根源上消除，这是消除系统误差的最根本方法。为此，在测量之前，应对测量过程中可能产生系统误差的环节进行仔细分析，找出产生系统误差的根源并加以消除。例如，为了防止测量过程中仪器零位的变动，测量开始和结束时都需检查仪器零位；又如，为了防止仪器因长期使用磨损等因素而降低精度，要定期进行严格的检定与维修；再如，量块按“等”使用即可消除量块的制造和磨损误差。

（2）误差修正法　这种方法是预先检定出计量器具的系统误差，将其数值反向后作为修正值，用代数法加到实际测得值上，即可得到不包含该系统误差的测量结果。

（3）误差抵消法　根据具体情况拟定测量方案，进行两头测量，使得两次测量读数时出现的系统误差大小相等、方向相反，再取两次测得值的平均值作为测量结果，即可消除系统误差。例如，测量螺纹零件的螺距时，分别测出左、右牙面螺距，然后进行平均，则可抵消螺纹零件测量时安装不正确引起的系统误差。

系统误差的消除除以上几种方法外，还有对称消除法和半周期消除法等。

（二）随机误差的处理

随机误差不可能被消除，它可应用概率与数理统计方法，通过对测量列的数据处理，评定其对测量结果的影响。

在具有随机误差的测量列中，常以算术平均值 $\overline{L}$ 表征最可靠的测量结果，以标准偏差表征随机误差。其处理方法如下：

1）计算测量列算术平均值 $\overline{L}$。

2）计算测量列中任一测得值的标准偏差的估算值 σ'。

3）计算测量列算术平均值的标准偏差的估算值 $\sigma'_{\overline{L}}$。

4）确定测量结果。

多次测量结果可表示为

$$L=\overline{L}\pm3\sigma'_{\overline{L}} \tag{3-16}$$

（三）粗大误差的处理

粗大误差的数值比较大，会使测量结果产生明显的歪曲。因此，必须采用一定的方法判断并加以剔除。判断粗大误差的基本原则是，以随机误差的实际分布范围为依据，凡超出该范围的误差，就有理由视为粗大误差。但随机误差的实际分布范围与误差分布规律、标准偏差估计方法、重复测量次数等有关，因而出现了判断粗大误差的各种准则，如拉依达准则（或称 3σ 准则）、肖维勒准则、格拉布斯准则、T 检验准则以及狄克逊准则等。

拉依达准则认为，当测量列服从正态分布时，残余误差超出 $\pm3\sigma$ 的情况不会发生，故将超出 $\pm3\sigma$ 的残余误差作为粗大误差。即

$$|\nu_i|>3\sigma \tag{3-17}$$

则认为该残余误差对应的测得值含有粗大误差，在误差处理时应予以剔除。

七、直接测量列的数据处理

根据以上分析，对直接测量列的综合数据处理应按以下步骤进行：

1）判断测量列中是否存在系统误差，倘若存在，则应设法加以剔除或减少。

2）计算测量列的算术平均值、残余误差和标准偏差的估算值。

3）判断粗大误差，若存在，则应剔除并重新组成测量列，重复步骤 2），直至无粗大误差为止。

4）计算测量列算术平均值的标准偏差估算值和测量列极限误差。

5）确定测量结果。

例 3-1 对一轴颈进行十次测量，测得值列于表 3-6 中，试求其测量结果。

解 （1）判断系统误差 根据发现系统误差的有关方法判断，测量列中已无系统误差。

（2）求算术平均值 $\overline{L}$

$$\overline{L}=\frac{\sum_{i=1}^{N} l_i}{N}=\frac{\sum_{i=1}^{10} l_i}{10}=30.048\text{mm}$$

（3）计算残余误差 ν_i

$$\nu_i=l_i-\overline{L}$$

根据残余误差观察法进一步判断，测量列中也不存在系统误差。

（4）计算单次测量的标准偏差估算值 σ'

$$\sigma'=\sqrt{\frac{\sum_{i=1}^{N}\nu_i^2}{N-1}}=\sqrt{\frac{\sum_{i=1}^{10}\nu_i^2}{10-1}}=\sqrt{\frac{0.00007}{9}}\text{mm}=0.0028\text{mm}$$

（5）判断粗大误差 用拉依达准则，$3\sigma'=3\times0.0028\text{mm}=0.0084\text{mm}$，而表 3-6 中第二列 ν_i 的最大绝对值 $|\nu_7|=0.005\text{mm}<0.0084\text{mm}=3\sigma'$，因此测量列中不存在粗大误差。

表 3-6 十次测量结果列表

（单位：mm）

序 号	l_i	$\nu_i=l_i-\overline{L}$	ν_i^2
1	30.049	+0.001	0.000 001
2	30.047	−0.001	0.000 001
3	30.048	0	0
4	30.046	−0.002	0.000 004
5	30.050	+0.002	0.000 004
6	30.051	+0.003	0.000 009
7	30.043	−0.005	0.000 025
8	30.052	+0.004	0.000 016
9	30.045	−0.003	0.000 009
10	30.049	+0.001	0.000 001
合计	$\Sigma l_i=300.48$ $\overline{L}=\frac{\Sigma l_i}{N}=30.048$	$\sum_{i=1}^{N}\nu_i=0$	$\sum_{i=1}^{N}\nu_i^2=0.000\,07$

（6）计算测量列算术平均值的标准偏差的估算值 $\sigma'_{\bar{L}}$

$$\sigma'_{\bar{L}}=\frac{\sigma'}{\sqrt{N}}=\frac{0.0028}{\sqrt{10}}\text{mm}=0.00088\text{mm}$$

（7）计算测量列极限误差

$$\delta_{\lim\bar{L}}=\pm3\sigma'_{\bar{L}}=\pm0.0026\text{mm}$$

（8）确定测量结果

$$L=\bar{L}\pm3\sigma'_{\bar{L}}=(30.048\pm0.0026)\text{mm}$$

即该轴颈的测量结果为 30.048mm，其误差在±0.0026mm 范围内的可能性达 99.73%。

八、间接测量列的数据处理

间接测量的特点是所需的测量值不是直接测出的，而是通过测量有关的独立量值 x_1、x_2、…、x_n 后，再经过计算而得到的。所需测量值是有关独立量值的函数，即

$$y=f(x_1,x_2,\cdots,x_n) \tag{3-18}$$

式中 y——间接测量求出的量值；

x_i——各直接测量值。

该多元函数的增量可近似地用函数的全微分表示

$$\delta_y=\frac{\partial f}{\partial x_1}\delta_{x_1}+\frac{\partial f}{\partial x_2}\delta_{x_2}+\cdots+\frac{\partial f}{\partial x_n}\delta_{x_n}=\sum_{i=1}^{N}\frac{\partial f}{\partial x_i}\delta_{x_i} \tag{3-19}$$

式中 δ_y——间接测量的测量误差；

δ_{x_i}——各直接测量值的测量误差；

$\partial f/\partial x_i$——函数对各独立量值的偏导数，称为各误差传递系数。

1. 系统误差的计算

根据式（3-18）可知，y 值由 x_1、x_2、…、x_n 各直接测量的独立变量决定，若已知各独立变量的系统误差分别为 Δx_1、Δx_2、…、Δx_n，则间接量 y 的系统误差为 Δy，其函数关系由式（3-19）得

$$\Delta y=\frac{\partial f}{\partial x_1}\Delta x_1+\frac{\partial f}{\partial x_2}\Delta x_2+\cdots+\frac{\partial f}{\partial x_n}\Delta x_n \tag{3-20}$$

式（3-20）为间接测量的系统误差传递公式。

2. 随机误差的计算

由于各种直接测量值中存在随机误差，因此函数也相应存在随机误差。根据误差理论，函数的标准偏差 σ_y 与各直接测量值的标准偏差 σ_{x_i} 的关系为

$$\sigma_y=\sqrt{\left(\frac{\partial f}{\partial x_1}\right)^2\sigma_{x_1}^2+\left(\frac{\partial f}{\partial x_2}\right)^2\sigma_{x_2}^2+\cdots+\left(\frac{\partial f}{\partial x_n}\right)^2\sigma_{x_n}^2}=\sqrt{\sum_{i=1}^{n}\left(\frac{\partial f}{\partial x_i}\right)^2\sigma_{x_i}^2} \tag{3-21}$$

式（3-21）为间接测量的随机误差传递公式。

如果各直接测量值的随机误差服从正态分布，因 $\delta_{\lim}=\pm3\sigma$，所以将式（3-21）的等号两边同乘以 3，则可得间接测量的测量极限误差为

$$\delta_{\lim y}=\pm\sqrt{\left(\frac{\partial f}{\partial x_1}\right)^2\delta_{\lim x_1}^2+\left(\frac{\partial f}{\partial x_2}\right)^2\delta_{\lim x_2}^2+\cdots+\left(\frac{\partial f}{\partial x_n}\right)^2\delta_{\lim x_n}^2}=\pm\sqrt{\sum_{i=1}^{n}\left(\frac{\partial f}{\partial x_i}\right)^2\delta_{\lim x_i}^2} \tag{3-22}$$

式中 $\delta_{\lim y}$——函数的测量极限误差；

$\delta_{\lim x_i}$——各直接测量值的极限误差。

3. 数据处理

间接测量列的数据处理步骤如下：

1）根据函数关系式和各直接测得值 x_i 计算间接测量值 y_0。

2）按式（3-20）计算函数的系统误差 Δy。

3）按式（3-22）计算函数的测量极限误差 $\delta_{\lim y}$。

4）确定测量结果为

$$y=(y_0-\Delta y)\pm\delta_{\lim y} \tag{3-23}$$

例 3-2　通过直接测量图 3-7 所示的尺寸 H 和 S 来间接测出圆柱体直径 D。设测量的尺寸 $H=10\text{mm}$，$\Delta H=0.01\text{mm}$，$\delta_{\lim H}=\pm3.5\mu\text{m}$，$S=40\text{mm}$，$\Delta S=0.02\text{mm}$，$\delta_{\lim S}=\pm4\mu\text{m}$，求直径 D 的测量结果。

解　1）确定间接测量的函数关系，计算被测直径 D_0。根据几何关系可得

$$D_0=\frac{S^2}{4H}+H=\left(\frac{40^2}{4\times10}+10\right)\text{mm}=50\text{mm}$$

2）计算直径 D 的系统误差 ΔD。由式（3-20）得

$$\Delta D=\frac{\partial f}{\partial S}\Delta S+\frac{\partial f}{\partial H}\Delta H=\frac{S}{2H}\Delta S+\left(1-\frac{S^2}{4H^2}\right)\Delta H$$

$$=\left[\frac{40}{2\times10}\times0.02+\left(1-\frac{40^2}{4\times10^2}\right)\times0.01\right]\text{mm}=0.01\text{mm}$$

3）计算直径 D 的测量极限误差 $\delta_{\lim D}$。由式（3-22）得

$$\delta_{\lim D}=\pm\sqrt{\left(\frac{\partial f}{\partial S}\right)^2\delta_{\lim S}^2+\left(\frac{\partial f}{\partial H}\right)^2\delta_{\lim H}^2}=\pm\sqrt{\left(\frac{S}{2H}\right)^2\delta_{\lim S}^2+\left(1-\frac{S^2}{4H^2}\right)^2\delta_{\lim H}^2}$$

$$=\pm\sqrt{\left(\frac{40}{2\times10}\right)^2\times0.004^2+\left(1-\frac{40^2}{4\times10^2}\right)^2\times0.0035^2}\text{ mm}=\pm0.013\text{mm}$$

4）确定测量结果。由式（3-23）得测量结果为

$$D=(D_0-\Delta D)\pm\delta_{\lim D}=[(50-0.01)\pm0.013]\text{mm}$$
$$=(49.99\pm0.013)\text{mm}$$

例 3-3　用分度值为 0.02mm 的游标卡尺测量图 3-14所示的两轴的中心距 L，已知各测量的极限误差分别为：$\delta_{\lim L_1}=\pm0.045\text{mm}$，$\delta_{\lim L_2}=\pm0.06\text{mm}$，$\delta_{\lim d_1}=$

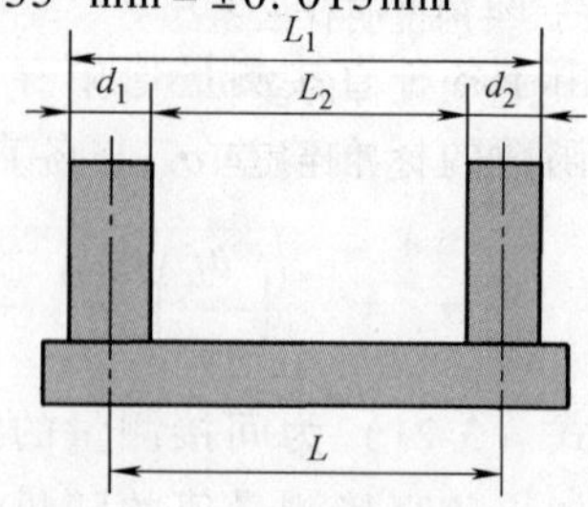

图 3-14　中心距的测量

$\delta_{\lim d_2}=\pm 0.04\text{mm}$，试确定测量方案并比较它们的测量精度。

解 1）确定测量方案

方案Ⅰ：
$$L=L_2+\frac{d_1+d_2}{2}$$

方案Ⅱ：
$$L=L_1-\frac{d_1+d_2}{2}$$

方案Ⅲ：
$$L=\frac{L_1+L_2}{2}$$

2）比较三种方案的测量精度

方案Ⅰ：
$$\delta_{\lim L_{\mathrm{I}}}=\pm\sqrt{\left(\frac{\partial f}{\partial L_2}\right)^2\delta_{\lim L_2}^2+\left(\frac{\partial f}{\partial d_1}\right)^2\delta_{\lim d_1}^2+\left(\frac{\partial f}{\partial d_2}\right)^2\delta_{\lim d_2}^2}$$
$$=\pm\sqrt{1\times 6^2+\left(\frac{1}{2}\right)^2\times 4^2+\left(\frac{1}{2}\right)^2\times 4^2}\times 10^{-2}\text{mm}=\pm 0.066\text{mm}$$

方案Ⅱ：
$$\delta_{\lim L_{\mathrm{II}}}=\pm\sqrt{\left(\frac{\partial f}{\partial L_1}\right)^2\delta_{\lim L_1}^2+\left(\frac{\partial f}{\partial d_1}\right)^2\delta_{\lim d_1}^2+\left(\frac{\partial f}{\partial d_2}\right)^2\delta_{\lim d_2}^2}$$
$$=\pm\sqrt{1\times 4.5^2+\left(-\frac{1}{2}\right)^2\times 4^2+\left(-\frac{1}{2}\right)^2\times 4^2}\times 10^{-2}\text{mm}=\pm 0.053\text{mm}$$

方案Ⅲ：
$$\delta_{\lim L_{\mathrm{III}}}=\pm\sqrt{\left(\frac{\partial f}{\partial L_1}\right)^2\delta_{\lim L_1}^2+\left(\frac{\partial f}{\partial L_2}\right)^2\delta_{\lim L_2}^2}$$
$$=\pm\sqrt{\left(\frac{1}{2}\right)^2\times 4.5^2+\left(\frac{1}{2}\right)^2\times 6^2}\times 10^{-2}\text{mm}=\pm 0.038\text{mm}$$

$\delta_{\lim L_{\mathrm{I}}}>\delta_{\lim L_{\mathrm{II}}}>\delta_{\lim L_{\mathrm{III}}}$，即方案Ⅲ的测量精度最高，方案Ⅱ次之，方案Ⅰ最低。

思 考 题

1. 测量的定义是什么？机械制造技术测量包含哪几个问题？技术测量的基本任务是什么？
2. 试用 83 块一套的量块，选择组成尺寸为 29.935mm 和 24.545mm 的量块组。
3. 量块是怎样分级、分等的？使用时有何区别？
4. 分度值、标尺间距、灵敏度三者有何关系？试以百分表为例进行说明。
5. 试举例说明什么是绝对测量和相对测量、直接测量和间接测量。
6. 通过对工件的多次重复测量求得测量结果的方法可减少哪类误差？为什么？
7. 测量误差按性质可分为哪三类？各有什么特征？

几何公差及检测

第一节　概　　述

零件在加工过程中由于受各种因素的影响，零件的几何要素不可避免地会产生形状误差和位置误差，称为几何误差，它们对产品的寿命和使用性能有很大的影响。例如，具有形状误差（如圆度误差）的轴和孔的配合，会因间隙不均匀而影响配合性能，并造成局部磨损使其寿命降低。几何误差越大，零件的几何参数的精度越低，其质量也越低。为了保证零件的互换性和使用要求，有必要对零件规定几何公差，用以限制几何误差。

为适应经济发展和国际交流的需要，我国根据国际标准制定了有关几何公差的新国家标准。它们是：GB/T 1182—2008《产品几何技术规范（GPS）　几何公差　形状、方向、位置和跳动公差标注》、GB/T 4249—2009《产品几何技术规范（GPS）　公差原则》、GB/T 16671—2009《产品几何技术规范（GPS）　几何公差　最大实体要求、最小实体要求和可逆要求》、GB/T 17851—2010《产品几何技术规范（GPS）　几何公差　基准和基准体系》、GB/T 1184—1996《形状和位置公差　未注公差值》、GB/T 1958—2017《产品几何量技术规范（GPS）　几何公差　检测与验证》等。此外，作为贯彻上述标准的技术保证，还发布了圆度、直线度、平面度、同轴度误差检验标准以及位置量规标准等。

一、几何公差的研究对象

几何公差的研究对象是构成零件几何特征的点、线、面。这些点、线、面统称为要素。一般在研究形状公差时，涉及的对象有线和面两类要素；在研究位置公差时，涉及的对象有点、线和面三类要素。几何公差就是研究这些要素在形状及其相互间方向或位置方面的精度问题。

几何要素可从以下不同角度来分类。

1. 按结构特征分类（图 4-1）

（1）组成要素（轮廓要素）　即构成零件外形的是能被人们直接感觉到的点、线、面（a、b、c、d_1、d_2、e）。

（2）导出要素（中心要素） 即组成要素对称中心所表示的点、线、面。其特点是不能被人们直接感觉到，而是通过相应的组成要素才能体现出来，如零件上的中心面、中心线、中心点等（*g*、*h*、*f*）。

2. 按存在状态分类

（1）实际要素 即零件上实际存在的要素，可以通过测量反映出来的要素代替。

（2）理想要素 它是具有几何意义的要素；是按设计要求，由图样给定的点、线、面的理想形态；它不存在任何误差，是绝对正确的几何要素。理想要素是评定实际要素的依据，在生产中是不可能得到的。

3. 按所处部位分类

（1）被测要素 即图样中给出了几何公差要求的要素，是测量的对象，如图 4-2a 中 ϕ16H7 孔的轴线、图 4-2b 中的上平面。

（2）基准要素 即用来确定被测要素方向和位置的要素。基准要素在图样上都标有基准符号，如图 4-2a 中 ϕ30h6 的轴线、图 4-2b 中的下平面。

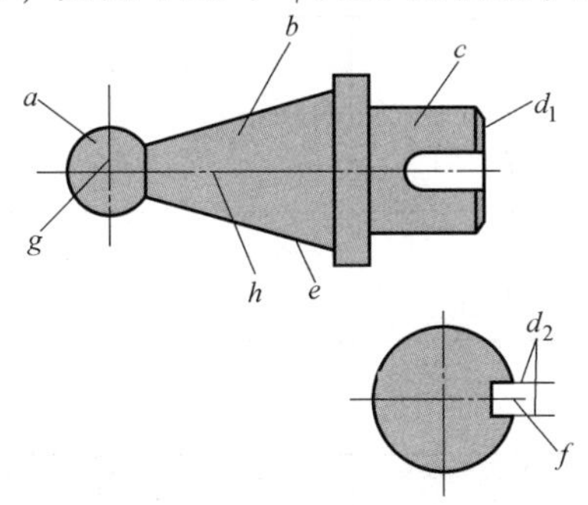

图 4-1 组成要素及导出要素

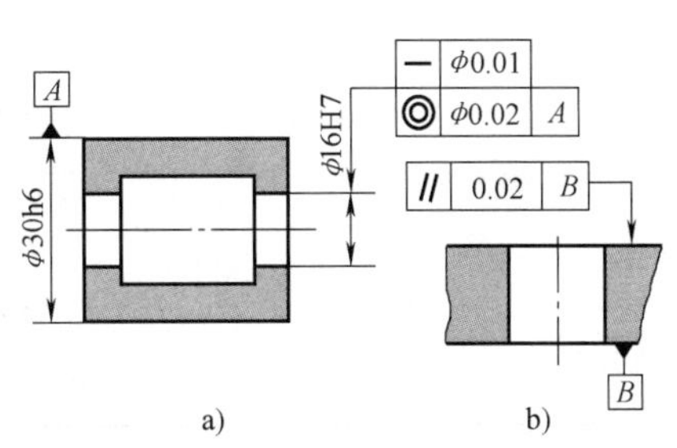

图 4-2 被测要素和基准要素

4. 按功能关系分类

（1）单一要素 指仅对被测要素本身给出形状公差的要素。

（2）关联要素 即与零件基准要素有功能要求的要素。如图 4-2a 中 ϕ16H7 孔的轴线，相对于 ϕ30h6 圆柱面轴线有同轴度公差要求，此时 ϕ16H7 孔的轴线属于关联要素。同理，图 4-2b 中上平面相对于下平面有平行度要求，故上平面属于关联要素。

二、几何公差的项目及其符号

国家标准将几何公差分为 14 个项目，它们的名称和符号见表 4-1，附加符号见表 4-2。

表 4-1 几何公差的项目及其符号（摘自 GB/T 1182—2008）

公差类型	几何特征	符号	有无基准
形状公差	直线度	—	无
	平面度	▱	无
	圆度	○	无
	圆柱度	⌭	无

（续）

公差类型	几何特征	符号	有无基准
形状公差、方向公差或位置公差	线轮廓度	⌒	有或无(形状公差无)
	面轮廓度	⌓	有或无(形状公差无)
方向公差	平行度	//	有
	垂直度	⊥	有
	倾斜度	∠	有
位置公差	位置度	⌖	有或无
	同心度(用于中心点) 同轴度(用于轴线)	◎	有
	对称度	⌯	有
跳动公差	圆跳动	↗	有
	全跳动	⌰	有

表 4-2 几何公差附加符号

说明	符号	说明	符号
包容要求	Ⓔ	公共公差带	CZ
最大实体要求	Ⓜ	小径	LD
最小实体要求	Ⓛ	大径	MD
可逆要求	Ⓡ	中径、节径	PD
延伸公差带	Ⓟ	线素	LE
自由状态条件（非刚性零件）	Ⓕ	不凸起	NC
全周（轮廓）	↗○	任意横截面	ACS

第二节 几何公差的标注

国家标准规定，几何公差均采用直线和框格来表示。

在技术图样上，几何公差一般采用代号标注，几何公差代号包括：公差框格、指引线、几何特征符号、公差值、基准和其他有关符号。

一、几何公差的框格

标注几何公差时，公差要求注写在划分成两格或多格的矩形框格内。各格自左至右标注：几何特征符号、公差值、基准，如图 4-3a、b 所示。如果公差带形状为圆形或圆柱形，公差值前应加注符号“ϕ”，如图 4-3c、e、f 所示；如果是球形则加注“$S\phi$”，如图 4-3d 所示。

当某项公差应用几个相同要素时，应在公差框格的上方被测要素的尺寸之前注明要素的个数，并在两者之间加上符号“×”，如图 4-3f 所示。

当需要对某个要素给出几种几何特征的公差时，可将一个公差框格放在另一个框格的下方，如图 4-3g 所示。

当需要限制被测要素在公差带内的形状时，应在公差框格的下方注明，如图 4-3h 所示。

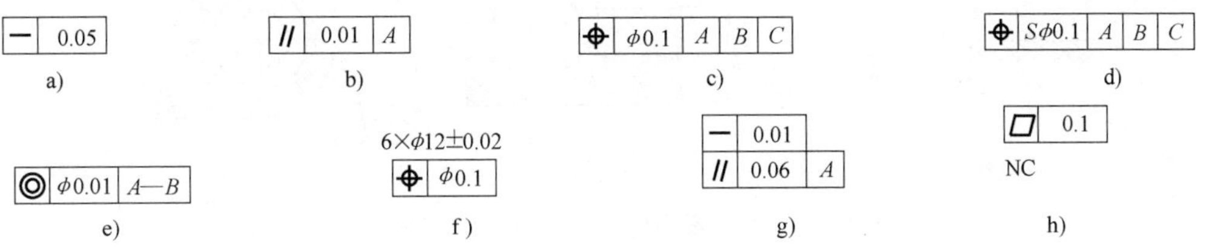

图 4-3　公差框格

二、被测要素的表示法

按下列方式之一用指引线连接被测要素和公差框格。指引线引自框格的任意一侧，终端带一箭头。

1）当公差涉及轮廓线或轮廓面时，箭头指向该要素的轮廓线或其延长线（应与尺寸线明显错开），如图 4-4a、b 所示，箭头也可指向引出线的水平线，引出线引自被测面，如图 4-4c 所示。

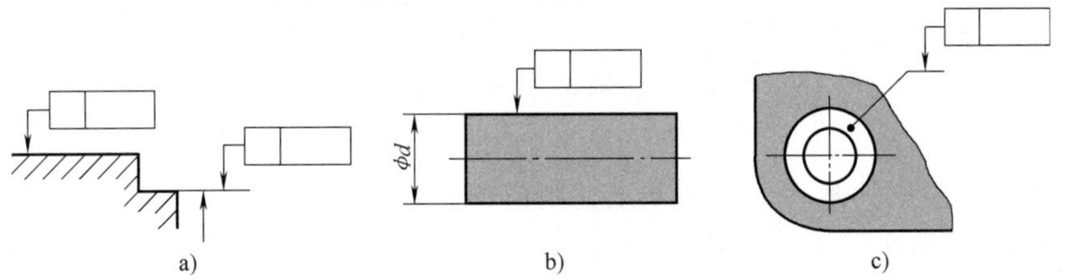

图 4-4　被测要素为轮廓线或轮廓面时的标注

2）当公差涉及要素的中心线、中心面或中心点时，箭头应位于相应尺寸线的延长线上，如图 4-5 所示。

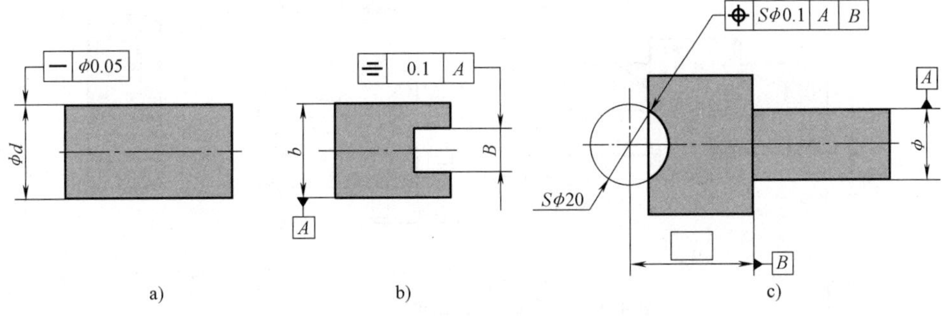

图 4-5　被测要素为中心线、中心面或中心点时的标注

三、基准的标注

1）带基准字母的基准三角形的放置。

① 当基准要素是轮廓线或轮廓面时，基准三角形放置在要素的轮廓线或其延长线上，与尺寸线明显错开，如图 4-6a、b 所示；也可放置在该轮廓面引出线的水平线上，如图 4-6c 所示。

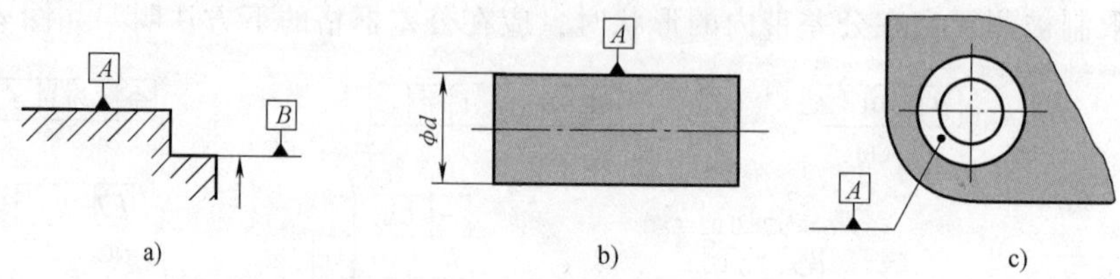

图 4-6　基准要素为轮廓线或轮廓面时的标注

② 当基准是尺寸要素确定的轴线、中心面或中心点时，基准三角形应放置在该尺寸线的延长线上，如图 4-7a 所示。如果没有足够的空间，可用基准三角形代替基准要素尺寸的一个箭头，如图 4-7b、c 所示。

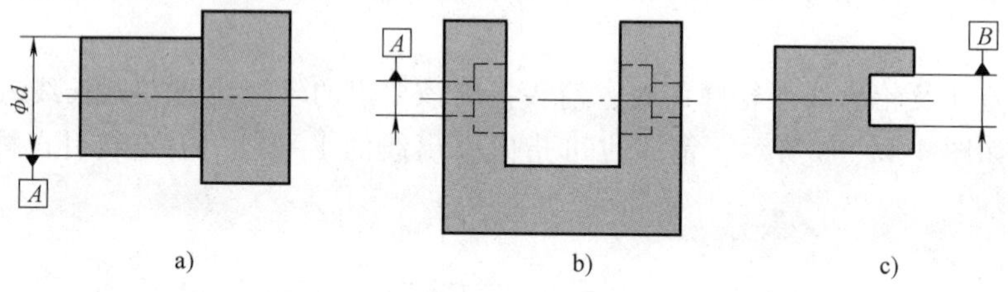

图 4-7　基准要素为轴线、中心面或中心点时的标注

2）如果只以要素的某一局部做基准，则应用粗点画线表示出该部分并加注尺寸，如图 4-8 所示。

3）以两个要素建立公共基准时，用中间加连字符的两个大写字母表示，如图 4-9a 所示。以两个或三个基准建立基准体系时，表示基准的大写字母按基准的优先顺序自左至右填写在各框格内，如图 4-9b 所示。

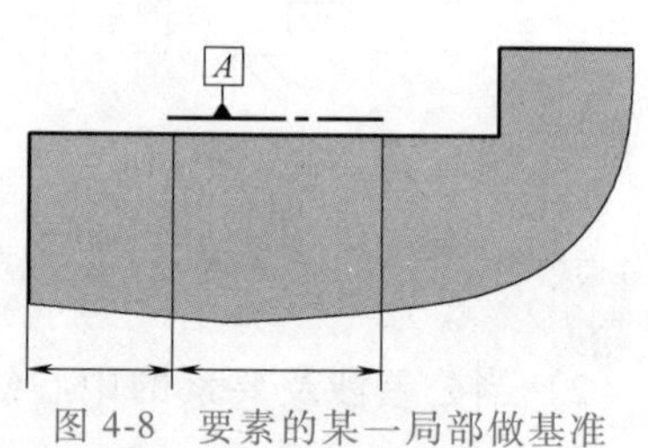

图 4-8　要素的某一局部做基准

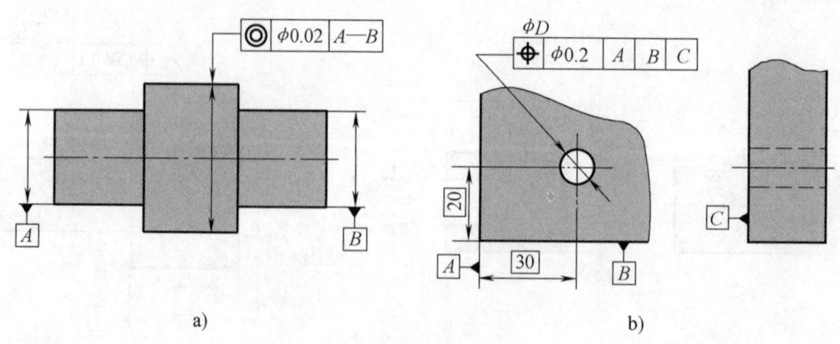

图 4-9　公共基准和基准体系的标注

a）公共基准的标注　b）基准体系的标注

四、公差带

1）公差带的宽度方向为被测要素的法向（图 4-10），另有说明时除外（图 4-11，α 角应注出），圆度公差带的宽度应在垂直于公称轴线的平面内确定。

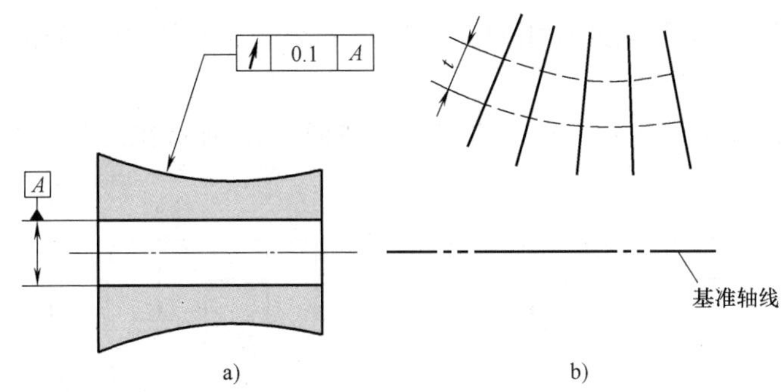

图 4-10 公差带的宽度方向为被测要素的法向的标注

a）图样标注 b）解释

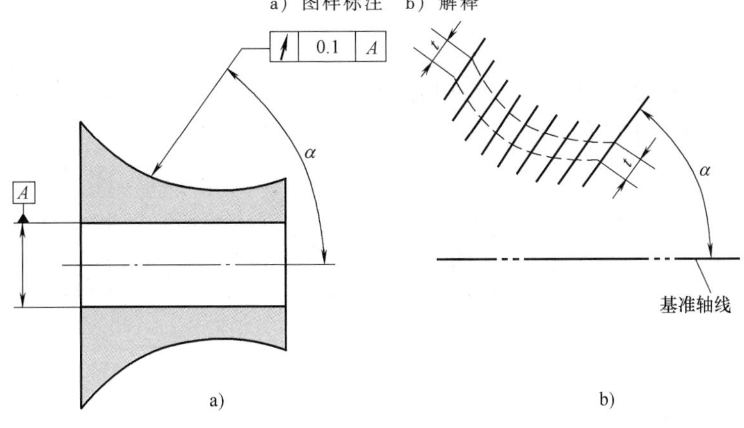

图 4-11 公差带的宽度方向与被测要素成一定角度的标注

a）图样标注 b）解释

2）当中心点、中心线、中心面在一个方向上给定公差时：

① 位置公差公差带的宽度方向为理论正确尺寸图框的方向，并按指引线箭头所指互呈 0°或 90°，如图 4-12 所示。

② 方向公差公差带的宽度方向为指引线箭头方向，与基准呈 0°或 90°，如图 4-13 所示。

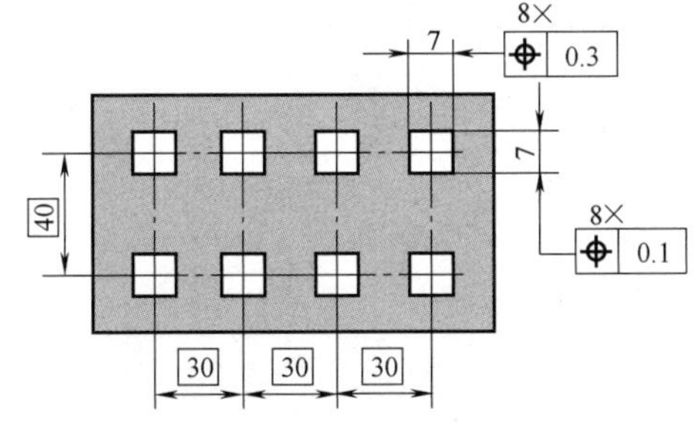

图 4-12 中心点、中心线、中心面在一个方向上给定公差时的标注（一）

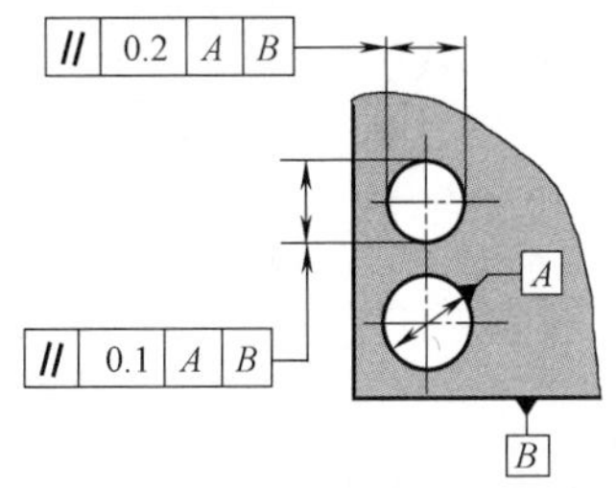

图 4-13 中心点、中心线、中心面在一个方向上给定公差时的标注（二）

3）当在同一基准体系中规定两个方向的公差时，它们的公差带是相互垂直的，如图4-13所示。

4）若公差值前面标注符号“ϕ”，则公差带为圆柱形或圆形；若标注符号“$S\phi$”，则公差带为圆球形。

5）一个公差框格可以用于具有相同几何特征和公差值的若干个分离要素，如图4-14所示。

6）当若干个分离要素给出单一公差带时，可按图4-15所示在公差框格内公差值的后面加注公共公差带的符号CZ。

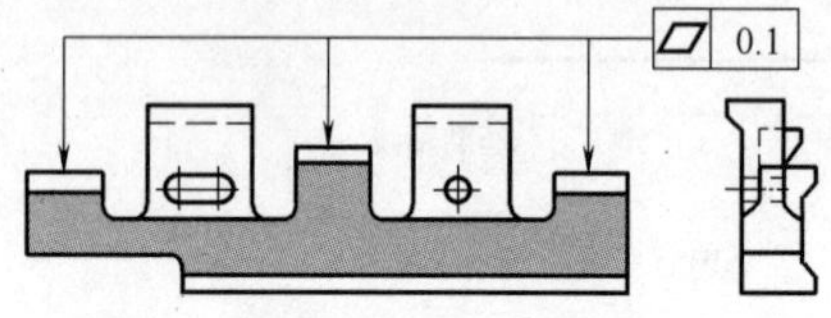

图4-14 要求相同的被测要素的标注

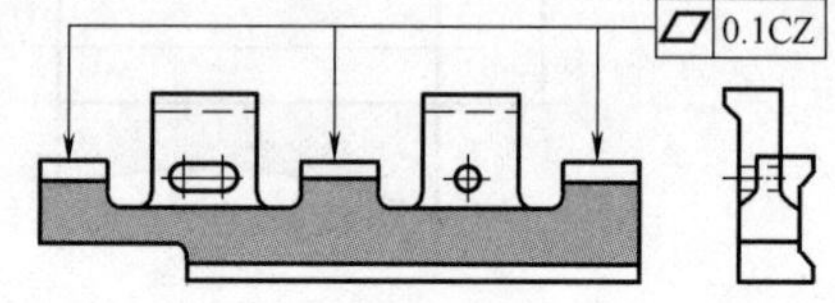

图4-15 同一公差带控制若干个分离要素的标注

五、附加标记

1）轮廓度特征适用于横截面的整周轮廓或由该轮廓所示的整周表面时，应采用“全周”符号表示，如图4-16所示。

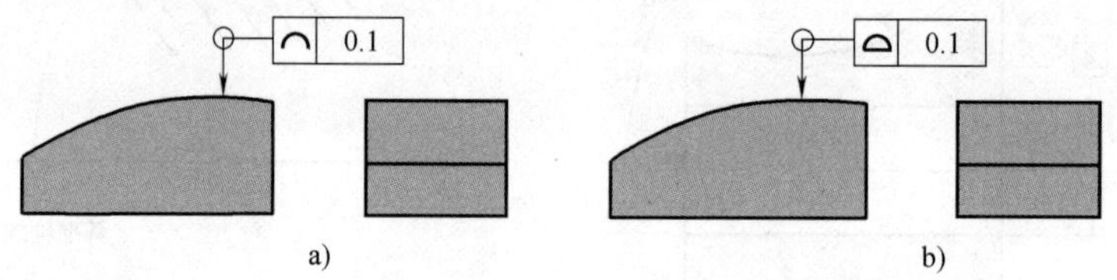

图4-16 整周轮廓的标注

2）以螺纹轴线为被测要素或基准要素时，默认为螺纹中径的轴线，否则应另有说明，如用“MD”表示大径，用“LD”表示小径，如图4-17所示。以齿轮、花键轴线为被测要素或基准要素时，需要说明所指的要素，如用“PD”表示节径，用“MD”表示大径，用“LD”表示小径。

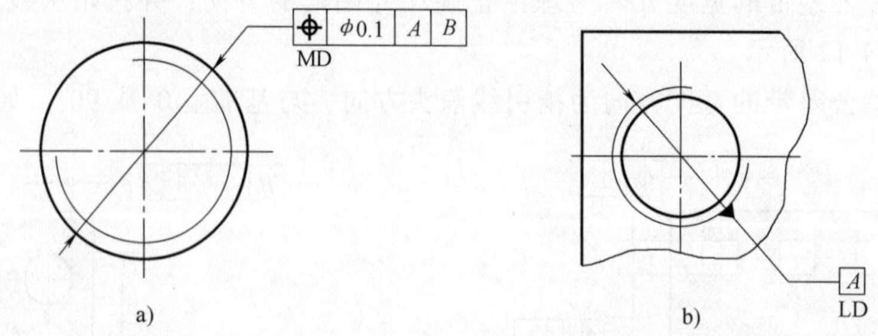

图4-17 被测要素或基准要素为螺纹轴线的标注

六、限定性规定

1）需要对整个被测要素上任意限定范围标注同样几何特征的公差时，可在公差值的后面加注限定范围的线性尺寸值，并在两者间用斜线隔开，如图 4-18a 所示。如果标注的是两项或两项以上同样几何特征的公差，可直接在整个要素公差框格的下方放置另一个公差框格，如图 4-18b 所示。

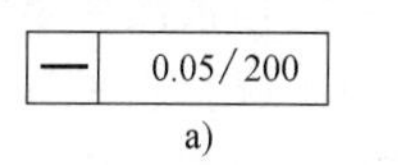

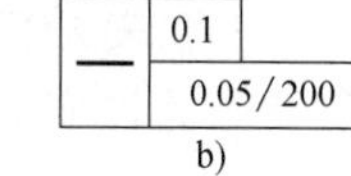

图 4-18　任意限定范围标注同样几何特征的公差

2）如果给出的公差仅适用于要素的某一指定局部，应采用粗点画线表示出该局部的范围，并加注尺寸，如图 4-19 所示。

3）局部要素做基准的标注方法如图 4-8 所示。

七、延伸公差带

延伸公差带用规范中的附加符号Ⓟ表示，如图 4-20 所示。

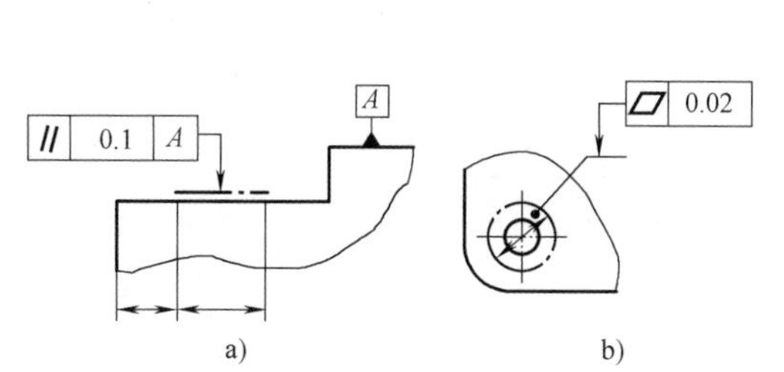

图 4-19　给出的公差仅适用于要素的某一指定局部的标注

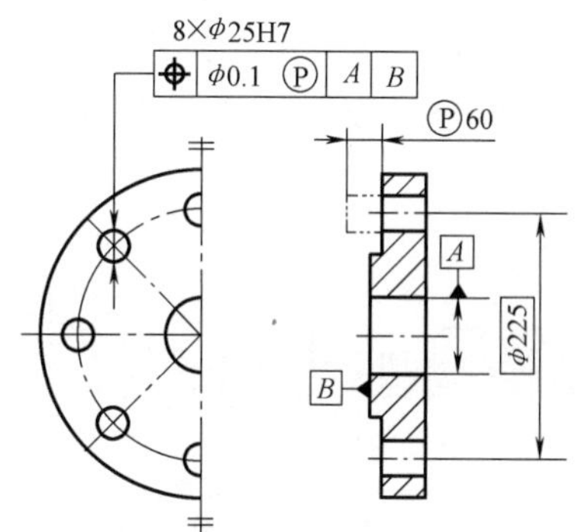

图 4-20　延伸公差带的标注

第三节　几何公差及其公差带

几何公差是用来限制零件本身的几何误差的，它是实际被测要素的允许变动量。新国家标准将几何公差分为形状公差、方向公差、位置公差和跳动公差。

几何公差带表示实际被测要素允许变动的区域，其概念明确、形象，它体现了被测要素的设计要求，也是加工和检验的根据。几何公差带的主要形状有九种：

——圆内的区域；

——两同心圆之间的区域；

——两同轴圆柱面之间的区域；

——两等距离曲线之间的区域；

——两平行直线之间的区域；

——圆柱面内的区域；

——两等距曲面之间的区域；

——两平行平面之间的区域；

——圆球面内的区域。

一、形状公差

形状公差是单一实际被测要素对其理想被测要素的允许变动量，形状公差带是单一实际被测要素允许变动的区域，它不涉及基准。形状公差有直线度、平面度、圆度、圆柱度、无基准要求的线轮廓度和无基准要求的面轮廓度六个项目。

（一）直线度（—）

直线度公差用于限制平面内或空间直线的形状误差。根据零件的功能要求不同，可分别提出给定平面内、给定方向上和任意方向上的直线度要求。

1）在给定平面内，公差带是给定平面内间距为公差值 t 的两平行直线所限定的区域，如图 4-21 所示。框格中标注的 0.1 的意义是：在任一平行于图示投影面的平面内，上平面的提取（实际）线应限定在间距等于 0.1mm 的两平行直线之间。

2）在给定方向上，公差带是间距为公差值 t 的两平行平面所限定的区域，如图 4-22 所示。框格中标注的 0.2 的意义是：提取（实际）的棱边应限定在间距为 0.2mm 的两平行平面之间。

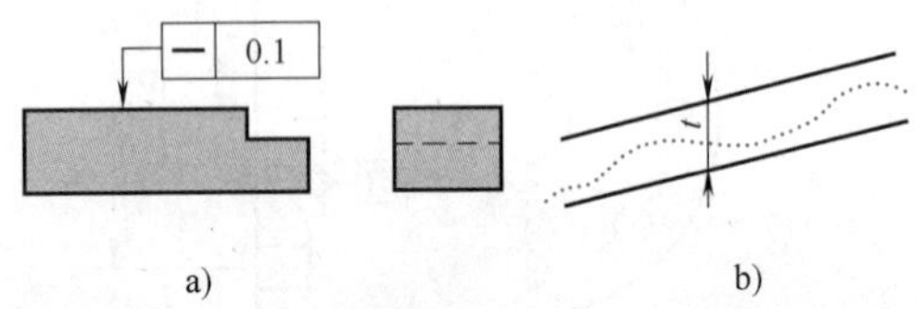

图 4-21 给定平面内的直线度公差带

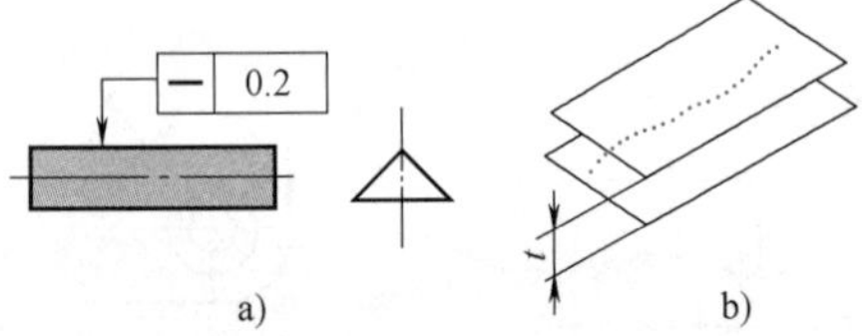

图 4-22 给定方向上的直线度公差带

3）在任意方向上，公差带是直径为 ϕt 的圆柱面所限定的区域。此时在公差值前加注 ϕ，如图 4-23 所示。框格中标注的 ϕ0.03 的意义是：外圆柱面的提取（实际）中心线应限定在直径为 ϕ0.03mm 的圆柱面内。

（二）平面度（▱）

公差带为间距等于公差值 t 的两平行平面所限定的区域，如图 4-24 所示。框格中标注的 0.08 的意义是：提取（实际）表面应限定在间距等于 0.08mm 的两平行平面内。

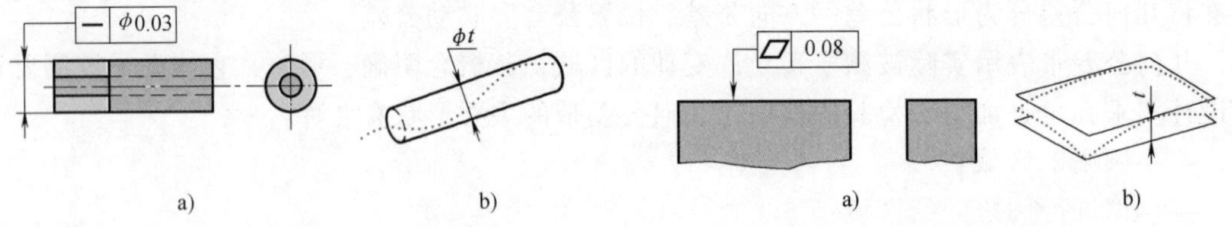

图 4-23 任意方向上的直线度公差带

图 4-24 平面度公差带

（三）圆度（○）

公差带是在给定横截面内，半径差为公差值 t 的两同心圆所限定的区域，如图 4-25c 所示。图 4-25a 框格中标注的 0.03 的意义是：在圆柱面的任意横截面内，提取（实际）圆周应限定在半径差等于 0.03mm 的两共面同心圆之间；图 4-25b 框格中标注的 0.1 的意义是：在圆锥面的任意横截面内，提取（实际）圆周应限定在半径差等于 0.1mm 的两同心圆之间。

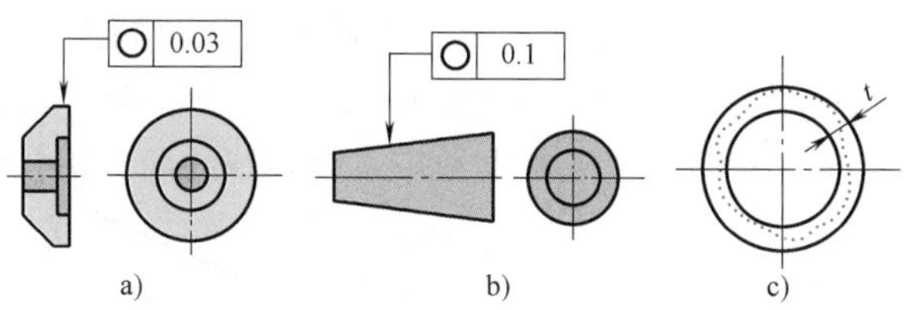

图 4-25　圆度公差带

圆度误差

（四）圆柱度（⌭）

公差带是半径差为公差值 t 的两同轴圆柱面所限定的区域，如图 4-26 所示。框格中标注的 0.1 的意义是：提取（实际）圆柱面应限定在半径差等于 0.1mm 的两同轴圆柱面之间。圆柱度能对圆柱面纵、横截面各种形状误差进行综合控制。

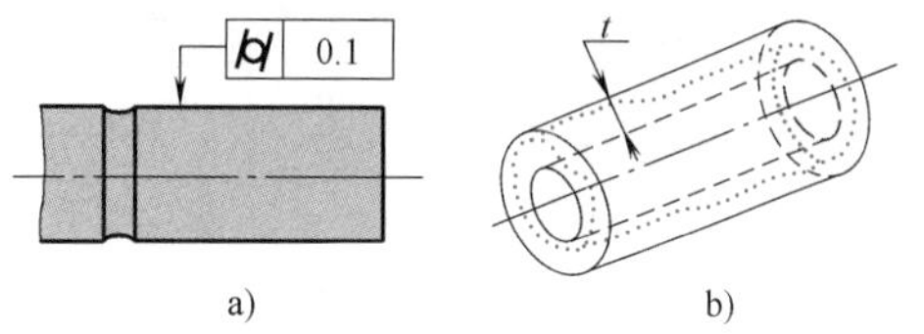

图 4-26　圆柱度公差带

二、形状、方向或位置公差

（一）线轮廓度（⌒）

公差带为直径等于公差值 t、圆心位于具有（或由基准体系确定的被测要素）理论正确几何形状上的一系列圆的两包络线所限定的区域，如图 4-27b（或图 4-28b）所示。

图 4-27a 所示为无基准要求的线轮廓度公差带，图 4-28a 所示为有基准要求的线轮廓度公差带。

图 4-27a 框格中标注的 0.04 的意义是：在任一平行于图示投影平面的截面内，提取（实际）轮廓线应限定在直径等于 0.04mm、圆心位于被测要素理论正确几何形状上的一系列圆的两等距包络线之间。图 4-28a 框格中标注的 0.04 的意义是：在任一平行于图示投影平面的截面内，提取（实际）轮廓线应限定在直径等于 0.04mm、圆心位于由基准平面 A 和基准平面 B 确定的被测要素理论正确几何形状上的一系列圆的两等距包络线之间。

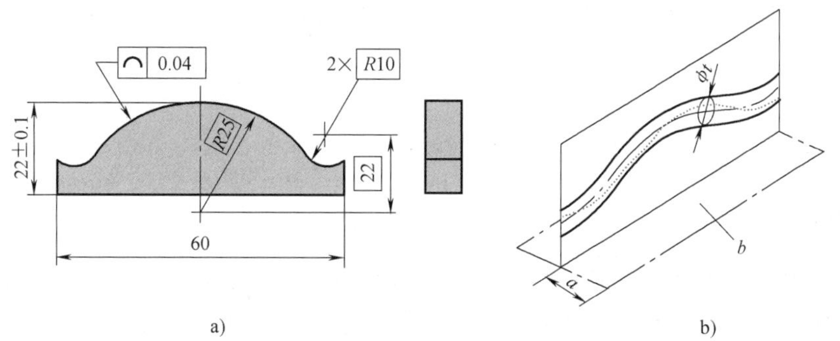

图 4-27　无基准要求的线轮廓度公差带

a—任一距离　b—垂直于图样视图所在平面

（二）面轮廓度（⌓）

公差带为直径等于公差值 t、球心位于（或由基准体系确定的）被测要素理论正确几何形状上的一系列圆球的两包络面所限定的区域，如图 4-29b（或图 4-30b）所示。

图 4-29a 所示为无基准要求的面轮廓度公差带，图 4-30a 所示为有基准要求的面轮廓度公差带。

图 4-29a 框格中标注的 0.02 的意义是：提取（实际）轮廓面应限定在直径等于

0.02mm、球心位于被测要素理论正确几何形状上的一系列圆球的两等距包络面之间。图 4-30a 框格中标注的 0.1 的意义是：提取（实际）轮廓面应限定在直径等于 0.1mm、球心位于由基准平面 A 确定的被测要素理论正确几何形状上的一系列圆球的两等距包络面之间。

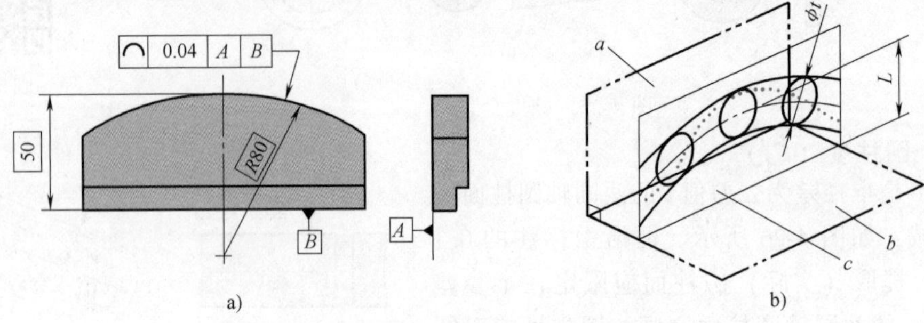

图 4-28　有基准要求的线轮廓度公差带

a—基准平面 A　b—基准平面 B　c—平行于基准 A 的平面

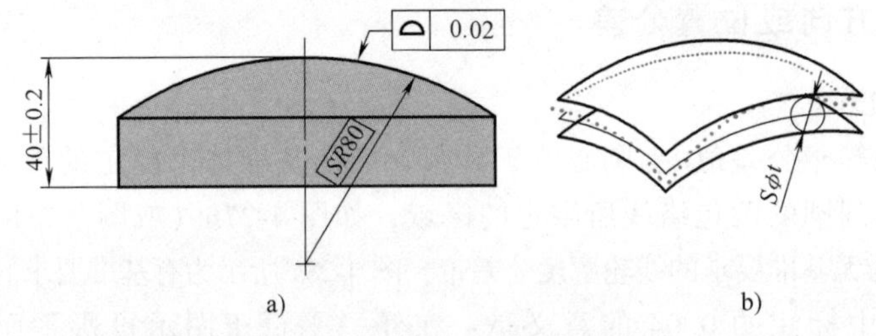

图 4-29　无基准要求的面轮廓度公差带

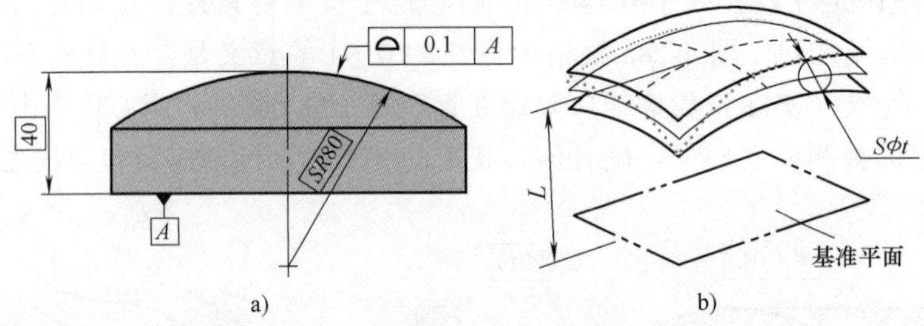

图 4-30　有基准要求的面轮廓度公差带

三、方向公差

方向公差是指被测要素对基准在方向上允许的变动量。方向公差分为平行度、垂直度、倾斜度三个项目，被测要素为直线和平面，基准要素有直线和平面。

方向公差带具有形状、大小和方向的要求，而其位置是浮动的。因此，方向公差带具有综合控制被测要素的方向和形状的功能。被测要素给出方向公差后仅在对其形状精度有进一步要求时，才另行给出形状公差，而形状公差值必须小于方向公差值。

（一）平行度（//）

平行度公差用于限制被测要素对基准要素平行的误差，公差带的定义和标注示例如下。

如图 4-31b 所示，公差带为间距等于公差值 t、平行于基准轴线的两平行平面所限定的区域。图 4-31a 框格中标注的 0.1 的意义是：提取（实际）表面应限定在间距等于 0.1mm、平行于基准轴线 C 的平行平面之间。

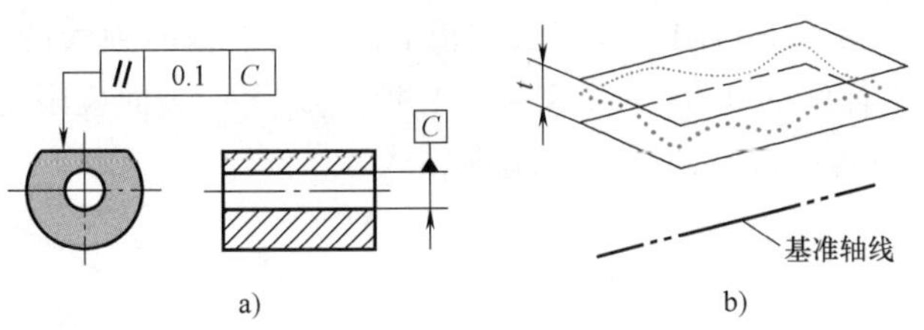

图 4-31 平行度（一）

如图 4-32b 所示，公差带为间距等于公差值 t、平行于基准平面的两平行平面所限定的区域。图 4-32a 框格中标注的 0.1 的意义是：提取（实际）表面应限定在间距等于 0.1mm、平行于基准平面 D 的两平行平面之间。

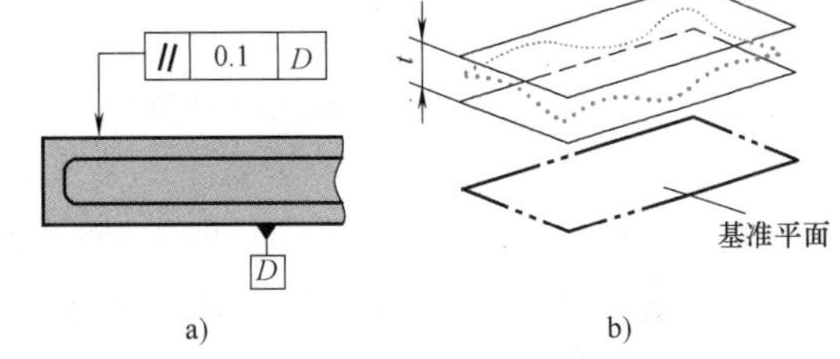

图 4-32 平行度（二）

如图 4-33b 所示，公差带为间距等于公差值 t 的两平行直线所限定的区域。该两平行直线平行于基准平面 A 且处于平行于基准平面 B 的平面内。图 4-33a 框格中标注的 0.02 的意义是：提取（实际）线应限定在间距等于 0.02mm 的两平行直线之间。

如图 4-34b 所示，公差带为平行于基准轴线、直径等于公差值 ϕt 的圆柱面所限定的区域。图 4-34a 框格中标注的 $\phi 0.03$ 的意义是：提取（实际）中心线应限定在平行于基准轴线 A、直径等于 $\phi 0.03$mm 的圆柱面内。

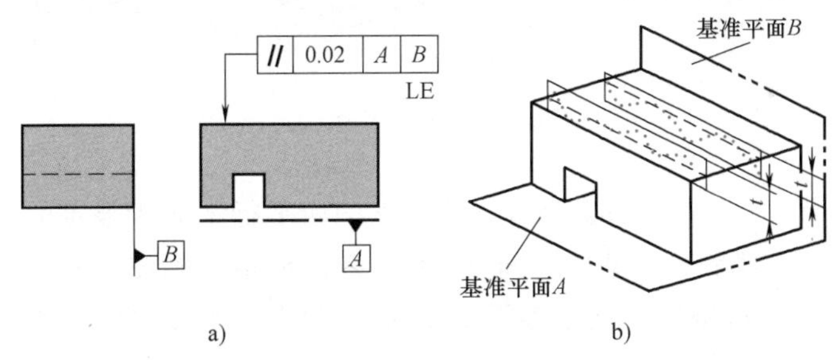

图 4-33 平行度（三）

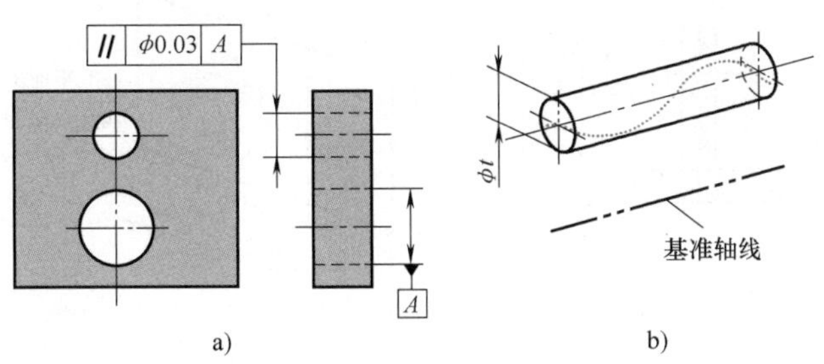

图 4-34 平行度（四）

（二）垂直度（⊥）

垂直度公差用于限制被测要素对基准要素垂直的误差，公差带的定义和标注示例如下。

如图 4-35b 所示，公差带为间距等于公差值 t 且垂直于基准轴线的两平行平面所限定的区域。图 4-35a 框格中标注的 0.08 的意义是：提取（实际）表面应限定在间距等于 0.08mm 的两平行平面之间。该两平行平面垂直于基准轴线 A。

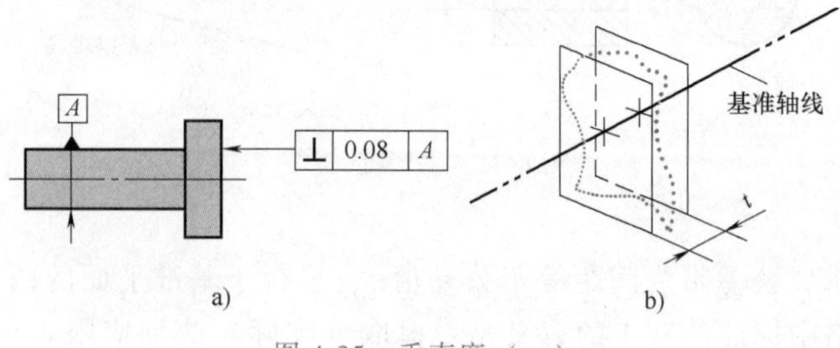

图 4-35 垂直度（一）

如图 4-36b 所示，公差带为间距分别等于公差值 t_1 和 t_2，且相互垂直的两组平行平面所限定的区域。该两组平行平面都垂直于基准平面 A。其中一组平行平面垂直于基准平面 B，另一组平行平面平行于基准平面 B。图 4-36a 框格中标注的 0.1、0.2 的意义是：圆柱面的提取（实际）中心线应限定在间距分别等于 0.1mm 和 0.2mm，且相互垂直的两组平行平面内。该两组平行平面垂直于基准平面 A，且垂直或平行于基准平面 B。

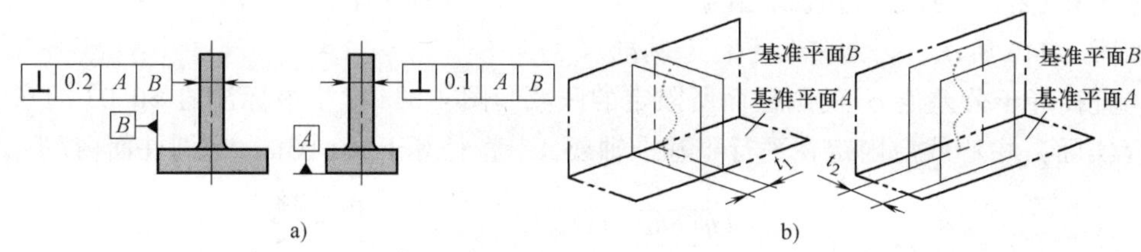

图 4-36 垂直度（二）

如图 4-37b 所示，公差带为间距等于公差值 t 的两平行平面所限定的区域。该两平行平面垂直于基准平面 A，且平行于基准平面 B。图 4-37a 框格中标注的 0.1 的意义是：圆柱面的提取（实际）中心线应限定在间距等于 0.1mm 的两平行平面之间。该两平行平面垂直于基准平面 A，且平行于基准平面 B。

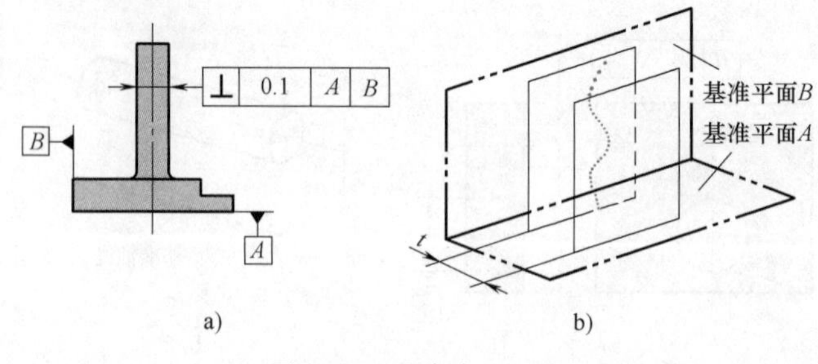

图 4-37 垂直度（三）

如图 4-38b 所示，公差带为直径等于公差值 ϕt、轴线垂直于基准平面的圆柱面所限定的区域。图 4-38a 框格中标注的 ϕ0.01 的意义是：圆柱面的提取（实际）中心线应限定在直径等于 ϕ0.01mm、垂直于基准平面 A 的圆柱面内。

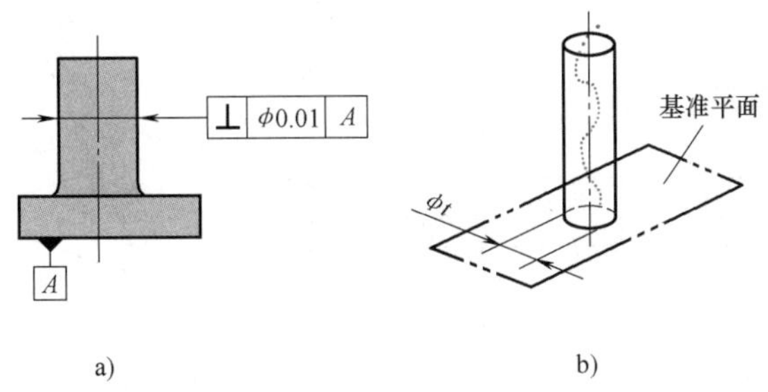

图 4-38 垂直度（四）

（三）倾斜度（∠）

倾斜度公差用于限制被测要素对基准要素成一定角度的误差，公差带的定义和标注示例如下。

如图 4-39b、图 4-40b 所示，公差带为间距等于公差值 t 的两平行平面所限定的区域。该两平行平面按给定角度倾斜于基准轴线。图 4-39a、图 4-40a 框格中标注的 0.08 的意义是：提取（实际）中心线应限定在间距等于 0.08mm 的两平行平面之间。该两平行平面按理论正确角度 60°倾斜于公共基准轴线 A—B。图 4-39 所示为被测线与基准轴线在同一平面内的情况，图 4-40 所示为被测线与基准轴线在不同平面内的情况。

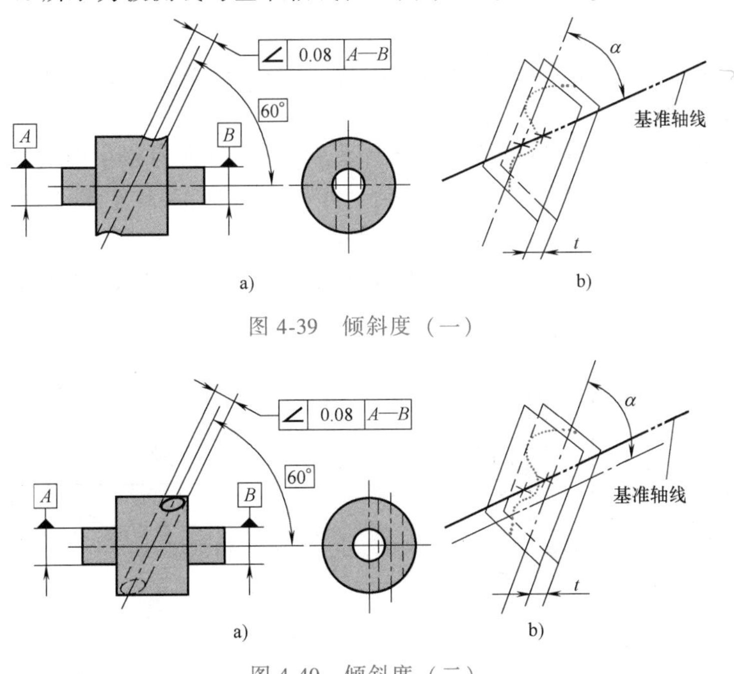

图 4-39 倾斜度（一）

图 4-40 倾斜度（二）

如图 4-41b 所示，公差带为直径等于公差值 ϕt 的圆柱面所限定的区域。该圆柱面公差带的轴线按给定角度倾斜于基准平面 A 且平行于基准平面 B。图 4-41a 框格中标注的 ϕ0.1 的意义是：提取（实际）中心线应限定在直径等于 ϕ0.1mm 的圆柱面内。该圆柱面的中心线按理论正确角度 60°倾斜于基准平面 A 且平行于基准平面 B。

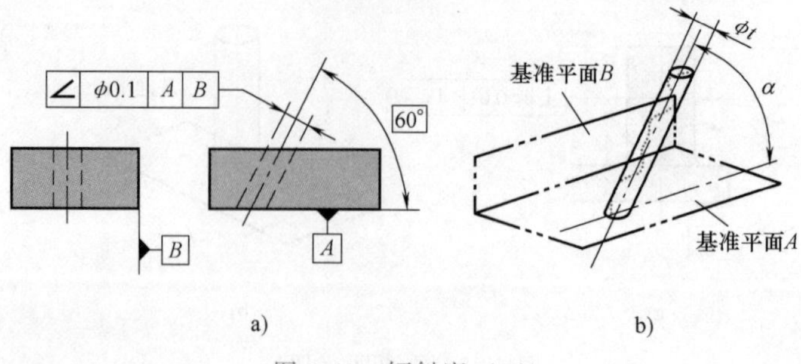

图 4-41 倾斜度（三）

四、位置公差

位置公差是关联实际被测要素对基准在位置上所允许的变动量。位置公差带一般不仅有形状和大小的要求，而且相对于基准的定位尺寸为理论正确尺寸，因此还有特定方向和位置的要求，即位置公差带的中心具有确定的理想位置，且以该理想位置对称配置公差带。因此，对某一被测要素给出位置公差后，仅在对其方向精度或（和）形状精度有进一步要求时，才另行给出方向公差或（和）形状公差，而方向公差值必须小于位置公差值，形状公差值必须小于方向公差值。

位置公差分为位置度、同轴（心）度和对称度三个项目。

（一）位置度（⌖）

位置度公差用于限制被测要素（点、线、面）实际位置对理想位置的变动量，公差带的定义和标注示例如下。

如图 4-42b 所示，公差带为直径等于公差值 $S\phi t$ 的圆球面所限定的区域。该圆球面中心的理论正确位置由基准 A、B、C 和理论正确尺寸确定。图 4-42a 框格中标注的 $S\phi0.3$ 的意义是：提取（实际）球心应限定在直径等于 $S\phi0.3$mm 的圆球面内。该圆球面的中心由基准平面 A、基准平面 B、基准中心平面 C 和理论正确尺寸 30mm、25mm 确定。

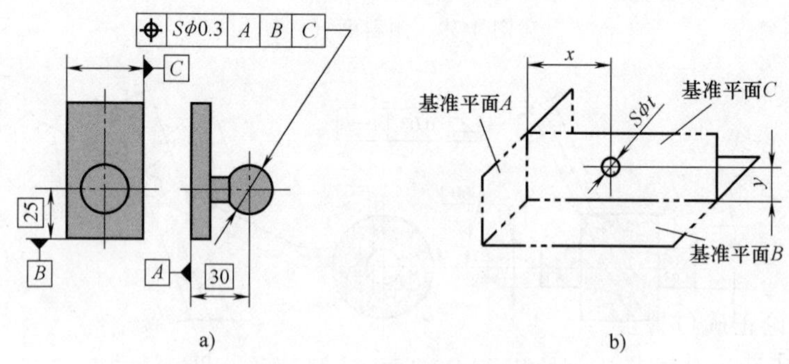

图 4-42 点的位置度

如图 4-43b 所示，给定一个方向的公差时，公差带为间距等于公差值 t、对称于线的理论正确位置的两平行平面所限定的区域。线的理论正确位置由基准平面 A、B 和理论正确尺寸确定。公差只在一个方向上给定。图 4-43a 框格中标注的 0.1 的意义是：各条刻线的提取（实际）中心线应限定在间距等于 0.1mm，对称于基准平面 A、B 和理论正确尺寸 25mm、10mm 确定的理论正确位置的两平行平面之间。

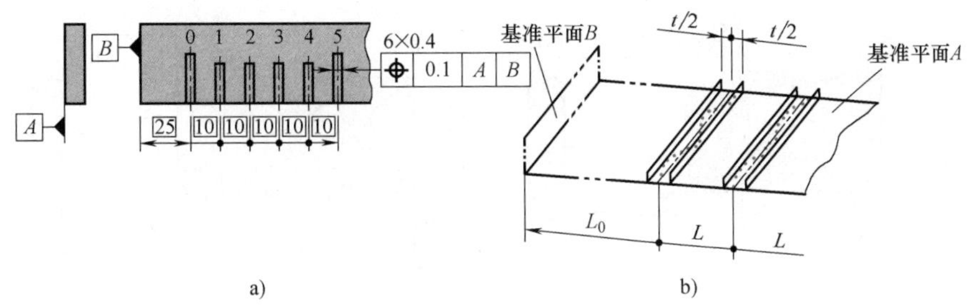

a) b)

图 4-43 线的位置度（一）

如图 4-44b 所示，给定两个方向的公差时，公差带为间距分别等于公差值 t_1 和 t_2、对称于线的理论正确（理想）位置的两对互相垂直的平行平面所限定的区域。线的理论正确位置由基准平面 C、A 和 B 及理论正确尺寸确定。该公差带在基准体系的两个方向上给定。图 4-44a 框格中标注的 0.05、0.2 的意义是：各孔的提取（实际）中心线在给定方向上应各自限定在间距分别等于 0.05mm 和 0.2mm、且相互垂直的两对平行平面内。每对平行平面对称于由基准平面 C、A、B 和理论正确尺寸 20mm、15mm、30mm 确定的各孔轴线的理论正确位置。

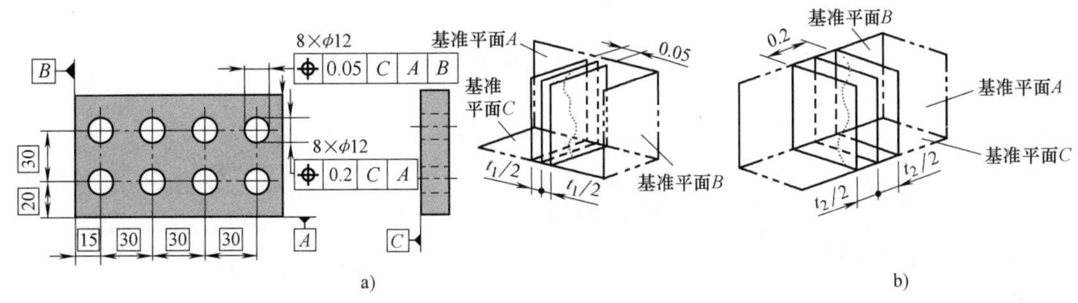

a) b)

图 4-44 线的位置度（二）

如图 4-45c 所示，公差带为直径等于公差值 ϕt 的圆柱面所限定的区域。该圆柱面的轴线位置由基准平面 C、A、B 和理论正确尺寸确定。图 4-45a 框格中标注的 $\phi0.08$ 的意义是：提取（实际）中心线应限定在直径等于 $\phi0.08$mm 的圆柱面内。该圆柱面的轴线位置处于由基准平面 C、A、B 和理论正确尺寸 100mm、68mm 确定的理论正确位置上。图 4-45b 框格中标注的 $\phi0.1$ 的意义是：各提取（实际）中心线应各自限定在直径等于 $\phi0.1$mm 的圆柱面内。该圆柱面的轴线应处于由基准平面 C、A、B 和理论正确尺寸 20mm、15mm、30mm 确定的各孔轴线的理论正确位置上。

如图 4-46c 所示，公差带为间距等于公差值 t，且对称于被测面理论正确位置的两平行平面所限定的区域。面的理论正确位置由基准平面、基准轴线和理论正确尺寸确定。图 4-46a 框格中标注的 0.05 的意义是：提取（实际）表面应限定在间距等于 0.05mm、且对称于被测面的理论正确位置的两平行平面之间。该两平行平面对称于由基准平面 A、基准轴线 B 和理论正确尺寸 15mm、105°确定的被测面的理论正确位置。图 4-46b 框格中标注的 0.05 的意义是：提取（实际）中心面应限定在间距等于 0.05mm 的两平行平面之间。该两平行平面对称于由基准轴线 A 和理论正确角度 45°确定的各被测面的理论正确位置。

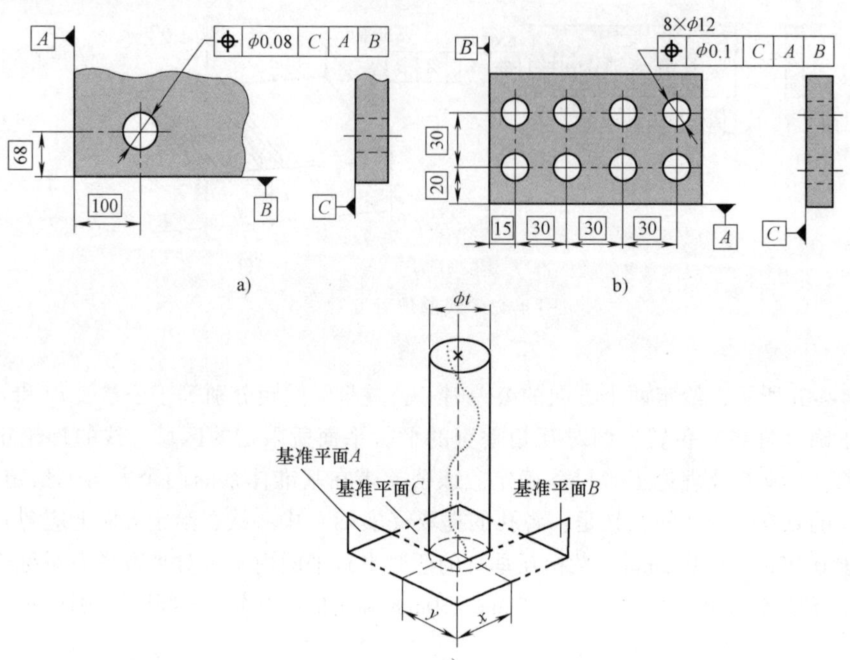

图 4-45 线的位置度（三）

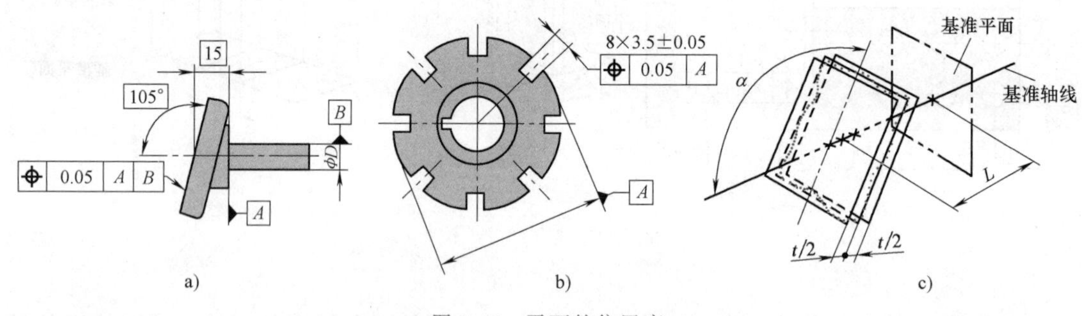

图 4-46 平面的位置度

（二）同轴度（◎）

同轴度公差用于限制零件被测（导出）要素偏离基准轴线的误差，被测（导出）要素为中心点时，称为同心度，其公差带的定义和标注示例如下。

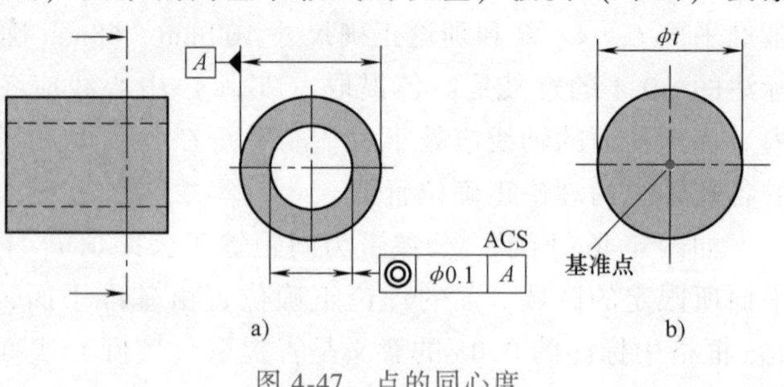

图 4-47 点的同心度

如图 4-47b 所示，公差带为直径等于公差值 ϕt 的圆周所限定的区域。该圆周的圆心与基准点重合。图 4-47a框格中标注的 $\phi0.1$ 的意义是：在任意横截面内，内圆的提取（实际）中心应限定在直径等于 $\phi0.1$mm、以基准点 A 为圆心的圆周内。

如图 4-48c 所示，公差带为直径等于公差值 ϕt 的圆柱面所限定的区域。该圆柱面的轴线与基准轴线重合。图 4-48a 框格中标注的 $\phi0.08$ 的意义是：大圆柱面的提取（实际）中心线应限定在直径等于 ϕ0.08mm、以公共基准轴线 A—B 为轴线的圆柱面内。图 4-48b 框格中标注的 ϕ0.1 的意义是：大圆柱面的提取（实际）中心线应限定在直径等于 ϕ0.1mm、以基准轴线 A 为轴线的圆柱面内。

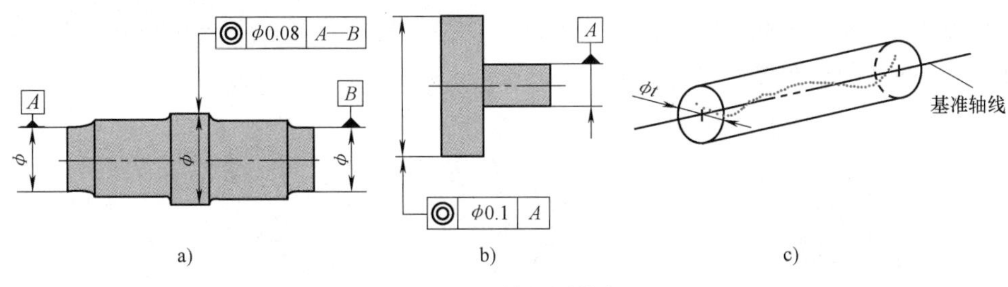

图 4-48 轴的同轴度

（三）对称度（⌯）

对称度公差用于限制被测（导出）要素（中心面或轴线）偏离基准平面、直线的误差，公差带的定义和标注示例如下。

如图 4-49c 所示，公差带为间距等于公差值 t，对称于基准中心平面的两平行平面所限定的区域。图 4-49a 框格中标注的 0.08 的意义是：提取（实际）中心面应限定在间距等于 0.08mm、对称于基准中心平面 A 的两平行平面之间。图 4-49b 框格中标注的 0.08 的意义是：提取（实际）中心面应限定在间距等于 0.08mm、对称于公共基准中心平面 A—B 的两平行平面之间。

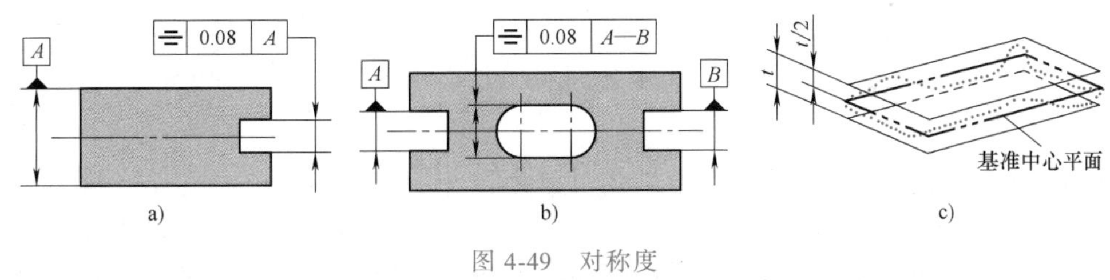

图 4-49 对称度

五、跳动公差

跳动公差是关联实际被测要素绕基准轴线回转一周或几周时所允许的最大跳动量。跳动公差是按特定的测量方法定义的公差项目，测量方法简便。跳动公差与其他几何公差相比具有显著的特点：跳动公差带相对于基准轴线有确定的位置，跳动公差带可以综合控制被测要素的位置、方向和形状。

跳动公差分为圆跳动和全跳动。

（一）圆跳动（↗）

圆跳动公差是被测提取要素绕基准轴线做无轴向移动旋转一周时允许的最大变动量 t。圆跳动可分为径向圆跳动、轴向圆跳动和斜向圆跳动，公差带的定义和标注示例如下。

如图 4-50e 所示，公差带为在任一垂直于基准轴线的横截面内，半径差等于公差值 t，圆心在基准轴线上的两同心圆所限定的区域。图 4-50a 框格中标注的 0.1 的意义是：在任一平行于基准平面 B、垂直于基准轴线 A 的截面上，提取（实际）圆应限定在半径差等于

0.1mm，圆心在基准轴线 A 上的两同心圆之间。图 4-50b、c 框格中标注的 0.2 的意义是：在任一垂直于基准轴线 A 的横截面内，提取（实际）圆弧应限定在半径差等于 0.2mm，圆心在基准轴线 A 上的两同心圆弧之间。图 4-50d 框格中标注的 0.1 的意义是：在任一垂直于公共基准轴线 A—B 的横截面内，提取（实际）圆应限定在半径差等于 0.1mm，圆心在基准轴线 A—B 上的两同心圆之间。

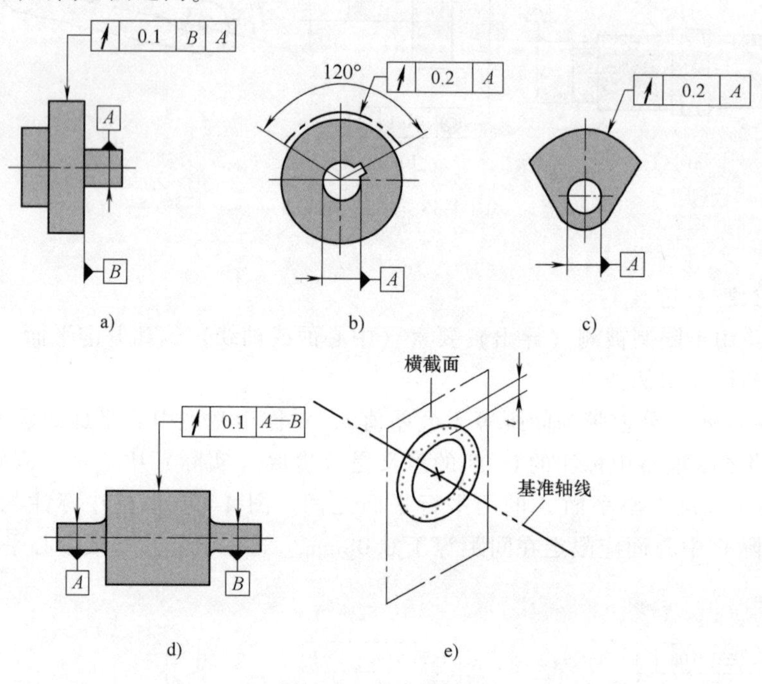

图 4-50 径向圆跳动

如图 4-51b 所示，公差带为与基准轴线同轴的任一半径的圆柱截面上，间距等于公差值 t 的两圆所限定的圆柱面区域。图 4-51a 框格中标注的 0.1 的意义是：在与基准轴线 D 同轴的任一圆柱形截面上，提取（实际）圆应限定在轴向距离等于 0.1mm 的两个等圆之间。

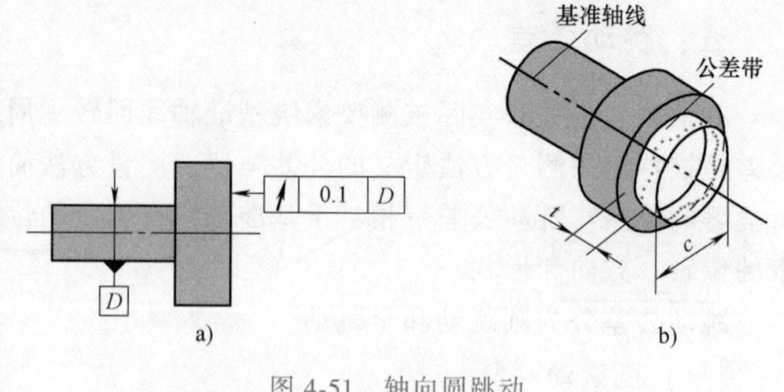

图 4-51 轴向圆跳动

c—任意直径

如图 4-52b 所示，公差带为与基准轴线同轴的某一圆锥截面上，间距等于公差值 t 的两圆所限定的圆锥面区域。除非另有规定，测量方向应为沿被测表面的法向。图 4-52a框格中标注的 0.1 的意义是：在与基准轴线 C 同轴的任一圆锥截面上，提取（实际）线应限定在素线方向间距等于 0.1mm 的两不等圆之间。如图 4-52d 所示，公差带为在与基准轴线同轴的、具有给定锥角的任一圆锥截面上，间距等于公差值 t 的两不等圆所限定的圆锥面区域。图 4-52c 框格中标注的 0.1 的意义是：在与基准轴线 C 同轴且具有给定角度 60°的任一圆锥截面上，提取（实际）圆应限定在素线方向间距等于 0.1mm 的两不等圆之间。

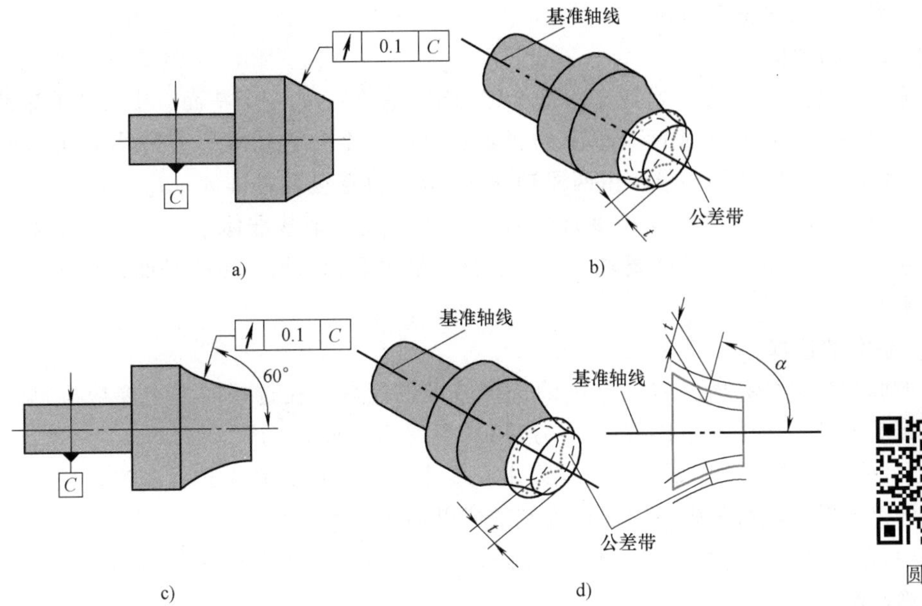

图 4-52 斜向圆跳动

圆跳动

（二）全跳动（⌰）

全跳动公差是被测提取要素绕基准轴线连续回转，同时指示计沿给定方向的直线移动时允许的最大变动量 t。全跳动可分为径向全跳动和轴向全跳动，公差带的定义和标注示例如下。

如图 4-53b 所示，公差带为半径差等于公差值 t，与基准轴线同轴的两圆柱面所限定的区域。图 4-53a 框格中标注的 0.1 的意义是：提取（实际）表面应限定在半径差等于 0.1mm，与公共基准轴线 $A—B$ 同轴的两圆柱面之间。

全跳动

如图 4-54b 所示，公差带为间距等于公差值 t，垂直于基准轴线的两平行平面所限定的区域。图 4-54a 框格中标注的 0.1 的意义是：提取（实际）表面应限定在间距等于 0.1mm，垂直于基准轴线 D 的两平行平面之间。

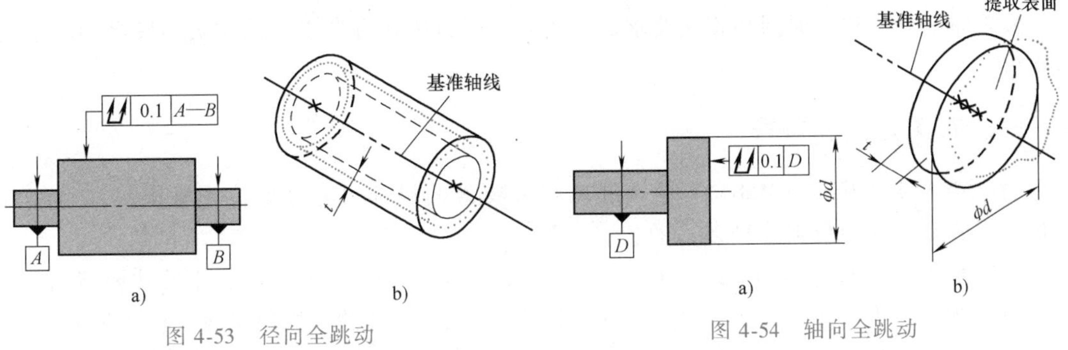

图 4-53 径向全跳动

图 4-54 轴向全跳动

六、基准

在方向公差、位置公差和跳动公差中，基准是指基准要素，被测要素的方向或（和）位置由基准确定。但基准实际要素也有形状误差，因此，由基准实际要素建立基准时，应以该基准实际要素的理想要素为基准。

（一）基准的种类

（1）单一基准　由一个要素建立的基准称为单一基准，如一个平面、中心线或轴线等。

（2）公共基准　由两个或两个以上的要素建立的一个独立基准称为公共基准（组合基准）。如图4-53中全跳动的要求，由两段轴线 A、B 建立起公共基准 $A—B$。

（3）三基面体系　以三个互相垂直的基准平面构成一个基准体系——三基面体系。在三基面体系里，基准平面按功能要求有顺序之分，最主要的为第一基准平面，依次为第二和第三基准平面。

（二）基准的选择

图样上标注位置公差时，有一个正确选择基准的问题。在选择时，主要应根据设计要求，并兼顾基准统一原则和结构特征，一般可从下列几方面来考虑：

1）设计时，应根据实际要素的功能要求及要素间的几何关系来选择基准。例如，对旋转轴，通常以与轴承配合的轴颈表面作为基准或以轴线作为基准。

2）从装配关系考虑，应选择零件相互配合、相互接触的表面作为各自的基准，以保证零件的正确装配。

3）从加工、测量角度考虑，应选择在工夹量具中定位的相应表面作为基准，并考虑用这些表面做基准时，要便于设计工具、夹具和量具，还应尽量使测量基准与设计基准统一。

4）当被测要素的方向需采用多基准定位时，可选用组合基准或三基面体系，还应从被测要素的使用要求方面考虑基准要素的顺序。

第四节　公差原则

为了实现互换性，保证其功能要求，在设计零件时，对某些被测要素有时要同时给定尺寸公差和几何公差，这就产生了如何处理两者之间关系的问题。所谓公差原则，就是处理尺寸公差和几何公差关系的规定。公差原则的国家标准包括 GB/T 4249—2009 和 GB/T 16671—2009。

公差原则分为独立原则和相关要求。相关要求又分为包容要求、最大实体要求和最小实体要求。

一、有关定义、符号

（1）最大实体状态（MMC）　假定提取组成要素的局部尺寸处处位于极限尺寸且使其具有实体最大时（即材料量最多）的状态。

（2）最大实体尺寸（MMS）　确定要素最大实体状态的尺寸。对于外尺寸要素（轴）为轴的上极限尺寸，符号为 d_M。对于内尺寸要素（孔）为孔的下极限尺寸，符号为 D_M。

（3）最小实体状态（LMC）　假定提取组成要素的局部尺寸处处位于极限尺寸且使其具有实体最小时（即材料量最少）的状态。

（4）最小实体尺寸（LMS）　确定要素最小实体状态的尺寸。对于外尺寸要素（轴）为轴的下极限尺寸，符号为 d_L。对于内尺寸要素（孔）为孔的上极限尺寸，符号为 D_L。

（5）最大实体实效状态（MMVC）　在给定长度上，提取组成要素的局部尺寸处于最大实体状态，且其导出要素的几何误差等于给出公差值时的综合极限状态。

(6) 最大实体实效尺寸（MMVS） 确定要素最大实体实效状态的尺寸。对于内尺寸要素为 D_{MV}，它等于最大实体尺寸减几何公差值；对于外尺寸要素为 d_{MV}，它等于最大实体尺寸加几何公差值。

(7) 最小实体实效状态（LMVC） 在给定长度上，提取组成要素的局部尺寸处于最小实体状态，且其导出要素的几何误差等于给出公差值时的综合极限状态。

(8) 最小实体实效尺寸（LMVS） 确定要素最小实体实效状态的尺寸。对于内尺寸要素为 D_{LV}，它等于最小实体尺寸加几何公差值；对于外尺寸要素为 d_{LV}，它等于最小实体尺寸减几何公差值。

(9) 边界 由设计给定的具有理想形状的极限包容面。边界的尺寸为极限包容面的直径或距离。

(10) 最大实体边界（MMB） 尺寸为最大实体尺寸的边界。

(11) 最小实体边界（LMB） 尺寸为最小实体尺寸的边界。

(12) 最大实体实效边界（MMVB） 尺寸为最大实体实效尺寸的边界。

(13) 最小实体实效边界（LMVB） 尺寸为最小实体实效尺寸的边界。

(14) 最大实体要求（MMR） 尺寸要素的非理想要素不得超越其最大实体实效边界，当其实际尺寸偏离最大实体尺寸时，允许其几何误差值超出在最大实体状态下给出的公差值的一种尺寸要素要求。

(15) 最小实体要求（LMR） 尺寸要素的非理想要素不得超越其最小实体实效边界，当其实际尺寸偏离最小实体尺寸时，允许其几何误差值超出在最小实体状态下给出的公差值的一种尺寸要素要求。

(16) 可逆要求（RPR） 导出要素的几何误差值小于给出的几何公差值时，允许在满足零件功能要求的前提下扩大尺寸公差的一种要求。

(17) 零几何公差 被测要素采用最大实体要求或最小实体要求时，其给出的几何公差值为零，用“0Ⓜ”或“0Ⓛ”表示。

二、公差原则

（一）独立原则

独立原则是指图样上给定的每一个尺寸和几何（形状、方向或位置）要求均是独立的，应分别满足各要求。

在独立原则中，尺寸公差只控制提取要素的局部尺寸，几何公差控制形状、方向或位置误差。遵守独立原则的尺寸公差和几何公差在图样上不加任何特定的关系符号。

绝大多数机械零件，其功能对要素的尺寸公差和几何公差的要求都是相互无关的，即遵循独立原则。

（二）相关要求

相关要求是图样上给定的尺寸公差与几何公差相互有关的公差要求。相关要求又分为包容要求、最大实体要求（及其可逆要求）和最小实体要求（及其可逆要求）。

1. 包容要求

包容要求适用于单一要素，如圆柱表面或两平行对应面。包容要求表示提取组成要素不

得超越其最大实体边界，其局部尺寸不得超出最小实体尺寸。

采用包容要求的单一要素应在其尺寸极限偏差或公差带代号之后加注符号“Ⓔ”，如图4-55所示。图4-55中，圆柱表面必须在最大实体边界内，该边界的尺寸为最大实体尺寸ϕ150mm，其局部实际尺寸不得小于149.96mm，如图4-56所示。

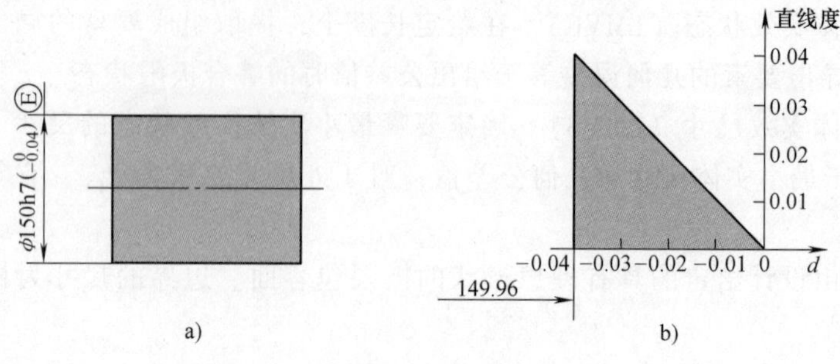

图4-55 包容要求标注与动态公差图

a）标注 b）动态公差图

按包容要求，图样上只给出尺寸公差，但这种公差具有双重作用，即控制实际要素的尺寸变动量和几何误差的双重作用职能。当实际要素处处皆为最大实体状态时，其几何公差值为零，即不允许有任何几何误差产生，如图4-56d所示；当实际要素偏离最大实体状态时，几何误差可获得补偿，如图4-56a、b、c所示，补偿量来自尺寸公差；当提取实际要素为最小实体状态时，几何误差获得补偿量最多，如图4-56c所示，轴线直线度误差最大值为0.04mm，等于尺寸公差值。几何公差尺寸公差的关系可用动态公差图（图4-55b）表示。

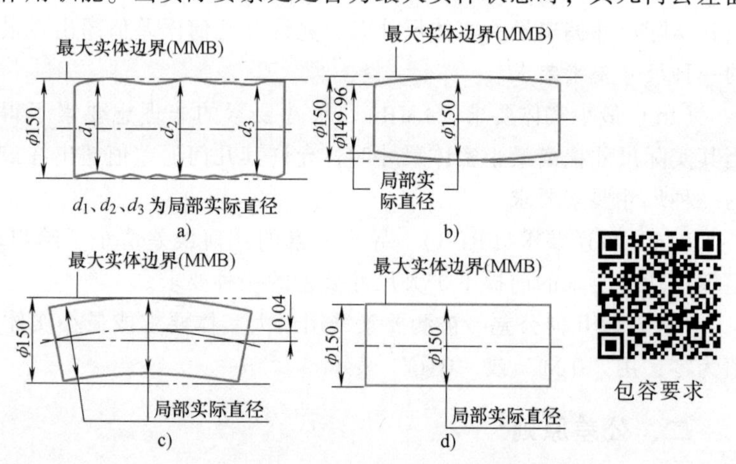

图4-56 包容要求标注说明

包容要求常用于保证孔、轴的配合性质，特别是配合公差较小的精密配合要求，所需的最小间隙或最大过盈通过各自的最大实体边界来保证。

2. 最大实体要求

最大实体要求适用于提取导出要素。最大实体要求是控制被测要素的实际轮廓处于其最大实体实效边界之内的一种公差要求，即被测要素的局部尺寸和几何误差综合结果形成的实际轮廓不得超出该边界，并且局部尺寸不得超出极限尺寸。当其实际尺寸偏离最大实体尺寸时，允许其几何误差值超出给出的公差值，此时应在图样上标注符号“Ⓜ”。

当其几何误差小于给出的几何公差，又允许其实际尺寸超出最大实体尺寸时，可将可逆要求应用于最大实体要求，此时应在其几何公差框格中最大实体要求的几何公差值后标注符号“Ⓡ”。

（1）图样标注　最大实体要求的符号为“Ⓜ”。当应用于被测要素时，应在被测要素几何公差框格中的公差值后标注符号“Ⓜ”（图 4-57a）；当应用于基准要素时，应在几何公差框格内的基准字母代号后标注符号“Ⓜ”（图 4-57b）。

（2）最大实体要求应用于被测要素　最大实体要求应用于被测要素时，被测要素的实际轮廓在给定的长度上处处不得超出最大实体实效边界，且其局部尺寸不得超出最大实体尺寸和最小实体尺寸。

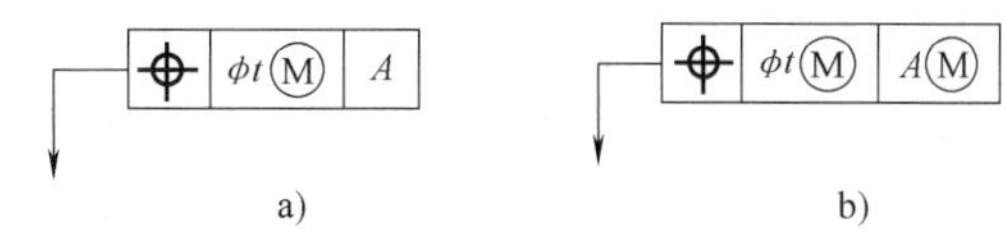

图 4-57　最大实体要求的标注方法（一）

最大实体要求应用于被测要素时，被测要素的几何公差值是在该要素处于最大实体状态时给出的。当被测要素的实际轮廓偏离其最大实体状态，即其实际尺寸偏离最大实体尺寸时，几何误差值可超出在最大实体状态下给出的几何公差值，即此时的几何公差值可以增大。

当给出的几何公差值为零时，则为零几何公差。此时，被测要素的最大实体实效边界等于最大实体边界，最大实体实效尺寸等于最大实体尺寸。

（3）最大实体要求应用于基准要素

1）最大实体要求应用于基准要素时，基准要素应遵守相应的边界。若基准要素的实际轮廓偏离其相应的边界，则允许基准要素在一定范围内浮动，其浮动范围等于基准要素的实际轮廓尺寸与其相应的边界尺寸之差。

2）基准要素本身采用最大实体要求时，基准要素应遵守最大实体实效边界。此时，基准符号应直接标注在形成该最大实体实效边界的几何公差框格下面，如图 4-58a、b 所示。所谓基准要素本身采用最大实体要求，是指基准要素本身的形状公差，或它作为第二基准或第三基准对第一基准或第一和第二基准的位置公差采用最大实体要求。

3）基准要素本身不采用最大实体要求时，基准要素应遵守最大实体边界。基准要素不采用最大实体要求可能有两种情况：遵循独立原则或采用包容要求。当最大实体要求应用于第一基准要素时，无论基准要素本身采用包容要求还是遵循独立原则，都应遵守其最大实体边界。因此，基准要求的尺寸极限偏差或公差带代号后面可以省略标注表示包容要求的符号Ⓔ。图 4-59a 所示为采用独立原则的示例，图 4-59b 所示为采用包容要求的示例。

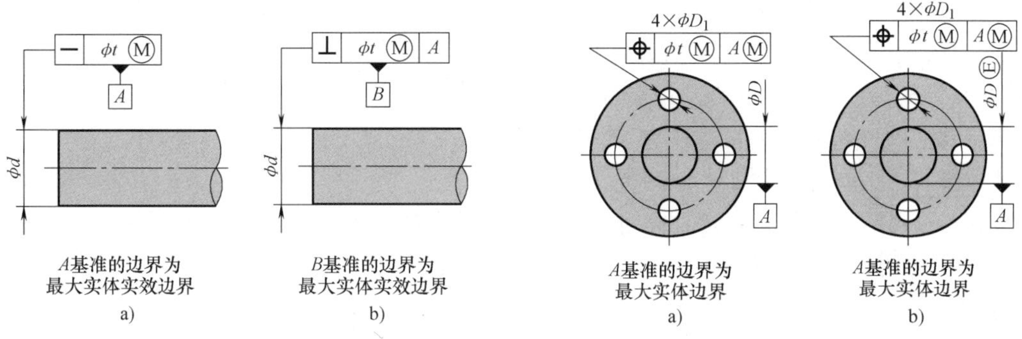

图 4-58　最大实体要求的标注方法（二）

图 4-59　最大实体要求的标注方法（三）

例 4-1　图 4-60a 表示轴 $\phi20_{-0.3}^{\ 0}$mm 的轴线直线度公差采用最大实体要求。当被测要素处于最大实体状态时，其轴线直线度公差为 $\phi0.1$mm，如图 4-60b 所示。图 4-60c 给出了表达上述关系的动态公差图。

该轴应满足下列要求：

1）实际尺寸在 $\phi19.7\sim\phi20$mm 之内。

2）实际轮廓不超出最大实体实效边界，即其实际轮廓尺寸不大于最大实体实效尺寸 $d_{MV}=d_M+t=(20+0.1)\text{mm}=20.1\text{mm}$。

当该轴处于最小实体状态时，其轴线直线度误差允许达到最大值，即等于图样给出的直线度公差（$\phi0.1$mm）与轴的尺寸公差（0.3mm）之和 $\phi0.4$mm。

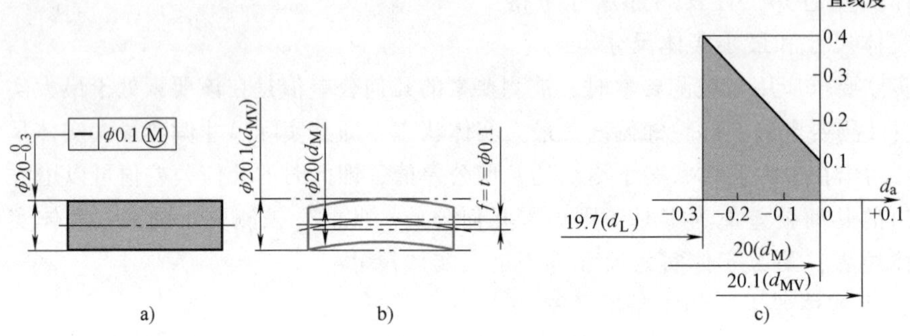

图 4-60 最大实体要求应用举例（一）

例 4-2 图 4-61a 表示孔 $\phi50^{+0.13}_{-0.08}$mm 的轴线对基准 A 的垂直度公差采用最大实体要求的零几何公差。

该孔应满足下列要求：

1）实际尺寸在 $\phi49.92\sim\phi50.13$mm 之内。

2）实际轮廓不超出关联最大实体边界，即其关联实际轮廓尺寸不小于最大实体尺寸 $D_M=49.92$mm。

当该孔处于最大实体状态时，其轴线对基准 A 的垂直度误差值应为零，如图 4-61b所示。当该孔处于最小实体状态时，其轴线对基准 A 的垂直度误差允许达到最大值，即孔的尺寸公差值 0.21mm。图 4-61c给出了表达上述关系的动态公差图。

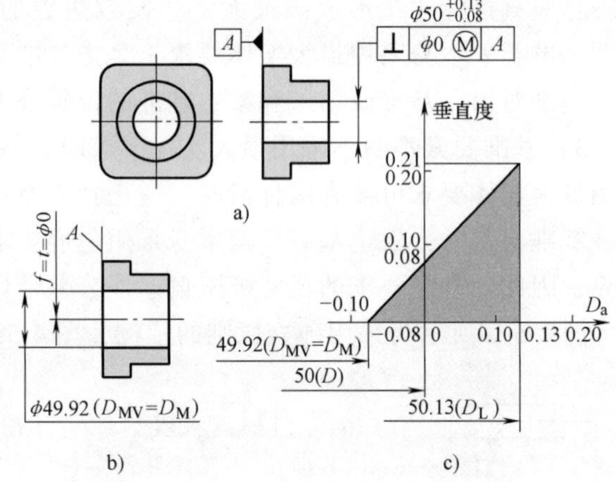

图 4-61 最大实体要求应用举例（二）

例 4-3 图 4-62a 表示最大实体要求应用于轴 $\phi12^{\ 0}_{-0.05}$mm 的轴线对轴 $\phi25^{\ 0}_{-0.05}$mm 的轴线的同轴度公差，并同时应用于基准要素。当被测要素处于最大实体状态时，其轴线对基准 A 的同轴度公差为 $\phi0.04$mm，如图4-62b所示。

被测轴应满足下列要求：

1）实际尺寸在 $\phi11.95\sim\phi12$mm 之内。

2）实际轮廓不超出关联最大实体实效边界，即其关联实际轮廓尺寸不大于关联最大实体实效尺寸 $d_{1MV}=d_{1M}+t=(12+0.04)\text{mm}=12.04\text{mm}$。

当被测轴处于最小实体状态时，其轴线对基准 A 的同轴度误差允许达到最大值，即等于图样给出的同轴度公差（$\phi0.04$mm）与轴的尺寸公差（0.05mm）之和 $\phi0.09$mm，如图4-62c所示。

当基准 A 的实际轮廓处于最大实体边界上，即其实际轮廓尺寸等于最大实体尺寸 $d_M=25mm$ 时，基准轴线不能浮动，如图 4-62b、c 所示。当基准 A 的实际轮廓偏离最大实体边界，即其实际轮廓尺寸偏离最大实体尺寸 $d_M=25mm$ 时，基准轴线可以浮动。当体外作用尺寸等于最小实体尺寸 $d_L=24.95mm$ 时，其浮动范围达到最大值 0.05mm（$=d_M-d_L=25mm-24.95mm$），如图 4-62d 所示。

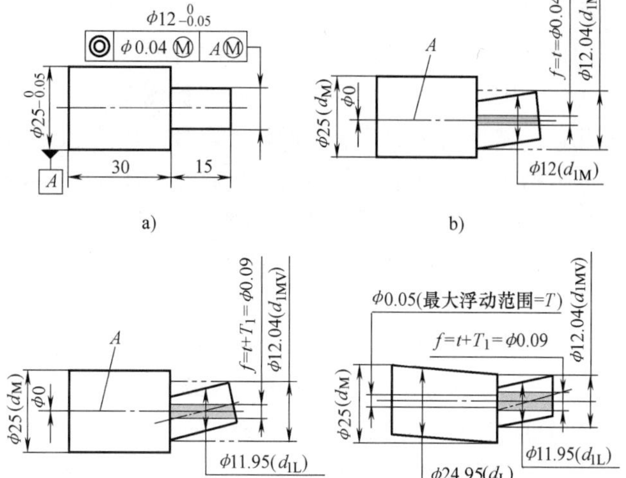

图 4-62 最大实体要求应用举例（三）

（4）最大实体要求的零几何公差

最大实体要求应用于关联要素而给出的最大实体状态下的方向公差值为零，则在几何公差框格第二格中的公差值用“ϕ0 Ⓜ”标注（图 4-63a），称为最大实体要求的零几何公差。此时，提取要素（被测要素）的最大实体实效边界就是最大实体边界，如图 4-63b、c 所示。

圆柱表面必须在最大实体边界内，该边界的尺寸为最大实体尺寸 ϕ50mm，且与基准平面 A 垂直。实际圆柱的局部实际尺寸不得小于 49.975mm。

最大实体要求应用于被测要素时，提取要素的实际轮廓是否超出最大实体实效边界，应该使用功能量规的检验部分（它模拟体现该最大实体实效边界）来检验；其局部尺寸是否超出极限尺寸，用两点法测量。最大实体要求应用于被测要素对应的基准要素时，可以使用同一功能量规的定位部分（它模拟体现基准要素应遵守的边界），来检验基准要素的实际轮廓是否超出该边界；或者使用光滑极限量规通规或另一功能量规，来检验基准要素的实际轮廓是否超出该边界。

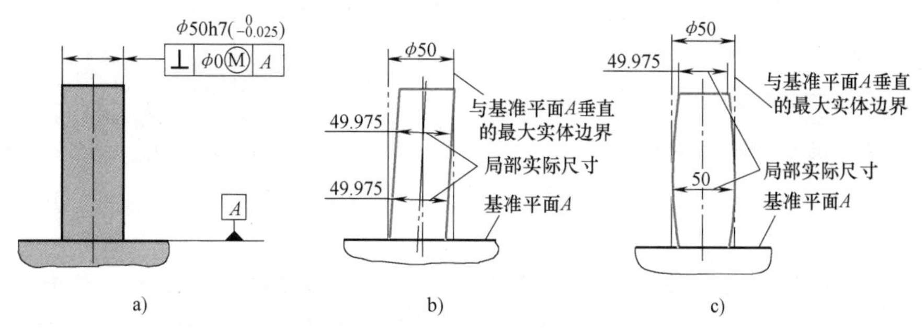

图 4-63 零几何公差

3. 最小实体要求

最小实体要求适用于提取导出要素。最小实体要求是控制被测要素的实际轮廓处于其最小实体实效边界之内的一种公差要求。当其实际尺寸偏离最小实体尺寸时，允许其几何误差值超出其给出的公差值，此时应在图样上标注符号“Ⓛ”。

当其几何误差小于给出的几何公差，又允许其实际尺寸超出最小实体尺寸时，可将可逆要求应用于最小实体要求，此时应同时在其几何公差框格中最小实体要求的几何公差值后标注符号“Ⓡ”。

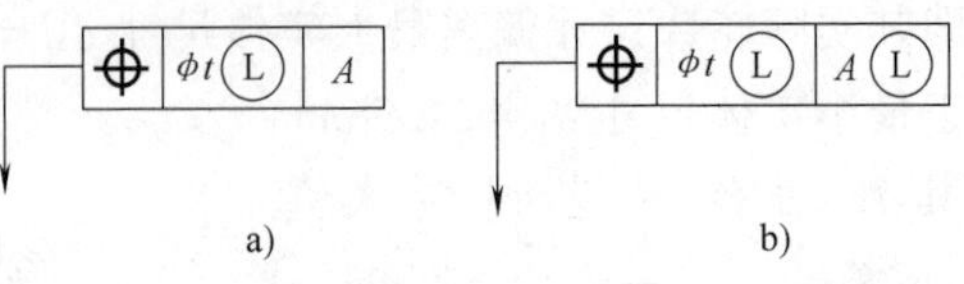

图 4-64 最小实体要求的标注方法

（1）图样标注 最小实体要求的符号为“Ⓛ”。当应用于被测要素时，应在被测要素几何公差框格中的公差值后标注符号“Ⓛ”（图 4-64a）；当应用于基准要素时，应在几何公差框格中的基准字母代号后标注符号“Ⓛ”（图 4-64b）。

（2）最小实体要求应用于被测要素 最小实体要求应用于被测要素时，被测要素的实际轮廓在给定的长度上处处不得超出最小实体实效边界，且其局部实际尺寸不得超出最大实体尺寸和最小实体尺寸。

最小实体要求应用于被测要素时，被测要素的几何公差值是在该要素处于最小实体状态时给出的。当被测要素的实际轮廓偏离其最小实体状态，即其实际尺寸偏离最小实体尺寸时，几何误差值可超出在最小实体状态下给出的几何公差值，即此时的几何公差值可以增大。

当给出的几何公差值为零时，则为零几何公差。此时，被测要素的最小实体实效边界等于最小实体边界，最小实体实效尺寸等于最小实体尺寸。

（3）最小实体要求应用于基准要素

1）最小实体要求应用于基准要素时，基准要素应遵守相应的边界。若基准要素的实际轮廓尺寸偏离边界的尺寸，则允许基准要素的尺寸公差补偿被测要素的几何公差。

2）基准要素本身采用最小实体要求时，相应的边界为最小实体实效边界。此时，基准符号应直接标注在形成该最小实体实效边界的几何公差框格下面，如图 4-65 所示。

3）基准要素本身不采用最小实体要求时，相应的边界为最小实体边界，如图 4-66 所示。

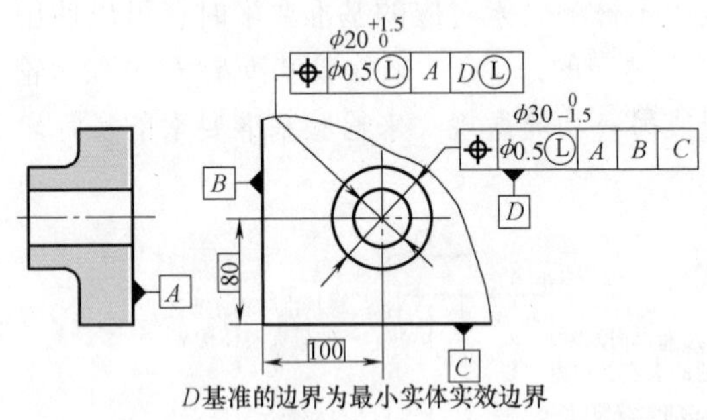

图 4-65 最小实体要求应用于基准要素

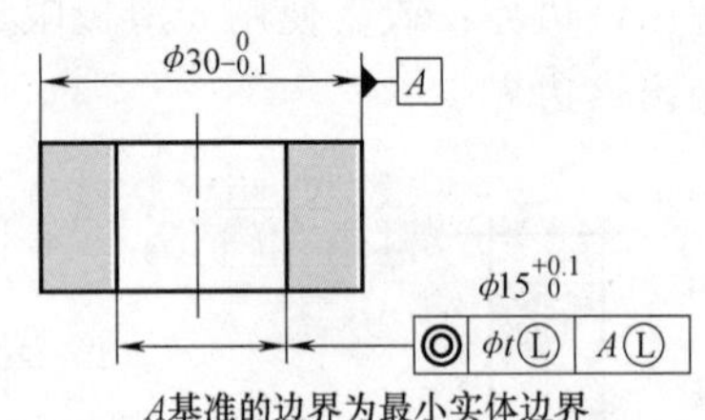

图 4-66 基准要素不采用最小实体要求

例 4-4 图 4-67a 表示孔 $\phi8^{+0.25}_{0}$ mm 的轴线对基准 *A* 的位置度公差采用最小实体要求。当被测要素处于最小实体状态时，其轴线对基准 *A* 的位置度公差为 $\phi0.4$mm，如图 4-67b 所示。图 4-67c 给出了表达上述关系的动态公差图。

该孔应满足下列要求：

1）实际尺寸在 $\phi8 \sim \phi8.25$mm 之内。

2）实际轮廓不超出关联最小实体实效边界，即其关联实际轮廓尺寸不大于最小实体实

效尺寸 $D_{LV}=D_L+t=(8.25+0.4)\text{mm}=8.65\text{mm}$。

当该孔处于最大实体状态时，其轴线对基准 A 的位置度误差允许达到最大值，即等于图样给出的位置度公差（$\phi0.4$mm）与孔的尺寸公差（0.25mm）之和 $\phi0.65$mm。

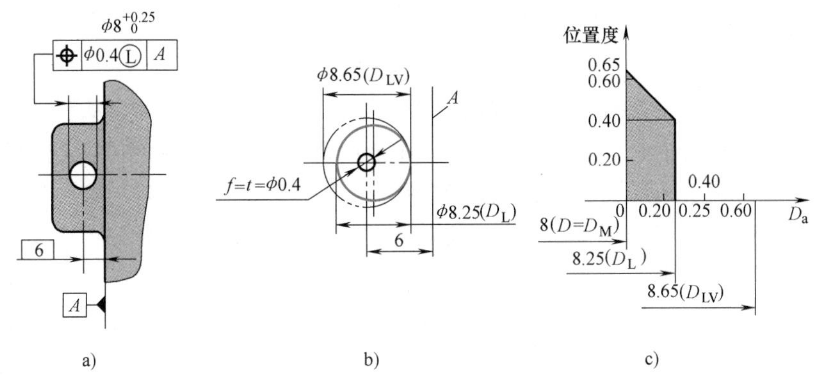

图 4-67　最小实体要求应用举例（一）

例 4-5　图 4-68a 表示孔 $\phi8^{+0.65}_{\ 0}$mm 的轴线对基准 A 的位置度公差采用最小实体要求的零几何公差。

该孔应满足下列要求：

1）实际尺寸不小于 $\phi8$mm。

2）实际轮廓不超出关联最小实体边界，即其关联实际轮廓尺寸不大于最小实体尺寸 $D_L=8.65$mm。

当该孔处于最小实体状态时，其轴线对基准 A 的位置度误差值应为零，如图 4-68b 所示。当该孔处于最大实体状态时，其轴线对基准 A 的位置度误差允许达到最大值，即孔的尺寸公差值 0.65mm。图 4-68c 给出了表达上述关系的动态公差图。

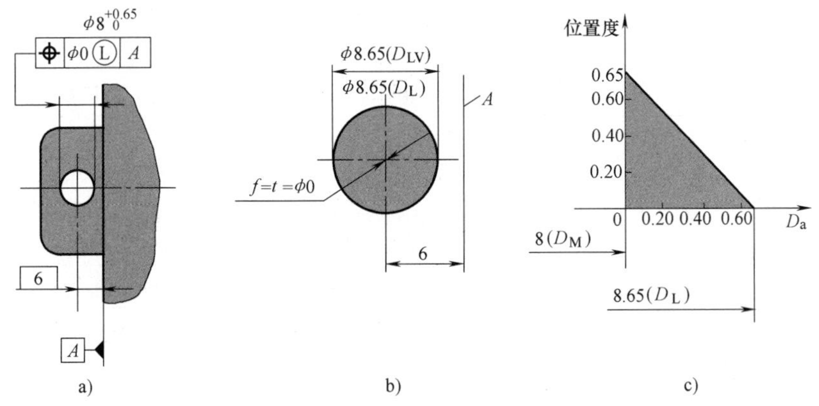

图 4-68　最小实体要求应用举例（二）

第五节　几何公差的选择及未注公差值的规定

零部件的几何误差对机器的正常使用有很大的影响。因此，合理、正确地选择几何公差，对保证机器的功能要求、提高经济效益是十分重要的。

在图样上是否给出几何公差要求，可按下述原则确定：凡几何公差要求用一般机床加工能保证的，不必注出，其公差值要求应按 GB/T 1184—1996《形状和位置公差　未注公差值》执行；凡几何公差有特殊要求的，则应按标准规定注出几何公差。

一、几何公差项目的选择

几何公差特征项目的选择主要从被测要素的几何特征、功能要求、测量的方便性和特征项目本身的特点等综合考虑。在几何公差的 14 个项目中，有单项控制的公差项目，如圆度、直线度、平面度等；也有综合控制的公差项目，如圆柱度、位置公差的各个项目。应该充分发挥综合控制的公差项目的职能，这样可以减少图样上给出的几何公差项目及相应的几何误差检测项目。

在满足功能要求的前提下，应该选用测量简便的项目。例如，同轴度公差常常可以用径向圆跳动公差或径向全跳动公差代替，这样使得测量方便。不过应注意，径向全跳动是同轴度误差与圆柱面形状误差的综合结果，故当同轴度由径向全跳动代替时，给出的全跳动公差值应略大于同轴度公差值，否则就会要求过严。

二、公差原则的选择

选择公差原则时，应根据被测要素的功能要求，充分发挥出公差的作用和采取该种公差原则的可行性、经济性。表 4-3 列出了五种公差原则的应用场合和示例，可供选择时参考。

表 4-3　公差原则的应用场合和示例

公差原则	应用场合	示　　例
独立原则	尺寸精度与几何精度需要分别满足要求	齿轮箱体孔的尺寸精度与两孔轴线的平行度；连杆活塞销孔的尺寸精度与圆柱度；滚动轴承内、外圈滚道的尺寸精度与几何精度
	尺寸精度与几何精度要求相差较大	滚筒类零件尺寸精度要求很低，几何精度要求较高；平板的尺寸精度要求不高，但几何精度要求很高；通油孔的尺寸有一定精度要求，几何精度无要求
	尺寸精度与几何精度无联系	滚子链条的套筒或滚子内外圆柱面的轴线同轴度与尺寸精度；发动机连杆上的尺寸精度与孔轴线间的位置精度
	保证运动精度	导轨的几何精度要求严格，尺寸精度一般
	保证密封性	气缸的几何精度要求严格，尺寸精度一般
	未注公差	凡未注尺寸公差与未注几何公差都采用独立原则，如退刀槽、倒角、圆角等非功能要素
包容要求	保证国家标准规定的配合性质	ϕ30H7 孔与 ϕ30h6 轴的配合，可以保证配合的最小间隙等于零
	尺寸精度与几何精度间无严格比例关系要求	一般的孔与轴配合，只要求提取组成要素不超越最大实体尺寸，提取局部尺寸不超越最小实体尺寸
最大实体要求	保证提取组成要素不超越最大实体尺寸	关联要素的孔与轴有配合性质要求，在公差框格的第二格标注
	保证可装配性	轴承盖上用于穿过螺钉的通孔；法兰盘上用于穿过螺栓的通孔
最小实体要求	保证零件强度和最小壁厚	一组孔轴线的任意方向位置度公差，采用最小实体要求可保证孔与孔间的最小壁厚
可逆要求	与最大(最小)实体要求连用	能充分利用公差带，扩大尺寸要素的尺寸公差，在不影响使用性能要求的前提下可以选用

三、几何公差值的选择

总的原则是：在满足零件功能要求的前提下，选取最经济的公差值。

（一）公差值的选用原则

1）根据零件的功能要求，并考虑加工的经济性和零件的结构、刚性等情况，按公差表中数系确定要素的公差值，并考虑下列情况：

① 在同一要素上给出的形状公差值应小于位置公差值，方向公差值应小于位置公差值。例如，要求平行的两个表面，其平面度公差值应小于平行度公差值。

② 圆柱形零件的形状公差值（轴线的直线度除外）一般情况下应小于其尺寸公差值。圆度、圆柱度的公差值小于同级的尺寸公差值的 1/3，因而可按同级选取。但也可根据零件的功能，在邻近的范围内选取。

③ 平行度公差值应小于其相应的距离公差值。

2）对于下列情况，考虑到加工的难易程度和除主参数外其他参数的影响，在满足零件功能的要求下，适当降低 1～2 级选用：①孔相对于轴；②细长比较大的轴和孔；③距离较大的轴和孔；④宽度较大（一般大于 1/2 长度）的零件表面；⑤线对线和线对面相对于面对面的平行度、垂直度公差。

（二）几何公差等级

GB/T 1184—1996 规定：

1）直线度、平面度、平行度、垂直度、倾斜度、同轴度、对称度、圆跳动、全跳动公差分为 1、2、…、12 共 12 级，公差等级按序由高变低，公差值按序递增，见表 4-4、表 4-5、表 4-6。

表 4-4 直线度、平面度

主参数 L 图例

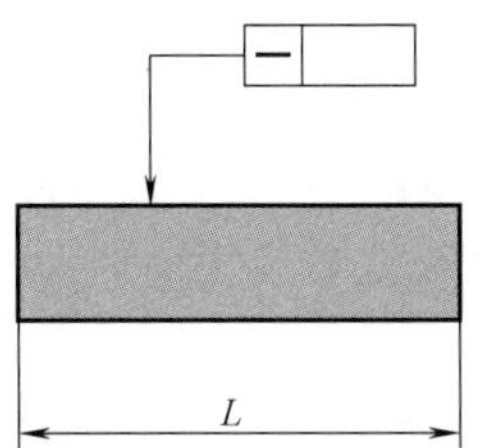

主参数 L/mm	公差等级											
	1	2	3	4	5	6	7	8	9	10	11	12
	公差值/μm											
≤10	0.2	0.4	0.8	1.2	2	3	5	8	12	20	30	60
>10～16	0.25	0.5	1	1.5	2.5	4	6	10	15	25	40	80
>16～25	0.3	0.6	1.2	2	3	5	8	12	20	30	50	100
>25～40	0.4	0.8	1.5	2.5	4	6	10	15	25	40	60	120
>40～63	0.5	1	2	3	5	8	12	20	30	50	80	150
>63～100	0.6	1.2	2.5	4	6	10	15	25	40	60	100	200
>100～160	0.8	1.5	3	5	8	12	20	30	50	80	120	250

（续）

主参数 L/mm	公差等级											
	1	2	3	4	5	6	7	8	9	10	11	12
	公差值/μm											
>160~250	1	2	4	6	10	15	25	40	60	100	150	300
>250~400	1.2	2.5	5	8	12	20	30	50	80	120	200	400
>400~630	1.5	3	6	10	15	25	40	60	100	150	250	500
>630~1000	2	4	8	12	20	30	50	80	120	200	300	600
>1000~1600	2.5	5	10	15	25	40	60	100	150	250	400	800
>1600~2500	3	6	12	20	30	50	80	120	200	300	500	1000
>2500~4000	4	8	15	25	40	60	100	150	250	400	600	1200
>4000~6300	5	10	20	30	50	80	120	200	300	500	800	1500
>6300~10 000	6	12	25	40	60	100	150	250	400	600	1000	2000

表 4-5 平行度、垂直度、倾斜度

主参数 L、$d(D)$ 图例

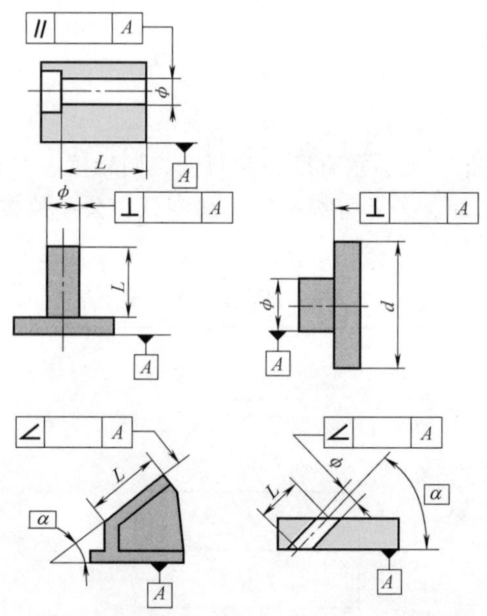

主参数 L、$d(D)$/mm	公差等级											
	1	2	3	4	5	6	7	8	9	10	11	12
	公差值/μm											
≤10	0.4	0.8	1.5	3	5	8	12	20	30	50	80	120
>10~16	0.5	1	2	4	6	10	15	25	40	60	100	150
>16~25	0.6	1.2	2.5	5	8	12	20	30	50	80	120	200
>25~40	0.8	1.5	3	6	10	15	25	40	60	100	150	250
>40~63	1	2	4	8	12	20	30	50	80	120	200	300
>63~100	1.2	2.5	5	10	15	25	40	60	100	150	250	400
>100~160	1.5	3	6	12	20	30	50	80	120	200	300	500

（续）

主参数 L、d(D)/mm	公差等级											
	1	2	3	4	5	6	7	8	9	10	11	12
	公差值/μm											
>160~250	2	4	8	15	25	40	60	100	150	250	400	600
>250~400	2.5	5	10	20	30	50	80	120	200	300	500	800
>400~630	3	6	12	25	40	60	100	150	250	400	600	1000
>630~1000	4	8	15	30	50	80	120	200	300	500	800	1200
>1000~1600	5	10	20	40	60	100	150	250	400	600	1000	1500
>1600~2500	6	12	25	50	80	120	200	300	500	800	1200	2000
>2500~4000	8	15	30	60	100	150	250	400	600	1000	1500	2500
>4000~6300	10	20	40	80	120	200	300	500	800	1200	2000	3000
>6300~10 000	12	25	50	100	150	250	400	600	1000	1500	2500	4000

表 4-6 同轴度、对称度、圆跳动和全跳动

主参数 d(D)、B、L 图例

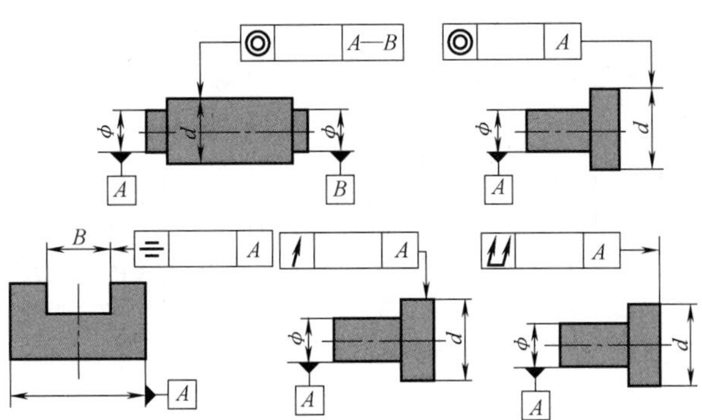

主参数 d(D)、B、L/mm	公差等级											
	1	2	3	4	5	6	7	8	9	10	11	12
	公差值/μm											
≤1	0.4	0.6	1.0	1.5	2.5	4	6	10	15	25	40	60
>1~3	0.4	0.6	1.0	1.5	2.5	4	6	10	20	40	60	120
>3~6	0.5	0.8	1.2	2	3	5	8	12	25	50	80	150
>6~10	0.6	1	1.5	2.5	4	6	10	15	30	60	100	200
>10~18	0.8	1.2	2	3	5	8	12	20	40	80	120	250
>18~30	1	1.5	2.5	4	6	10	15	25	50	100	150	300
>30~50	1.2	2	3	5	8	12	20	30	60	120	200	400
>50~120	1.5	2.5	4	6	10	15	25	40	80	150	250	500
>120~250	2	3	5	8	12	20	30	50	100	200	300	600
>250~500	2.5	4	6	10	15	25	40	60	120	250	400	800
>500~800	3	5	8	12	20	30	50	80	150	300	500	1000
>800~1250	4	6	10	15	25	40	60	100	200	400	600	1200
>1250~2000	5	8	12	20	30	50	80	120	250	500	800	1500
>2000~3150	6	10	15	25	40	60	100	150	300	600	1000	2000
>3150~5000	8	12	20	30	50	80	120	200	400	800	1200	2500
>5000~8000	10	15	25	40	60	100	150	250	500	1000	1500	3000
>8000~10 000	12	20	30	50	80	120	200	300	600	1200	2000	4000

2）圆度、圆柱度公差分为0、1、2、…、12共13级，公差等级按序由高变低，公差值按序递增，见表4-7。

表4-7 圆度、圆柱度

主参数 $d(D)$ 图例

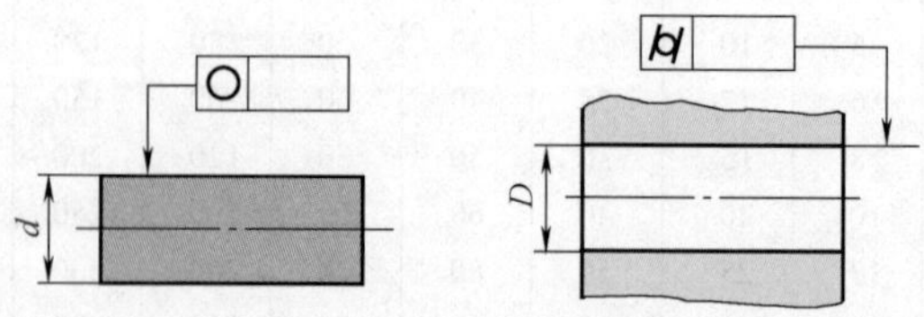

主参数 $d(D)$/mm	公差等级												
	0	1	2	3	4	5	6	7	8	9	10	11	12
	公差值/μm												
≤3	0.1	0.2	0.3	0.5	0.8	1.2	2	3	4	6	10	14	25
>3~6	0.1	0.2	0.4	0.6	1	1.5	2.5	4	5	8	12	18	30
>6~10	0.12	0.25	0.4	0.6	1	1.5	2.5	4	6	9	15	22	36
>10~18	0.15	0.25	0.5	0.8	1.2	2	3	5	8	11	18	27	43
>18~30	0.2	0.3	0.6	1	1.5	2.5	4	6	9	13	21	33	52
>30~50	0.25	0.4	0.6	1	1.5	2.5	4	7	11	16	25	39	62
>50~80	0.3	0.5	0.8	1.2	2	3	5	8	13	19	30	46	74
>80~120	0.4	0.6	1	1.5	2.5	4	6	10	15	22	35	54	87
>120~180	0.6	1	1.2	2	3.5	5	8	12	18	25	40	63	100
>180~250	0.8	1.2	2	3	4.5	7	10	14	20	29	46	72	115
>250~315	1	1.6	2.5	4	6	8	12	16	23	32	52	81	130
>315~400	1.2	2	3	5	7	9	13	18	25	36	57	89	140
>400~500	1.5	2.5	4	6	8	10	15	20	27	40	63	97	155

3）位置度公差值应通过计算得出。例如，用螺栓做联接件，被联接零件上的孔均为通孔，其孔径大于螺栓的直径，位置度公差可用下式计算，即

$$t=X_{\min}$$

式中 t——位置度公差；

$X_{\min}$——通孔与螺栓间的最小间隙。

当用螺钉联接时，被联接零件中有一个零件上的孔是螺纹，而其余零件上的孔都是通孔，且孔径大于螺钉直径，位置度公差可用下式计算，即

$$t=0.5X_{\min}$$

按上式确定的公差，经化整后可按表4-8选择公差值。

表4-8 位置度数系 （单位：μm）

1	1.2	1.5	2	2.5	3	4	5	6	8
1×10^n	1.2×10^n	1.5×10^n	2×10^n	2.5×10^n	3×10^n	4×10^n	5×10^n	6×10^n	8×10^n

注：n 为正整数。

四、几何公差的未注公差值的规定

图样上没有标注几何公差值的要素，其几何精度要求由未注几何公差来控制。

（一）采用未注公差值的优点

图样易读；节省设计时间；图样很清楚地指出哪些要素可以用一般加工方法加工，既保证工序质量又不需一一检测；保证零件特殊的精度要求，有利于安排生产、质量控制和检测。

（二）几何公差的未注公差值

GB/T 1184—1996 对直线度、平面度、垂直度、对称度和圆跳动的未注公差值做了规定，见表 4-9～表 4-12。其他项目如线轮廓度、面轮廓度、倾斜度、位置度和全跳动均应由各要素的注出或未注几何公差、线性尺寸公差或角度公差控制。

1. 直线度和平面度

表 4-9　直线度和平面度的未注公差值　（单位：mm）

公差等级	基本长度范围					
	≤10	>10～30	>30～100	>100～300	>300～1000	>1000～3000
H	0.02	0.05	0.1	0.2	0.3	0.4
K	0.05	0.1	0.2	0.4	0.6	0.8
L	0.1	0.2	0.4	0.8	1.2	1.6

2. 圆度

圆度的未注公差值等于标准的直径公差值，但不能大于表 4-12 中的径向圆跳动公差值。

3. 圆柱度

圆柱度的未注公差值不做规定。

1）圆柱度误差由三个部分组成：圆度、直线度和相对素线的平行度误差，而其中每一项误差均由它们的注出公差或未注公差控制。

2）如因功能要求，圆柱度应小于圆度、直线度和平行度的未注公差的综合结果，应在被测要素上按 GB/T 1182—2008 的规定注出圆柱度公差值。

3）采用包容要求。

4. 平行度

平行度的未注公差值等于给出的尺寸公差值，或是等于直线度和平面度未注公差值中的较大者。应取两要素中的较长者为基准，若两要素的长度相等，则可选任一要素为基准。

5. 垂直度

表 4-10 给出了垂直度的未注公差值。取形成直角的两边中较长的一边作为基准，较短的一边作为被测要素。若两边的长度相等，则可取其中的任意一边作为基准。

表 4-10　垂直度的未注公差值　（单位：mm）

公差等级	基本长度范围			
	≤100	>100～300	>300～1000	>1000～3000
H	0.2	0.3	0.4	0.5
K	0.4	0.6	0.8	1
L	0.6	1	1.5	2

6. 对称度

表 4-11 给出了对称度的未注公差值。应取两要素中较长者作为基准，较短者作为被测要素。若两要素长度相等，则可选任一要素为基准。

表 4-11　对称度的未注公差值　（单位：mm）

公差等级	基本长度范围			
	≤100	>100~300	>300~1000	>1000~3000
H	0.5			
K	0.6		0.8	1
L	0.6	1	1.5	2

注意：对称度的未注公差值用于两个要素中至少一个是中心平面，或两个要素的轴线相互垂直。

7. 同轴度

同轴度的未注公差值未做规定。在极限状况下，同轴度的未注公差值可以和表 4-12 中规定的径向圆跳动的未注公差值相等。应选两要素中的较长者为基准，若两要素长度相等，则可选任一要素为基准。

8. 圆跳动

表 4-12 给出了圆跳动（径向、轴向和斜向）的未注公差值。

表 4-12　圆跳动的未注公差值　（单位：mm）

公差等级	圆跳动公差值
H	0.1
K	0.2
L	0.5

对于圆跳动的未注公差值，应以设计或工艺给出的支承面作为基准，否则应取两要素中较长的一个作为基准。若两要素的长度相等，则可选任一要素为基准。

（三）未注公差值的图样表示法

若采用 GB/T 1184—1996 规定的未注公差值，应在标题栏附近或在技术要求、技术文件（如企业标准）中注出标准号及公差等级代号："GB/T 1184—×"。

示例 1：圆要素注出直径公差值 $25_{-0.1}^{\ 0}$ mm，圆度未注公差值等于尺寸公差值 0.1mm（图 4-69a）。

示例 2：圆要素直径采用未注公差值，按 GB/T 1804 中的 m 级（图 4-69b）。

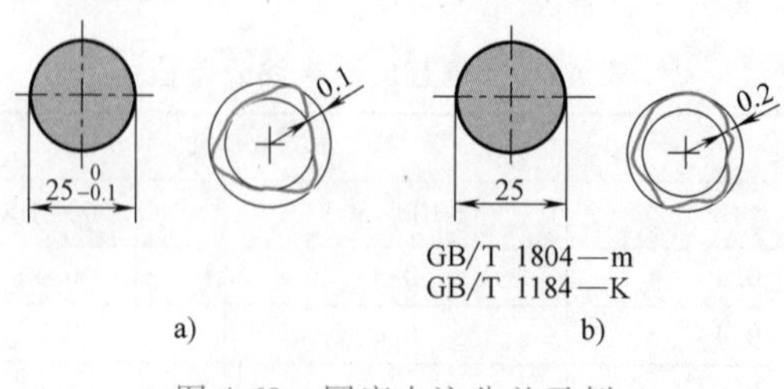

图 4-69　圆度未注公差示例

第六节　几何误差的检测

一、几何误差的评定

在测量被测实际要素的几何误差值时，首先应确定理想要素对被测实际要素的具体方位。因为不同方位的理想要素与被测实际要素上各点的距离是不相同的，所以测量所得的几何误差值也不相同。确定理想要素方位的常用方法为最小包容区域法。

最小包容区域法是用两个等距的理想要素包容实际要素，并使两理想要素之间的距离为最小。应用最小包容区域法评定几何误差是完全满足“最小条件”的。所谓“最小条件”，即被测实际要素对其理想要素的最大变动量为最小。

如图 4-70 所示，理想直线（或平面）的方位可取 l—l、l_1—l_1、l_2—l_2 等，其中 l—l 之间的距离（误差）Δ 为最小，即 $\Delta<\Delta_1<\Delta_2$。故理想直线应取 l—l，以此来评定直线度误差。

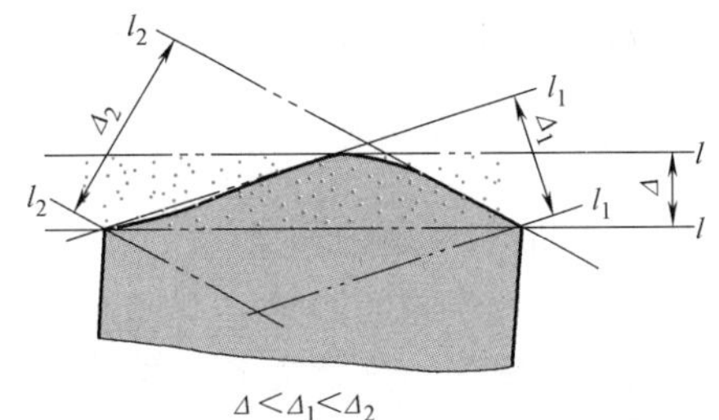

图 4-70　按最小包容区域法评定直线度误差

对于圆形轮廓，用两同心圆去包容被测实际轮廓，半径差为最小的两同心圆，即为符合最小包容区域的理想轮廓。此时圆度误差值为两同心圆的半径差 Δ，如图 4-71 所示。

评定方向误差时，理想要素的方向由基准确定；评定位置误差时，理想要素的位置由基准和理论正确尺寸确定。对于同轴度和对称度，理论正确尺寸为零。如图 4-72 所示，包容被测实际要素的理想要素应与基准成理论正确的角度。

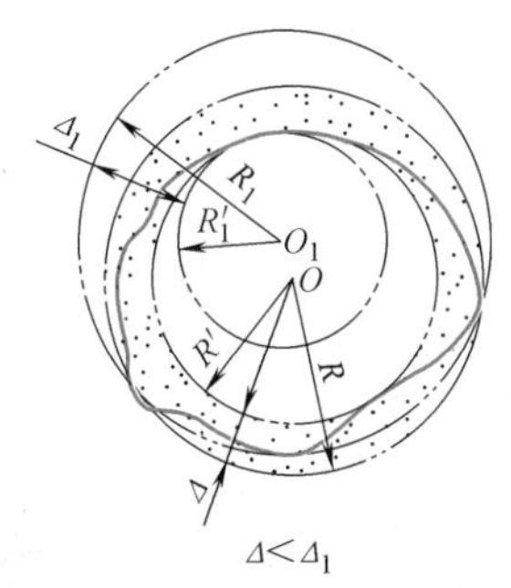

图 4-71　按最小包容区域法评定圆度误差

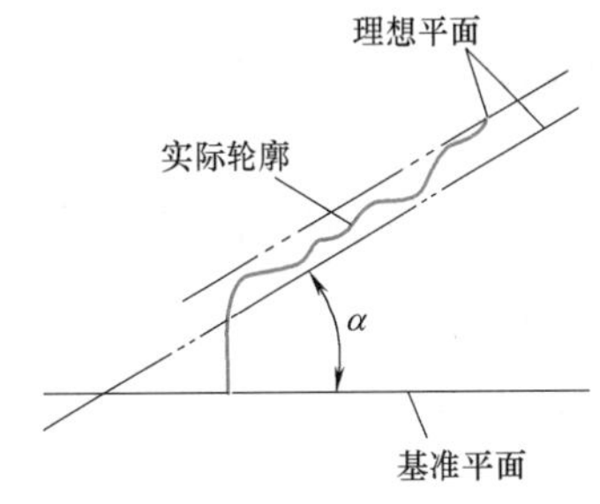

图 4-72　按最小包容区域法评定方向误差

确定理想要素方位的评定方法还有最小二乘法、贴切法和简易法等。

二、几何误差的检测原则

几何误差的项目较多，为了能正确地测量几何误差，便于选择合理的检测方案，国家标准规定了几何误差的五个检测原则。这些检测原则是各种检测方法的概括，可以按照这些原则，根据被测对象的特点和有关条件，选择最合理的检测方案；也可以根据这些检测原则，采用其他的检测方法和测量装置。五个检测原则及说明如下：

（1）与理想要素比较原则　将被测实际要素与理想要素相比较，量值由直接法和间接法获得，理想要素用模拟法获得。模拟理想要素的形状时，必须有足够的精度。

（2）测量坐标值原则　测量被测实际要素的坐标值（如直角坐标值、极坐标值、圆柱面坐标值），并经数据处理获得几何误差值。

（3）测量特征参数原则　测量被测实际要素上具有代表性的参数（即特征参数）来表示几何误差值。

按特征参数的变动量来确定几何误差是近似的。

（4）测量跳动原则　被测实际要素绕基准轴线回转过程中沿给定方向或线的变动量。变动量为指示表最大与最小读数之差。

（5）边界控制原则　按包容要求或最大实体要求给出几何公差时，就给定了最大实体边界或最大实体实效边界，要求被测要素的实际轮廓不得超出该边界。

三、几何误差的测量

（一）形状误差的测量

1. 直线度误差的测量

（1）测微法　测微法用于测量圆柱体素线或轴线的直线度。

用测微法测量直线度误差如图 4-73 所示。沿圆柱体的两条素线，分别在铅垂轴截面上，按图 4-73 所示进行测量，记录两指示表在各自测点的读数 M_1、M_2，取各截面上的$(M_1-M_2)/2$中最大值作为该轴截面轴线的直线度误差。

（2）节距法　节距法适用于长零件的测量。将被测量长度分成若干小段，用仪器（如水平仪、自准直仪等）测出每一段的相对读数，最后通过数据处理求出直线度误差。

直线度误差数据处理见表 4-13，直线度误差曲线如图 4-74 所示。表 4-13 中的相对高度 a_i 是由原始读数经换算得出的。假设仪器的分度值为 c（如 0.005/1000），测量时的节距为 l，从仪器读取的相对刻度数为 n_i（以格为单位），则

$$a_i = cln_i \tag{4-1}$$

根据表 4-13 作出误差曲线（图 4-74），按最小包容区域法求得直线度误差 $f=5\mu m$。

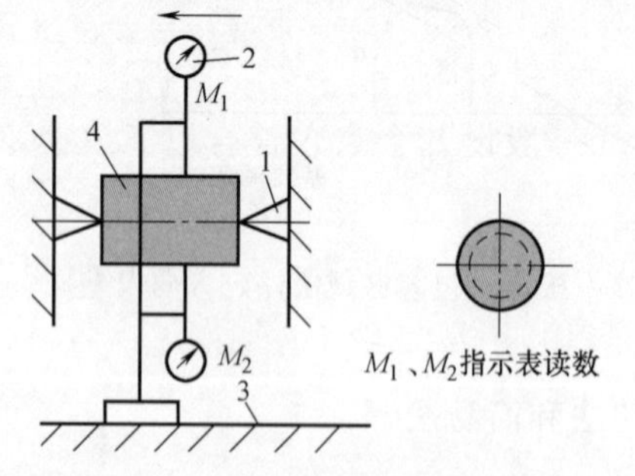

图 4-73　用测微法测量直线度误差

1—支承顶尖　2—指示表　3—平板　4—被测圆柱体

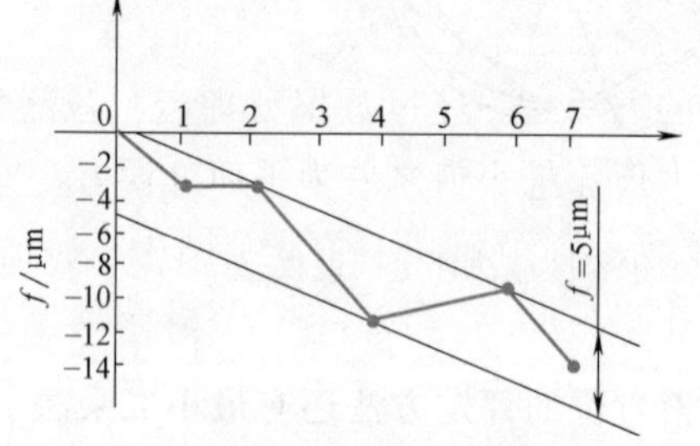
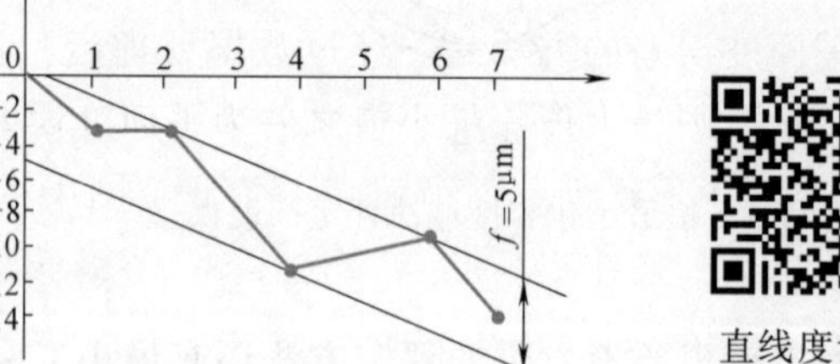

图 4-74　直线度误差曲线

表 4-13　直线度误差数据处理　（单位：μm）

节距序号		1	2	3	4	5	6	7
相对高度 a_i		-3	0	-4	-4	+2	0	-4
依次累积值 $\sum a_i$	0	-3	-3	-7	-11	-9	-9	-13

2. 平面度误差的测量

（1）平晶测量法 此方法是以平晶的工作平面体现理想平面的，如图 4-75a 所示。当被测平面也为理想几何平面时，干涉条纹互相平行，如图 4-75b 所示；当平晶与被测平面之间形成封闭的干涉条纹时，平面度误差为干涉条纹数乘以光波波长之半，如图 4-75c 所示，其平面度误差 f 为

$$f=n\frac{\lambda}{2}\approx 2\times\frac{0.6}{2}\mu m=0.6\mu m \tag{4-2}$$

式中 n——干涉条纹数；

λ——光波波长，使用自然光线时取值为 0.54μm，近似取值为 0.6μm。

若干涉条纹为不封闭的弯曲状，如图 4-75d 所示，其平面度误差 f 为干涉条纹的弯曲度 a 与相邻两条纹间距 b 之比再乘以光波波长之半，即

$$f=(a\lambda)/(2b)\approx(0.5\times0.6)/(2\times1)\mu m=0.15\mu m \tag{4-3}$$

（2）打表法 打表法测量平面度误差如图 4-76 所示。调整被测平面最远的三个点，使它们与平板 5 等高，然后移动表架 1，用指示表 6 按一定的布点在整个被测平面上测量，最后按最小条件对测量数据进行处理，可得出平面度误差。

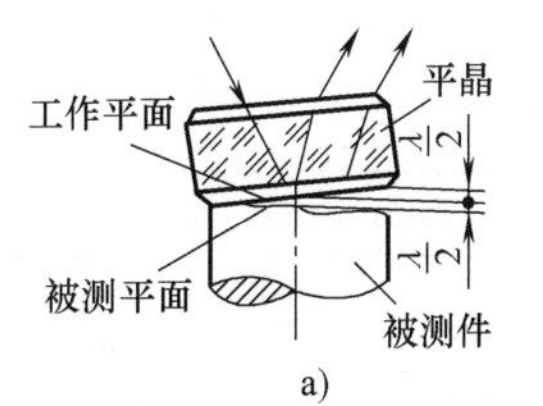

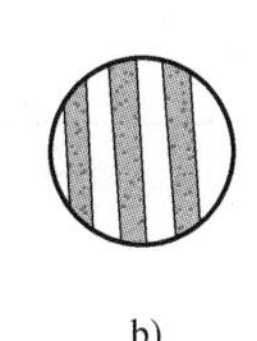

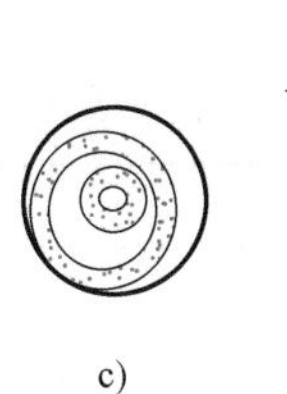

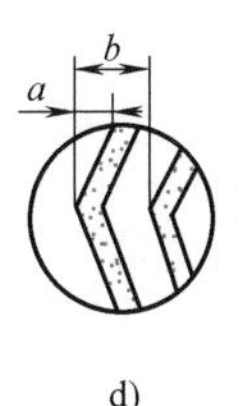

图 4-75 平晶测量法

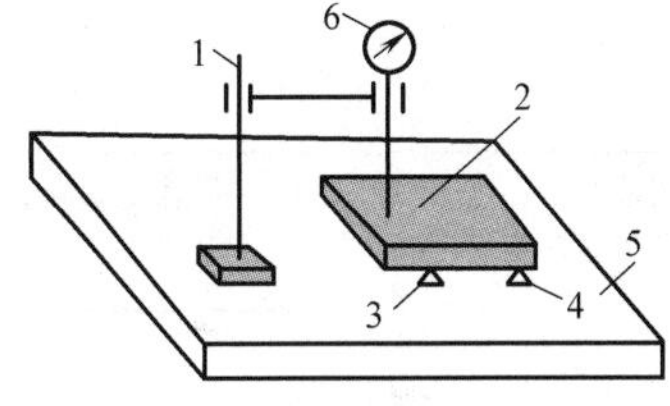

图 4-76 打表法测量平面度误差

1—表架 2—被测平面 3—固定支承 4—可调支承 5—平板 6—指示表

平面度误差用两理想平行平面包容实际表面的最小包容区域的宽度表示。按最小包容区域求平面度误差的方法是：经过数据处理后，各测量点（一般设九个点）符合以下三个准则之一者，则最大值、最小值之差为平面度误差。

1）三角形准则。在平面度误差示意图中，各测量点中有三个等值最高点（或最低点）拼成三角形，且在三角形中，至少有一个最低点（或最高点）出现（表 4-14）。

2）交叉准则。在平面度误差示意图中，各测量点中有两个等值最高点（或最低点）分布在两等值最低点（或最高点）的两侧，或有一个点在另外两个等高点的连线上（表 4-14）。

3）直线准则。在平面度误差示意图中，有一个最高点（或最低点）位于两个等值最低点（或最高点）的连线上（表 4-14）。

设测得平面上均匀分布的九个点，其数值如表 4-15 中 a 图所示，其数据处理如表 4-15 中 b、c、d 图所示。

表 4-14 按最小条件判断平面度误差的三个准则

平面度误差判别准则	三角形准则		交叉准则	直线准则
平面度误差示意图		三高一低		
平面度误差示意图		三低一高		
	0 -10 -3 -2 0 -4 -10 -3 -10	符合三低一高准则	2 13 0 6 4 8 0 10 13	-1 -15 -18 -3 0 -5 -18 -1 -2

表 4-15 平面度误差数据处理

图序	平面度误差示意图	说　　明
a	0 +50 +10 -30 +80 +5 +10 -40 0	根据原始数据建立上包容面测量九个点的原始数值 各点减去最大值(80),使最高点为0,得到各点数据,见b图
b	O_1 -80 -30 -70 -20 -110 0 -75 -10 -70 -120 -80 +20 +10 O_1	旋移上包容面之一 以 $O_1—O_1$ 为旋转轴,各点按比例减去(或加上)相应的数值(不能出现正值),得到各点数值,见c图
c	-10 -80 -40 -90 O_2 -100 0 -85 O_2 +10 -50 -110 -80	旋移上包容面之二 以 $O_2—O_2$ 为旋转轴,各点按比例减去(或加上)相应的数值(不能出现正值),得到各点数据,见d图

（续）

图序	平面度误差示意图	说　　明
d	−90　−50　−100 −100　0　−85 −40　−100　−70	d 图符合三角形准则（三低一高），故 $f_{\square}=100\mu m$

3. 圆度误差的测量

最理想的测量方法是用圆度仪测量。可通过记录装置将被测表面的实际轮廓形象地描绘在坐标纸上，然后按最小包容区域法求出圆度误差。实际测量中也可采用近似测量方法，如两点法、三点法、两点三点组合法等。

（1）两点法　两点法测量是指用游标卡尺、千分尺等通用量具测出同一径向截面中的最大直径差，此差之半$(d_{max}-d_{min})/2$就是该截面的圆度误差。测量多个径向截面，取其中最大值作为被测零件的圆度误差。

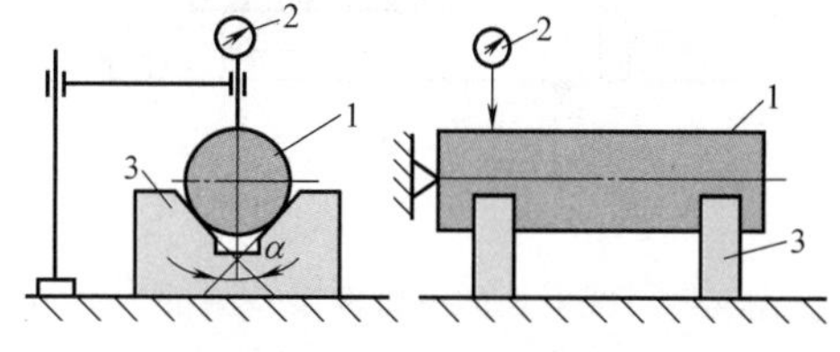

图 4-77　三点法测圆度误差

1—被测件　2—指示表　3—V 形架

（2）三点法　对于奇数棱形截面的圆度误差可用三点法测量，其测量装置如图 4-77 所示。被测件放在 V 形架上回转一周，指示表的最大与最小读数之差（$M_{max}-M_{min}$）反映了该测量截面的圆度误差 f，其关系式为

$$f=\frac{M_{max}-M_{min}}{K} \tag{4-4}$$

其中 K 为反映系数，它是被测件的棱边数及所用 V 形架的夹角 α 的函数，其关系比较复杂。在不知道棱数的情况下，可采用夹角 $\alpha=90°$和 120°或 $\alpha=72°$和 108°的两个 V 形架分别测量（各测若干个径向截面），取其中读数差最大者作为测量结果，此时可近似地取反映系数 $K=2$，按式（4-4）计算出被测件的圆度误差。

一般情况下，椭圆（偶数棱形圆）出现在用顶尖夹持工件，车、磨外圆的加工过程中，奇数棱形圆出现在无心磨削圆的加工过程中，且大多为三棱圆形状。因此，在生产中可根据工艺特点进行分析，选取合适的测量方法。

在被测件的棱数无法估计的情况下，可采用两点三点组合法进行测量。此法由一个两点法和两个三点法组成。

（二）方向、位置误差的测量

1. 平行度误差的测量

面对面的平行度误差测量如图 4-78 所示。测量时以平板体现基准，指示表在整个被测表面上的最大、最小读数之差即是平行度误差。

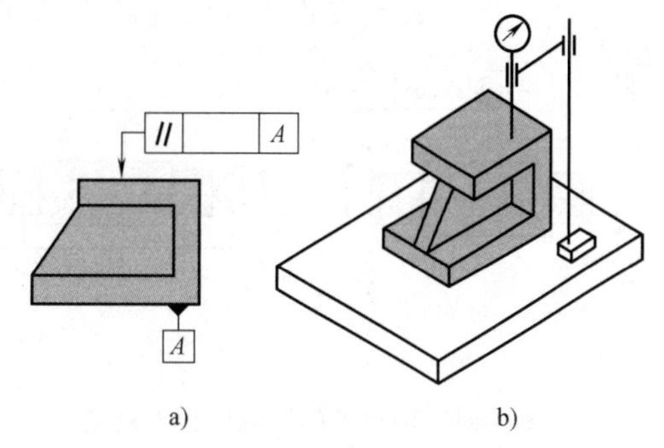

图 4-78　面对面的平行度误差测量

a）被测件　b）测量方法

线对面的平行度误差测量如图 4-79 所示。测量时以心轴模拟被测孔轴线，在长度 L_1 两端用指示表测量。设测得的最大、最小读数之差为 a，则在给定长度 L 内的平行度误差 f 为

$$f=\frac{La}{L_1} \tag{4-5}$$

线对线的平行度误差测量如图 4-80 所示。测量时以心轴模拟被测轴线与基准轴线，测量两个互相垂直方向上的平行度误差 f_1、f_2，则任意方向上的平行度误差 f 为

$$f=\sqrt{f_1^2+f_2^2} \tag{4-6}$$

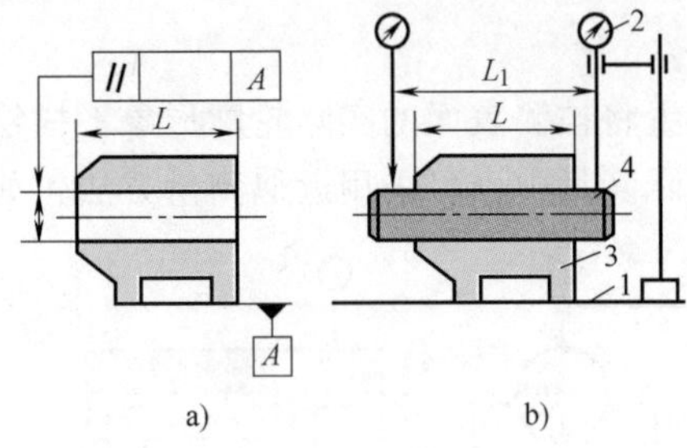

图 4-79　线对面的平行度误差测量

a）被测件　b）测量方法

1—平板　2—指示表　3—被测件　4—心轴

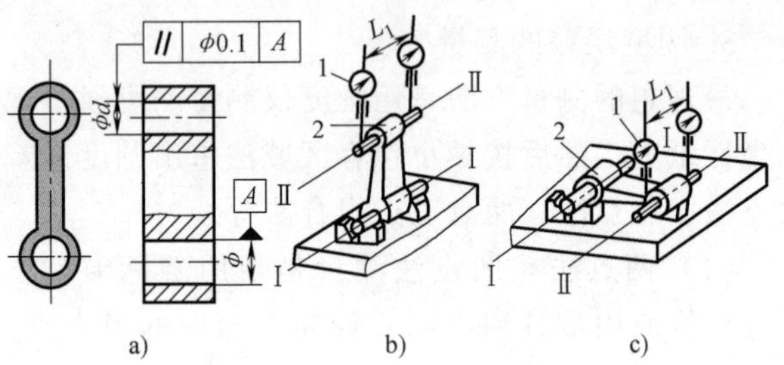

图 4-80　线对线的平行度误差测量

a）被测件　b）测量 X 方向的平行度误差 f_1

c）测量 Y 方向的平行度误差 f_2

1—指示表　2—被测件

2. 同轴度误差的测量

轴对轴的同轴度误差测量如图 4-81 所示。同轴度误差为各径向截面测得的最大读数差中的最大值。

孔对孔的同轴度误差测量如图 4-82 所示。心轴与两孔为无间隙配合，调整基准孔心轴与平板平行，在靠近被测孔心轴 A、B 两点测量，求出两点与高度（$L+d_2/2$）的差值 f_{AX}、f_{BX}；然后将被测件旋转 90°，再测出 f_{AY}、f_{BY}，则：

A 处同轴度 $$f_A=2\sqrt{f_{AX}^2+f_{AY}^2} \tag{4-7}$$

B 处同轴度 $$f_B=2\sqrt{f_{BX}^2+f_{BY}^2} \tag{4-8}$$

取 f_A、f_B 中较大者作为孔对孔的同轴度误差。

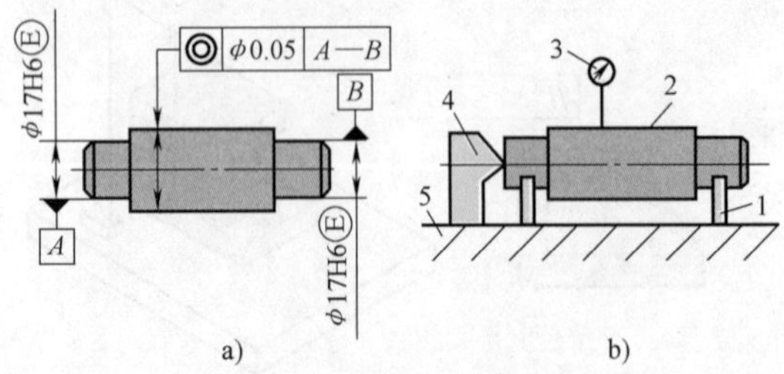

图 4-81　轴对轴的同轴度误差测量

a）被测件　b）测量方法

1—V 形架　2—被测轴　3—指示表

4—定位器　5—平板

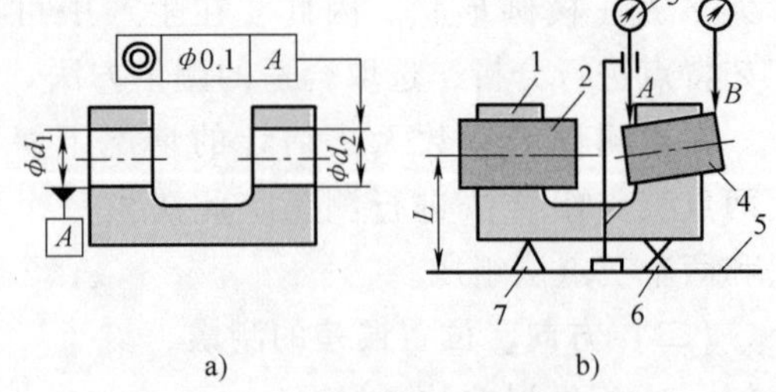

图 4-82　孔对孔的同轴度误差测量

a）被测件　b）测量方法

1—被测件　2—基准孔心轴　3—指示表　4—被测孔心轴　5—平板　6—可调支承　7—固定支承

思 考 题

1. 试述几何公差的项目和符号。
2. 几何公差的公差带有哪几种主要形式？几何公差带由什么组成？
3. 为什么说径向全跳动未超差，则被测表面的圆柱度误差就不会超过径向全跳动公差？
4. 基准的形式通常有几种？位置度为何提出三基面体系要求？基准标注不同，对公差带有何影响？
5. 评定几何误差的最小条件是什么？
6. 理论正确尺寸是什么？在图样上如何表示？在几何公差中它起什么作用？
7. 公差原则有哪几种？其使用情况有何差异？
8. 最大实体状态和最大实体实效状态的区别是什么？
9. 当被测要素遵守包容要求或最大实体要求后，其实际尺寸的合格性如何判断？
10. 几何公差值的选择原则是什么？选择时应考虑哪些情况？

第五章 表面粗糙度

第一节 表面粗糙度的评定

一、基本概念

表面粗糙度是指加工表面所具有的较小间距和微小峰谷不平度。其相邻两波峰或两波谷之间的距离（波距）很小（在 1mm 以下），用肉眼是难以区分的，因此它属于微观几何形状误差。波距在 1~10mm 的轮廓属于波纹度轮廓，波距大于 10mm 的轮廓属于形状轮廓。表面粗糙度值越小，表面越光滑。表面粗糙度值的大小，对机械零件的使用性能有很大的影响，主要表现在以下几个方面：

1）表面粗糙度影响零件的耐磨性。表面越粗糙，配合表面间的有效接触面积减小，压强增大，磨损就越快。

2）表面粗糙度影响配合性质的稳定性。对于间隙配合来说，表面越粗糙，就越易磨损，使工作过程中间隙逐渐增大；对于过盈配合来说，由于装配时将微观凸峰挤平，减小了实际有效过盈，降低了连接强度。

3）表面粗糙度影响零件的疲劳强度。粗糙的零件表面存在较大的波谷，它们像尖角缺口和裂纹一样，对应力集中很敏感，从而影响零件的疲劳强度。

4）表面粗糙度影响零件的抗腐蚀性。粗糙的表面易使腐蚀性气体或液体通过表面的微观凹谷渗入到金属内层，造成表面锈蚀。

5）表面粗糙度影响零件的密封性。粗糙的表面之间无法严密地贴合，气体或液体通过接触面间的缝隙渗漏。

此外，表面粗糙度对零件的外观、测量精度也有一定的影响。

为了保证零件的互换性、提高产品质量以及正确地标注、测量和评定表面粗糙度，参照国际标准（ISO），我国制定了 GB/T 3505—2009《产品几何技术规范（GPS） 表面结构 轮廓法 术语、定义及表面结构参数》、GB/T 10610—2009《产品几何技术规范（GPS）

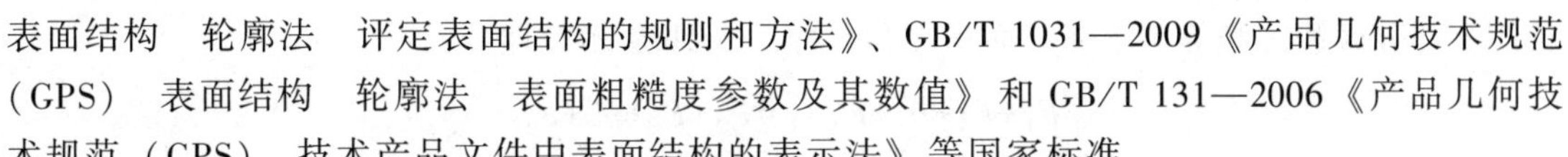
表面结构 轮廓法 评定表面结构的规则和方法》、GB/T 1031—2009《产品几何技术规范（GPS） 表面结构 轮廓法 表面粗糙度参数及其数值》和 GB/T 131—2006《产品几何技术规范（GPS） 技术产品文件中表面结构的表示法》等国家标准。

二、表面粗糙度的基本术语

（一）取样长 *lr*

取样长度是指评定表面粗糙度时所规定的一段基准线长度。规定和选择这段长度是为限制和削弱表面波纹度、排除形状误差对表面粗糙度测量结果的影响。*lr* 过长，表面粗糙度的测量值中可能包含有表面波纹度的成分；*lr* 过短，则不能客观地反映表面粗糙度的实际情况，使测得结果有很大随机性。因此，取样长度应与表面粗糙度的大小相适应（表 5-1）。在所选取的取样长度内，一般应包含五个以上的轮廓峰和轮廓谷。对于微观不平度间距较大的加工表面，应选取较大的取样长度。

（二）评定长度 *ln*

由于加工表面有着不同程度的不均匀性，为了充分合理地反映某一表面的粗糙度特性，规定在评定时所必需的一段表面长度，它包括一个或几个取样长度，称为评定长度 *ln*。在评定长度内，根据取样长度进行测量，此时可得到一个或几个测量值，取其平均值作为表面粗糙度数值的可靠值。评定长度一般按五个取样长度来确定，见表 5-1。

表 5-1 取样长度与表面结构评定参数的对应关系（摘自 GB/T 1031—2009）

Ra/μm	*Rz*/μm	*lr*/mm	*ln* （*ln*=5*lr*）/mm
≥0. 008~0. 02	≥0. 025~0. 10	0. 08	0. 4
>0. 02~0. 1	>0. 10~0. 50	0. 25	1. 25
>0. 1~2. 0	>0. 50~10. 0	0. 8	4. 0
>2. 0~10. 0	>10. 0~50. 0	2. 5	12. 5
>10. 0~80. 0	>50~320	8. 0	40. 0

（三）中线

中线是具有几何轮廓形状并划分轮廓的基准线（也称为基准线）。中线有以下两种：

（1）轮廓最小二乘中线 *m* 轮廓的最小二乘中线是根据实际轮廓用最小二乘法来确定的，即在取样长度内，使轮廓上各点至一条假想线的距离的平方和为最小（图 5-1a）。即

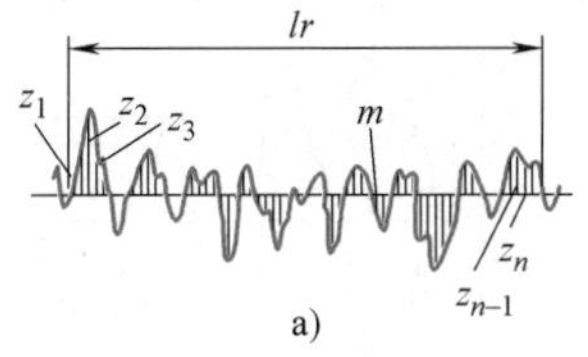

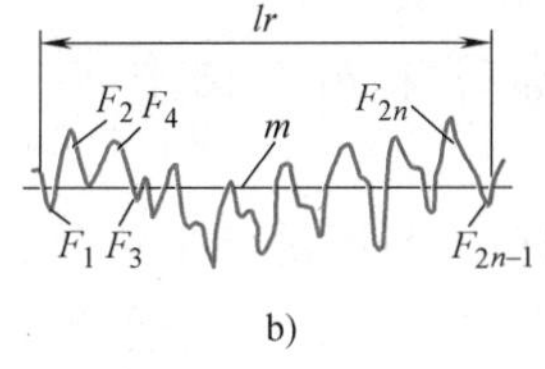

图 5-1 中线

a）轮廓最小二乘中线 b）轮廓算术平均中线

表面粗糙度

$$\sum_{i=1}^{n} z_i^2 = \min$$

这条假想线就是轮廓最小二乘中线。

（2）轮廓算术平均中线 *m* 在取样长度内，由一条假想线将实际轮廓分成上下两部分，

且使上部分面积之和等于下部分面积之和，如图 5-1b 所示。即

$$F_1+F_3+\cdots+F_{2n-1}=F_2+F_4+\cdots+F_{2n}$$

这条假想线即为轮廓算术平均中线。

在轮廓图形上确定最小二乘中线的位置比较困难，因此通常用目测估计法来确定轮廓算术平均中线，并以此作为评定表面粗糙度数值的基准线。

三、表面粗糙度评定参数及其数值

（一）表面粗糙度评定参数

表面粗糙度的评定参数是用来定量描述零件表面微观几何形状特征的。表面粗糙度的评定参数应从轮廓的算术平均偏差 Ra 和轮廓的最大高度 Rz 两个主要评定参数中选取。除此两个幅度（高度）参数外，根据表面功能的需要，还可以从轮廓单元的平均宽度 Rsm 和轮廓的支承长度率 $Rmr(c)$ 两个附加参数中选取。

（1）轮廓的算术平均偏差 Ra（幅度参数） 在一个取样长度 lr 范围内，被测轮廓线上各点至中线的距离的算术平均值称为轮廓的算术平均偏差 Ra（图 5-2）。即

$$Ra=\frac{1}{lr}\int_0^{lr}|z(x)|\,\mathrm{d}x \tag{5-1}$$

或近似为

$$Ra=\frac{1}{n}\sum_{i=1}^{n}|z_i| \tag{5-2}$$

式中 n——在取样长度内所测点的数目。

测得值 Ra 越大，则表面越粗糙。Ra 能客观地反映表面微观几何形状的特性，但因受到计量器具功能的限制，不用作过于粗糙或太光滑的表面的评定参数。

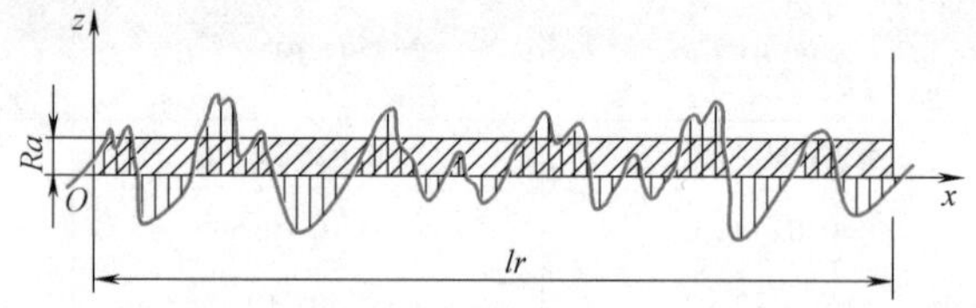

图 5-2 轮廓的算术平均偏差 Ra

（2）轮廓的最大高度 Rz（幅度参数） 如图 5-3 所示，在一个取样长度 lr 范围内，被评定轮廓上各个高极点至中线的距离称为轮廓峰高，用符号 Zp_i 表示，其中最大的距离称为最大轮廓峰高 Rp（图中 $Rp=Zp_6$）；被评定轮廓上各个低极点至中线的距离称为轮廓谷深，用符号 Zv_i 表示，其中最大的距离称为最大轮廓谷深 Rv（图中 $Rv=Zv_2$）。

轮廓的最大高度是指在一个取样长度 lr 范围内，被评定轮廓的最大轮廓峰高 Rp 与最大轮廓谷深 Rv 之和的高度，用符号 Rz 表示，即

$$Rz=Rp+Rv \tag{5-3}$$

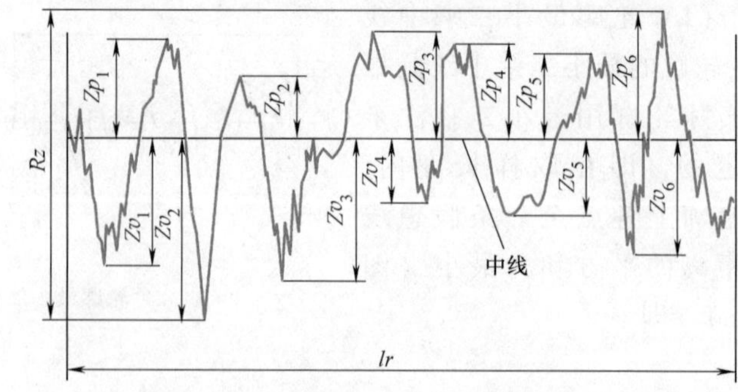

图 5-3 表面粗糙度轮廓最大高度

对于同一表面，只标注 Ra 和 Rz 中的一个，切勿同时对两者都进行标注。相关参数值见表 5-2。

表 5-2 表面粗糙度评定参数 Ra、Rz、Rsm、$Rmr(c)$ 基本系列的数值

（摘自GB/T 1031—2009）

轮廓的算术平均偏差 Ra/μm			轮廓的最大高度 Rz/μm			轮廓单元的平均宽度 Rsm/mm		轮廓的支承长度率 $Rmr(c)$(%)	
0.012	0.8	50	0.025	1.6	100	0.006	0.4	10	50
0.025	1.6	100	0.05	3.2	200	0.0125	0.8	15	60
0.05	3.2		0.1	6.3	400	0.025	1.6	20	70
0.1	6.3		0.2	12.5	800	0.05	3.2	25	80
0.2	12.5		0.4	25	1600	0.1	6.3	30	90
0.4	25		0.8	50		0.2	12.5	40	

（3）轮廓单元的平均宽度 Rsm（间距参数） 如图 5-4 所示，一个轮廓峰与相邻的轮廓谷的组合称为轮廓单元，在一个取样长度 lr 范围内，中线与各个轮廓单元相交线段的长度称为轮廓单元宽度，用符号 Xs_i 表示。

轮廓单元的平均宽度是指在一个取样长度 lr 范围内所有轮廓单元宽度 Xs_i 的平均值，用符号 Rsm 表示，即

$$Rsm = \frac{1}{m}\sum_{i=1}^{m} Xs_i \tag{5-4}$$

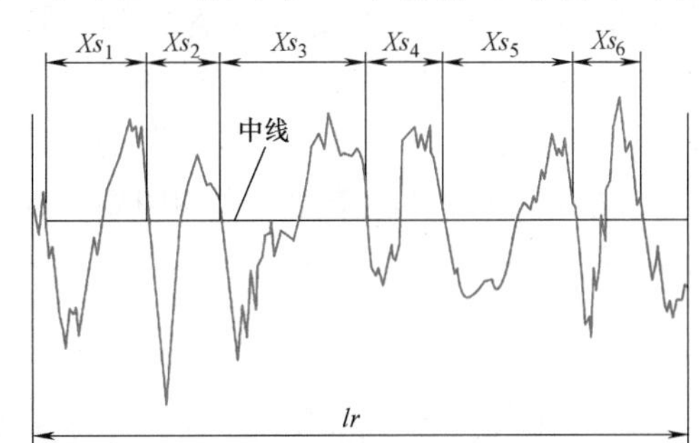

图 5-4 轮廓单元宽度与轮廓单元的平均宽度

（4）轮廓的支承长度率 $Rmr(c)$（曲线参数） 在给定水平截面高度 c 上，轮廓的实体材料长度 $Ml(c)$ 与评定长度 ln 的比率，如图 5-5 所示，用符号 $Rmr(c)$ 表示。评定时应给出对应的水平截距 c。

$$Rmr(c) = \frac{Ml(c)}{ln} \tag{5-5}$$

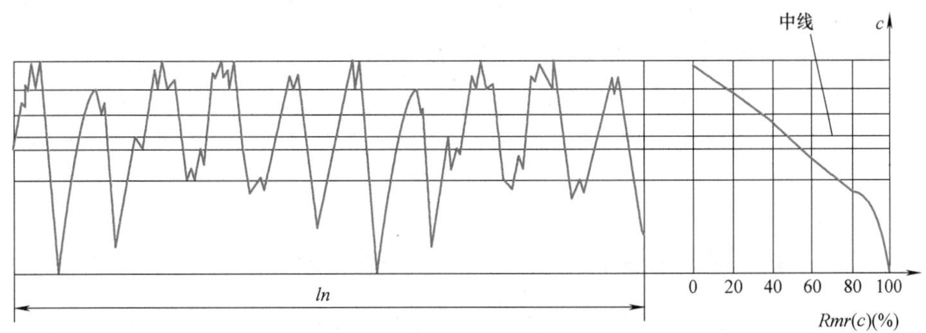

图 5-5 轮廓的支承长度率曲线

（二）旧标准（GB/T 3505—2000）中表面粗糙度评定参数

由于目前在生产实际中使用的图样还较多地使用旧标准中表面粗糙度评定参数，为使学习者能逐步过渡，全面了解表面粗糙度评定参数的变化发展，对旧标准中的表面粗糙度评定参数进行简介。

（1）轮廓算术平均偏差 R_a（与新国标内容相同，略）

（2）微观不平度十点平均高度 R_z 在取样长度 l 范围内，被测表面上五个最大的轮廓峰高平均值与五个最大的谷底深的平均值之和称为十点平均高度 R_z，如图 5-6 所示，用下式表示

$$R_z = \frac{\sum_{i=1}^{5} y_{pi} + \sum_{i=1}^{5} y_{vi}}{5} \tag{5-6}$$

式中 y_{pi}——第 i 个最大轮廓峰高；

y_{vi}——第 i 个最大谷底深度。

（3）轮廓最大高度 R_y　在取样长度 l 范围内，轮廓峰顶线和轮廓谷底线之间的距离称为轮廓最大高度 R_z，如图 5-7 所示。

（4）轮廓微观不平度的平均间距 S_m　含有一个轮廓峰（与中线有交点的峰）和相邻轮廓谷（与中线有交点的谷）的一段中线长度 S_{mi}，称为轮廓微观不平度间距。在取样长度内，轮廓微观不平度间距的平均值，称之为轮廓微观不平度的平均间距，如图 5-7 所示。用公式表示为

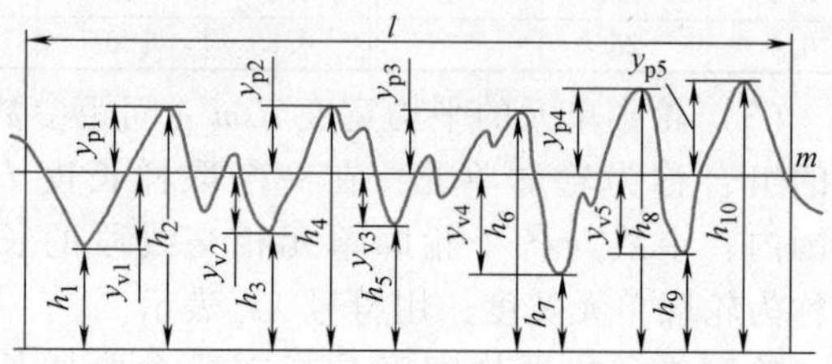

图 5-6　微观不平度十点平均高度 R_z

$$S_m = \frac{1}{n}\sum_{i=1}^{n} S_{mi} \tag{5-7}$$

（5）轮廓单峰平均间距 S　两相邻轮廓单峰的最高点在中线上的投影长度 S_i（图 5-7），称为轮廓单峰的间距。在取样长度内，轮廓单峰间距的平均值称为轮廓单峰平均间距。即

$$S = \frac{1}{n}\sum_{i=1}^{n} S_i \tag{5-8}$$

（6）轮廓支承长度率 t_p　一根平行于中线且与轮廓峰顶线相距为 C 的线与轮廓峰相截所得到的各段截线 b_i（图 5-7）之和，称为轮廓支承长度 η_p。即

$$\eta_p = \sum_{i=1}^{n} b_i \tag{5-9}$$

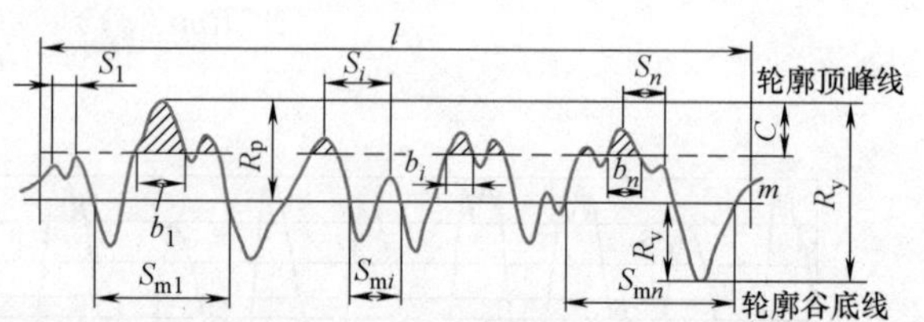

图 5-7　轮廓最大高度 R_y

轮廓支承长度 η_p 与取样长度 l 之比称为轮廓支承长度率。即

$$t_p = \frac{\eta_p}{l} \times 100\% \tag{5-10}$$

t_p 值是对应于不同水平截距（C）而给出的。水平截距 C 可用微米或 R_y 的百分比表示。

第二节　表面粗糙度的选择及其标注

一、表面粗糙度参数及参数值的选择

（一）表面粗糙度评定参数的选择

在表面粗糙度的四个评定参数中，*Ra*、*Rz* 两个高度参数为基本参数，*Rsm*、*Rmr*(*c*) 为

两个附加参数。这些参数分别从不同角度反映了零件的表面形貌特征，但都存在着不同程度的不完整性。因此，在具体选用时要根据零件的功能要求、材料性能、结构特点以及测量的条件等情况适当用一个或几个作为评定参数。

1）如果表面没有特殊要求，则一般仅选用幅度（高度）参数。在高度特性参数常用的参数值范围内（$Ra=0.025\sim6.3\mu m$、$Rz=0.1\sim25\mu m$），推荐优先选用 Ra 值，因为 Ra 能较充分地反映零件表面轮廓的特征。但以下情况不宜选用 Ra。

① 当表面过于粗糙（$Ra>6.3\mu m$）或太光滑（$Ra<0.025\mu m$）时，可选用 Rz，因为此范围便于选择用于测量 Rz 的仪器进行测量。

② 当零件材料较软时，不能选用 Ra，因为 Ra 值一般采用触针测量，如果用于较软材料的测量，不仅会划伤零件表面，而且测得结果也不准确。

③ 如果测量面积很小，如顶尖、刀具的刃部以及仪表小元件的表面，在取样长度内，轮廓的峰或谷少于五个时，这时可以选用 Rz 值。

2）当表面有特殊功能要求时，为了保证功能要求，提高产品质量，这时可以同时选用几个参数综合控制表面质量。

① 当表面要求耐磨时，可以选用 Ra、Rz 和 Rmr（c）。

② 当表面要求承受交变应力时，可以选用 Rz 和 Rsm。

③ 当表面着重要求外观质量和可漆性时，可以选用 Rsm。

（二）表面粗糙度参数值的选择

表面粗糙度的影响

表面粗糙度参数值选择得合理与否，不仅对产品的使用性能有很大的影响，而且直接关系到产品的质量和制造成本。一般来说，表面粗糙度值（评定参数值）越小，零件的工作性能越好，使用寿命也越长。但绝不能认为表面粗糙度值越小越好，为了获得表面粗糙度值较小的表面，则零件需经过复杂的工艺过程，这样加工成本可能随之急剧增高。因此，选择表面粗糙度参数值既要考虑零件的功能要求，又要考虑其制造成本，在满足功能要求的前提下，应尽可能选用较大的表面粗糙度数值。

1. 一般选择原则

1）同一零件上，工作表面的表面粗糙度参数值小于非工作表面的表面粗糙度参数值。

2）摩擦表面比非摩擦表面的表面粗糙度参数值要小；滚动摩擦表面比滑动摩擦表面的表面粗糙度参数值要小；运动速度高、单位压力大的摩擦表面，应比运动速度低、单位压力小的摩擦表面的表面粗糙度参数值要小。

3）受循环载荷的表面及易引起应力集中的部分（如圆角、沟槽），表面粗糙度参数值要小。

4）配合性质要求高的结合表面，配合间隙小的配合表面以及要求连接可靠、受重载的过盈配合表面等，都应取较小的表面粗糙度参数值。

5）配合性质相同，零件尺寸越小则表面粗糙度参数值应越小；同一精度等级，小尺寸比大尺寸、轴比孔的表面粗糙度参数值要小。

常用的表面粗糙度参数值及表面粗糙度参数值与所适应的零件表面见表 5-3 和表 5-4。

2. 参数值的选用方法

在选择参数值时，通常可参照一些经过验证的实例，用类比法来确定。

一般尺寸公差、表面形状公差小时，表面粗糙度参数值也小。然而，在实际生产中也有这样的情况，尺寸公差、表面形状公差要求很大，但表面粗糙度值却要求很小，如机床的手轮或手柄的表面，所以说，它们之间并不存在确定的函数关系。

一般情况下，它们之间有一定的对应关系。设表面形状公差值为 T，尺寸公差值为 IT，它们之间可参照以下对应关系：

若 $T\approx0.6\mathrm{IT}$，则 $Ra\leqslant0.05\mathrm{IT}$，$Rz\leqslant0.2\mathrm{IT}$。

若 $T\approx0.4\mathrm{IT}$，则 $Ra\leqslant0.025\mathrm{IT}$，$Rz\leqslant0.1\mathrm{IT}$。

若 $T\approx0.25\mathrm{IT}$，则 $Ra\leqslant0.012\mathrm{IT}$，$Rz\leqslant0.05\mathrm{IT}$。

若 $T<0.25\mathrm{IT}$，则 $Ra\leqslant0.15T$，$Rz\leqslant0.6T$。

表 5-3 常用的表面粗糙度参数值 （单位：μm）

<table>
<tr><th colspan="4">经常装拆的配合表面</th><th colspan="6">过盈配合的配合表面</th><th colspan="3">定心精度高的配合表面</th><th colspan="3">滑动轴承表面</th></tr>
<tr><th rowspan="3">公差等级</th><th rowspan="3">表面</th><th colspan="2">公称尺寸/mm</th><th colspan="2" rowspan="3">公差等级</th><th rowspan="3">表面</th><th colspan="3">公称尺寸/mm</th><th rowspan="3">径向跳动</th><th>轴</th><th>孔</th><th rowspan="3">公差等级</th><th rowspan="3">表面</th><th rowspan="3">Ra</th></tr>
<tr><th>~50</th><th>>50~500</th><th>~50</th><th>>50~120</th><th>>120~500</th><th colspan="2" rowspan="2">Ra</th></tr>
<tr><th colspan="2">Ra</th><th colspan="3">Ra</th></tr>
<tr><td rowspan="2">IT5</td><td>轴</td><td>0.2</td><td>0.4</td><td rowspan="6">装配按机械压入法</td><td rowspan="2">IT5</td><td>轴</td><td>0.1~0.2</td><td>0.4</td><td>0.4</td><td>2.5</td><td>0.05</td><td>0.1</td><td rowspan="2">IT6~IT9</td><td>轴</td><td>0.4~0.8</td></tr>
<tr><td>孔</td><td>0.4</td><td>0.8</td><td>孔</td><td>0.2~0.4</td><td>0.8</td><td>0.8</td><td>4</td><td>0.1</td><td>0.2</td><td>孔</td><td>0.8~1.6</td></tr>
<tr><td rowspan="2">IT6</td><td>轴</td><td>0.4</td><td>0.8</td><td rowspan="2">IT6~IT7</td><td>轴</td><td>0.4</td><td>0.8</td><td>1.6</td><td>6</td><td>0.1</td><td>0.2</td><td rowspan="2">IT10~IT12</td><td>轴</td><td>0.8~3.2</td></tr>
<tr><td>孔</td><td>0.4~0.8</td><td>0.8~1.6</td><td>孔</td><td>0.8</td><td>1.6</td><td>1.6</td><td>10</td><td>0.2</td><td>0.4</td><td>孔</td><td>1.6~3.2</td></tr>
<tr><td rowspan="2">IT7</td><td>轴</td><td>0.4~0.8</td><td>0.8~1.6</td><td rowspan="2">IT8</td><td>轴</td><td>0.8</td><td>0.8~1.6</td><td>1.6~3.2</td><td>16</td><td>0.4</td><td>0.8</td><td rowspan="2">流体润滑</td><td>轴</td><td>0.1~0.4</td></tr>
<tr><td>孔</td><td>0.8</td><td>1.6</td><td>孔</td><td>1.6</td><td>1.6~3.2</td><td>1.6~3.2</td><td>20</td><td>0.8</td><td>1.6</td><td>孔</td><td>0.2~0.8</td></tr>
<tr><td rowspan="2">IT8</td><td>轴</td><td>0.8</td><td>1.6</td><td colspan="2" rowspan="2">热装法</td><td>轴</td><td colspan="3">1.6</td><td colspan="6" rowspan="2"></td></tr>
<tr><td>孔</td><td>0.8~1.6</td><td>1.6~3.2</td><td>孔</td><td colspan="3">1.6~3.2</td></tr>
</table>

表 5-4 表面粗糙度参数值与所适应的零件表面

Ra/μm	适应的零件表面
12.5	粗加工非配合表面，如轴端面、倒角、钻孔、键槽非工作表面、垫圈接触面、不重要的安装支承面、螺钉孔表面、铆钉孔表面等
6.3	半精加工表面。用于不重要零件的非配合表面，如支柱、轴、支架、外壳、衬套、盖等的端面；螺钉、螺栓和螺母的自由表面；不要求定心和配合特性的表面，如螺栓孔、螺钉通孔、铆钉孔等；飞轮、带轮、离合器、联轴器、凸轮、偏心轮的侧面；平键及键槽上下面、花键非定心表面、齿顶圆表面；所有轴和孔的退刀槽；不重要的连接配合表面；犁铧、犁侧板、深耕铲等零件的摩擦工作面；插秧爪面等
3.2	半精加工表面。外壳、箱体、盖、套筒、支架等和其他零件连接面而不形成配合的表面；不重要的紧固螺纹表面，非传动用梯形螺纹、锯齿形螺纹表面；燕尾槽表面；键和键槽的工作面；需要发蓝处理的表面；需要滚花的预加工表面；低速滑动轴承和轴的摩擦面；张紧链轮、导向滚轮与轴的配合表面；滑块及导向面（速度为 20~50m/min），收割机械切割器的摩擦器动刀片、压力片的摩擦面，脱粒机格板工作表面等
1.6	要求有定心及配合特性的固定支承、衬套、轴承和定位销的压入孔表面；不要求定心及配合特性的活动支承面，活动关节及花键结合面；8 级齿轮的齿面，齿条齿面；传动螺纹工作面；低速传动的轴颈；楔形键及键槽上、下面；轴承盖凸肩（对中心用），V 带轮槽表面，电镀前金属表面等

（续）

Ra/μm	适应的零件表面
0.8	要求保证定心及配合特性的表面。锥销和圆柱销表面；与N和6级滚动轴承相配合的孔和轴颈表面；中速转动的轴颈，过盈配合的孔IT7，间隙配合的孔IT8，花键轴定心表面，滑动导轨面
0.4	不要求保证定心及配合特性的活动支承面；高精度的活动球状接头表面，支承垫圈、榨油机螺旋榨辊表面等
0.2	要求能长期保持配合特性的孔（IT6、IT5），6级精度齿轮齿面，蜗杆齿面（6~7级），与5级滚动轴承配合的孔和轴颈表面；要求保证定心及配合特性的表面；滚动轴承轴瓦工作表面；分度盘表面；工作时受交变应力的重要零件表面；受力螺栓的圆柱表面，曲轴和凸轮轴工作表面，发动机气门圆锥面，与橡胶油封相配的轴表面等
0.1	工作时受较大交变应力的重要零件表面，保证疲劳强度、防腐蚀性及在活动接头工作中耐久性的一些表面；精密机床主轴箱与套筒配合的孔；活塞销的表面；液压传动用孔的表面、阀的工作表面，气缸内表面，保证精确定心的锥体表面；仪器中承受摩擦的表面，如导轨、槽面等
0.05	滚动轴承套圈滚道、滚珠及滚柱表面，摩擦离合器的摩擦表面，工作量规的测量表面，精密刻度盘表面，精密机床主轴套筒外圆面等
0.025	特别精密的滚动轴承套圈滚道、滚珠及滚柱表面；量仪中较高精度间隙配合零件的工作表面；柴油机高压泵中柱塞副的配合表面；保证高度气密的接合表面等
0.012	仪器的测量面；量仪中高精度间隙配合零件的工作表面；尺寸超过100mm量块的工作表面等

二、表面结构的图形符号及其标注

GB/T 131—2006规定了零件表面结构的图形符号及其在图样上的标注。

（一）表面结构的图形符号

在图样上表示表面结构的图形符号见表5-5。图形符号的比例和尺寸见表5-6。

表5-5 表面结构的图形符号

符号名称	符号	含　义
基本图形符号	H_2 H_1 60° 60°	未指定工艺方法的表面，仅用于简化代号标注，如果与补充要求一起使用，则不需要说明应去除材料或不去除材料
扩展图形符号		指定表面是用去除材料的方法获得的，如车、铣、钻、磨、抛光、腐蚀、电火花加工、气割等
		指定表面是用不去除材料的方法获得的，如铸造、锻造、冲压、轧制、粉末冶金等。也可用于表示保持上道工序形成的表面，无论这种状态是通过去除材料或不去除材料形成的
完整图形符号		用于标注表面结构特征的补充信息

表 5-6 图形符号的比例和尺寸（单位：mm）

数字和字母高度 h(GB/T 14690)	2.5	3.5	5	7	10	14	20
符号线宽 d'	0.25	0.35	0.5	0.7	1	1.4	2
高度 H_1	3.5	5	7	10	14	20	28
高度 H_2(最小值)①	7	10.5	15	21	30	42	60

① H_2 取决于标注内容。

当在图样某个视图上构成封闭轮廓的各表面有相同的表面结构要求时，应在完整图形符号上加一圆圈，标注在图样中工件的封闭轮廓线上，如图 5-8 所示。当标注会引起误解时，各表面应分别标注。

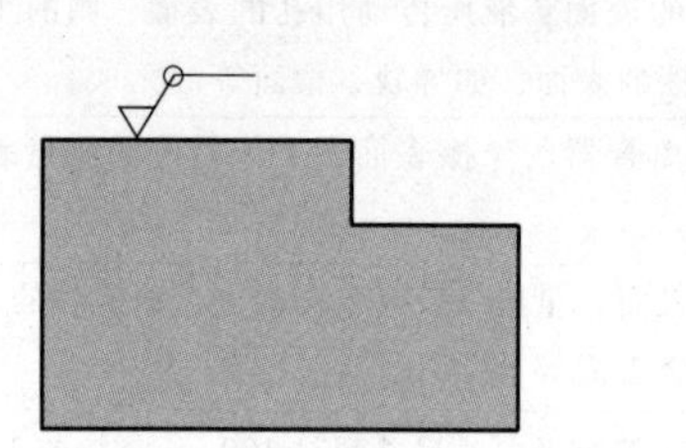

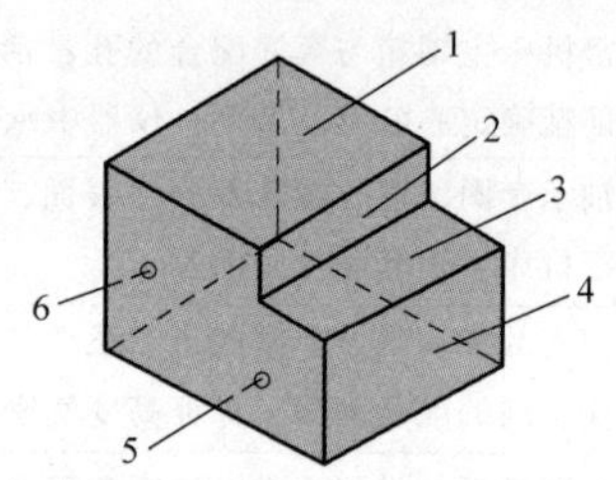

图 5-8 对周边各面有相同的表面结构要求的注法

图 5-8 中的表面结构符号是指对图形中封闭轮廓的六个面的共同要求（不包括前后面）。

（二）表面结构要求在图样符号中的注写位置

为了明确表面结构要求，除了标注表面结构参数和数值外，必要时应标注补充要求，包括传输带、取样长度、加工工艺、表面纹理及方向、加工余量等。这些要求应注写在图 5-9 所示的指定位置。

图 5-9 中位置 a~e 分别注写以下内容：

（1）位置 a 注写表面结构的单一要求，即注写表面结构参数代号、极限值和传输带或取样长度。传输带或取样长度后应有一斜线“/”，之后是表面结构参数代号，最后是数值。为了避免误解，在参数代号和极限值间应有空格。例如：0.025 - 0.8/*Rz* 6.3（传输带标注），-0.8/*Rz* 6.3（取样长度标注）。

（2）位置 a 和 b 注写两个或多个表面结构要求。在位置 a、b 分别注写第一、第二表面结构要求。如果注写多个表面结构要求，则 a、b 的位置随之上移，如图 5-10 所示。

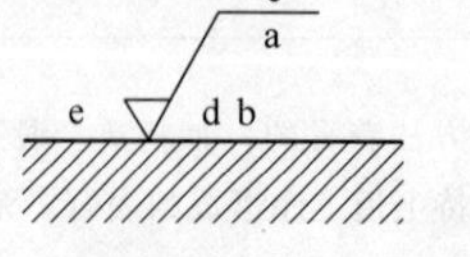

图 5-9 补充要求的注写位置（a~e）

Fe/Ep·Cr50
−0.8/*Ra* 1.6
U−2.5/*Rz* 12.5
L−2.5/*Rz* 3.2

图 5-10 多个表面结构要求

（3）位置 c 注写加工方法、表面处理、涂层或其他加工工艺要求等，如车、磨、镀等。

（4）位置 d 注写表面纹理和方向，如“=”“×”“M”，见表 5-9。

（5）位置 e 注写加工余量（单位为 mm）。

（三）表面结构代号

表面结构符号中注写了参数代号及数值等要求后即称为表面结构代号，如图 5-11 所示。表面结构参数包括以下四项重要信息：

1）三种轮廓（R、W、P）中的一种。

2）轮廓特征。

3）满足评定长度要求的取样长度的个数。

4）要求的极限值。

图 5-11 表面结构代号

表面结构代号的具体标注如下：

1. 参数代号的标注

根据 GB/T 3505—2009 定义的轮廓参数代号标注。

2. 评定长度（ln）的标注

若所标注参数代号后没有“max”，则表明采用的是默认的评定长度。R 轮廓的默认评定长度为 5 个取样长度。若不存在默认的评定长度，则参数代号后应标注取样长度的个数。例如：*Ra*3 3.2、*Rz*3 3.2 表示要求评定长度为 3 个取样长度，*Ra* 3.2、*Rz* 3.2 表示要求评定长度为默认的 5 个取样长度。

3. 极限判断规则的标注

16%规则是所有表面结构要求标注的默认规则。如果最大规则应用于表面结构要求，则参数代号中应加“max”。极限判断规则的标注如图 5-12 所示。

图 5-12 极限判断规则的标注

a）应用 16%规则时参数的标注 b）应用最大规则时参数的标注

4. 传输带的标注

传输带应标注在参数代号的前面，并用斜线“/”隔开。传输带标注包括滤波器截止波长（单位为 mm），其中短波滤波器在前，长波滤波器在后，并用“-”隔开；如果只标注一个滤波器，应保留“-”来区分是短波滤波器还是长波滤波器，如图 5-11 所示。例如：“0.008-”指短波滤波器 λs，“-0.25”指长波滤波器 λc。当参数代号中没有标注传输带时，表面结构要求采用默认的传输带。国标规定的 λs、λc 数值见表 5-7。

表 5-7 λs、λc 数值

λc/mm	λs/μm	λc/mm	λs/μm
0.08	2.5	2.5	8
0.25	2.5	8	25
0.8	2.5		

5. 单向极限或双向极限的标注

当只标注参数代号、参数值和传输带时，应默认为参数的上限值；当参数代号、参数值和传输带作为参数的单向下限值标注时，参数代号前应加“L”。当标注双向极限值时，上

限值在上方，用 U 表示，下限值在下方，用 L 表示。如果同一参数具有双向极限要求，在不引起歧义的情况下，可以不加 U、L。

表面结构代号的示例及含义见表 5-8。

表 5-8 表面结构代号的示例及含义

序号	代号示例	含义/解释
1	Ra 0.8	表示不允许去除材料，单向上限值，默认传输带，R 轮廓，轮廓算术平均偏差 0.8μm，评定长度为 5 个取样长度（默认），“16%规则”（默认）
2	Rz max 0.2	表示去除材料，单向上限值，默认传输带，R 轮廓，轮廓最大高度的最大值 0.2μm，评定长度为 5 个取样长度（默认），“最大规则”
3	0.008−4/Ra max 0.8	表示去除材料，单向上限值，传输带 0.008−4mm，R 轮廓，轮廓算术平均偏差 3.2μm，评定长度为 5 个取样长度（默认），“最大规则”
4	−0.8/Ra 3 3.2	表示去除材料，单向上限值，传输带，取样长度 0.8mm（λs 默认 0.0025mm），R 轮廓，轮廓算术平均偏差 3.2μm，评定长度为 3 个取样长度，“16%规则”（默认）
5	U Ra max 3.2 L Ra 0.8	表示不允许去除材料，双向极限值，两极限值均使用默认传输带，R 轮廓，上限值：算术平均偏差 3.2μm，评定长度为 5 个取样长度（默认），“最大规则”；下限值：算术平均偏差 0.8μm，评定长度为 5 个取样长度（默认），“16%规则”（默认）

（四）表面结构要求在图样和其他技术文件中的注法

1）表面结构要求对每一表面一般只标注一次，并尽可能标注在相应的尺寸及其公差的同一视图上。除非另有说明，所标注的表面结构要求是对完工零件表面的要求。

2）表面结构的注写和读取方向与尺寸的注写和读取方向一致。表面结构要求可标注在轮廓线上，其符号应从材料外指向并接触表面，如图 5-13 所示。必要时，表面结构符号也可用带箭头或黑点的指引线引出标注，如图 5-14 所示。

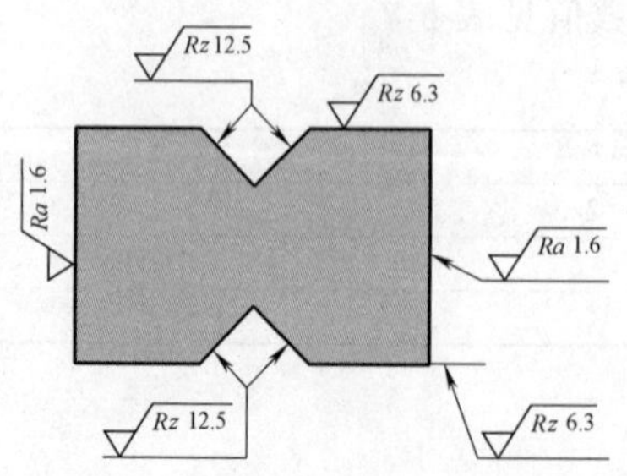

图 5-13 表面结构要求标注在轮廓线上

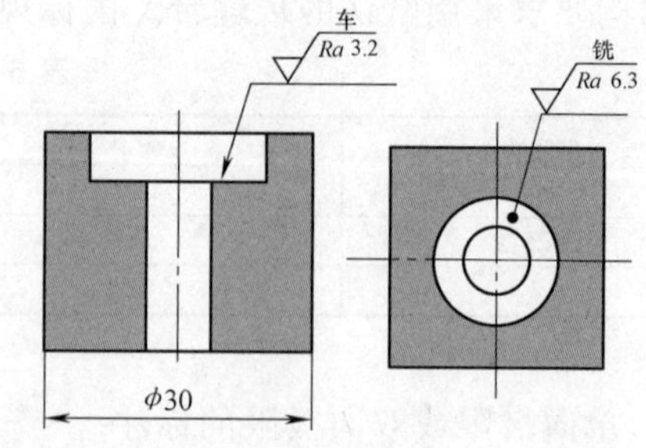

图 5-14 表面结构要求用指引线引出标注

3）在不致引起误解时，表面结构要求可以标注在给定的尺寸线上，如图 5-15 所示。

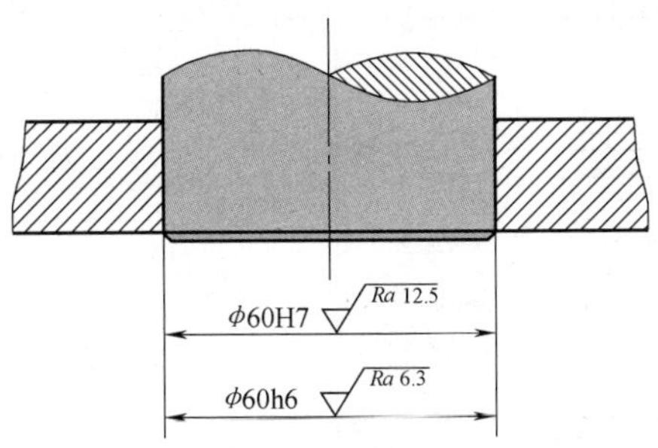

图 5-15　表面结构要求标注在尺寸线上

4）表面结构要求可标注在几何公差框格的上方，如图 5-16 所示。

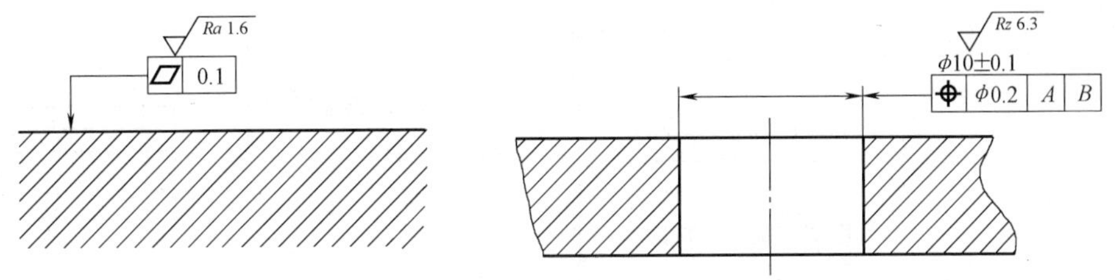

图 5-16　表面结构要求标注在几何公差框格的上方

5）表面结构要求可以直接标注在延长线上，或用带箭头的指引线引出标注，如图 5-13、图 5-17 所示。

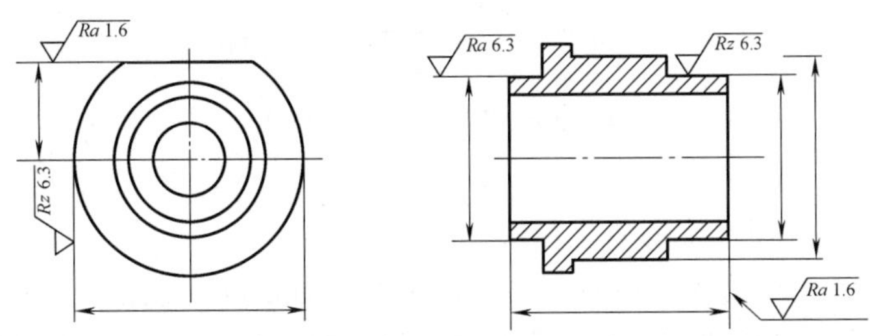

图 5-17　表面结构要求标注在圆柱特征的延长线上

6）表面加工纹理是指表面结构的主要方向，由所采用的加工方法或其他因素形成。常见的加工纹理方向符号见表 5-9。

表 5-9 加工纹理方向符号

符号	说 明	示意图	符号	说 明	示意图
=	纹理平行于视图所在的投影面	纹理方向	C	纹理呈近似同心圆，且圆心与表面中心相关	
⊥	纹理垂直于视图所在的投影面	纹理方向	R	纹理呈近似放射状，且与表面圆心相关	
×	纹理呈两斜向交叉，且与视图所在的投影面相交	纹理方向	P	纹理呈微粒、凸起，无方向	
M	纹理呈多方向				

注：若表中所列符号不能清楚地表明所要求的纹理方向，应在图样上用文字说明。

7）圆柱和棱柱表面的表面结构要求只标注一次，如图 5-17 所示。如果每个棱柱表面有不同的表面要求，则应分别单独标注，如图 5-18 所示。

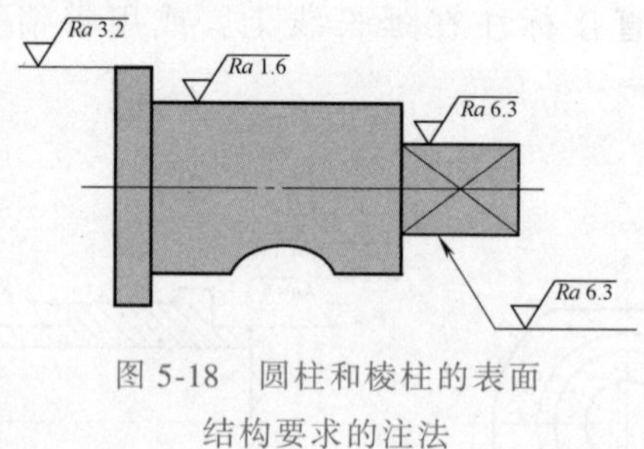

图 5-18 圆柱和棱柱的表面结构要求的注法

8）表面结构要求在图样中的简化注法。

① 有相同表面结构要求的简化注法。如果在工件的多数（包括全部）表面有相同的表面结构要求，则其表面结构要求可统一标注在图样的标题栏附近。此时，表面结构要求的符号后面应有：

- 在圆括号内给出无任何其他标注的基本符号，如图 5-19a 所示。
- 在圆括号内给出不同的表面结构要求，如图 5-19b 所示。
- 不同的表面结构要求应直接标注在图形上，如图 5-19a、b 所示。

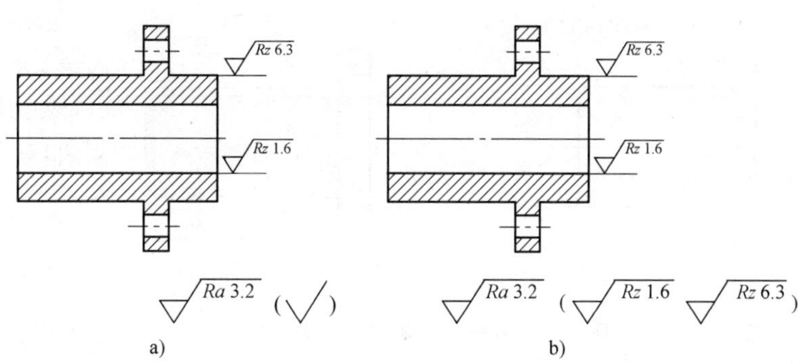

图 5-19 大多数表面有相同表面结构要求的简化注法

② 多个表面有共同要求的注法。

a. 用带字母的完整符号的简化注法。用带字母的完整符号，以等式的形式，在图形或标题栏附近，对有相同表面结构要求的表面进行简化标注，如图 5-20 所示。

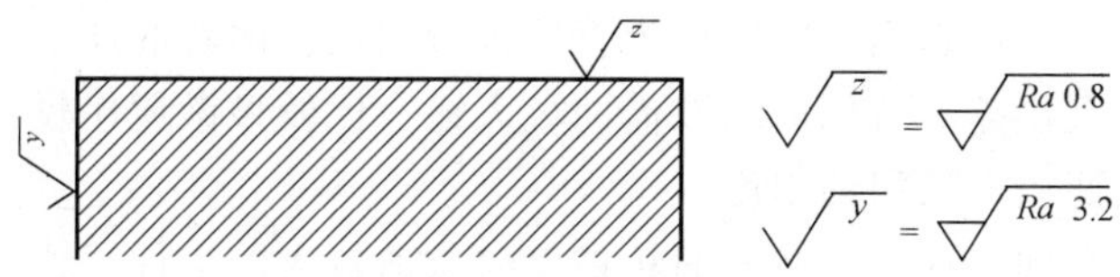

图 5-20 在图纸空间有限时的简化注法

b. 只用表面结构符号的简化注法。用表面结构符号，以等式的形式给出对多个表面共同的表面结构要求，如图 5-21 所示。

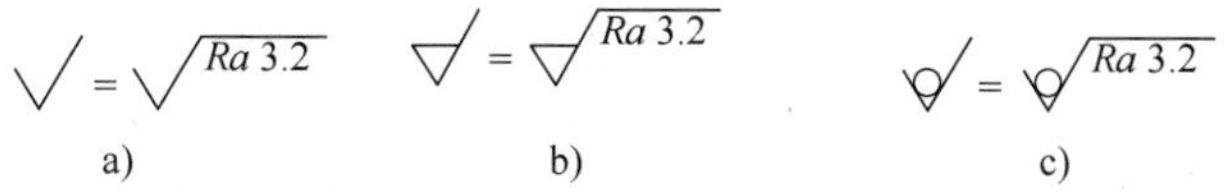

Ra 3.2 Ra 3.2 Ra 3.2

a) b) c)

图 5-21 多个表面结构要求的简化注法

a）未指定加工工艺 b）要求去除材料 c）不允许去除材料

③ 两种或多种工艺获得的同一表面的注法。由几种不同的工艺方法获得的同一表面，当需要明确每种工艺方法的表面结构要求时，可按图 5-22 所示进行标注（图中 Fe 表示基体材料为钢，Ep 表示加工工艺为电镀）。

图 5-22b 所示为三个连续的加工工序的表面结构、尺寸和表面处理的标注。

第一道工序：单向上限值，$Rz=1.6\mu m$，“16%规则”（默认），默认评定长度，默认传输带，表面纹理没有要求，去除材料的工艺。

第二道工序：镀铬，无其他表面结构要求。

第三道工序：单向上限值，仅对长为 50mm 的圆柱表面有效，$Rz=6.3\mu m$，“16%规则”（默认），默认评定长度，默认传输带，表面纹理没有要求，磨削加工工艺。

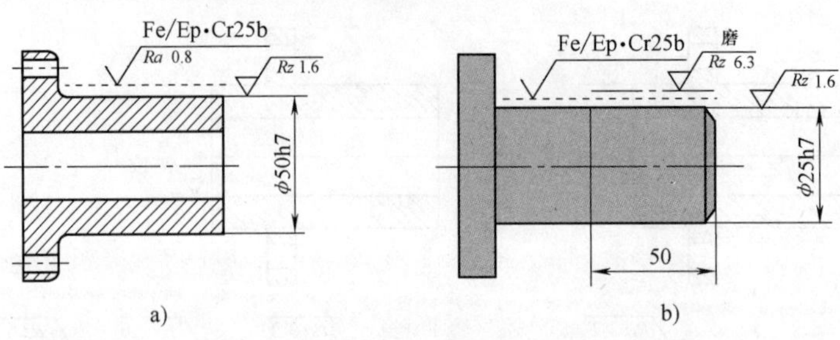

图 5-22 多种工艺获得同一表面的注法

第三节 表面粗糙度的测量

常用表面粗糙度测量的方法有比较法、光切法、干涉法和针描法。

一、比较法

比较法是将被测表面和表面粗糙度样板直接进行比较，两者的加工方法和材料应尽可能相同，否则将产生较大误差。可用肉眼或借助放大镜、比较显微镜比较；也可用手摸、指甲划动的感觉来判断被测表面的粗糙程度。

这种方法多用于车间，评定一些表面粗糙度参数值较大的工件，评定的准确性在很大程度上取决于检验人员的经验。

二、光切法

应用“光切原理”来测量表面粗糙度的方法称为光切法。常用的仪器是双管显微镜。该种仪器适于测量车、铣、刨或其他类似加工方法所加工的零件平面和外圆表面。常用于测量 Rz 值为 0.5~60μm。

三、干涉法

干涉法是利用光波干涉原理来测量表面粗糙度的。被测表面直接参与光路，用同一标准反射镜比较，以光波波长来度量干涉条纹弯曲程度，从而测得该表面的表面粗糙度值。

干涉法测量表面粗糙度的仪器是干涉显微镜。目前国内生产的干涉显微镜有 6J 型、6JA 型等。干涉法通常用于测量表面粗糙度参数 Rz 值。

四、针描法

针描法也称为触针法或轮廓法，是利用接触（触针）式仪器的触针探测表面并获得表面轮廓、计算参数的方法，还可以记录轮廓。所用测量仪器称为触针式仪器，其典型框图如图 5-23 所示。触针式仪器的主要部件有：测量环、导向基准、驱动器、测头（传感器）、拾取单元、针尖、转换器、放大器、模-数转换器、数据输入、轮廓滤波和评定、轮廓记录器，可测量 Ra、Rz、Rsm 及 $Rmr(c)$ 等多个参数。

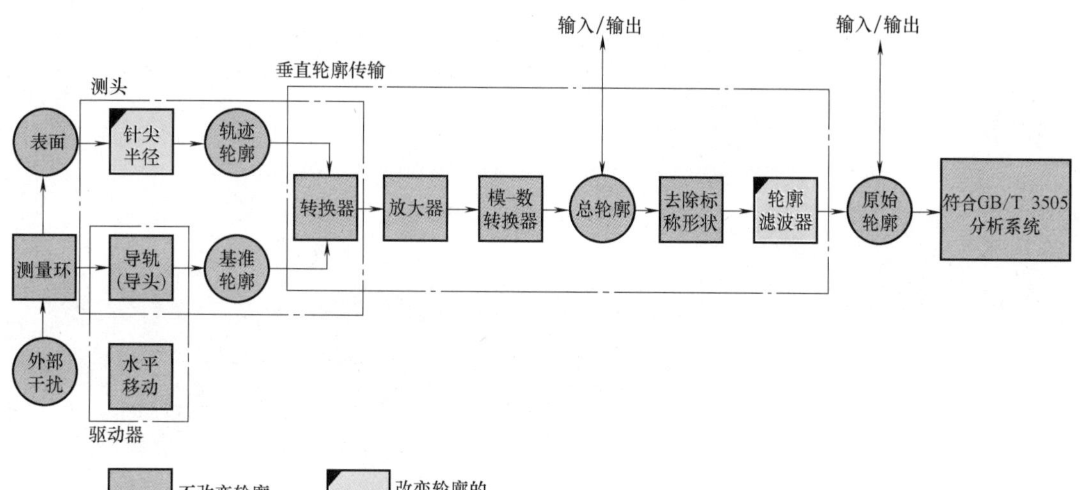

图 5-23 触针式仪器的典型框图

思 考 题

1. 表面粗糙度属于什么误差？对零件的使用性能有哪些影响？
2. 为什么要规定取样长度和评定长度？两者的区别何在？关系如何？
3. Ra 和 Rz 的区别何在？各自的常用范围如何？
4. 国家标准规定了哪些表面粗糙度评定参数？应如何选择？
5. 选择表面粗糙度参数值时，是否越小越好？

第六章 光滑工件尺寸的检测

检验光滑工件尺寸时，可使用通用计量器具，也可使用极限量规。孔、轴（被测要素）的尺寸公差与几何公差的关系采用独立原则时，它们的实际尺寸和几何误差分别使用通用计量器具来测量。对于采用包容要求Ⓔ的孔、轴，它们的实际尺寸和几何误差的综合结果应该使用光滑极限量规检验。最大实体要求应用于被测要素和基准要素时，它们的实际尺寸和几何误差的综合结果应该使用功能量规检验。通用计量器具能测出工件实际尺寸的具体数值，能够了解产品质量情况，有利于对生产过程进行分析。用量规检验的特点是无法测出工件实际尺寸确切的数值，但能判断工件是否合格。用这种方法检验，迅速方便，并且能保证工件在生产中的互换性，因而在生产中特别是大批量生产中，量规的应用非常广泛。我国发布了国家标准 GB/T 3177—2009《产品几何技术规范（GPS） 光滑工件尺寸的检验》和 GB/T 1957—2006《光滑极限量规 技术条件》，作为贯彻执行《极限与配合》《形状和位置公差》《普通平键与键槽》《矩形花键》等国家标准的技术保证。

无论采用通用计量器具，还是使用极限量规对工件进行检测，都有测量误差存在，其影响如图 6-1 所示。

由于测量误差对测量结果有影响，当真实尺寸位于极限尺寸附近时，按测得尺寸验收工件就有可能把实际尺寸超过极限尺寸范围的工件误认为合格而被接受（误收）；也可能把实际尺寸在极限尺寸范围内的工件误认为不合格而被废除（误废）。可见，测量误差的存在将在实际上改变工件规定的公差带，使之缩小或扩大。考虑到测量误差的影响，合格工件可能的最小公差称为生产公差，而合格工件可能的最大公差称为保证公差。

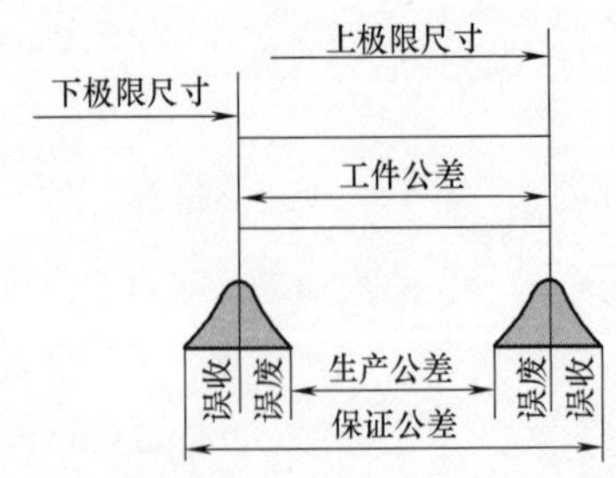

图 6-1 测量误差的影响

生产公差应能满足加工的经济性要求，而保证公差应能满足设计规定的使用要求。显然，单从各自观点来说，生产公差越大越好，而保证公差越小越好，两者存有矛盾。为了解决这一矛盾，必须规定验收极限和允许的测量误差（包括量规的极限偏差）。

第一节 用通用计量器具测量

一、验收极限

验收极限是判断所检验工件尺寸合格与否的尺寸界限。

确定工件尺寸的验收极限，有下列两种方案：

1）验收极限是从工件规定的最大实体尺寸（MMS）和最小实体尺寸（LMS）分别向工件公差带内移动一个安全裕度 A 来确定，简称内缩方案，如图 6-2 所示。

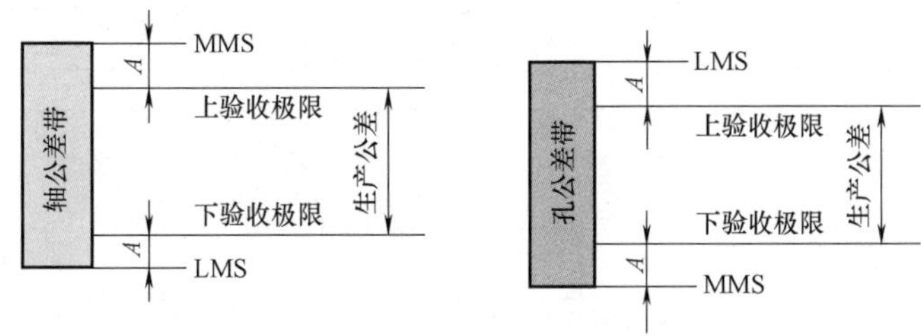

图 6-2 验收极限

孔尺寸的验收极限：

上验收极限=最小实体尺寸(LMS)-安全裕度(A)

下验收极限=最大实体尺寸(MMS)+安全裕度(A)

轴尺寸的验收极限：

上验收极限=最大实体尺寸(MMS)-安全裕度(A)

下验收极限=最小实体尺寸(LMS)+安全裕度(A)

2）验收极限等于规定的最大实体尺寸（MMS）和最小实体尺寸（LMS），即 A 值等于零。此方案使误收和误废可能发生。

按内缩方案验收工件，可使误收率大大减少，这是保证产品质量的一种安全措施。但使误废率有所增加。从统计规律来看，误废量与总产量相比毕竟是少量。

为了保证产品质量，我国制定了 GB/T 3177—2009《产品几何技术规范（GPS） 光滑工件尺寸的检验》。该标准规定的检验原则是：所用验收方法应只接收位于规定的尺寸极限之内的工件。

在用游标卡尺、千分尺和生产车间使用的分度值不小于 0.0005mm（放大倍数不大于 2000 倍）的比较仪等计量器具，检验图样上注出的公称尺寸至 500mm、公差值为 IT6～IT18 的有配合要求的光滑工件尺寸时，按方案 1）即内缩方案确定验收极限。对非配合和一般公差的尺寸，按方案 2）确定验收极限。

安全裕度 A 的确定，必须从技术和经济两个方面综合考虑。A 值较大时，可选用较低精度的计量器具进行检验，但减小了生产公差，因而加工经济性差；A 值较小时，要用较精密的计量器具，加工经济性好，但计量器具费用高，结果也提高了生产成本。因此，A 值应按被检验工件的公差大小来确定，一般为工件公差的 1/10。国家标准规定的 A 值见表 6-1。

二、计量器具的选择

安全裕度 A 相当于测量中总的不确定度。不确定度用以表征测量过程中各项误差综合影响沿测量结果分散程度的误差界限，它反映了由于测量误差的存在而对被测量不能肯定的程度。从测量误差来源看，它由两部分组成，即计量器具的不确定度（u_1）和由温度、压陷效应及工件形状误差等因素引起的不确定度（u_2）。u_1 是表征计量器具的内在误差（如随机误差和未定系统误差）引起测量结果分散程度的一个误差限，其中包括调整标准器的不确定度，它的允许值约为 $0.9A$。u_2 的允许值约为 $0.45A$。u_1 和 u_2 可按随机变量合成，即

$$1.00A=\sqrt{u_1^2+u_2^2}\approx\sqrt{(0.9A)^2+(0.45A)^2}$$

（一）计量器具选用原则

表 6-1　安全裕度（A）与计量器具的测量不确定度允许值（u_1）　（单位：μm）

公差等级		6					7					8					9					10					11				
公称尺寸/mm		T	A	u_1			T	A	u_1			T	A	u_1			T	A	u_1			T	A	u_1			T	A	u_1		
大于	至			Ⅰ	Ⅱ	Ⅲ			Ⅰ	Ⅱ	Ⅲ			Ⅰ	Ⅱ	Ⅲ			Ⅰ	Ⅱ	Ⅲ			Ⅰ	Ⅱ	Ⅲ			Ⅰ	Ⅱ	Ⅲ
—	3	6	0.6	0.5	0.9	1.4	10	1.0	0.9	1.5	2.3	14	1.4	1.3	2.1	3.2	25	2.5	2.3	3.8	5.6	40	4.0	3.6	6.0	9.0	60	6.0	5.4	9.0	14
3	6	8	0.8	0.7	1.2	1.8	12	1.2	1.1	1.8	2.7	18	1.8	1.6	2.7	4.1	30	3.0	2.7	4.5	6.8	48	4.8	4.3	7.2	11	75	7.5	6.8	11	17
6	10	9	0.9	0.8	1.4	2.0	15	1.5	1.4	2.3	3.4	22	2.2	2.0	3.3	5.0	36	3.6	3.3	5.4	8.1	58	5.8	5.2	8.7	13	90	9.0	8.1	14	20
10	18	11	1.1	1.0	1.7	2.5	18	1.8	1.7	2.7	4.1	27	2.7	2.4	4.1	6.1	43	4.3	3.9	6.5	9.7	70	7.0	6.3	11	16	110	11	10	17	25
18	30	13	1.3	1.2	2.0	2.9	21	2.1	1.9	3.2	4.7	33	3.3	3.0	5.0	7.4	52	5.2	4.7	7.8	12	84	8.4	7.6	13	19	130	13	12	20	29
30	50	16	1.6	1.4	2.4	3.6	25	2.5	2.3	3.8	5.6	39	3.9	3.5	5.9	8.8	62	6.2	5.6	9.3	14	100	10	9.0	15	23	160	16	14	24	36
50	80	19	1.9	1.7	2.9	4.3	30	3.0	2.7	4.5	6.8	46	4.6	4.1	6.9	10	74	7.4	6.7	11	17	120	12	11	18	27	190	19	17	29	43
80	120	22	2.2	2.0	3.3	5.0	35	3.5	3.2	5.3	7.9	54	5.4	4.9	8.1	12	87	8.7	7.8	13	20	140	14	13	21	32	220	22	20	33	50
120	180	25	2.5	2.3	3.8	5.6	40	4.0	3.6	6.0	9.0	63	6.3	5.7	9.5	14	100	10	9.0	15	23	160	16	15	24	36	250	25	23	38	56
180	250	29	2.9	2.6	4.4	6.5	46	4.6	4.1	6.9	10	72	7.2	6.5	11	16	115	12	10	17	26	185	18	17	28	42	290	29	26	44	65
250	315	32	3.2	2.9	4.8	7.2	52	5.2	4.7	7.8	12	81	8.1	7.3	12	18	130	13	12	19	29	210	21	19	32	47	320	32	29	48	72
315	400	36	3.6	3.2	5.4	8.1	57	5.7	5.1	8.4	13	89	8.9	8.0	13	20	140	14	13	21	32	230	23	21	35	52	360	36	32	54	81
400	500	40	4.0	3.6	6.0	9.0	63	6.3	5.7	9.5	14	97	9.7	8.7	15	22	155	16	14	23	35	250	25	23	38	56	400	40	36	60	90

公差等级		12				13				14				15				16				17				18			
公称尺寸/mm		T	A	u_1		T	A	u_1		T	A	u_1		T	A	u_1		T	A	u_1		T	A	u_1		T	A	u_1	
大于	至			Ⅰ	Ⅱ			Ⅰ	Ⅱ			Ⅰ	Ⅱ			Ⅰ	Ⅱ			Ⅰ	Ⅱ			Ⅰ	Ⅱ			Ⅰ	Ⅱ
—	3	100	10	9.0	15	140	14	13	21	250	25	23	38	400	40	36	60	600	60	54	90	1000	100	90	150	1400	140	135	210
3	6	120	12	11	18	180	18	16	27	300	30	27	45	480	48	43	72	750	75	68	110	1200	120	110	180	1800	180	160	270
6	10	150	15	14	23	220	22	20	33	360	36	32	54	580	58	52	87	900	90	81	140	1500	150	140	230	2200	220	200	330
10	18	180	18	16	27	270	27	24	41	430	43	39	65	700	70	63	110	1100	110	100	170	1800	180	160	270	2700	270	240	400
18	30	210	21	19	32	330	33	30	50	520	52	47	78	840	84	76	130	1300	130	120	200	2100	210	190	320	3300	330	300	490
30	50	250	25	23	38	390	39	35	59	620	62	56	93	1000	100	90	150	1600	160	140	240	2500	250	220	380	3900	390	350	580
50	80	300	30	27	45	460	46	41	69	740	74	67	110	1200	120	110	180	1900	190	170	290	3000	300	270	450	4600	460	410	690
80	120	350	35	32	53	540	54	49	81	870	87	78	130	1400	140	130	210	2200	220	200	330	3500	350	320	530	5400	540	480	810
120	180	400	40	36	60	630	63	57	95	1000	100	90	150	1600	160	150	240	2500	250	230	380	4000	400	360	600	6300	630	570	940
180	250	460	46	41	69	720	72	65	110	1150	115	100	170	1800	180	170	280	2900	290	260	440	4600	460	410	690	7200	720	650	1080
250	315	520	52	47	78	810	81	73	120	1300	130	120	190	2100	210	190	320	3200	320	290	480	5200	520	470	780	8100	810	730	1210
315	400	570	57	51	86	890	89	80	130	1400	140	130	210	2300	230	210	350	3600	360	320	540	5700	570	510	850	8900	890	800	1330
400	500	630	63	57	95	970	97	87	150	1500	150	140	230	2500	250	230	380	4000	400	360	600	6300	630	570	950	9700	970	870	1450

注：本表摘自 GB/T 3177—2009《产品几何技术规范（GPS）　光滑工件尺寸的检验》。

按表 6-1 中规定的计量器具所引起的测量不确定度的允许值（u_1）（简称计量器具的测量不确定度允许值）选择计量器具。选择时，应使所选用的计量器具的测量不确定度数值等于或小于选定的 u_1 值。

计量器具的测量不确定度允许值（u_1）按测量不确定度（u）与工件公差的比值分档：对

IT6~IT11 的分为Ⅰ、Ⅱ、Ⅲ三档，对 IT12~IT18 的分为Ⅰ、Ⅱ两档。测量不确定度(u)的Ⅰ、Ⅱ、Ⅲ三档值分别为工件公差的 1/10、1/6、1/4。计量器具的测量不确定度允许值(u_1)约为测量不确定度(u)的 0.9 倍，其三档数值列于表 6-1 中。

(二) 计量器具的测量不确定度允许值(u_1)的选定

选用表 6-1 中计量器具的测量不确定度允许值(u_1)，一般情况下，优先选用Ⅰ档，其次选用Ⅱ档、Ⅲ档。

表 6-2、表 6-3 列出了一些常用计量器具的不确定度(u_1)值，可供选用计量器具时参考。

表 6-2 千分尺和游标卡尺的不确定度值 （单位：mm）

<table>
<tr><th rowspan="3">尺寸范围</th><th colspan="4">计量器具类型</th></tr>
<tr><th>分度值 0.01
外径千分尺</th><th>分度值 0.01
内径千分尺</th><th>分度值 0.02
游标卡尺</th><th>分度值 0.05
游标卡尺</th></tr>
<tr><th colspan="4">不确定度</th></tr>
<tr><td>0~50</td><td>0.004</td><td rowspan="3">0.008</td><td rowspan="6">0.020</td><td rowspan="4">0.020</td></tr>
<tr><td>50~100</td><td>0.005</td></tr>
<tr><td>100~150</td><td>0.006</td></tr>
<tr><td>150~200</td><td>0.007</td><td rowspan="3">0.013</td></tr>
<tr><td>200~250</td><td>0.008</td><td rowspan="8">0.100</td></tr>
<tr><td>250~300</td><td>0.009</td></tr>
<tr><td>300~350</td><td>0.010</td><td rowspan="3">0.020</td><td rowspan="7"></td></tr>
<tr><td>350~400</td><td>0.011</td></tr>
<tr><td>400~450</td><td>0.012</td></tr>
<tr><td>450~500</td><td>0.013</td><td>0.025</td></tr>
<tr><td>500~600</td><td rowspan="3"></td><td rowspan="3">0.030</td></tr>
<tr><td>600~700</td></tr>
<tr><td>700~800</td><td>0.150</td></tr>
</table>

表 6-3 比较仪和指示表的不确定度值

<table>
<tr><th colspan="3">计量器具</th><th colspan="9">尺寸范围/mm</th></tr>
<tr><th rowspan="2">名称</th><th rowspan="2">分度值/
mm</th><th rowspan="2">放大倍数或
量程范围</th><th>≤25</th><th>>25
~40</th><th>>40
~65</th><th>>65
~90</th><th>>90
~115</th><th>>115
~165</th><th>>165
~215</th><th>>215
~265</th><th>>265
~315</th></tr>
<tr><th colspan="9">不确定度/mm</th></tr>
<tr><td rowspan="4">比较仪</td><td>0.0005</td><td>2000 倍</td><td>0.0006</td><td>0.0007</td><td colspan="2">0.0008</td><td>0.0009</td><td>0.0010</td><td>0.0012</td><td>0.0014</td><td>0.0016</td></tr>
<tr><td>0.001</td><td>1000 倍</td><td colspan="2">0.0010</td><td colspan="2">0.0011</td><td>0.0012</td><td>0.0013</td><td>0.0014</td><td>0.0016</td><td>0.0017</td></tr>
<tr><td>0.002</td><td>500 倍</td><td>0.0017</td><td colspan="3">0.0018</td><td colspan="2">0.0019</td><td>0.0020</td><td>0.0021</td><td>0.0022</td></tr>
<tr><td>0.005</td><td>200 倍</td><td colspan="6">0.0030</td><td colspan="3">0.0035</td></tr>
<tr><td rowspan="6">千分表</td><td rowspan="2">0.001</td><td>0 级全程内</td><td colspan="5" rowspan="3">0.005</td><td colspan="4" rowspan="3">0.006</td></tr>
<tr><td>1 级 0.2mm 内</td></tr>
<tr><td>0.002</td><td>1 转内</td></tr>
<tr><td>0.001</td><td rowspan="3">1 级全程内</td><td colspan="9" rowspan="3">0.010</td></tr>
<tr><td>0.002</td></tr>
<tr><td>0.005</td></tr>
<tr><td rowspan="4">百分表</td><td>0.01</td><td>0 级任意 1mm 内</td><td colspan="9">0.018</td></tr>
<tr><td rowspan="2">0.01</td><td>0 级全程内</td><td colspan="9" rowspan="2">0.018</td></tr>
<tr><td>1 级任意 1mm 内</td></tr>
<tr><td>0.01</td><td>1 级全程内</td><td colspan="9">0.030</td></tr>
</table>

注：1. 测量时，使用的标准器由 4 块 1 级（或 4 等）量块组成。

2. 本表摘自 JB/Z 181—1982《光滑工件尺寸检验的使用指南》。

例 6-1 被测工件为 $\phi50f8$，试确定验收极限并选择合适的计量器具。

解 1）根据表 2-4 和表 2-7 确定工件的极限偏差为 $\phi50f8(^{-0.025}_{-0.064})$mm。

2）确定安全裕度 A 和计量器具不确定度允许值 u_1。该工件的公差为 0.039mm，从表 6-1 查得 $A=0.0039$mm，$u_1=0.0035$mm。

3）选择计量器具。按工件公称尺寸 50mm，从表 6-3 查知，分度值为 0.005mm 的比较仪不确定度 u_1 为 0.0030mm，小于允许值 0.0035mm，可满足使用要求。

4）计算验收极限，如图 6-3 所示。

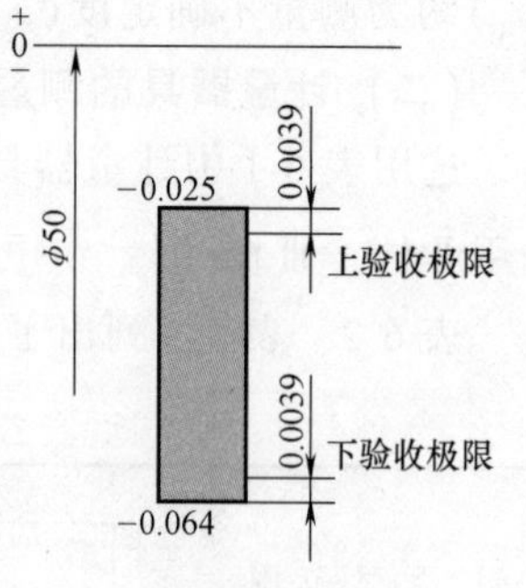

图 6-3 工件公差带及验收极限

$$上验收极限=d_{max}-A=(50-0.025-0.0039)\text{mm}=49.9711\text{mm}$$

$$下验收极限=d_{min}+A=(50-0.064+0.0039)\text{mm}=49.9399\text{mm}$$

当现有计量器具的不确定度（u_1）达不到“小于或等于Ⅰ档允许值（u_1）”这一要求时，可选用表 6-1 中的第Ⅱ档（u_1），重新选择计量器具，依此类推，当第Ⅱ档（u_1）满足不了要求时，可选用第Ⅲ档（u_1）。

例 6-2 被测工件为轴 $\phi35e9(^{-0.050}_{-0.112})$mm，试确定验收极限并选择合适的计量器具。

解 1）确定安全裕度 A 和计量器具不确定度允许值 u_1。该工件的公差为 0.062mm，从表 6-1 查得 $A=0.0062$mm，$u_1=0.0056$mm。

2）选择计量器具。工件公称尺寸 35mm 在表 6-2 中 0～50mm 的尺寸范围内，由表 6-2 查得，分度值为 0.01mm 的外径千分尺不确定度为 0.004mm，小于 0.0056mm，可满足使用要求。

3）计算验收极限，如图 6-4 所示。

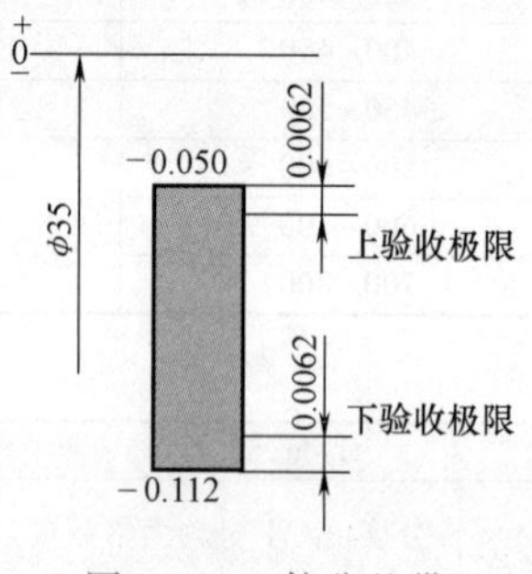

图 6-4 工件公差带及验收极限

$$上验收极限=d_{max}-A=(35-0.050-0.0062)\text{mm}=34.9438\text{mm}$$

$$下验收极限=d_{min}+A=(35-0.112+0.0062)\text{mm}=34.8942\text{mm}$$

第二节 光滑极限量规

一、基本概念

孔、轴采用包容要求Ⓔ时，它们应该使用光滑极限量规来检验。光滑极限量规是一种没有刻度的专用计量器具。用这种量规检验工件时，只能判断工件合格与否，而不能获得工件实际尺寸的数值。

（一）光滑极限量规的种类

光滑极限量规一般分为孔用光滑极限量规和轴用光滑极限量规。

1. 孔用光滑极限量规（塞规）

塞规分止端（止规）和通端（通规），如图 6-5a、b 所示。通端按被测孔的最大实体尺寸（即孔的下极限尺寸）制造，止端按被测孔的最小实体尺寸（即孔的上极限尺寸）制造。使用时，如果塞规的通端通过被检验孔，表示被测孔径大于下极限尺寸，塞规的止端通不过被检验孔，表示被测孔径小于上极限尺寸，这就说明被检验孔的实际尺寸在规定的极限尺寸范围内，被检验孔是合格的。

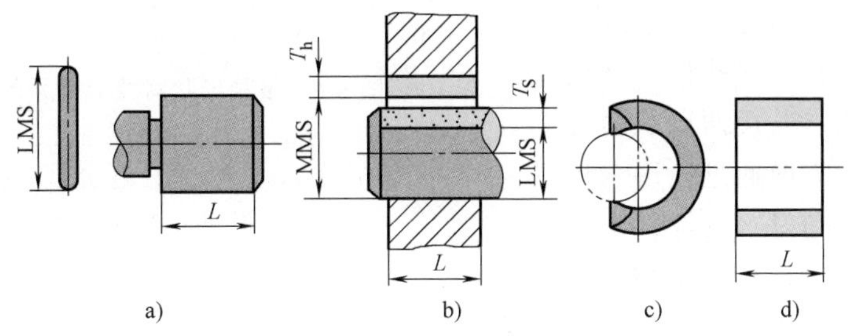

图 6-5 光滑极限量规

a）塞规止规 b）塞规通规 c）卡规止规 d）环规通规

2. 轴用光滑极限量规（环规或卡规）

卡规分止端和通端，如图 6-5c、d 所示。通端按被测轴的最大实体尺寸（即轴的上极限尺寸）制造，止端按被测轴的最小实体尺寸（即轴的下极限尺寸）制造。使用时，如果卡规通端能顺利地滑过轴径，表示被测轴径比上极限尺寸小，卡规止端滑不过去，表示被测轴径比下极限尺寸大，这就说明被测轴径的实际尺寸在规定的极限尺寸范围内，被检验的轴是合格的。

用符合泰勒原则的量规检验工件，若通规能够通过，而止规不能通过，就表示该工件合格，否则不合格。

（二）量规按用途分类

量规按用途可分为以下三类：

（1）工作量规　即工人在加工工件时用来检验工件的量规，其通端和止端的代号分别为“T”和“Z”。

（2）验收量规　即检验部门或用户代表验收产品时所用的量规。验收量规一般不另行制造，检验人员应该使用与生产工人相同类型且已磨损较多但未超过磨损极限的通规，这样由生产工人自检合格的产品，检验部门验收时也一定合格。

（3）校对量规　即用以检验轴用工作量规的量规。孔用工作量规用指示式计量器具测量很方便，不需要校对量规，只有轴用工作量规才使用校对量规。

二、量规的形状

由于工件存在形状误差，虽然工件实际尺寸位于上、下极限尺寸范围内，但该工件装配时可能发生困难或装配后达不到规定的配合要求。因此，对于要求遵守包容要求的孔和轴，应按极限尺寸判断原则（即泰勒原则）验收。通规用来控制工件的作用尺寸，它的测量面应是与孔或轴形状相对应的完整表面，其定形尺寸等于工件的最大实体尺寸，且测量长度等

于配合长度。因此，通规常称为全形量规。止规用来控制工件的实际尺寸，它的测量面是两点状的，这两点状测量面之间的定形尺寸等于工件的最小实体尺寸。

参看图 6-6，分析量规形状对检验结果的影响。孔的实际轮廓已超出尺寸公差带，应为废品。用全形通规检验时，不能通过；用两点状止规检验，虽然沿 x 方向不能通过，但沿 y 方向却能通过，于是，该孔被正确地判断为废品。反之，若用两点状通规检验，则可能沿 y 方向通过；用全形止规检验，则不能通过。这样，由于量规形状不正确，就把该孔误判断为合格品。

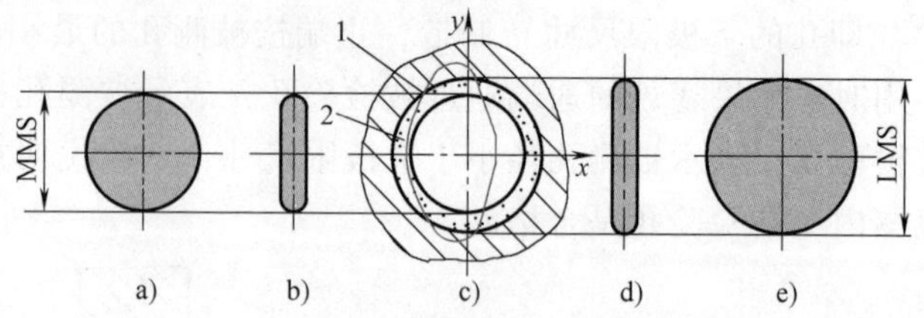

图 6-6 量规形状对检验结果的影响

a）全形通规 b）两点状通规 c）工件

d）两点状止规 e）全形止规

1—实际孔 2—孔公差带

在量规的实际应用中，往往由于量规制造和使用方面的原因，要求量规的形状完全符合泰勒原则会有困难，有时甚至不能实现，因而不得不使用偏离泰勒原则的量规。

例如，标准通规的长度常常并不等于工件的配合长度；大尺寸的孔和轴通常分别用非全形的通规（或杆规）和卡规代替笨重的全形通规；曲轴的轴颈只能用卡规检验，不能用环规检验；由于点接触易于磨损，止规不得不采用小平面或圆柱面。检验小孔用的止规，为了增加刚度和便于制造，常采用全形塞规。检验薄壁零件时，为防止两点状止规造成工件变形，也常采用全形止规。

为了尽量减少在使用偏离泰勒原则的量规检验时造成的误判，量规操作一定要正确。例如，使用非全形的通端塞规时，应在被检孔的全长上沿圆周的几个位置上检验；使用卡规时，应在被检轴的配合长度的几个部位并围绕被检轴的圆周上几个位置检验。

三、量规的公差

光滑极限量规的精度比被测孔、轴的精度高得多，但光滑极限量规的定形尺寸也不可能加工成某一确定的数值。因此，GB/T 1957—2006 规定了量规工作部分的定形尺寸公差带和各项公差。

通规在使用过程中要通过合格的被测孔、轴，因而会逐渐磨损。为了使通规具有一定的使用寿命，应留出适当的磨损储量，因此对通规应规定磨损极限。止规通常不通过被测孔、轴，因此不留磨损储量。校对量规也不留磨损储量。

1. 工作量规的定形尺寸公差带和各项公差

为了确保产品质量，GB/T 1957—2006 规定量规定形尺寸公差带不得超出被测孔、轴公差带。孔用和轴用工作量规定形尺寸公差带的配置分别如图 6-7 和图 6-8 所示。图中，D_M、D_L 为被测孔的最大、最小实体尺寸，D_{max}、D_{min} 为被测孔的上、下极限尺寸，d_M、d_L 为被测轴的最大、最小实体尺寸，d_{max}、d_{min} 为被测轴的上、下极限尺寸；T_1 为量规定形尺寸公差，Z_1 为通规定形尺寸公差带中心到被测孔、轴最大实体尺寸之间的距离(位置要素)。通规的磨损极限为被测孔、轴的最大实体尺寸。

测量极限误差一般取为被测孔、轴尺寸公差的 1/10～1/3。对于标准公差等级相同而公称尺寸不同的孔、轴，这个比值基本上相同。随着孔、轴的标准公差等级的降低，这个比值逐渐减小。量规定形尺寸公差带的大小和位置就是按照这一原则规定的。通规和止规定形尺寸公差和磨损储量的总和占被测孔、轴尺寸公差(标准公差 IT)的百分比见表 6-4。

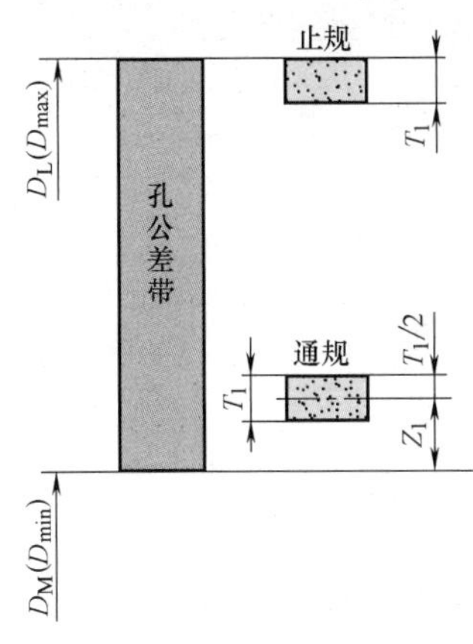

图 6-7 孔用工作量规定形尺寸公差带示意图

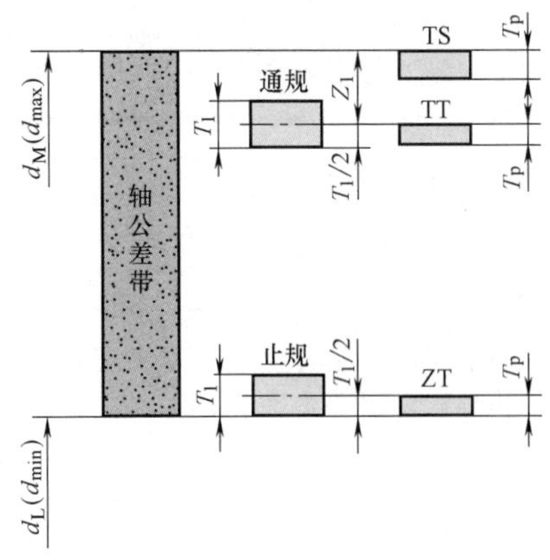

图 6-8 轴用工作量规及其校对量规定形尺寸公差带示意图

表 6-4 量规定形尺寸公差和磨损储量的总和占标准公差的百分比

被测孔或轴的标准公差等级	IT6	IT7	IT8	IT9	IT10	IT11	IT12	IT13	IT14	IT15	IT16
$\frac{T_1+(Z_1+T_1/2)}{IT}$(%)	40	32.9	28	23.5	19.7	16.9	14.4	13.8	12.9	12	11.5

GB/T 1957—2006 对公称尺寸至 500mm、标准公差等级为 IT6~IT16 的孔和轴规定了通规和止规工作部分定形尺寸的公差及通规定形尺寸公差带中心到工件最大实体尺寸之间的距离，它们的数值见表 6-5。此外，还规定了通规和止规的代号，它们分别为 T 和 Z。

表 6-5 光滑极限量规定形尺寸公差 T_1 和通规定形尺寸公差带中心到工件最大实体尺寸之间的距离 Z_1 值（摘自 GB/T 1957—2006） （单位：μm）

工件公称尺寸/mm	IT6			IT7			IT8			IT9			IT10			IT11			IT12		
	IT6	T_1	Z_1	IT7	T_1	Z_1	IT8	T_1	Z_1	IT9	T_1	Z_1	IT10	T_1	Z_1	IT11	T_1	Z_1	IT12	T_1	Z_1
>10~18	11	1.6	2	18	2	2.8	27	2.8	4	43	3.4	6	70	4	8	110	6	11	180	7	15
>18~30	13	2	2.4	21	2.4	3.4	33	3.4	5	52	4	7	84	5	9	130	7	13	210	8	18
>30~50	16	2.4	2.8	25	3	4	39	4	6	62	5	8	100	6	11	160	8	16	250	10	22
>50~80	19	2.8	3.4	30	3.6	4.6	46	4.6	7	74	6	9	120	7	13	190	9	19	300	12	26
>80~120	22	3.2	3.8	35	4.2	5.4	54	5.4	8	87	7	10	140	8	15	220	10	22	350	14	30

量规工作部分的形状误差应控制在定形尺寸公差带的范围内，即采用包容要求。其几何公差为定形尺寸公差的 50%。考虑到制造和测量的困难，当量规定形尺寸公差小于或等于 0.002mm 时，其几何公差取为 0.001mm。

根据被测孔、轴的标准公差等级的高低和量规测量面定形尺寸的大小，量规测量面的表面粗糙度 *Ra* 值见表 6-6。

2. 校对量规的定形尺寸公差带和各项公差

仅轴用环规才使用校对量规(塞规)。校对塞规有下列三种，它们的定形尺寸公差带如

图 6-8 所示。

表 6-6 量规测量面的表面粗糙度 *Ra* 值（摘自 GB/T 1957—2006）

光滑极限量规	量规测量面的定形尺寸/mm		
	≤120	>120~315	>315~500
	Ra 值/μm		
IT6 孔用工作塞规	≤0.05	≤0.10	≤0.20
IT7~IT9 孔用工作塞规	≤0.10	≤0.20	≤0.40
IT10~IT12 孔用工作塞规	≤0.20	≤0.40	≤0.80
IT13~IT16 孔用工作塞规	≤0.40	≤0.80	≤0.80
IT6~IT9 轴用工作塞规	≤0.10	≤0.20	≤0.40
IT10~IT12 轴用工作环规	≤0.20	≤0.40	≤0.80
IT13~IT16 轴用工作环规	≤0.40	≤0.80	≤0.80
IT6~IT9 轴用工作环规的校对塞规	≤0.05	≤0.10	≤0.20
IT10~IT12 轴用工作环规的校对塞规	≤0.10	≤0.20	≤0.40
IT13~IT16 轴用工作环规的校对塞规	≤0.20	≤0.40	≤0.40

(1) 制造新的通规时所使用的校对塞规　它称为“校通—通”塞规，代号为 TT。新的通规内圆柱测量面应能在其全长范围内被 TT 校对塞规整个长度通过，这样就能保证被测轴有足够的尺寸加工公差。

(2) 检验使用中的通规是否磨损到极限时所用的校对塞规　被称为“校通—损”塞规，代号为 TS。尚未完全磨损的通规内圆柱测量面应不能被 TS 校对塞规通过，并且应在该测量面的两端进行检验。如果通规被 TS 校对塞规通过，则表示该通规已磨损到极限，应予报废。

(3) 制造新的止规时所使用的校对塞规　被称为“校止—通”塞规，代号为 ZT。新的止规内圆柱测量面应能在其全长范围内被 ZT 校对塞规整个长度通过，这样就能保证被测轴的实际尺寸不小于其下极限尺寸。

校对量规的定形尺寸公差 T_p 为工作量规定形尺寸公差 T_1 的一半，其形状和位置误差应控制在其定形尺寸公差带的范围内，即采用包容要求。其测量面的表面粗糙度 *Ra* 值比工作量规小，见表 6-6。

由于校对量规精度很高，制造困难，目前的测量技术又有了提高，因此在生产实践中将逐步用量块或测量仪器代替校对量规。但在某些行业，由于产品的特点或者小尺寸的轴用量规，还需要用到校对量规。

四、量规的设计

（一）量规形式的选择

检验圆柱形工件的光滑极限量规形式很多，合理地选择及使用，对正确判断测量结果影响很大。量规形式的选择可参照国家标准，测孔时，可采用下列几种形式的量规（图 6-9a）：①全形塞规；②不全形塞规；③片形塞规；④球端杆规。

测轴时，可用下列形式的量规（图 6-9b）：①环规；②卡规。

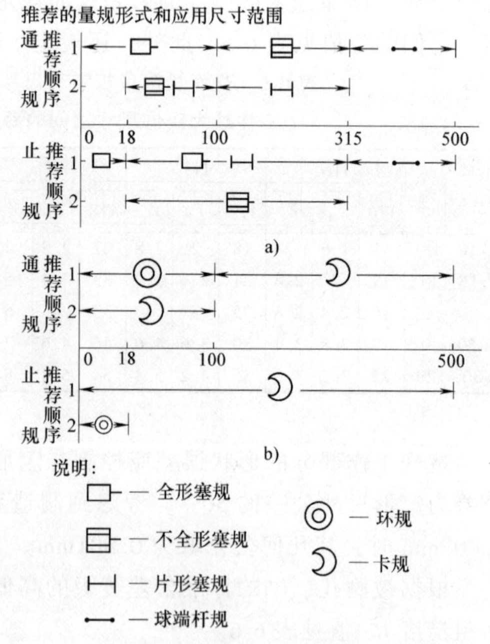

图 6-9　量规形式及其应用的尺寸范围

a）孔用量规　b）轴用量规

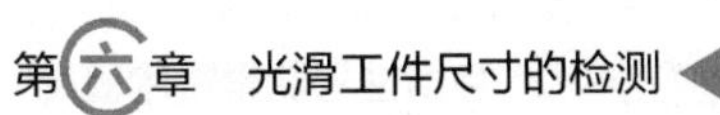

量规的结构设计可参看国家标准等有关资料。

（二）量规工作尺寸的设计

光滑极限量规工作尺寸计算的一般步骤如下：

1）从国家标准《极限与配合》（GB/T 1800.1—2009）中查出孔与轴的尺寸极限偏差，然后计算出最大和最小实体尺寸。

2）由表 6-5 查出量规制造公差 T_1 和位置要素 Z_1 值。按工作量规制造公差 T_1，确定工作量规的形状公差和校对量规的制造公差。

3）画出量规公差带图，计算量规的工作尺寸或极限偏差。

例 6-3　计算 ϕ25H8/f7 孔和轴用量规的极限偏差。

解　1）由 GB/T 1800.1—2009 查出孔与轴的极限偏差为

ϕ25H8 孔 ES=+0.033mm，EI=0

ϕ25f7 轴 es=−0.020mm，ei=−0.041mm

2）由表 6-5 查得工作量规的制造公差 T_1 和位置要素 Z_1，并确定工作量规的形状公差和校对量规的制造公差。

塞规制造公差　$T_1=0.0034$mm；塞规位置要素　$Z_1=0.005$mm；塞规形状公差 $T_1/2=0.0017$mm

卡规制造公差　$T_1=0.0024$mm；卡规位置要素　$Z_1=0.0034$mm；卡规形状公差 $T_1/2=0.0012$mm

校对量规制造公差　$T_p=T_1/2=0.0012$mm

3）工作量规极限偏差的计算见表 6-7，量规公差带图如图 6-10 所示，量规工作尺寸的标注如图 6-11 所示。

表 6-7　工作量规极限偏差的计算　（单位：mm）

种类		ϕ25H8 用塞规	ϕ25f7 用卡规
通规（T）	上极限偏差 T_s	$T_s=EI+Z_1+T_1/2=0+0.005+0.0017=+0.0067$	$T_{sd}=es-Z_1+T_1/2=-0.02-0.0034+0.0012=-0.0222$
	下极限偏差 T_i	$T_i=EI+Z_1-T_1/2=0+0.005-0.0017=+0.0033$	$T_{id}=es-Z_1-T_1/2=-0.02-0.0034-0.0012=-0.0246$
	磨损极限 T_e	$T_e=EI=0$	$T_{ed}=es=-0.020$
止规（Z）	上极限偏差 Z_s	$Z_s=ES=+0.033$	$Z_{sd}=ei+T_1=-0.041+0.0024=-0.0386$
	下极限偏差 Z_i	$Z_i=ES-T_1=0.033-0.0034=+0.0296$	$Z_{id}=ei=-0.041$

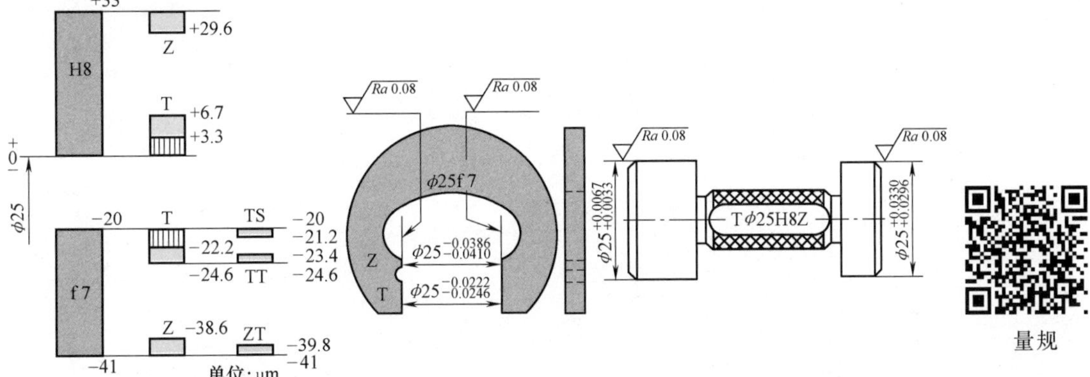

图 6-10　量规公差带图

图 6-11　量规工作尺寸的标注

4）ϕ25f7 轴用卡规的校对量规极限偏差的计算见表 6-8。

表 6-8 校对量规极限偏差的计算 （单位：mm）

校通—通（TT）	上极限偏差（TT_s）	$TT_s=T_{id}+T_p$ $=-0.0246+0.0012$ $=-0.0234$	尺寸标注	$\phi 25^{-0.0234}_{-0.0246}$
	下极限偏差（TT_i）	$TT_i=T_{id}=-0.0246$		
校止—通（ZT）	上极限偏差（ZT_s）	$ZT_s=ei+T_p$ $=-0.041+0.0012$ $=-0.0398$		$\phi 25^{-0.0398}_{-0.0410}$
	下极限偏差（ZT_i）	$ZT_i=ei=-0.0410$		
校通—损（TS）	上极限偏差（TS_s）	$TS_s=es=-0.0200$		$\phi 25^{-0.0200}_{-0.0212}$
	下极限偏差（TS_i）	$TS_i=es-T_p$ $=-0.020-0.0012$ $=-0.0212$		

（三）量规的技术要求

量规的测量部位材料可用淬硬钢（合金工具钢、碳素工具钢、渗碳钢）或硬质合金等耐磨材料制造，也可在测量面上镀以厚度大于磨损量的铬层、氮化层等耐磨材料。

量规测量面的硬度对量规使用寿命有一定的影响，通常用淬硬钢制造的量规，其测量面的硬度应为 58~65HRC。

量规测量面的表面粗糙度取决于被检验工件的公称尺寸、公差等级和表面粗糙度以及量规的制造工艺水平。量规表面粗糙度值的大小随上述因素和量规结构形式的变化而异，一般不低于光滑极限量规国家标准推荐的表面粗糙度值（表 6-6）。

思 考 题

1. 误收和误废是怎样造成的？
2. 为什么要设置安全裕度？标准公差、生产公差、保证公差三者有何区别？
3. 极限量规有何特点？如何用它判断工件的合格性？
4. 量规分几类？各有何用途？孔用工作量规为何没有校对量规？
5. 量规的尺寸公差带与工件的尺寸公差带有何关系？

Chapter

滚动轴承与孔、轴结合的互换性

第一节 概　　述

滚动轴承是机器上广泛应用的一种传动支承的标准部件，一般由内圈、外圈、滚动体(钢球或滚珠）和保持架（又称为保持器或隔离圈）组成，如图 7-1 所示。内圈与轴颈装配，外圈与孔座装配，滚动体是承载并使轴承形成滚动摩擦的元件，它们的尺寸、形状和数量由承载能力和负荷方向等因素决定。保持架是一组隔离元件，其作用是将轴承内一组滚动体均匀分开，使每个滚动体均匀地轮流承受相等的载荷，并保持滚动体在轴承内、外滚道间正常滚动。

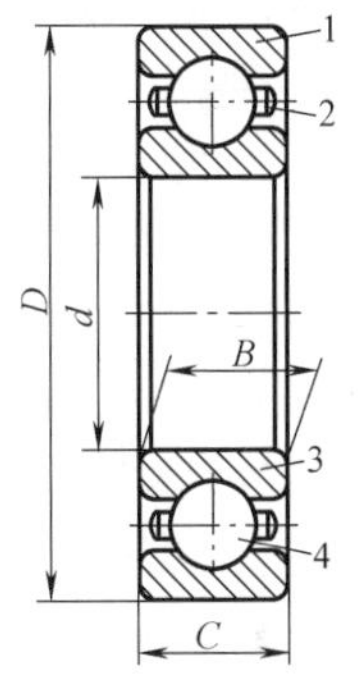

图 7-1　滚动轴承

1—外圈　2—保持架

3—内圈　4—滚动体

滚动轴承是具有两种互换性的标准零件。滚动轴承内圈与轴颈的配合以及外圈与孔座的配合为外互换，滚动体与轴承内外圈的配合为内互换。滚动轴承具有摩擦力小、消耗功率小、起动容易以及更换简便等优点。

滚动轴承按其承受负荷的方向，分为主要承受径向负荷的向心轴承、同时承受径向和轴向负荷的向心推力轴承和仅承受轴向负荷的推力轴承；按其滚动体形状，分为球轴承和滚珠(圆柱或圆锥体）轴承。

滚动轴承的工作性能取决于滚动轴承本身的制造精度、滚动轴承与轴和壳体孔的配合性质，以及轴和壳体孔的尺寸精度、几何公差和表面粗糙度等因素。设计时，应根据以上因素合理选用。

滚动轴承的专业化生产由来已久。为了实现滚动轴承及其相配件的互换性，正确进行滚动轴承的公差与配合设计，我国发布了 GB/T 307.1—2005《滚动轴承　向心轴承　公差》、GB/T 307.3—2017《滚动轴承　通用技术规则》和 GB/T 275—2015《滚动轴承　配合》等国家标准。国家标准对配合的公称尺寸 D、d 的精度、几何公差及表面粗糙度都做了规定。

第二节　滚动轴承公差等级及其应用

滚动轴承的公差等级由轴承的尺寸公差和旋转精度决定。前者是指轴承内径 d、外径 D、宽度 B 等的尺寸公差。后者是指轴承内、外圈做相对转动时跳动的程度，包括成套轴承内、外圈的径向圆跳动，成套轴承内、外圈端面对滚道的跳动，内圈基准端面对内孔的跳动等。

根据滚动轴承的尺寸公差和旋转精度，GB/T 307.3—2017 把滚动轴承的公差等级分为 2、4、5、6（6X）、N 五级，它们依次由高到低，2 级最高，N 级最低。其中，向心轴承和圆锥滚子轴承有 2 级，而其他类型的轴承则无 2 级。向心轴承有 6 级，而无 6X 级；圆锥滚子轴承有 6X 级，而无 6 级。6X 级轴承与 6 级轴承的内径公差、外径公差和径向圆跳动公差均分别相同，仅前者装配宽度要求较为严格。

各个公差等级的滚动轴承的应用范围参见表 7-1。

表 7-1　各个公差等级的滚动轴承的应用范围

轴承公差等级	应　用　示　例
N 级（普通级）	广泛用于旋转精度和运转平稳性要求不高的一般旋转机构中，如普通机床的变速机构、进给机构，汽车、拖拉机的变速机构，普通减速器、水泵及农业机械等通用机械的旋转机构
6 级、6X 级（中级） 5 级（较高级）	多用于旋转精度和运转平稳性要求较高或转速较高的旋转机构中，如普通机床主轴轴系（前支承采用 5 级，后支承采用 6 级）和比较精密的仪器、仪表、机械的旋转机构
4 级（高级）	多用于转速很高或旋转精度要求很高的机床和机器的旋转机构中，如高精度磨床和车床、精密螺纹车床和齿轮磨床等的主轴轴系
2 级（精密级）	多用于精密机械的旋转机构中，如精密坐标镗床、高精度齿轮磨床和数控机床等的主轴轴系

滚动轴承安装在机器上，其内圈与轴颈配合，外圈与外壳孔配合，它们的配合性质应保证轴承的工作性能，因此必须满足下列两项要求：

1）必要的旋转精度。轴承工作时期内、外圈和端面的跳动会引起机件运动不平稳，从而引起振动和噪声。

2）滚动体与套圈之间有合适的径向游隙和轴向游隙。

径向游隙和轴向游隙过大，就会引起轴承较大的振动和噪声，引起转轴较大的径向圆跳动和轴向窜动。游隙过小则会因为轴承与轴颈、外壳孔的过盈配合使轴承滚动体与套圈产生较大的接触应力，并增加轴承摩擦发热，以致降低轴承寿命。

轴承间隙

第三节　滚动轴承内、外径的公差带

滚动轴承是标准件，其外圈与壳体孔的配合采用基轴制，内圈与轴颈的配合采用基孔制。

多数情况下，轴承内圈与轴一起旋转，为了防止内圈和轴颈的配合面相对滑动而产生磨损，要求配合具有一定的过盈。但由于内圈是薄壁零件，过盈量不能太大。轴承外圈安装在外壳孔中，通常不旋转。工作时温度升高，会使轴膨胀，两端轴承中有一端应是游动支承，因此可把轴承外圈与壳体孔的配合稍微松一点，使之能补偿轴的热胀伸长。轴承的内外圈都是薄壁零件，在制造和自由状态下都易变形，在装配后又得到校正。根据这些特点，滚动轴承公差的国家标准不仅规定了两种尺寸公差，还规定了两种形状公差。其目的是控制轴承的变形程度、轴承与轴和壳体孔配合的尺寸精度。

两种尺寸公差是：①轴承单一内径（d_s）与单一外径（D_s）的偏差（Δd_s，ΔD_s）；②轴承单一平面平均内径（d_{mp}）与平均外径（D_{mp}）的偏差（Δd_{mp}，ΔD_{mp}）。

两种形状公差是：①轴承单一径向平面内，内径（d_s）与外径（D_s）的变动量（V_{dsp}，V_{Dsp}）；②轴承平均内径与平均外径的变动量（V_{dmp}，V_{Dmp}）。

凡是合格的滚动轴承，应同时满足所规定的两种公差的要求。

向心轴承内、外径的尺寸公差和形状公差以及轴承的旋转精度公差分别列于表 7-2 和表 7-3。

表 7-2　向心轴承内圈公差　（单位：μm）

d/mm	公差等级	Δd_{mp}		Δd_s①		V_{dsp}②			V_{dmp}	K_{ia}	S_d	S_{ia}③	ΔB_s			V_{Bs}
						直径系列							全部	正常	修正④	
		上极限偏差	下极限偏差	上极限偏差	下极限偏差	9	0、1	2、3、4					上极限偏差	下极限偏差		
						最大			最大	最大	最大	最大				最大
>18~30	N	0	-10	—	—	13	10	8	8	13	—	—	0	-120	-250	20
	6	0	-8	—	—	10	8	6	6	8	—	—	0	-120	-250	20
	5	0	-6	—	—	6	5	5	3	4	8	8	0	-120	-250	5
	4	0	-5	0	-5	5	4	4	2.5	3	4	4	0	-120	-250	2.5
	2	0	-2.5	0	-2.5	—	2.5	2.5	1.5	2.5	1.5	2.5	0	-120	-250	1.5
>30~50	N	0	-12	—	—	15	12	9	9	15	—	—	0	-120	-250	20
	6	0	-10	—	—	13	10	8	8	10	—	—	0	-120	-250	20
	5	0	-8	—	—	8	6	6	4	5	8	8	0	-120	-250	5
	4	0	-6	0	-6	6	5	5	3	4	4	4	0	-120	-250	3
	2	0	-2.5	0	-2.5	—	2.5	2.5	1.5	2.5	1.5	2.5	0	-120	-250	1.5

注：表中“—”表示均未规定公差值。

①　仅适用于 4、2 级轴承直径系列 0、1、2、3 及 4。

②　直径系列 7、8 无规定值。

③　仅适用于沟型球轴承。

④　适用于成对或成组安装时单个轴承的内、外圈。

表 7-3　向心轴承外圈公差　（单位：μm）

D/mm	公差等级	ΔD_{mp}		ΔD_s ①		V_{Dsp} ②					V_{Dmp}	K_{ea}	S_D	S_{ea} ③	ΔC_s ③		V_{Cs}
						开型轴承			闭型轴承								
						直径系列											
		上极限偏差	下极限偏差	上极限偏差	下极限偏差	9	0、1	2、3、4	2、3、4	0、1					上极限偏差	下极限偏差	
						最			大		最大	最大	最大	最大			最大
>50~80	N	0	-13	—	—	16	13	10	20	—	10	25	—	—	与同一轴承内圈的 ΔB_s 相同		与同一轴承内圈的 V_{Bs} 相同
	6	0	-11	—	—	14	11	8	16	16	8	13	—	—			
	5	0	-9	—	—	9	7	7	—	—	5	8	8	10			6
	4	0	-7	0	-7	7	5	5	—	—	3.5	5	4	5			3
	2	0	-4	0	-4	—	4	4	4	4	2	4	1.5	4			1.5
>80~120	N	0	-15	—	—	19	19	11	26	—	11	35	—	—			与同一轴承内圈的 V_{Bs} 相同
	6	0	-13	—	—	16	16	10	20	20	10	18	—	—			
	5	0	-10	—	—	10	8	8	—	—	5	10	9	11			8
	4	0	-8	0	-8	8	6	6	—	—	4	6	5	6			4
	2	0	-5	0	-5	—	5	5	5	5	2.5	5	2.5	5			2.5

注：表中“—”表示均未规定公差值。

① 仅适用于 4、2 级轴承直径系列 0、1、2、3 及 4。

② 对于 N、6 级轴承，用于内、外止动环安装前或拆卸后，直径系列 7 和 8 无规定值。

③ 仅适用于沟型球轴承。

表 7-2 和表 7-3 中，K_{ia}、K_{ea} 为成套轴承内、外圈的径向圆跳动允许值；S_{ia}、S_{ea} 为成套轴承内、外圈的轴向圆跳动允许值；S_d 为内圈基准端面对内孔的垂直度允许值；S_D 为外圈外表面对基准端面的垂直度允许值；V_{Bs} 为内圈宽度变动的允许值；ΔB_s 为内圈单一宽度偏差允许值；ΔC_s 为外圈单一宽度偏差允许值；V_{Cs} 为外圈宽度变动的允许值。直径系列是指对于同一内径的轴承，由于不同的使用场合所需承受的负荷大小和寿命极不相同，必须使用不同大小的滚动体，因而使轴承的外径和宽度也随之改变，这种内径相同而外径不同的变化称为直径系列。

例 7-1　有两个 4 级精度的中系列向心轴承，公称内径 $d=40\text{mm}$，从表 7-2 查得内径的尺寸公差及形状公差为

$$d_{smax}=40\text{mm} \qquad d_{smin}=(40-0.006)\text{mm}=39.994\text{mm}$$

$$d_{mpmax}=40\text{mm} \qquad d_{mpmin}=(40-0.006)\text{mm}=39.994\text{mm}$$

$$V_{dsp}=0.005\text{mm} \qquad V_{dmp}=0.003\text{mm}$$

如果两个轴承量得的内径尺寸见表 7-4，则其合格与否，要按表 7-4 中的计算结果确定。

表 7-4 两个轴承的内径尺寸 (单位：mm)

轴承		第一个轴承			第二个轴承		
测量平面		Ⅰ	Ⅱ		Ⅰ	Ⅱ	
量得的单一内径尺寸（d_s）		$d_{smax}=40.000$ $d_{smin}=39.998$	$d_{smax}=39.997$ $d_{smin}=39.995$	合格	$d_{smax}=40.000$ $d_{smin}=39.994$	$d_{smax}=39.997$ $d_{smin}=39.995$	合格
计算结果	d_{mp}	$d_{mp\,\text{I}}=\dfrac{40+39.998}{2}$ $=39.999$	$d_{mp\,\text{II}}=\dfrac{39.997+39.995}{2}$ $=39.996$	合格	$d_{mp\,\text{I}}=\dfrac{40+39.994}{2}$ $=39.997$	$d_{mp\,\text{II}}=\dfrac{39.997+39.995}{2}$ $=39.996$	合格
	V_{dsp}	$V_{dsp}=40-39.998$ $=0.002$	$V_{dsp}=39.997-39.995$ $=0.002$	合格	$V_{dsp}=40-39.994$ $=0.006$	$V_{dsp}=39.997-39.995$ $=0.002$	不合格
	V_{dmp}	$V_{dmp}=d_{mp\,\text{I}}-d_{mp\,\text{II}}$ $=39.999-39.996=0.003$		合格	$V_{dmp}=d_{mp\,\text{I}}-d_{mp\,\text{II}}$ $=39.997-39.996=0.001$		合格
结论		内径尺寸合格			内径尺寸不合格		

滚动轴承内圈与轴配合应按基孔制，但内径的公差带位置却与一般基准孔相反。如图7-2所示，根据 GB/T 307.1—2005 规定，内圈基准孔公差带位于以公称内径 d 为零线的下方，即上极限偏差为零，下极限偏差为负值。这样分布主要是考虑在多数情况下，轴承的内圈随轴一起转动时，为防止它们之间发生相对运动导致结合面磨损，则两者的配合应是过盈，但过盈量又不宜过大。滚动轴承的外径与壳体孔配合应按基轴制，且两者间不要求配合太紧。因此，滚动轴承公差国家标准对所有精度级轴承的外径的公差带位置仍按一般基准轴的规定，分布在零线下侧，其上极限偏差为零，下极限偏差为负值。

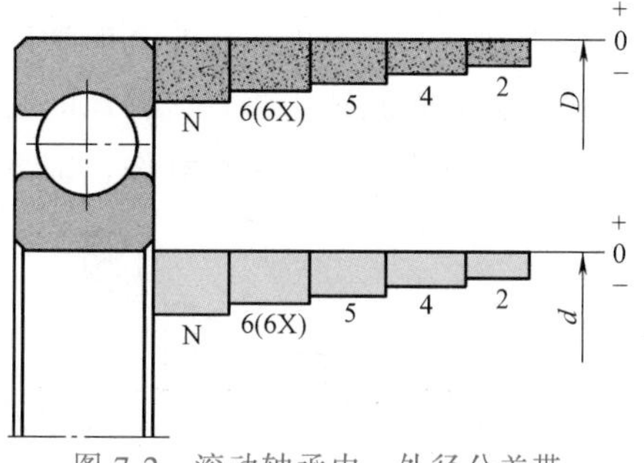

图 7-2 滚动轴承内、外径公差带

第四节 滚动轴承配合及选择

滚动轴承配合的国家标准（GB/T 275—2015）规定了与轴承内、外圈相配合的轴和壳体孔的尺寸公差带、几何公差以及配合选择的基本原则和要求。由于滚动轴承属于标准零件，所以轴承内圈与轴颈的配合属于基孔制配合，轴承外圈与壳体孔的配合属于基轴制配合。轴颈和壳体孔的公差带均在光滑圆柱体的国家标准中选择，它们分别与轴承内、外圈结合，可以得到松紧程度不同的各种配合。需要指出，轴承内圈与轴颈的配合属于基孔制，但轴承公差带均采用上极限偏差为零、下极限偏差为负的单向制分布，故轴承内圈与轴颈得到的配合比相应光滑圆柱体按基孔制形成的配合紧一些。

滚动轴承配合的国家标准推荐了与 N、6、5、4 级轴承相配合的轴和壳体孔的公差带，列于表 7-5 中。

表 7-5　与滚动轴承各级精度相配合的轴和壳体孔公差带

轴承精度	轴公差带		壳体孔公差带		
	过渡配合	过盈配合	间隙配合	过渡配合	过盈配合
N	g8、h7 g6、h6、j6、js6 g5、h5、j5	k6、m6、n6、p6、r6 k5、m5	H8 G7、H7 H6	J7、JS7、K7、M7、N7 J6、JS6、K6、M6、N6	P7 P6
6	g6、h6、j6、js6 g5、h5、j5	k6、m6、n6、p6、r6 k5、m5	H8 G7、H7 H6	J7、JS7、K7、M7、N7 J6、JS6、K6、M6、N6	P7 P6
5	h5、j5、js5	k6、m6 k5、m5	H6	JS6、K6、M6	
4	h5、js5 h4	k5、m5		K6	

注：1. 孔 N6 与 N 级精度轴承（外径 $D<150$mm）和 6 级精度轴承（外径 $D<315$mm）的配合为过盈配合。

2. 轴 r6 用于内径 $d>120\sim500$mm。

滚动轴承与轴、壳体孔配合的常用公差带如图 7-3 所示。

上述公差带只适用于：对轴承的旋转精度和运转平稳性无特殊要求，轴为实心或厚壁钢制轴；壳体孔为铸钢或铸铁制件，轴承的工作温度不超过 100℃的使用场合。

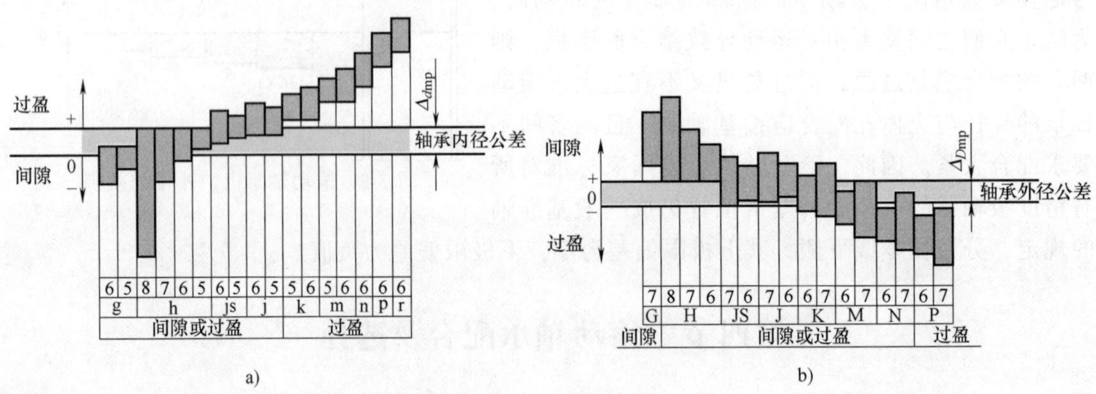

图 7-3　滚动轴承与轴、壳体孔配合的常用公差带

a）轴承与轴配合的常用公差带关系图　b）轴承与壳体孔配合的常用公差带关系图

Δ_{dmp}为轴承内圈单一平面平均内径的偏差，Δ_{Dmp}为轴承外圈单一平面平均外径的偏差

正确地选择轴承配合，对保证机器正常运转，提高轴承寿命，充分发挥轴承的承载能力影响很大。选择轴承配合时，应综合地考虑轴承的工作条件，作用在轴承上负荷的大小、方向和性质，工作温度，轴承类型和尺寸，旋转精度和速度等一系列因素。现仅对主要因素进行分析。

一、负荷类型

轴承转动时，根据作用于轴承上合成径向负荷相对套圈的旋转情况，可将所受负荷分为局部负荷、循环负荷和摆动负荷三类，如图 7-4 所示。

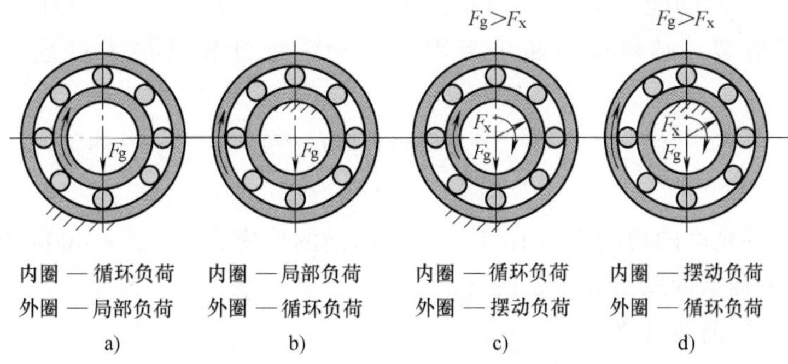

图 7-4 轴承承受的负荷类型

（1）局部负荷　作用于轴承上的合成径向负荷与套圈相对静止，即负荷方向始终不变地作用在套圈滚道的局部区域上，该套圈所承受的这种负荷称为局部负荷，如图 7-4a、b 所示。承受这类负荷的套圈与壳体孔或轴的配合，一般选较松的过渡配合或较小的间隙配合，以便让套圈滚道间的摩擦力矩带动转位，延长轴承的使用寿命。

（2）循环负荷　作用于轴承上的合成径向负荷与套圈相对旋转，即合成径向负荷顺次地作用在套圈滚道的整个圆周上，该套圈所承受的这种负荷称为循环负荷，如图 7-4a、b 所示。通常承受循环负荷的套圈与轴（或壳体孔）相配应选过盈配合或较紧的过渡配合，其过盈量的大小以不使套圈与轴或壳体孔配合表面间产生爬行现象为原则。

（3）摆动负荷　作用于轴承上的合成径向负荷与所承受的套圈在一定区域内相对摆动，即其负荷矢量经常变动地作用在套圈滚道的局部圆周上，该套圈所承受的负荷称为摆动负荷，如图 7-4c、d 所示。承受摆动负荷的套圈，其配合要求与循环负荷相同或略松一些。

二、负荷的大小

滚动轴承套圈与轴或壳体孔配合的最小过盈取决于负荷的大小。一般把径向负荷 $P\leqslant 0.07C$ 的称为轻负荷，$0.07C<P\leqslant 0.15C$ 的称为正常负荷，$P>0.15C$ 的称为重负荷。其中 C 为轴承的额定负荷，即轴承能够旋转 10^6 次而不发生点蚀破坏的概率为 90% 时的负荷值。

承受较重的负荷或冲击负荷时，将引起轴承较大的变形，使结合面间实际过盈减小和轴承内部的实际间隙增大，这时为了使轴承运转正常，应选较大的过盈配合。同理，承受较轻的负荷，可选用较小的过盈配合。

当轴承内圈承受循环负荷时，它与轴配合所需的最小过盈 $Y_{\min计算}$（单位为 mm）可按下式计算

$$Y_{\min计算}=\frac{-13Fk}{10^6 b} \tag{7-1}$$

式中　F——轴承承受的最大径向负荷（kN）；

k——与轴承系列有关的系数，轻系列 $k=2.8$，中系列 $k=2.3$，重系列 $k=2$；

b——轴承内圈的配合宽度（m），$b=B-2r$，B 为轴承宽度，r 为内圈倒角。

为避免套圈破裂，必须按不超出套圈允许的强度计算其最大过盈 $Y_{\max计算}$（单位为 mm），即

$$Y_{\max计算}=\frac{-11.4kd[\sigma_{\mathrm{p}}]}{(2k-2)\times 10^{3}} \tag{7-2}$$

式中 $[\sigma_{\mathrm{p}}]$——允许的拉应力（10^5Pa），轴承钢的拉应力 $[\sigma_{\mathrm{p}}]\approx 400\times 10^5$Pa；

d——轴承内圈内径（m）；

k——同前述含义。

根据计算得到的 $Y_{\min计算}$，可从国家标准 GB/T 1801—2009《产品几何技术规范（GPS）极限与配合 公差带和配合的选择》中选取最接近的配合。

与滚动轴承配合的选择一般为类比法，表 7-6～表 7-9 可作为参考。

表 7-6 向心轴承和轴的配合（轴公差带代号）

圆柱孔轴承						
运转状态		负荷状态	深沟球轴承、调心球轴承和角接触球轴承	圆柱滚子轴承和圆锥滚子轴承	调心滚子轴承	公差带
说明	举例		轴承公称内径/mm			
旋转的内圈负荷及摆动负荷	一般通用机械、电动机、机床主轴、泵、内燃机、直齿圆柱齿轮传动装置、铁路机车车辆轴箱、破碎机等	轻负荷	≤18 >18～100 >100～200 —	≤40 >40～140 >140～200	— ≤40 >40～100 >100～200	h5 j6① k6① m6①
		正常负荷	≤18 >18～100 >100～140 >140～200 >200～280 — —	— ≤40 >40～100 >100～140 >140～200 >200～400 —	— ≤40 >40～65 >65～100 >100～140 >140～280 >280～500	j5、js5 k5② m5② m6 n6 p6 r6
		重负荷	—	>50～140 >140～200 >200 —	>50～100 >100～140 >140～200 >200	n6③ p6③ r6③ r7③
固定的内圈负荷	静止轴上的各种轮子、张紧轮、绳轮、振动筛、惯性振动器	所有负荷	所有尺寸			f6 g6 h6 j6
仅有轴向负荷			所有尺寸			j6、js6
圆锥孔轴承						
所有负荷	铁路机车车辆轴箱	装在退卸套上的所有尺寸				h8（IT6）⑤④
	一般机械传动	装在紧定套上的所有尺寸				h9（IT7）⑤④

① 凡对精度有较高要求的场合，应用 j5、k5、m5 代替 j6、k6、m6。

② 圆锥滚子轴承、角接触球轴承配合对游隙影响不大，可用 k6、m6 代替 k5、m5。

③ 重负荷下轴承游隙应选大于 N 组。

④ 凡有较高精度或转速要求的场合，应选用 h7（IT5）代替 h8（IT6）等。

⑤ IT6、IT7 表示圆柱度公差数值。

表 7-7　向心轴承和外壳的配合（孔公差带代号）

<table>
<tr><th colspan="2">运转状态</th><th rowspan="2">负荷状态</th><th rowspan="2">其他状况</th><th colspan="2">公差带[1]</th></tr>
<tr><th>说明</th><th>举例</th><th>球轴承</th><th>滚子轴承</th></tr>
<tr><td>固定的外圈负荷</td><td rowspan="5">一般机械、铁路机车车辆轴箱、电动机、泵、曲轴主轴承</td><td>轻、正常、重</td><td>轴向易移动，可采用剖分式外壳</td><td colspan="2">H7、G7[2]</td></tr>
<tr><td rowspan="4">摆动负荷</td><td>冲击</td><td rowspan="2">轴向能移动，可采用整体或剖分式外壳</td><td colspan="2" rowspan="2">J7、JS7</td></tr>
<tr><td>轻、正常</td></tr>
<tr><td>正常、重</td><td rowspan="5">轴向不移动，采用整体式外壳</td><td colspan="2">K7</td></tr>
<tr><td>重、冲击</td><td colspan="2">M7</td></tr>
<tr><td rowspan="3">旋转的外圈负荷</td><td rowspan="3">张紧滑轮、轮毂轴承</td><td>轻</td><td>J7</td><td>K7</td></tr>
<tr><td>正常</td><td>M7</td><td>N7</td></tr>
<tr><td>重</td><td>—</td><td>N7、P7</td></tr>
</table>

① 并列公差带随尺寸的增大从左至右选择。对旋转精度有较高要求时，可相应提高一个公差等级。

② 不适用于剖分式外壳。

表 7-8　推力轴承和轴的配合（轴公差带代号）

<table>
<tr><th>运转状态</th><th>负荷状态</th><th colspan="2">轴承公称内径/mm</th><th>公差带</th></tr>
<tr><td>仅有轴向负荷</td><td>推力球和推力圆柱滚子轴承</td><td>所有尺寸</td><td colspan="2">j6、js6</td></tr>
<tr><td>固定的轴圈负荷</td><td rowspan="2">径向和轴向联合负荷</td><td rowspan="2">推力调心滚子轴承、推力角接触球轴承、推力圆锥滚子轴承</td><td>≤250
>250</td><td>j6
js6</td></tr>
<tr><td>旋转的轴圈负荷或摆动负荷</td><td>≤200
>200~400
>400</td><td>k6[1]
m6
n6</td></tr>
</table>

① 要求较小过盈时，可分别用 j6、k6、m6 代替 k6、m6、n6。

表 7-9　推力轴承和外壳的配合（孔公差带代号）

<table>
<tr><th>运转状态</th><th>负荷状态</th><th>轴承类型</th><th>公差带</th><th>备注</th></tr>
<tr><td colspan="2" rowspan="3">仅有轴向负荷</td><td>推力球轴承</td><td>H8</td><td></td></tr>
<tr><td>推力圆柱、圆锥滚子轴承</td><td>H7</td><td></td></tr>
<tr><td>推力调心滚子轴承</td><td></td><td>外壳孔与座圈间间隙为 0.001D（D 为轴承公称外径）</td></tr>
<tr><td>固定的座圈负荷</td><td rowspan="3">径向和轴向联合负荷</td><td rowspan="3">推力角接触球轴承、推力调心滚子轴承、推力圆锥滚子轴承</td><td>H7</td><td></td></tr>
<tr><td rowspan="2">旋转的座圈负荷或摆动负荷</td><td>K7</td><td>一般工作条件</td></tr>
<tr><td>M7</td><td>有较大径向负荷时</td></tr>
</table>

三、径向游隙

GB/T 4604.1—2012《滚动轴承　游隙　第 1 部分：向心轴承的径向游隙》规定，向心轴承的径向游隙共分五组：2 组、N 组、3 组、4 组、5 组，游隙的大小依次由小到大。其中，N 组为基本游隙组。

游隙过小，若轴承与轴颈、外壳孔的配合为过盈配合，则会使轴承中滚动体与套圈产生较大的接触应力，并增加轴承工作时的摩擦发热，导致降低轴承寿命。游隙过大，就会使转轴产生较大的径向圆跳动和轴向跳动，以致使轴承工作时产生较大的振动和噪声。因此，游隙的大小应适度。

具有 N 组游隙的轴承，在常温状态的一般条件下工作时，它与轴颈、外壳孔配合的过盈应适中。对于游隙比 N 组游隙大的轴承，配合的过盈应增大。对于游隙比 N 组游隙小的轴承，配合的过盈应减小。

四、工作温度的影响

轴承工作时，由于摩擦发热和其他热源的影响，套圈的温度会高于相配合零件的温度。内圈的热膨胀会引起它与轴颈配合的松动，而外圈的热膨胀则会引起它与外壳孔配合变紧。因此，轴承工作温度一般应低于 100°C，在高于此温度中工作的轴承，应将所选用的配合适当修正。

五、轴承尺寸大小

滚动轴承的尺寸越大，选取的配合应越紧。但对于重型机械上使用的特别大尺寸的轴承，应采用较松的配合。

六、旋转精度和速度的影响

对于负荷较大、有较高旋转精度要求的轴承，为了消除弹性变形和振动的影响，应避免采用间隙配合。对于精密机床的轻负荷轴承，为避免孔与轴的形状误差对轴承精度的影响，常采用较小的间隙配合。例如，内圆磨床磨头处的轴承，其内圈间隙为 1~4μm，外圈间隙为 4~10μm。对于旋转速度较高，又在冲击振动负荷下工作的轴承，它与轴颈和外壳孔的配合最好选用过盈配合。

七、其他因素的影响

空心轴颈比实心轴颈、薄壁壳体比厚壁壳体、轻合金壳体比钢或铸铁壳体采用的配合要紧些；而剖分式壳体比整体式壳体采用的配合要松些，以免过盈将轴承外圈夹扁，甚至将轴卡住。当紧于 k7（包括 k7）的配合或壳体孔的标准公差小于 IT6 时，应选用整体式壳体。

为了便于安装、拆卸，特别对于重型机械，宜采用较松的配合。如果要求拆卸，而又要用较紧的配合时，可采用分离型轴承或内圈带锥孔和紧定套或退卸套的轴承。

当要求轴承的内圈或外圈能沿轴向游动时，该内圈与轴或外圈与壳体孔的配合应选较松的配合。

由于过盈配合使轴承径向游隙减小，当轴承的两个套圈之一需采用过盈特大的过盈配合时，应选择具有大于基本组的径向游隙的轴承。

滚动轴承与轴和壳体孔的配合，常常综合考虑上述因素用类比法选取。

滚动轴承国家标准推荐的与轴承相配合的轴颈和壳体孔的几何公差及表面粗糙度值列于表7-10和表 7-11 中。

表 7-10 轴颈和壳体孔的几何公差值

公称尺寸/mm	圆柱度公差值				轴向圆跳动公差值			
	轴颈		壳体孔		轴肩		壳体孔肩	
	滚动轴承公差等级							
	N 级	6(6X)级	N 级	6(6X)级	N 级	6(6X)级	N 级	6(6X)级
	公差值/μm							
>18~30	4.0	2.5	6	4.0	10	6	15	10
>30~50	4.0	2.5	7	4.0	12	8	20	12
>50~80	5.0	3.0	8	5.0	15	10	25	15
>80~120	6.0	4.0	10	6.0	15	10	25	15
>120~180	8.0	5.0	12	8.0	20	12	30	20
>180~250	10.0	7.0	14	10.0	20	12	30	20

表 7-11 轴颈和壳体孔的表面粗糙度 *Ra* 值

轴颈或壳体孔的直径/mm	轴颈或壳体孔的标准公差等级					
	IT7		IT6		IT5	
	Ra 值/μm					
	磨	车	磨	车	磨	车
≤80	≤1.6	≤3.2	≤0.8	≤1.6	≤0.4	≤0.8
>80~500	≤1.6	≤3.2	≤1.6	≤3.2	≤0.8	≤1.6
端面	≤3.2	≤6.3	≤6.3	≤6.3	≤6.3	≤3.2

例 7-2 在 C616 车床主轴后支承上，装有两个单列向心球轴承（图 7-5），其外形尺寸为 $d \times D \times B = 50\text{mm} \times 90\text{mm} \times 20\text{mm}$，试选定轴承的公差等级，轴承与轴和壳体孔的配合。

解 分析确定轴承的公差等级：

1）C616 车床属于轻载的卧式车床，主轴承受轻负荷。

2）C616 车床主轴的旋转精度和转速较高，选择 6 级精度的滚动轴承。

分析确定轴承与轴和壳体孔的配合：

1）轴承内圈与主轴配合一起旋转，外圈装在壳体中不转。

2）主轴后支承主要承受齿轮传递力，故内圈承受循环负荷，外圈承受局部负荷，前者配合应紧，后者配合略松。

3）参考表 7-6、表 7-7 选出轴公差带为 j5，壳体孔公差带为 J6。

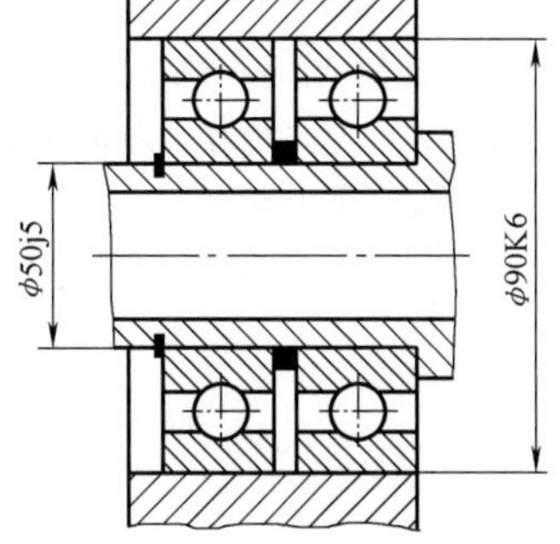

图 7-5 C616 车床主轴后轴承结构

4）机床主轴前轴承已轴向定位，若后轴承外圈与壳体孔配合无间隙，则不能补偿由于温度变化引起的主轴的伸缩性；若外圈与壳体孔配合有间隙，则会引起主轴跳动，影响车床的加工精度。为了满足使用要求，将壳体孔公差带提高一级，改用 K6。

5）按滚动轴承公差国家标准，由表 7-2 查出 6 级轴承单一平面平均内径偏差（Δd_{mp}）为 ${}^{0}_{-0.01}$ mm，由表 7-3 查出 6 级轴承单一平面平均外径偏差（ΔD_{mp}）为 ${}^{0}_{-0.013}$ mm。

根据 GB/T 1800.1—2009，查得轴为 $\phi 50j5(^{+0.006}_{-0.005})$ mm，壳体孔为 $\phi 90K6(^{+0.004}_{-0.018})$ mm。

图 7-6 所示为 C616 车床主轴后轴承的极限与配合图解，由此可知，轴承与轴的配合比与壳体孔的配合要紧些。

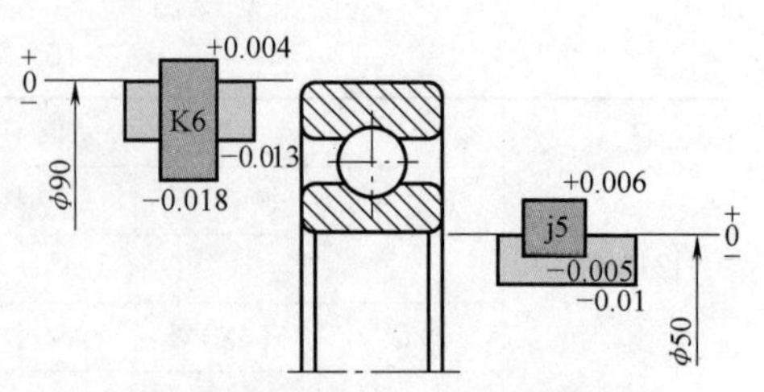

图 7-6 C616 车床主轴后轴承的极限与配合图解

6）按表 7-10、表 7-11 查出轴和壳体孔的几何公差和表面粗糙度值，标注在零件图上，如图 7-7 和图 7-8 所示。

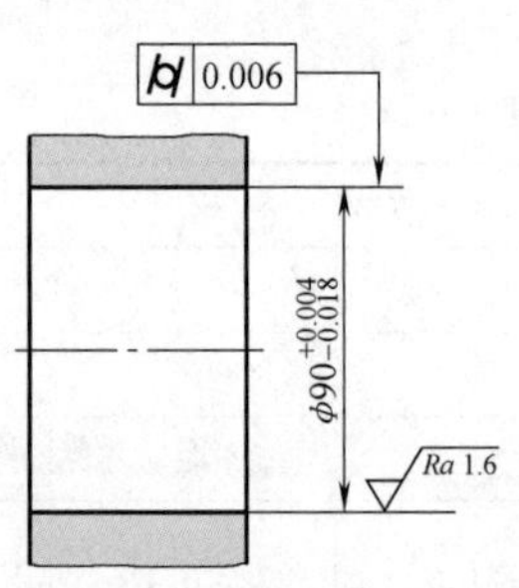

图 7-7 零件图标注（一）

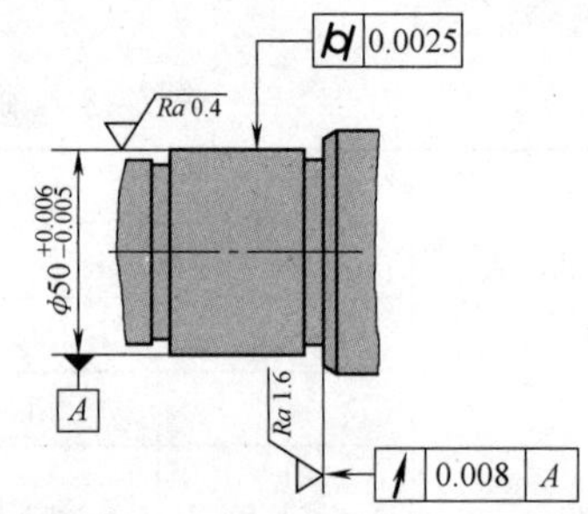

图 7-8 零件图标注（二）

思 考 题

1. 滚动轴承的互换性有何特点？
2. 滚动轴承的公差等级是根据什么划分的？共有几级？代号是什么？
3. 滚动轴承内圈与轴颈、外圈与壳体孔的配合，分别采用何种基准制？各有什么特点？
4. 滚动轴承的内径公差带分布有何特点？为什么？
5. 与滚动轴承配合时，负荷大小对配合的松紧有何影响？

第八章 尺寸链

第一节 尺寸链的基本概念

在机器或仪器的设计工作中，除了需要进行运动、强度和刚度等计算外，通常还需要进行几何量分析计算（即所谓精度设计）。为了保证机器或仪器能顺利地进行装配，并保证达到预定的工作性能要求，还应从总体装配考虑，合理地确定构成机器的有关零部件的几何精度（尺寸公差、几何公差等）。它们之间的关系要用尺寸链来计算和处理。我国已发布这方面的国家标准 GB/T 5847—2004《尺寸链　计算方法》，供设计时参考使用。

一、尺寸链的定义及特点

任何机器或仪器都是由若干个有相互联系的零件或部件组成的，它们之间都存在尺寸间的联系。如图 8-1a 所示，车床尾座顶尖轴线与主轴轴线的高度差 A_0 是车床的主要指标之一，影响这项精度的尺寸有尾座顶尖轴线高度 A_2、尾座底板厚度 A_1 和主轴轴线高度 A_3。这四个相互联系的尺寸形成封闭的尺寸组，就是尺寸链（装配尺寸链）。即

$$A_1+A_2-A_3-A_0=0 \tag{8-1}$$

又如，一个零件在加工过程中形成的有关尺寸，也是有相互联系的。图 8-2a 所示的阶梯轴，在车光小端端面后，按尺寸 A_2 加工台阶表面，再按尺寸 A_1 将零件切断，此时尺寸 A_0 也随之而定。尺寸 A_0 的大小取决于尺寸 A_1 及 A_2。这样，由尺寸 A_1、A_2 及 A_0 形成的封闭尺寸组也是尺寸链（零件尺寸链）。即

$$A_1-A_2-A_0=0 \tag{8-2}$$

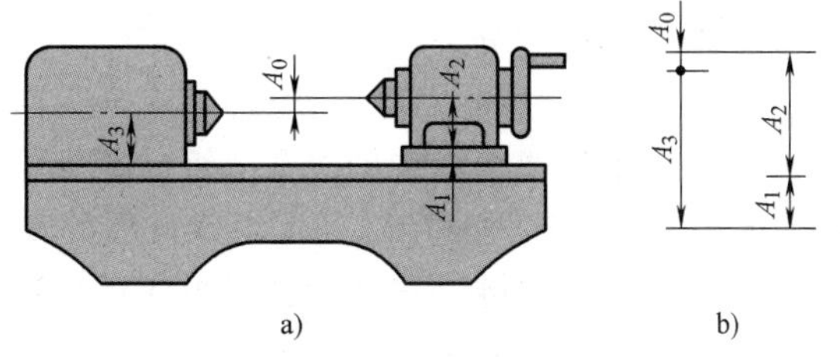

图 8-1　装配尺寸链

综合以上两例可知：在零件的加工或机器的装配过程中，由一组彼此相互联系的尺寸形成封闭尺寸组，其中某一尺寸的精度受其他所有尺寸精度的影响，这组尺寸即为尺寸链。

二、尺寸链的基本术语和分类

（一）基本术语

（1）环　尺寸链中的每一个尺寸称为环。环可分为封闭环和组成环。

（2）封闭环　封闭环是加工或装配过程中最后自然形成的那个尺寸，如图 8-1、图 8-2 中的尺寸 A_0。封闭环是尺寸链中其他尺寸互相结合后获得的尺寸，所以封闭环的实际尺寸受到尺寸链中其他尺寸的影响。

（3）组成环　尺寸链中对封闭环有影响的全部环，即尺寸链中除封闭环外的其他环称为组成环。组成环可分为增环和减环。

（4）增环　若在其他组成环不变的条件下，某一组成环的尺寸增大，封闭环的尺寸也随之增大；某一组成环的尺寸减小，封闭环的尺寸也随之减小，则该组成环称为增环，如图 8-1 中的尺寸 A_1、A_2。

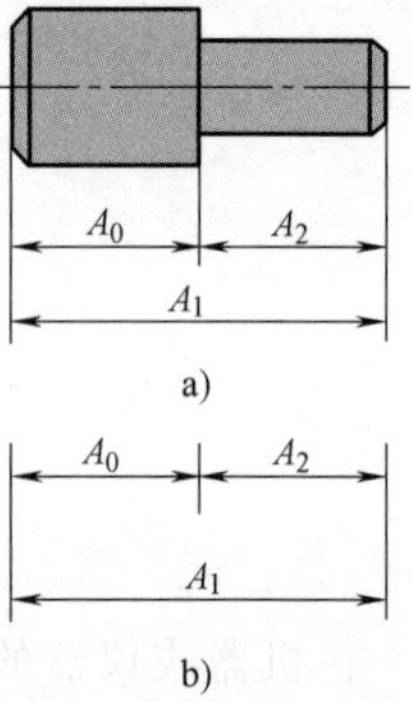

图 8-2　零件尺寸链

（5）减环　若在其他组成环不变的条件下，某一组成环的尺寸增大，封闭环的尺寸随之减小；某一组成环的尺寸减小，封闭环的尺寸随之增大，则该组成环称为减环，如图 8-1 中的尺寸 A_3。

（6）补偿环　在计算尺寸链中，预先选定的组成环中的某一环，且通过改变该环的尺寸大小和位置使封闭环达到规定的要求，则预先选定的那一环称为补偿环。

（7）传递系数　各组成环对封闭环影响大小的系数称为传递系数，用 ξ 表示。如图 8-3 所示，尺寸链由组成环 L_1、L_2 和封闭环 L_0 组成，从图中可知，组成环 L_1 的尺寸方向与封闭环尺寸方向一致，而组成环 L_2 的尺寸方向与封闭环 L_0 的尺寸方向不一致，因此封闭环的尺寸将表示为

$$L_0 = L_1 + L_2\cos\alpha \tag{8-3}$$

式中　α——组成环尺寸方向与封闭环尺寸方向的夹角。

式(8-3)说明，尺寸 L_1 的传递系数 $\xi_1 = 1$，尺寸 L_2 的传递系数 $\xi_2 = \cos\alpha$。由误差理论可知，传递系数用 $\partial f/\partial L_i$ 表示，即传递系数等于封闭环的函数式对某一组成环求得偏导数。若将式(8-3)中的 L_0 分别对 L_1 和 L_2 求偏导数，则可知 $\partial L_0/\partial L_1 = 1$，$\partial L_0/\partial L_2 = \cos\alpha$。

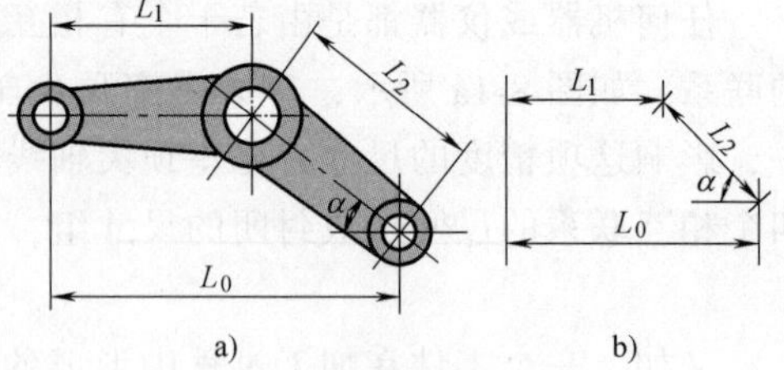

图 8-3　摇杆的平面尺寸链

（二）尺寸链的分类

1. 按应用范围分

（1）零件尺寸链　它是指全部组成环为同一零件的设计尺寸所形成的尺寸链。

（2）装配尺寸链　它是指全部组成环为不同零件的设计尺寸（零件图上标注的尺寸）所形成的尺寸链。这种链用以确定组成机器的零部件有关尺寸的精度关系。

（3）工艺尺寸链　它是指全部组成环为零件加工时该零件的工艺尺寸所形成的尺寸链。

2. 按各环在空间中的位置分

（1）线性尺寸链　这种尺寸链各环都位于同一平面内且彼此平行，如图 8-1b、图 8-2b 所示。

（2）平面尺寸链　这种尺寸链各环位于同一平面内，但其中有些环彼此不平行，如图8-3b所示。

（3）空间尺寸链　这种尺寸链各环位于不平行的平面上。

空间尺寸链和平面尺寸链可用投影法分解为线性尺寸链，然后按线性尺寸链分析计算。

3. 按尺寸链组合形式分

（1）并联尺寸链　两个尺寸链具有一个或几个公共环，即为并联尺寸链。如图 8-4 所示，由尺寸 A_i 和 B_i 组成的两个尺寸链中，尺寸 $A_2=B_2$ 及 $A_3=B_1$ 为公共环。显然，当公共环变化时，必将对有关尺寸链的封闭环 A_0 和 B_0 同时产生影响。

（2）串联尺寸链　两个尺寸链之间有一公共基准面（如图 8-5 中 $O—O$），即为串联尺寸链。

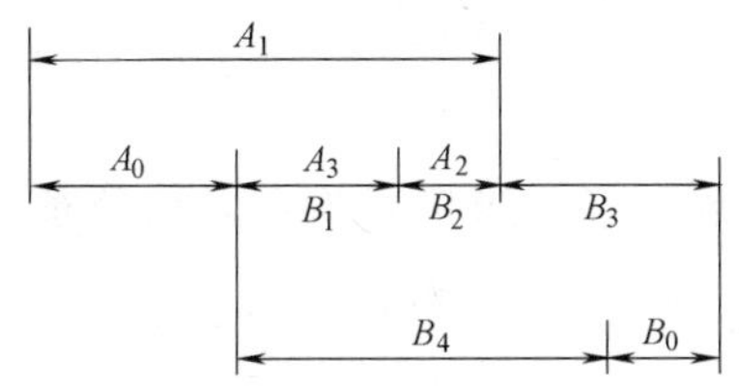

图 8-4　并联尺寸链

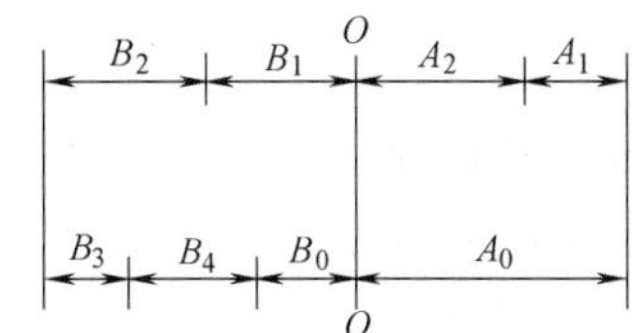

图 8-5　串联尺寸链

（3）混合尺寸链　由并联尺寸链和串联尺寸链混合组成的尺寸链为混合尺寸链，如图8-6所示。其中 A_2 和 C_1 环为尺寸链 A 和 C 的公共环，故尺寸链 A 和 C 为并联尺寸链；其中 $O—O$ 为尺寸链 A 和 B 的公共基准面，故尺寸链 A 和 B 为串联尺寸链。

4. 按几何特征分

（1）长度尺寸链　这种尺寸链中各环均为直线长度量。

（2）角度尺寸链　这种尺寸链中包含有角度值的环。角度尺寸链常用于分析或计算机械结构中有关零件要素的方向和位置精度，如平行度、垂直度、同轴度等。如图 8-7 所示，要保证滑动轴承座孔端面与支承底面 B 垂直，而公差标注要求孔轴线与孔端面垂直、孔轴线与支承底面 B 平行，则构成角度尺寸链，如图 8-7b 所示。

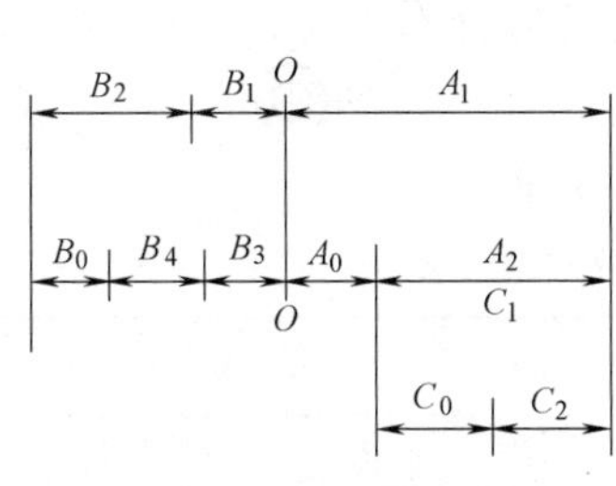

图 8-6　混合尺寸链

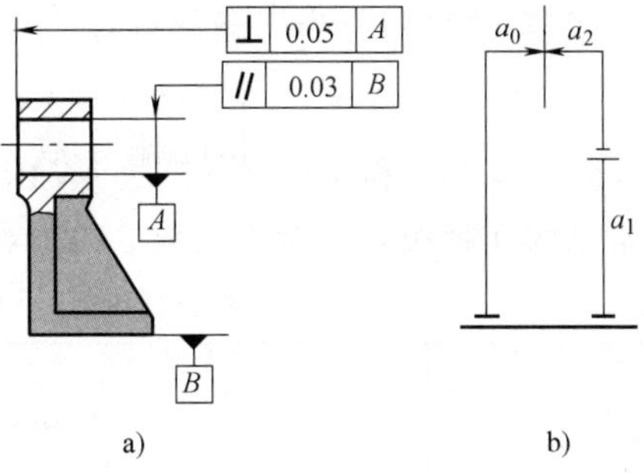

图 8-7　滑动轴承座方向公差及尺寸链

三、计算尺寸链的有关参数

1. 平均偏差 $\bar{x}$

全部尺寸偏差的平均值称为平均偏差，也等于所有实际尺寸的平均值与公称尺寸的差

值，即 $\bar{x}=\frac{1}{n}\sum_{i=1}^{n}L_i-L$，如图 8-8 所示。它表明尺寸偏差变动的中心位置。

2. 中间偏差 Δ

上极限偏差与下极限偏差的平均值称为中间偏差，即 $\Delta=(\mathrm{ES}+\mathrm{EI})/2$ 或 $\Delta=(\mathrm{es}+\mathrm{ei})/2$，也等于上极限尺寸与下极限尺寸的平均值与公称尺寸之差，即 $\Delta=(L_{\max}+L_{\min})/2-L$。如图 8-8所示，若偏差为正态分布或为其他对称分布，则平均偏差等于中间偏差。若偏差为不对称分布，则平均偏差不等于中间偏差。

3. 相对不对称系数 e

表示分布曲线不对称程度的系数称为相对不对称系数，其表达式为

$$e=\frac{\bar{x}-\Delta}{T/2} \tag{8-4}$$

式中　T——公差值。

当偏差为对称分布时，$\bar{x}-\Delta=0$，故相对不对称系数 $e=0$；当偏差为不对称分布时，$\bar{x}-\Delta=eT/2$，如图 8-8 所示。

4. 相对标准差 λ

标准差与二分之一公差之比称为相对标准差。即

$$\lambda=\frac{\sigma}{T/2} \tag{8-5}$$

当正态分布时，取置信概率为 99.73%，则 $T=6\sigma$，相对标准偏差$\lambda_n=1/3$。

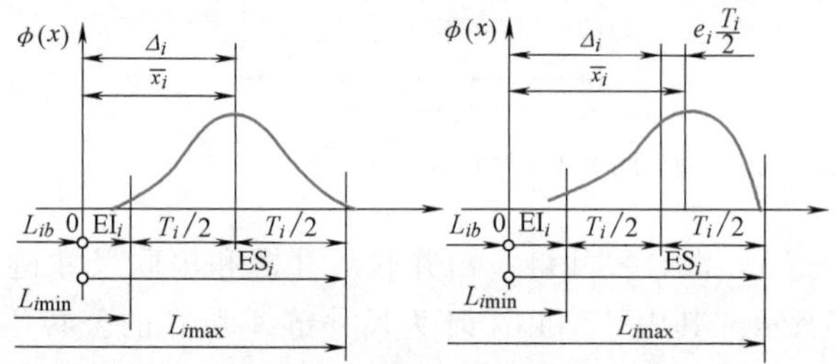

图 8-8　平均偏差 $\bar{x}$

5. 相对分布系数 k

任意分布的相对标准差与正态分布时的相对标准差之比称为相对分布系数。它表征尺寸分布的分散程度。其计算公式为

$$k=\lambda/\lambda_n=3\lambda \tag{8-6}$$

由式(8-6)可知，当正态分布时，$k=3\times1/3=1$；当均匀分布时，$\lambda=\sigma/(T/2)$，其中 $\sigma=a/\sqrt{3}$，$T=2a$，得 $\lambda=1/\sqrt{3}$，故 $k=3\times1/\sqrt{3}=1.73$；当三角分布时，$\lambda=\sigma/(T/2)$，其中 $\sigma=a/\sqrt{6}$，$T=2a$，得 $\lambda=1/\sqrt{6}$，故 $k=3\times1/\sqrt{6}=1.22$。

常见的几种相对不对称系数 e 和相对分布系数 k 见表 8-1。

表 8-1　相对不对称系数 e 和相对分布系数 k

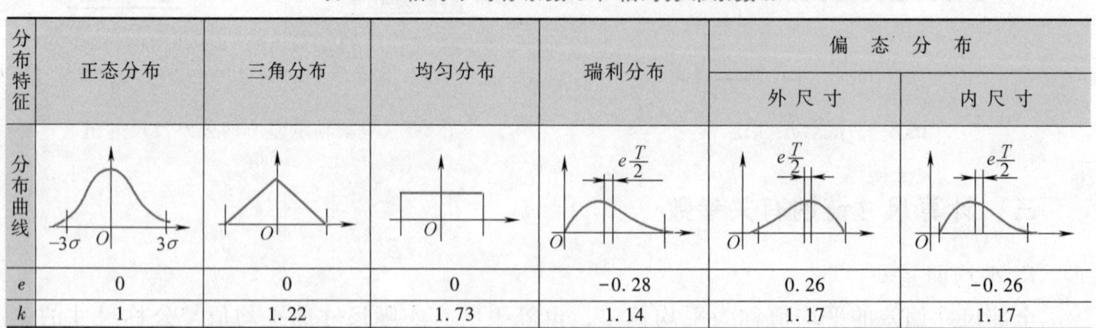

分布特征	正态分布	三角分布	均匀分布	瑞利分布	偏态分布	
					外尺寸	内尺寸
分布曲线						
e	0	0	0	-0.28	0.26	-0.26
k	1	1.22	1.73	1.14	1.17	1.17

系数 e 与 k 的取值主要取决于加工工艺过程。大批量生产稳定的工艺过程，工件尺寸趋近正态分布，取 $e=0$，$k=1$；极不稳定的工艺过程，作为均匀分布，取 $e=0$，$k=1.73$；按试切法加工时，尺寸趋向偏态分布，$e=\pm0.26$，$k=1.17$，对外尺寸 e 取正号，对内尺寸 e 取负号；偏心等矢量误差，其矢量模遵循瑞利分布，取 $e=-0.28$，$k=1.14$；偏心沿某一方向的分量，当方向角遵循均匀分布时，取 $e=0$，$k=1.73$。平行度误差与垂直度误差趋于偏态分布。

第二节　尺寸链的计算

尺寸链的计算是为了正确合理地确定尺寸链中各环尺寸的公差和极限偏差，根据不同要求，尺寸链的计算习惯上可分为正计算和反计算两类。

（1）正计算　即根据已给定的组成环的尺寸和极限偏差，计算封闭环的公差与极限偏差，验证其是否符合技术要求。这方面的计算主要用来验证设计的正确性。

（2）反计算　即已知封闭环的公差和极限偏差，计算各组成环的公差与极限偏差。反计算用于产品设计、加工和装配工艺等方面。

一、完全互换法计算尺寸链

完全互换法又称为极值法，它是从尺寸链中各环的极限尺寸出发进行尺寸链计算的计算方法。因此，若按此方法计算的尺寸来加工工件各组成环的尺寸，则无须进行挑选或修配就能将工件装到机器上，且能达到封闭环的精度要求。

（一）基本公式

1. 封闭环的公称尺寸

线性尺寸链封闭环的公称尺寸 A_0 等于所有增环的公称尺寸之和减去所有减环的公称尺寸之和（图 8-1、图 8-2）。即

$$A_0 = \sum_{i=1}^{m} \vec{A}_i - \sum_{m+1}^{n-1} \overleftarrow{A}_i \tag{8-7}$$

式中　$\vec{A}_i$——增环第 i 环公称尺寸；

$\overleftarrow{A}_i$——减环第 i 环公称尺寸；

m——增环环数；

n——尺寸链总环数。

如果不是线性尺寸链，则表达式应考虑传递系数 ξ：如果是增环，ξ 取正值；如果是减环，ξ 取负值。则

$$A_0 = \sum_{i=1}^{n-1} \xi_i A_i \tag{8-8}$$

2. 封闭环的公差

由式（8-7）可知，当所有增环均为上极限尺寸，而所有减环均为下极限尺寸时，封闭环的上极限尺寸 $A_{0\max}$ 为

$$A_{0\max} = \sum_{i=1}^{m} \vec{A}_{i\max} - \sum_{m+1}^{n-1} \overleftarrow{A}_{i\min} \tag{8-9}$$

在相反情况下，封闭环的下极限尺寸 $A_{0\min}$ 为

$$A_{0\min} = \sum_{i=1}^{m} \vec{A}_{i\min} - \sum_{m+1}^{n-1} \overleftarrow{A}_{i\max} \tag{8-10}$$

封闭环的公差 T_0 为

$$T_0 = \sum_{i=1}^{n-1} T_i \tag{8-11}$$

如果不是线性尺寸链，则更一般的表达式应考虑传递系数 ξ，则

$$T_0 = \sum_{i=1}^{n-1} |\xi_i| T_i \tag{8-12}$$

3. 封闭环的中间偏差

当各组成环的偏差为对称分布时，封闭环的中间偏差 Δ_0 为

$$\Delta_0 = \sum_{i=1}^{n-1} \xi_i \Delta_i \tag{8-13}$$

式中 Δ_i——各组成环的中间偏差。

当各组成环的偏差为不对称分布时，各环的中间偏差 Δ_i 相对于各环的平均偏差 $\bar{x}$ 将产生一个偏差量 $e_iT_i/2$，如图 8-8 所示。则

$$\Delta_0 = \sum_{i=1}^{n-1} \xi_i \bar{x} = \sum_{i=1}^{n-1} \xi_i (\Delta_i + e_i T_i/2) \tag{8-14}$$

4. 用中间偏差、公差表示极限偏差

中间偏差与二分之一公差之和为上极限偏差，中间偏差与二分之一公差之差为下极限偏差。其公式为

组成环的极限偏差

$$ES_i = \Delta_i + T_i/2 \quad EI_i = \Delta_i - T_i/2 \tag{8-15}$$

封闭环的极限偏差

$$ES_0 = \Delta_0 + T_0/2 \quad EI_0 = \Delta_0 - T_0/2 \tag{8-16}$$

5. 用公称尺寸、极限偏差表示极限尺寸

公称尺寸与上极限偏差之和为上极限尺寸，公称尺寸与下极限偏差之和为下极限尺寸。其公式为

组成环的极限尺寸

$$A_{i\max} = A_i + ES_i \quad A_{i\min} = A_i + EI_i \tag{8-17}$$

封闭环的极限尺寸

$$A_{0\max} = A_0 + ES_0 \quad A_{0\min} = A_0 + EI_0 \tag{8-18}$$

（二）正计算

已知各组成环公称尺寸及极限偏差，求封闭环的公称尺寸及极限偏差。

例 8-1 如图8-9所示，曲轴轴向装配尺寸链中，零件的公称尺寸和极限偏差为：$A_1 = 43.5^{+0.10}_{+0.05}$mm，$A_2 = 2.5^{\ 0}_{-0.04}$mm，$A_3 = 38.5^{\ 0}_{-0.07}$mm，$A_4 = 2.5^{\ 0}_{-0.04}$mm，试验算轴向间隙 A_0 是否在所要求的 0.05~0.25mm 范围内。

解 1）绘制尺寸链图，如图 8-9b 所示。其中 A_1 为增环，A_2、A_3、A_4 为减环。

2）求封闭环的公称尺寸，按式（8-7）可得

$$A_0=\overrightarrow{A}_1-\overleftarrow{A}_2-\overleftarrow{A}_3-\overleftarrow{A}_4=(43.5-2.5-38.5-2.5)\text{mm}=0$$

3）求出封闭环的上、下极限偏差，分别按式（8-9）和式（8-10）可得

$$\begin{aligned}ES_0&=A_{0\max}-A_0=\sum_{i=1}^{m}\overrightarrow{A}_{i\max}-\sum_{m+1}^{n-1}\overleftarrow{A}_{i\min}-A_0\\&=[(43.5+0.1)-(2.5-0.04)-(38.5-0.07)-(2.5-0.04)-0]\text{mm}\\&=0.25\text{mm}\end{aligned}$$

$$\begin{aligned}EI_0&=A_{0\min}-A_0=\sum_{i=1}^{m}\overrightarrow{A}_{i\min}-\sum_{m+1}^{n-1}\overleftarrow{A}_{i\max}-A_0\\&=[(43.5+0.05)-(2.5+0)-(38.5+0)-(2.5+0)-0]\text{mm}\\&=0.05\text{mm}\end{aligned}$$

于是得 $A_0=0^{+0.25}_{+0.05}\text{mm}$。

根据计算，轴向间隙恰好为 0.05～0.25mm，所以此间隙符合要求。

4）验算，按式（8-11）可得

$$T_0=\sum_{i=1}^{n-1}T_i=(0.05+0.04+0.07+0.04)\text{mm}=0.2\text{mm}$$

另外，T_0 也可以由封闭环 A_0 的上、下极限偏差求得，即

$$T_0=ES_0-EI_0=(0.25-0.05)\text{mm}=0.2\text{mm}$$

两种方法的计算结果一致，表明无误。

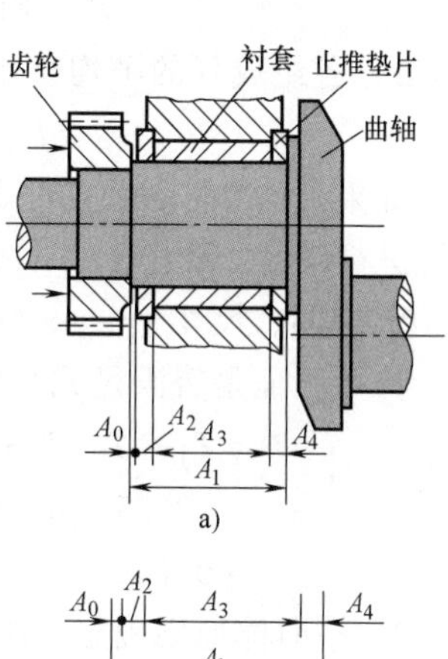

图 8-9 曲轴轴向间隙装配示意图

（三）反计算

已知封闭环的公差和极限偏差，计算各组成环的公差和极限偏差。常用的反计算方法主要有两种：等公差法和等精度法。

1. 等公差法

采用等公差法时，先假定各组成环的公差相等，在满足式（8-11）的条件下，求出各组成环的平均公差 T_{av}。然后根据各环尺寸大小和加工难易程度适当调整，最后决定各环的公差 T_i。

由式（8-12）可知

$$T_0=\sum_{i=1}^{n-1}|\xi_i|T_i$$

故平均公差为

$$T_{av}=T_0\Big/\sum_{i=1}^{n-1}|\xi_i|$$

对于线性尺寸链，$|\xi_i|=1$，则

$$T_{av}=T_0/(n-1)$$

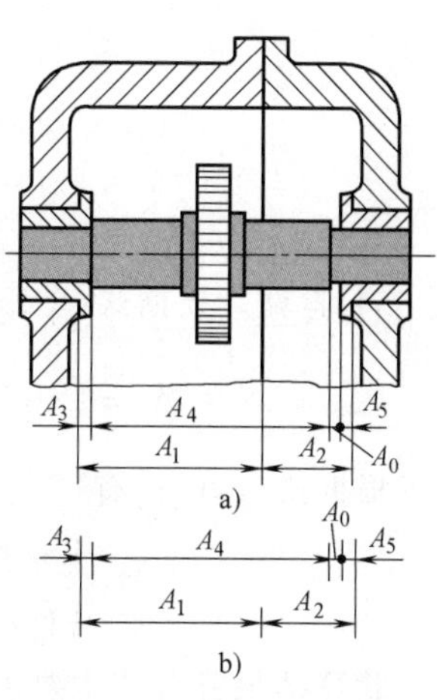

图 8-10 对开式齿轮箱

例 8-2 图 8-10 所示为对开式齿轮箱的一部分。根据使用要求，间隙 A_0 应在1～1.75mm范围内。已知各零件的公称尺寸为：$A_1=101\text{mm}$，$A_2=50\text{mm}$，$A_3=A_5=5\text{mm}$，$A_4=140\text{mm}$，求各环公差及极限偏差。

解 1）绘制尺寸链图，如图 8-10b 所示。其中 A_1 和 A_2 为增环，A_3、A_4、A_5 为减环，间隙 A_0 为封闭环。已知 $A_{0\max}=1.75\text{mm}$，$A_{0\min}=1\text{mm}$，按式（8-8）可得

$$A_0=\sum_{i=1}^{n-1}\xi_iA_i=A_1+A_2-A_3-A_4-A_5$$
$$=(101+50-5-140-5)\text{mm}=1\text{mm}$$

式中 $\xi_1=1$，$\xi_2=1$，$\xi_3=-1$，$\xi_4=-1$，$\xi_5=-1$。

$$T_0=A_{0\max}-A_{0\min}=(1.75-1)\text{mm}=0.75\text{mm}$$
$$ES_0=A_{0\max}-A_0=(1.75-1)\text{mm}=0.75\text{mm}$$
$$EI_0=A_{0\min}-A_0=(1-1)\text{mm}=0$$

2）各组成环的平均公差为

$$T_{av}=T_0/(n-1)=0.75/(6-1)\text{mm}=0.15\text{mm}$$

如果将各零件的公差都定为 0.15mm 显然是不合理的，应根据尺寸大小、加工难易程度等因素进行调整。尺寸 A_1、A_2 为大尺寸，且为箱体件，不易加工，可将公差放大为 $T_1=0.3\text{mm}$，$T_2=0.25\text{mm}$。尺寸 A_3、A_5 为小尺寸，且易于加工，可将公差减小为 $T_3=T_5=0.05\text{mm}$。

为了验证是否满足式（8-12），应对 T_4 进行验算，即

$$T_4=T_0-(T_1+T_2+T_3+T_5)$$
$$=[0.75-(0.3+0.25+0.05+0.05)]\text{mm}$$
$$=0.1\text{mm}$$

3）按向体原则确定各组成环的极限偏差。A_1、A_2 为孔零件，取下极限偏差为零，得 $A_1=101^{+0.30}_{0}\text{mm}$，$A_2=50^{+0.25}_{0}\text{mm}$；$A_3$、$A_4$、$A_5$ 为轴类零件，取上极限偏差为零，得 $A_3=A_5=5^{0}_{-0.05}\text{mm}$，$A_4=140^{0}_{-0.10}\text{mm}$。

4）确定中间偏差，若各环尺寸偏差的分布是对称的，则

$$\Delta_1=\frac{1}{2}\times(0.30+0)\text{mm}=0.15\text{mm}$$

$$\Delta_2=\frac{1}{2}\times(0.25+0)\text{mm}=0.125\text{mm}$$

$$\Delta_3=\Delta_5=\frac{1}{2}\times(0-0.05)\text{mm}=-0.025\text{mm}$$

$$\Delta_4=\frac{1}{2}\times(0-0.10)\text{mm}=-0.05\text{mm}$$

5）验算。根据式(8-13)，有

$$\Delta_0=\sum_{i=1}^{n-1}\xi_i\Delta_i=[(0.15+0.125)-(-0.025-0.05-0.025)]\text{mm}=0.375\text{mm}$$

根据式(8-16)，有

$$ES_0=\Delta_0+T_0/2=(0.375+0.75\times0.5)\text{mm}=0.75\text{mm}$$
$$EI_0=\Delta_0-T_0/2=(0.375-0.75\times0.5)\text{mm}=0$$

验算结果符合技术要求，即设计是正确的。

2. 等精度法

等精度法又称为等公差级法，其特点是所有组成环采用同一公差等级，即各组成环的公差

等级系数 a 相同。

由式(8-12)、式(2-1)(当公称尺寸≤500mm)可知

$$T_0=\sum_{i=1}^{n-1}|\xi_i|T_i=\sum_{i=1}^{n-1}|\xi_i|a(0.45\sqrt[3]{D_i}+0.001D_i)$$

对于线性尺寸链$|\xi_i|=1$,则平均公差等级系数

$$a_{av}=T_0\Big/\sum_{i=1}^{n-1}(0.45\sqrt[3]{D_i}+0.001D_i) \tag{8-19}$$

根据 a_{av}，即可按标准公差计算表（表 2-1）确定公差等级，再由标准公差数值表（表 2-4）查出相应各组成环的尺寸公差值。

例 8-3 图8-11所示为对开式齿轮箱，根据使用要求，间隙 A_0 应在 1~1.6mm 范围内。已知各零件的公称尺寸为：$A_1=80$mm，$A_2=71$mm，$A_3=A_7=5$mm，$A_4=50$mm，$A_5=30$mm，$A_6=60$mm，求各环公差及极限偏差。

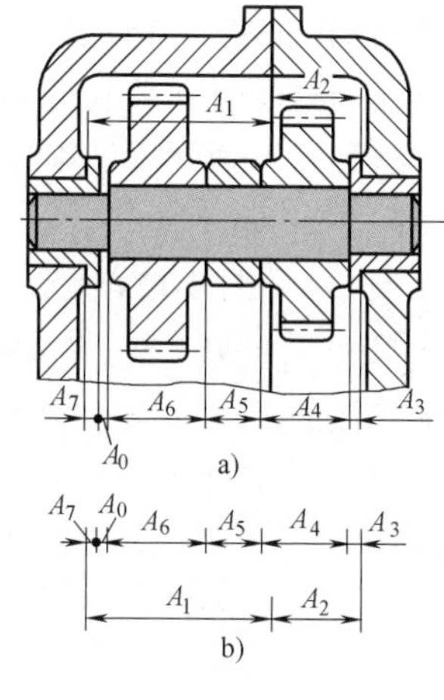

图 8-11 对开式齿轮箱

解 1）绘制尺寸链图，如图 8-11b 所示。A_1 和 A_2 为增环，A_3、A_4、A_5、A_6、A_7 为减环，间隙 A_0 为封闭环。已知 $A_{0max}=1.6$mm，$A_{0min}=1$mm，故

$$A_0=\sum_{i=1}^{n-1}\xi_iA_i=A_1+A_2-A_3-A_4-A_5-A_6-A_7$$
$$=(80+71-5-50-30-60-5)\text{mm}=1\text{mm}$$

式中 $\xi_1=1,\xi_2=1,\xi_3=-1,\xi_4=-1,\xi_5=-1,\xi_6=-1,\xi_7=-1$。

$$T_0=A_{0max}-A_{0min}=(1.6-1)\text{mm}=0.6\text{mm}=600\mu\text{m}$$

2）计算各组成环平均公差等级系数。因

$$T_0=\sum_{i=1}^{n-1}|\xi_i|a(0.45\sqrt[3]{D_i}+0.001D_i),|\xi_i|=1,$$

故

$$a_{av}=T_0\Big/\sum_{i=1}^{n-1}(0.45\sqrt[3]{D_i}+0.001D_i)$$
$$=600/(1.86+1.86+2\times0.73+1.56+1.31+1.86)\approx61$$

由表 2-1 查得 $a_{av}=61$ 时接近 IT10（标准公差值等于 $64i$）。

由标准公差数值表（表 2-4）查得各组成环尺寸的公差值：$T_1=120\mu$m，$T_2=120\mu$m，$T_3=T_7=48\mu$m，$T_4=100\mu$m，$T_5=84\mu$m，$T_6=120\mu$m。

组成环公差之和为 640μm，大于封闭环公差值 600μm。为满足式（8-12），要调整容易加工的组成环 A_5 的尺寸公差，使 $T_5=(84-40)\mu\text{m}=44\mu\text{m}$。

3）按向体原则确定各组成环的极限偏差。A_1、A_2 为孔零件，取下极限偏差为零，得 $A_1=80^{+0.12}_{0}$mm，$A_2=71^{+0.12}_{0}$mm；A_3、A_4、A_5、A_6、A_7 为轴类零件，取上极限偏差为零，得 $A_3=A_7=5^{0}_{-0.048}$mm，$A_4=50^{0}_{-0.10}$mm，$A_5=30^{0}_{-0.044}$mm，$A_6=60^{0}_{-0.12}$mm。

4）确定中间偏差，若各环尺寸偏差的分布是对称的，则

$$\Delta_1=(0.12+0)/2\text{mm}=0.06\text{mm}$$
$$\Delta_2=(0.12+0)/2\text{mm}=0.06\text{mm}$$
$$\Delta_3=\Delta_7=(0-0.048)/2\text{mm}=-0.024\text{mm}$$

$$\Delta_4 = (0-0.10)/2\text{mm} = -0.05\text{mm}$$

$$\Delta_5 = (0-0.044)/2\text{mm} = -0.022\text{mm}$$

$$\Delta_6 = (0-0.12)/2\text{mm} = -0.06\text{mm}$$

5）验算。根据式(8-13)，有

$$\Delta_0 = \sum_{i=1}^{n-1} \xi_i \Delta_i = [(0.06 + 0.06) - (-0.024 - 0.05 - 0.022 - 0.06 - 0.024)]\text{mm}$$

$$= (0.12+0.18)\text{mm} = 0.30\text{mm}$$

根据式(8-16)，有

$$ES_0 = \Delta_0 + T_0/2 = (0.30+0.60/2)\text{mm} = 0.60\text{mm}$$

$$EI_0 = \Delta_0 - T_0/2 = (0.30-0.60/2)\text{mm} = 0$$

所以，计算是正确的。

（四）工艺尺寸计算

已知封闭环和某些组成环的公称尺寸和极限偏差，计算某一组成环的公称尺寸和极限偏差。这种计算通常用于零件加工过程中计算某工序需要确定而在该零件的图样上没有标注的工序尺寸。

例 8-4　图 8-12a 所示为轮毂孔和键槽尺寸标注，该孔和键槽的加工顺序如下：首先按工序尺寸 $A_1 = \phi 57.8^{+0.074}_{0}$mm 镗孔，再按工序尺寸 A_2 插键槽，淬火，然后按图 8-12a 所示图样上标注的尺寸 $A_3 = \phi 58^{+0.03}_{0}$mm 磨孔。孔完工后要求键槽深度尺寸 A_0 符合图样上标注的尺寸 $62.3^{+0.2}_{0}$mm 的规定。试用完全互换法计算尺寸链，确定工序尺寸 A_2 的极限尺寸。

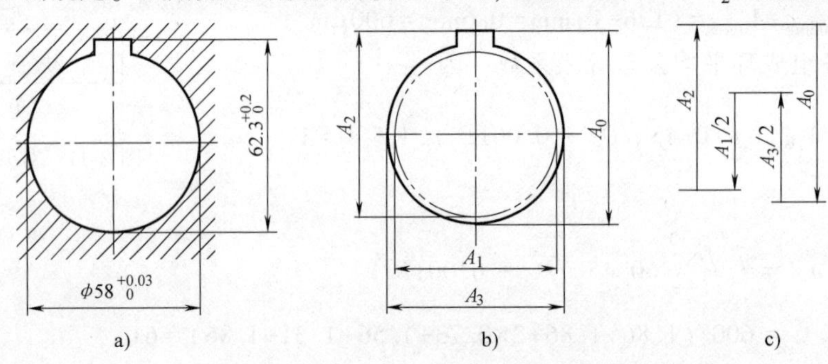

图 8-12　孔及其键槽加工的工艺尺寸链

a）零件图样标注　b）工艺尺寸　c）尺寸链图

解　（1）建立尺寸链　由加工过程可知，键槽深度尺寸 A_0 是加工过程中最后自然形成的尺寸，因此 A_0 是封闭环。建立尺寸链时，以孔的中心线作为查找组成环的连接线，因此镗孔尺寸 A_1 和磨孔尺寸 A_3 均取半值。尺寸链图如图 8-12c 所示，封闭环 $A_0 = 62.3^{+0.2}_{0}$mm，组成环为 $A_3/2$（增环）、$A_1/2$（减环）和 A_2（增环）。而 $A_3/2 = 29^{+0.015}_{0}$ mm，$A_1/2 = 28.9^{+0.037}_{0}$mm。

（2）计算组成环 A_2 的公称尺寸和极限偏差　按式(8-7)计算组成环 A_2 的公称尺寸，有

$$A_2 = A_0 - A_3/2 + A_1/2 = (62.3-29+28.9)\text{mm} = 62.2\text{mm}$$

按式(8-9)和式(8-10)分别计算组成环 A_2 的上极限尺寸 A_{2max} 和下极限尺寸 A_{2min}，有

$$A_{2max} = A_{0max} - A_{3max}/2 + A_{1min}/2 = (62.5-29.015+28.9)\text{mm} = 62.385\text{mm}$$

$$A_{2min} = A_{0min} - A_{3min}/2 + A_{1max}/2 = (62.3-29+28.937)\text{mm} = 62.237\text{mm}$$

因此，插键槽工序尺寸为

$$A_2 = 62.3^{+0.085}_{-0.063}\text{mm}$$

二、概率法计算尺寸链

从尺寸链各环分布的实际可能性出发进行尺寸链计算，称为概率互换法（也称为不完全互换法）。在成批生产和大量生产中，零件实际尺寸的分布是随机的，多数情况下可考虑成正态分布或偏态分布。换句话说，如果加工中工艺调整中心接近公差带中心，则大多数零件的尺寸分布于公差中心附近，靠近极限尺寸的零件数目极少。因此，利用这一规律，将组成环公差放大，这样不但使零件易于加工，同时又能满足封闭环的技术要求，从而给生产带来明显的经济效益。当然，此时封闭环超出技术要求的情况是存在的，但其概率很小，所以这种方法又称为大数互换法。

由式（8-8）可知，封闭环 A_0 为各组成环 A_i 的函数，通常在加工和装配过程中，各组成环的获得彼此间并无关系，因此可将各组成环视为彼此独立的随机变量，则可按随机函数的标准偏差的求法得到

$$\sigma_0 = \sqrt{(\partial A_0/\partial A_1)^2\sigma_1^2 + (\partial A_0/\partial A_2)^2\sigma_2^2 + \cdots + (\partial A_0/\partial A_{n-1})^2\sigma_{n-1}^2}$$

式中　　σ_0，σ_1，…，σ_{n-1}——封闭环和各组成环的标准偏差；

$\partial A_0/\partial A_1, \cdots, \partial A_0/\partial A_{n-1}$——传递系数 ξ_1，…，ξ_{n-1}。

则可写为

$$\sigma_0 = \sqrt{\sum_{i=1}^{n-1} \xi_i^2 \sigma_i^2} \tag{8-20}$$

若组成环和封闭环尺寸偏差均服从正态分布，且分布范围与公差带宽度一致，且 $T_i = 6\sigma_i$，此时封闭环的公差与组成环公差的关系为

$$T_0 = \sqrt{\sum_{i=1}^{n-1} \xi_i^2 T_i^2} \tag{8-21}$$

如果考虑到各环的分布不为正态分布，则式（8-21）中应引入相对分布系数 k_0 和 k_i，前者为封闭环相对分布系数，后者为各组成环相对分布系数。对于不同的分布，k_i 值的大小可由表 8-1 中查取，则

$$T_0 = \sqrt{\sum_{i=1}^{n-1} \xi_i^2 k_i^2 T_i^2} / k_0 \tag{8-22}$$

例 8-5　如图8-13所示的部件，端盖螺母 2 应保证转盘 1 与轴套 3 之间的间隙为0.1~0.3mm，要求用概率法确定有关零件尺寸的极限偏差。

解　设各组成环尺寸偏差均接近正态分布，且分布中心与公差带中心重合，按等精度（即等公差级）法计算公差。

因组成环尺寸偏差为正态分布，则 $k_0 = k_i = 1$，又因该尺寸链为线性尺寸链，故 $|\xi_i| = 1$，则

$$T_0 = \sqrt{\sum_{i=1}^{n-1} T_i^2} = \sqrt{\sum_{i=1}^{n-1} a^2(0.45\sqrt[3]{D_i} + 0.001D_i)^2}$$

$$a_{av}=T_0\Big/\sqrt{\sum_{i=1}^{n-1}(0.45\sqrt[3]{D_i}+0.001D_i)^2}$$

a_{av}为平均公差等级系数。

将各值代入，得

$$a_{av}=200/\sqrt{1.56^2+1.56^2+1.86^2}\approx 69$$

由标准公差计算表（表2-1）查得 $a_{av}=69$ 接近于IT10（标准公差值等于 $64i$）。

由标准公差数值表（表2-4）查得各组成环尺寸的公差值：$T_1=T_2=0.10\text{mm}$，$T_3=0.12\text{mm}$，则

$$T_0'=\sqrt{0.1^2+0.1^2+0.12^2}\ \text{mm}=0.185\text{mm}<0.2\text{mm}=T_0$$

由于封闭环公差的计算值 T_0' 小于技术条件给定值 T_0，可见给定的组成环公差是正确的。

然后根据各环公差向体内原则，确定 A_1、A_3 的极限偏差，计算 A_1 的中间偏差，并按式（8-15）计算 A_1 的极限偏差，并将全部结果列于表8-2。

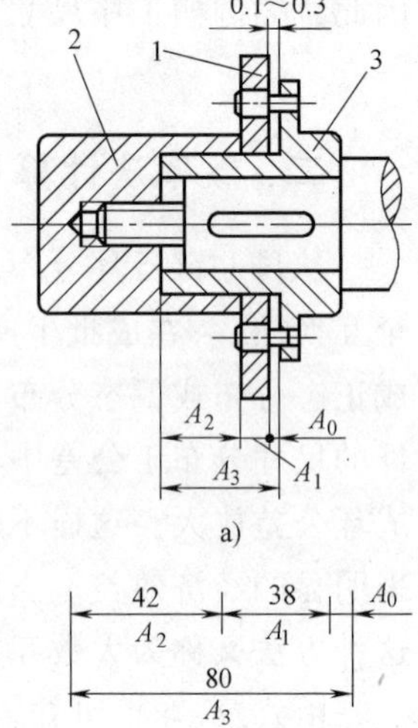

图8-13 例8-5图

1—转盘 2—端盖螺母 3—轴套

表8-2 计算结果 （单位：mm）

代号	各环公差	各环尺寸和极限偏差	备注
A_0	0.2	$0\begin{pmatrix}+0.3\\+0.1\end{pmatrix}$	正态分布
A_1	0.1	$38\text{b}9\begin{pmatrix}-0.15\\-0.25\end{pmatrix}$	正态分布
A_2	0.1	$42\text{js}9\begin{pmatrix}+0.05\\-0.05\end{pmatrix}$	正态分布
A_3	0.12	$80\text{js}9\begin{pmatrix}+0.06\\-0.06\end{pmatrix}$	正态分布

上述结果能否满足技术条件给定的封闭环极限偏差要求，可采用正计算的方法进行校核计算。

（1）计算封闭环的中间偏差

$$\Delta_0'=\Delta_3-\Delta_1-\Delta_2=[0-(-0.2)-0]\text{mm}=0.2\text{mm}$$

（2）计算封闭环的极限偏差

$$ES_0'=\Delta_0'+T_0'/2=(0.2+0.185/2)\text{mm}=0.292\text{mm}$$

$$EI_0'=\Delta_0'-T_0'/2=(0.2-0.185/2)\text{mm}=0.108\text{mm}$$

则

$$ES_0'=0.292\text{mm}<0.3\text{mm}=ES_0$$

$$EI_0'=0.108\text{mm}>0.1\text{mm}=EI_0$$

以上计算说明给定的组成环极限偏差是符合技术要求的。

通过实例可以看出，用概率法计算确定的组成环公差值比用完全互换法要大，而实际上出现不合格的可能性却很小，因而给生产带来较大的经济效益。

第三节　解尺寸链的其他方法

极值法和概率法是保证完全互换性的计算尺寸链的基本方法。但如果封闭环的公差要求很小，则用上述两种方法算出的组成环公差将更小，使加工变得困难。此时，可视具体情况，采用下列工艺方法。

一、分组装配法

采用分组装配法时，先将组成环按极值法或概率法求出的公差值扩大若干倍，使组成环的加工更加容易和经济，然后按其实际尺寸大小再等分成若干组，分组数与公差扩大的倍数相等。装配时根据大配大、小配小的原则，按对应组进行装配，以达到封闭环规定的技术要求。由此可见，这种方法装配的互换性只能在同组中进行。

以某发动机的活塞销与活塞销孔的分组装配法为例，装配技术要求中规定，活塞销直径 d 和销孔直径 D 在常温装配时，应有 0.0025~0.0075mm 的过盈量。如用完全互换法装配，活塞销和销孔分配到的公差仅为 0.0025mm，加工极为困难。在采用分组互换法（分为四组）时，活塞销的制造尺寸为 $\phi28_{-0.010}^{\ 0}$mm，活塞销孔的尺寸则相应定为 $\phi28_{-0.015}^{-0.005}$mm，如图 8-14 所示。各组成环（活塞销与活塞销孔）分成公差相等的四组，按对应组分别进行装配，最小过盈为 0.0025mm，最大过盈为 0.0075mm。具体分组装配的情况见表 8-3。

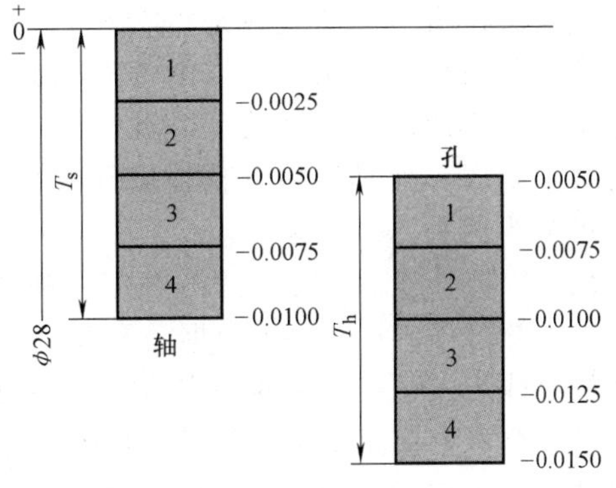

图 8-14　分组装配法

分组装配法的主要缺点是：测量分组工作比较麻烦，在一些组内可能会产生多余零件。这种方法一般只适用于大量生产中要求精度高、尺寸链环数少、形状简单、测量分组方便的零件，一般分组数为 2~4 组。

表 8-3　活塞销和活塞销孔的分组尺寸　（单位：mm）

组　别	标志颜色	活塞销直径 $d=\phi28_{-0.01}^{\ 0}$	活塞销孔直径 $D=\phi28_{-0.015}^{-0.005}$	配　合　情　况	
				最小过盈	最大过盈
1	浅蓝	$\phi28_{-0.0025}^{\ 0}$	$\phi28_{-0.0075}^{-0.0050}$	0.0025	0.0075
2	红	$\phi28_{-0.0050}^{-0.0025}$	$\phi28_{-0.0100}^{-0.0075}$		
3	白	$\phi28_{-0.0075}^{-0.0050}$	$\phi28_{-0.0125}^{-0.0100}$		
4	黑	$\phi28_{-0.0100}^{-0.0075}$	$\phi28_{-0.0150}^{-0.0125}$		

二、修配法

当尺寸链的环数较多而封闭环精度又要求较高时，可采用修配法。

修配法是将组成环精度降低，即把组成环公差扩大至经济加工公差，在装配时通过修配

的方法改变尺寸链中预先规定的某一组成环尺寸，以抵消各组成环的累积误差，达到封闭环的精度要求。这个预先选定要修配的组成环称为补偿环。

设尺寸链中各组成环的经济加工公差为 T_i'，则装配后封闭环的公差为

$$T_0' = \sum_{i=1}^{n-1} T_i'$$

显然此值比封闭环规定的公差 T_0 要大，其差值为

$$T_{0补} = T_0' - T_0$$

此式为尺寸链的最大补偿值，按此来修配补偿环，可满足封闭环的精度要求。

修配法的缺点是：破坏了互换性，装配时增加了装配工作量，不便组织流水线生产。修配法主要适用于单件、小批量生产。

三、调整法

调整法是将尺寸链组成环的公称尺寸按经济加工精度的要求给定公差值。此时，封闭环的公差值比技术条件要求的值有所扩大。为了保证封闭环的技术条件，在装配时预先选定某一组成环作为补偿环。此时，不是采用切去补偿环材料的方法使封闭环达到规定的技术要求，而是采用调整补偿环的尺寸或位置来实现这一目的。用于调整的补偿环一般可分为两种：

（1）固定补偿环　在尺寸链中加入补偿件（垫片、垫圈或轴套）或选择一个合适的组成环作为补偿环。补偿件可根据需要按尺寸大小分成若干组，装配时从合适的尺寸组中选择一个补偿件装入尺寸链中的预定位置，即可保证装配精度。如图 8-15 所示，当齿轮的轴向窜动量有严格要求而无法采用完全互换装配法保证时，就在结构中加入一个尺寸合适的固定补偿件（图 8-15 中为垫圈，其尺寸为 $A_{0补}$），来保证装配精度。

（2）可动补偿环　这是一种位置可调整的组成环，装配时调整其位置，即可保证装配精度。可动补偿件在机械设计中应用很广，而且有着各种各样的结构形式。图 8-16 所示为用螺钉调整楔条位置以达到装配精度要求的例子。

调整法的优点是：在各组成环按经济公差制造的条件下，不需任何修配加工，即可达到装配精度要求。尤其是采用可动补偿环时，可达到很高的装配精度，而且当零件磨损后，也易于恢复原来的精度。但和修配法一样，调整法也破坏了互换性。

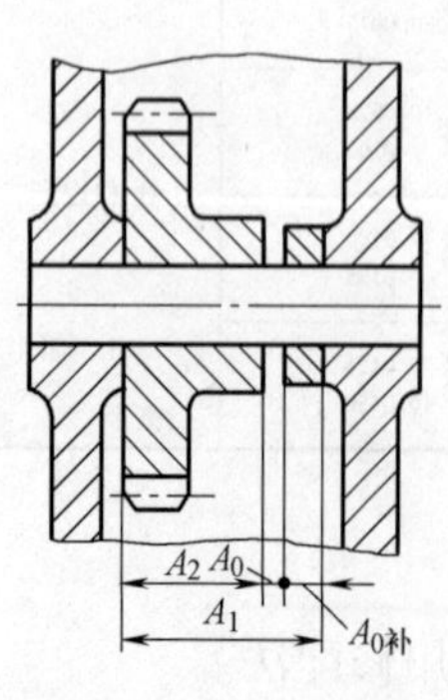

图 8-15　固定补偿环

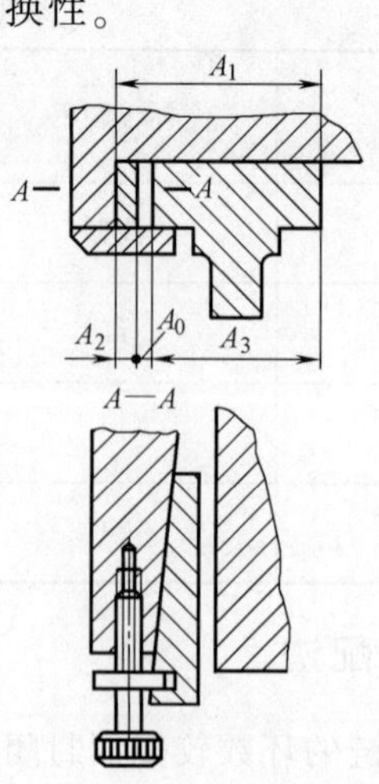

图 8-16　可动补偿环

思考题

1. 什么是尺寸链？如何确定封闭环、增环和减环？
2. 解尺寸链的目的是什么？
3. 解尺寸链的方法有几种？分别用于什么场合？
4. 尺寸链在产品设计（装配图）中和在零件设计（零件图）中如何应用？怎样确定其封闭环？
5. 正计算、反计算的特点和应用场合是什么？
6. 使用概率法与极值法解尺寸链的效果有何不同？

第九章 Chapter 圆锥结合的互换性

第一节　概　　述

圆锥配合是机器结构中常用的典型结构，它具有较高的同轴度、配合自锁性好、密封性好、可以自由调整间隙和过盈等特点，因而在工业生产中得到广泛的应用。

一、圆锥结合的特点

与光滑圆柱体结合相比，圆锥结合具有以下特点：

1）保证结合件相互自动对准中心。在圆柱结合中，当配合存在间隙时，孔与轴的中心线就存在同轴度的误差，而圆锥结合则不同，内外圆锥体沿轴向做相对运动，就可减少间隙，甚至产生过盈，消除间隙引起的偏心，使结合件轴线重合，即轴线自动对准，如图 9-1 所示。

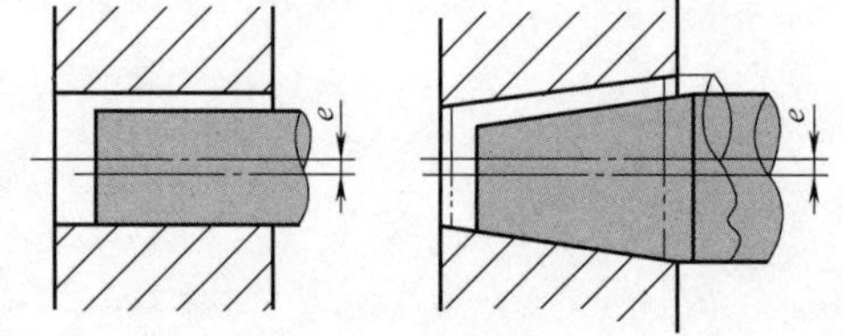

图 9-1　圆锥体和圆柱体配合比较

2）配合性质可以调整。即可以通过调整配合间隙和过盈的大小来满足不同的工作要求。在圆柱体结合中，相互配合的孔、轴的间隙和过盈是由基本偏差和标准公差确定的，其大小是不能调整的。而圆锥体结合中，可通过内、外圆锥在轴向的相对位置，改变其间隙和过盈的大小，从而达到不同的配合性质，且可以补偿表面的磨损，延长圆锥的使用寿命。

3）配合紧密且便于装拆。对于圆柱体结合，要想在配合中得到过盈，而在装配时得到间隙是较困难的。圆锥体的结合则不然，只要内外圆锥沿轴向适当地移动，便可得到较紧的配合，而反向移动又很容易拆开。所以圆锥结合的密封性很好，常用于防止漏气、漏水等场合。

4）圆锥结合的结构较为复杂，加工和检测也较为困难，故不如圆柱结合应用广泛。

二、圆锥配合的种类

（1）间隙配合　这类配合有间隙，零件易拆开，相互配合的内、外圆锥能相对运动，如机床顶尖、车床主轴的圆锥轴颈与滑动轴承的配合。

（2）过渡配合　它是指可能具有间隙，也可能具有过盈的配合。其中，要求内、外圆锥紧密接触，间隙为零或稍有过盈的配合称为紧密配合，用于对中定心或密封。为了保证良好的密封性，对内、外圆锥的形状精度要求很高，通常将它们配对研磨。

（3）过盈配合　这类配合具有自锁性，用以传递转矩。内、外锥体没有相对运动，过盈大小也可以调整，而且装卸方便，如机床上的刀具（钻头、立铣刀等）的锥柄与机床主轴锥孔的配合。

第二节　圆锥配合的主要参数

在圆锥配合中，影响互换性的因素很多，为了分析其互换性，必须熟悉圆锥配合的常用术语、定义及主要参数。

一、常用术语及定义

（1）圆锥表面　与轴线成一定角度，且一端相交于轴线的一条直线段（母线），围绕着该轴线旋转形成的表面为圆锥表面，如图 9-2 所示。

（2）圆锥　由圆锥表面与一定尺寸所限定的几何体为圆锥。圆锥分为外圆锥和内圆锥。外圆锥是外部表面为圆锥表面的几何体，如图 9-3 所示；内圆锥是内部表面为圆锥表面的几何体，如图 9-4 所示。

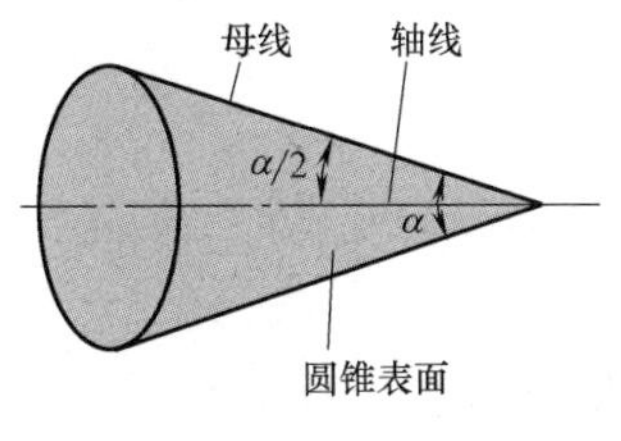

图 9-2　圆锥表面

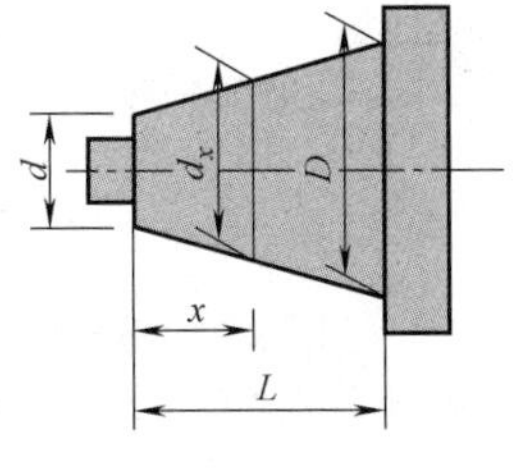

图 9-3　外圆锥

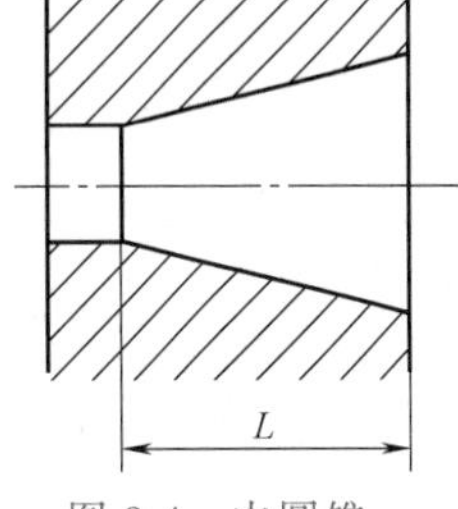

图 9-4　内圆锥

二、主要参数

（1）圆锥角 α　在通过圆锥轴线的截面内，两条素线间的夹角为圆锥角。圆锥角代号为 α，圆锥角的一半称为斜角，代号为$\frac{\alpha}{2}$，如图 9-5 所示。

（2）圆锥直径　圆锥在垂直于轴线截面上的直径为圆锥直径，如图9-5 所示。常用的圆锥直径有：①最大圆锥直径 D；②最小圆锥直径 d；③给定截面上的圆锥直径 d_x。

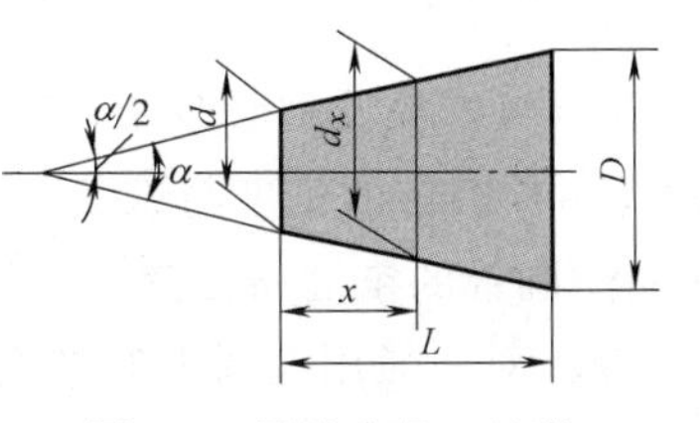

图 9-5　圆锥直径、长度、圆锥角

圆锥配合

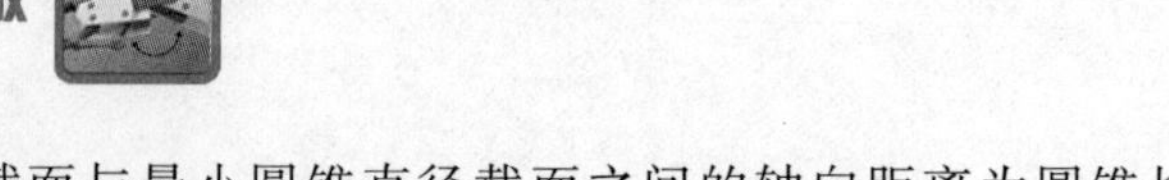

(3) 圆锥长度 L　最大圆锥直径截面与最小圆锥直径截面之间的轴向距离为圆锥长度，如图 9-5 所示。

(4) 锥度 C　两个垂直圆锥轴线截面的圆锥直径差与该两截面间的轴向距离之比为锥度。即最大圆锥直径 D 与最小圆锥直径 d 之差与圆锥长度 L 之比。

$$C=(D-d)/L \tag{9-1}$$

锥度 C 与圆锥角 α 的关系为

$$C=2\tan\left(\frac{\alpha}{2}\right)=1\Big/\left[\cot\left(\frac{\alpha}{2}\right)\Big/2\right] \tag{9-2}$$

锥度一般用比例或分式形式表示。式（9-1）和式（9-2）反映了圆锥直径、长度、圆锥角和锥度之间的相互关系，是圆锥的基本公式。

(5) 基面距 b　指内、外圆锥结合后，外圆锥基准平面（轴肩或轴端面）与内圆锥基准平面（端面）间的距离，用基面距决定内、外圆锥的轴间相对位置。基面距的位置按圆锥的基本直径而定，若以外圆锥最小的圆锥直径 d_Z 为基本直径，则基面距 b 在圆锥的小端；若以内圆锥最大的圆锥直径 D_K 为基本直径，则基面距 b 在圆锥大端，如图 9-6 所示。

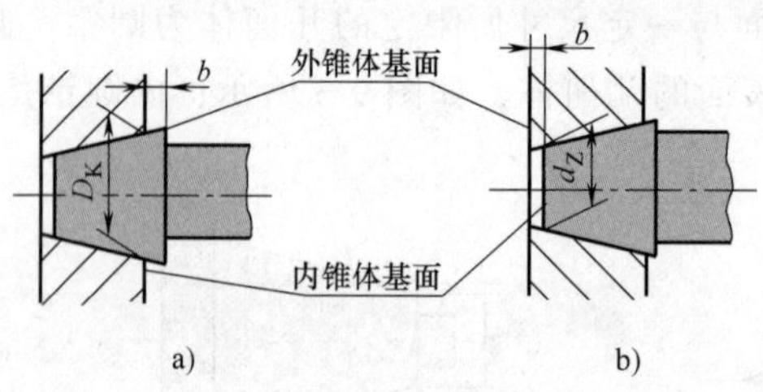

图 9-6　基面距

D_K—内圆锥体大端直径　d_Z—外圆锥体小端直径

第三节　圆锥公差与配合

一、锥度与锥角系列

GB/T 157—2001《产品几何量技术规范（GPS）　圆锥的锥度与锥角系列》中规定了一般用途和特殊用途两种圆锥的锥度与锥角，适用于光滑圆锥。

（一）一般用途圆锥的锥度与锥角

GB/T 157—2001 对一般用途圆锥的锥度与锥角规定了 21 个基本值系列，见表 9-1。圆锥角从 120°到小于 1°，或锥度从 1：0.289~1：500。选用时，应优先选用表中第一系列，当不能满足需要时，选第二系列。

表 9-1 一般用途圆锥的锥度与锥角系列（摘自 GB/T 157—2001）

基本值		推算值			
		圆锥角 α			锥度 C
系列 1	系列 2	(°) (′) (″)	(°)	rad	
120°		—	—	2.094 395 10	1 : 0.288 675 1
90°		—	—	1.570 796 33	1 : 0.500 000 0
	75°	—	—	1.308 996 94	1 : 0.651 612 7
60°		—	—	1.047 197 55	1 : 0.866 025 4
45°		—	—	0.785 398 16	1 : 1.207 106 8
30°		—	—	0.523 598 78	1 : 1.866 025 4
1 : 3		18°55′28.7199″	18.924 644 42°	0.330 297 35	—
	1 : 4	14°15′0.1177″	14.250 032 70°	0.248 709 99	—
1 : 5		11°25′16.2706″	11.421 186 27°	0.199 337 30	—
	1 : 6	9°31′38.2202″	9.527 283 38°	0.166 282 46	—
	1 : 7	8°10′16.4408″	8.171 233 56°	0.142 614 93	—
	1 : 8	7°9′9.6075″	7.152 668 75°	0.124 837 62	—
1 : 10		5°43′29.3176″	5.724 810 45°	0.099 916 79	—
	1 : 12	4°46′18.7970″	4.771 888 06°	0.083 285 16	—
	1 : 15	3°49′5.8975″	3.818 304 87°	0.066 641 99	—
1 : 20		2°51′51.0925″	2.864 192 37°	0.049 989 59	—
1 : 30		1°54′34.8570″	1.909 682 51°	0.033 330 25	—
1 : 50		1°8′45.1586″	1.145 877 40°	0.019 999 33	—
1 : 100		34′22.6309″	0.572 953 02°	0.009 999 92	—
1 : 200		17′11.3219″	0.286 478 30°	0.004 999 99	—
1 : 500		6′52.5295″	0.114 591 52°	0.002 000 00	—

注：系列 1 中 120°~1 : 3 的数值近似按 R10/2 优先数系列，1 : 5~1 : 500 按 R10/3 优先数系列（见 GB/T 321—2005）。

（二）特殊用途圆锥的锥度与锥角

GB/T 157—2001 对特殊用途圆锥的锥度与锥角规定了 24 个基本值系列，见表 9-2，仅适用于表中所说明的特殊行业和用途。

表 9-2 特殊用途圆锥的锥度与锥角系列（GB/T 157—2001）

基本值	推算值				标准号 GB/T (ISO)	用途
	圆锥角 α			锥度 C		
	(°)(′)(″)	(°)	rad			
11°54′	—	—	0.207 694 18	1 : 4.797 451 1	(5237) (8489-5)	纺织机械和附件
8°40′	—	—	0.151 261 87	1 : 6.598 441 5	(8489-3) (8489-4) (324.575)	
7°	—	—	0.122 173 05	1 : 8.174 927 7	(8489-2)	
1 : 38	1°30′27.7080″	1.507 696 67°	0.026 314 27	—	(368)	
1 : 64	0°53′42.8220″	0.895 228 34°	0.015 624 68	—	(368)	

（续）

基本值	推算值				标准号 GB/T (ISO)	用途
	圆锥角 α			锥度 C		
	(°)(′)(″)	(°)	rad			
7 : 24	16°35′39.4443″	16.594 290 08°	0.289 625 00	1 : 3.428 571 4	3837.3 (297)	机床主轴工具配合
1 : 12.262	4°40′12.1514″	4.670 042 05°	0.081 507 61	—	(239)	贾各锥度 No.2
1 : 12.972	4°24′52.9039″	4.414 695 52°	0.077 050 97	—	(239)	贾各锥度 No.1
1 : 15.748	3°38′13.4429″	3.637 067 47°	0.063 478 80	—	(239)	贾各锥度 No.33
6 : 100	3°26′12.1776″	3.436 716 00°	0.059 982 01	1 : 16.666 666 7	1962 (594-1) (595-1) (595-2)	医疗设备
1 : 18.779	3°3′1.2070″	3.050 335 27°	0.053 238 39	—	(239)	贾各锥度 No.3
1 : 19.002	3°0′52.3956″	3.014 554 34°	0.052 613 90	—	1443(296)	莫氏锥度 No.5
1 : 19.180	2°59′11.7258″	2.986 590 50°	0.052 125 84	—	1443(296)	莫氏锥度 No.6
1 : 19.212	2°58′53.8255″	2.981 618 20°	0.052 039 05	—	1443(296)	莫氏锥度 No.0
1 : 19.254	2°58′30.4217″	2.975 117 13°	0.051 925 59	—	1443(296)	莫氏锥度 No.4
1 : 19.264	2°58′24.8644″	2.973 573 43°	0.051 898 65	—	(239)	贾各锥度 No.6
1 : 19.922	2°52′31.4463″	2.875 401 76°	0.050 185 23	—	1443(296)	莫氏锥度 No.3
1 : 20.020	2°51′40.7960″	2.861 332 23°	0.049 939 67	—	1443(296)	莫氏锥度 No.2
1 : 20.047	2°51′26.9283″	2.857 480 08°	0.049 872 44	—	1443(296)	莫氏锥度 No.1
1 : 20.288	2°49′24.7802″	2.823 550 06°	0.049 280 25	—	(239)	贾各锥度 No.0
1 : 23.904	2°23′47.6244″	2.396 562 32°	0.041 827 90	—	1443(296)	布朗夏普锥度 No.1 至 No.3
1 : 28	2°2′45.8174″	2.046 060 38°	0.035 710 49	—	(8382)	复苏器(医用)
1 : 36	1°35′29.2096″	1.591 447 11°	0.027 775 99	—	(5356-1)	麻醉器具
1 : 40	1°25′56.3516″	1.432 319 89°	0.024 998 70	—		

莫氏锥度在工具行业中应用极广，有关参数、尺寸及公差已标准化。表 9-3 所列为莫氏工具圆锥（摘录）。

表 9-3 莫氏工具圆锥（摘录）

圆锥符号	锥度	圆锥角 (2α)	锥度的极限偏差	圆锥角的极限偏差	大端直径/mm		量规刻线间距/mm
					内锥体	外锥体	
No.0	1 : 19.212 = 0.052 05	2°58′54″	±0.0006	±120″	9.045	9.212	1.2
No.1	1 : 20.047 = 0.049 88	2°51′26″	±0.0006	±120″	12.065	12.240	1.4
No.2	1 : 20.020 = 0.049 95	2°51′41″	±0.0006	±120″	17.780	17.980	1.6
No.3	1 : 19.922 = 0.050 20	2°52′32″	±0.0005	±100″	23.825	24.051	1.8
No.4	1 : 19.254 = 0.051 94	2°58′31″	±0.0005	±100″	31.267	31.542	2
No.5	1 : 19.002 = 0.052 63	3°00′53″	±0.0004	±80″	44.399	44.731	2
No.6	1 : 19.180 = 0.052 14	2°59′12″	±0.00035	±70″	63.348	63.760	2.5

注：1. 圆锥角的极限偏差是根据锥度的极限偏差折算列入的。

2. 当用塞规检查内锥时，内锥大端端面必须位于塞规的两刻线之间，第一条刻线决定内锥大端直径的公称尺寸，第二条刻线决定内锥大端直径的上极限尺寸。

3. 套规必须与配对的塞规校正，套规端面应与塞规上第一条线前面边缘相重合，允许套规端面不到塞规上第一条刻线，但不超过 0.1mm 距离。

二、圆锥公差标准

GB/T 11334—2005《产品几何量技术规范（GPS） 圆锥公差》适用于锥度 C 从 1∶3～1∶500、圆锥长度 L 从 6～630mm 的光滑圆锥工件。

圆锥公差的项目有圆锥直径公差、圆锥角公差、圆锥的形状公差和给定截面圆锥直径公差。

（一）圆锥直径公差 T_D

允许圆锥直径的变动量称为圆锥直径公差。其数值为允许的最大极限圆锥和最小极限圆锥直径之差（图 9-7），用公式表示为

$$T_D = D_{max} - D_{min} = d_{max} - d_{min} \tag{9-3}$$

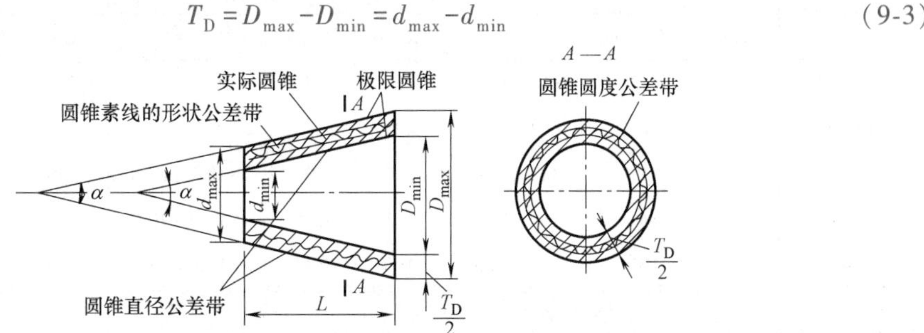

图 9-7 圆锥直径公差

最大极限圆锥和最小极限圆锥皆称为极限圆锥，它与公称圆锥同轴，且圆锥角相等。在垂直于圆锥轴线的任意截面上，该两圆锥直径差都相等。

圆锥直径公差数值未另行规定标准，可根据圆锥配合的使用要求和工艺条件，对圆锥直径公差 T_D 和给定截面圆锥直径公差 T_{DS}，分别以最大圆锥直径 D 和给定截面圆锥直径 d_x 为公称尺寸，直接从圆柱体极限与配合国家标准 GB/T 1800.2—2009 中选用。圆锥直径公差带用圆柱体极限与配合标准符号表示，其公差等级也与该标准相同。

对于有配合要求的内、外圆锥，推荐采用基孔制；对于没有配合要求的内、外圆锥，最好选用基本偏差 JS 和 js。

（二）圆锥角公差 AT

允许圆锥角的变动量称为圆锥角公差。其数值为允许的最大与最小圆锥角之差（图 9-8），用公式表示为

$$AT_\alpha = \alpha_{max} - \alpha_{min} \tag{9-4}$$

圆锥角公差 AT 共分 12 个公差等级，分别用 $AT1$、$AT2$、…、$AT12$ 表示。其中 $AT1$ 为最高公差等级，$AT12$ 为最低公差等级。GB/T 11334—2005《产品几何量技术规范（GPS） 圆锥公差》规定的圆锥角公差数值见表 9-4。

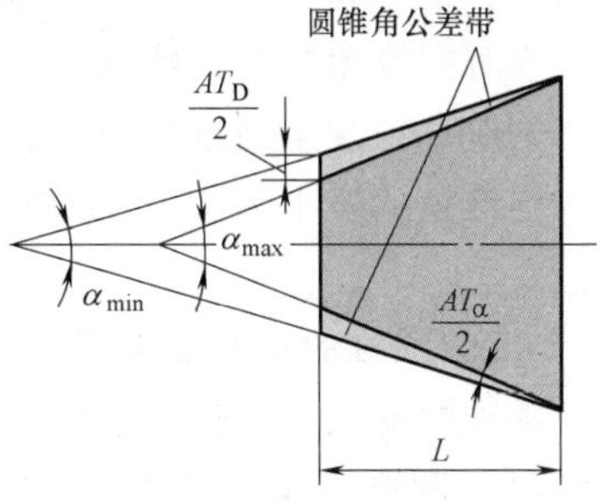

图 9-8 圆锥角公差

圆锥角公差有两种表示形式：

1）AT_α——以角度单位微弧度［1μrad≈1/5 秒（″）］，或以度、分、秒（°、′、″）表示的圆锥角公差值。

2）AT_D——以长度单位微米（μm）表示的公差值，它是用与圆锥轴线垂直且距离为 L 的两端直径变动量之差所表示的圆锥角公差。

AT_D 与 AT_α 的关系为

$$AT_D = AT_\alpha \times L \times 10^{-3} \tag{9-5}$$

式中 AT_D 的单位为 μm，AT_α 的单位为 μard，L 的单位为 mm。

圆锥角各级公差值之间的公比为 $\varphi=1.6$，即 $AT_n=AT_{n-1}\times1.6$，如需更高或更低等级的圆锥公差时，标准规定按上述公比向两端延伸，更高等级用 $AT0$、$AT01$、…表示，更低等级用 $AT13$、$AT14$、…表示。

表 9-4 圆锥角公差数值（摘自 GB/T 11334—2005）

公称圆锥长度 L/mm	$AT5$			$AT6$			$AT7$		
	AT_α		AT_D	AT_α		AT_D	AT_α		AT_D
	μrad	(′)(″)	μm	μrad	(′)(″)	μm	μrad	(′)(″)	μm
>25~40	160	33″	>4.0~6.3	250	52″	>6.3~10.0	400	1′22″	>10.0~16.0
>40~63	125	26″	>5.0~8.0	200	41″	>8.0~12.5	315	1′05″	>12.5~20.0
>63~100	100	21″	>6.3~10.0	160	33″	>10.0~16.0	250	52″	>16.0~25.0
>100~160	80	16″	>8.0~12.5	125	26″	>12.5~20.0	200	41″	>20.0~32.0
>160~250	63	13″	>10.0~16.0	100	21″	>16.0~25.0	160	33″	>25.0~40.0

公称圆锥长度 L/mm	$AT8$			$AT9$			$AT10$		
	AT_α		AT_D	AT_α		AT_D	AT_α		AT_D
	μrad	(′)(″)	μm	μrad	(′)(″)	μm	μrad	(′)(″)	μm
>25~40	630	2′10″	>16.0~20.5	1000	3′26″	>25~40	1600	5′30″	>40~63
>40~63	500	1′43″	>20.0~32.0	800	2′45″	>32~50	1250	4′18″	>50~80
>63~100	400	1′22″	>25.0~40.0	630	2′10″	>40~63	1000	3′26″	>63~100
>100~160	315	1′05″	>32.0~50.0	500	1′43″	>50~80	800	2′45″	>80~125
>160~250	250	52″	>40.0~63.0	400	1′22″	>63~100	630	2′10″	>100~160

注：1. 1μrad 等于半径为 1m、弧长为 1μm 所对应的圆心角。5μrad≈1″，300μrad≈1′。

2. 查表示例 1：L=63mm，选用 $AT7$，查表得 AT_α=315μrad 或 1′05″，则 AT_D=20μm。示例 2：L=50mm，选用 $AT7$，查表得 AT_α=315μrad 或 1′05″，则 $AT_D=AT_\alpha\times L\times10^{-3}=315\times50\times10^{-3}$μm=15.75μm，取 AT_D=15.8μm。

从表 9-4 中可以看出，在每个长度段中，AT_α 是一个定值，而 AT_D 值是由最大和最小圆锥长度分别计算得出的一个数值范围。对于不同的公称圆锥长度，应按式（9-5）计算。

当对圆锥角公差无特殊要求时，可用圆锥直径公差加以限制；当对圆锥角精度要求较高时，则应单独规定圆锥角公差。

圆锥角的极限偏差可按单向取值（图 9-9a、b）或对称（图 9-9c）与不对称的双向取值。

（三）圆锥的形状公差 T_F

圆锥的形状公差包括下列两种：

（1）圆锥素线直线度公差　圆锥素线直线度公差是指在圆锥轴向平面内，允许实际素线形状的最大变动量。圆锥素线直线度的公差带是指在给定截面上距离为公差值 T_F 的两条平行直线间的区域（图 9-7）。

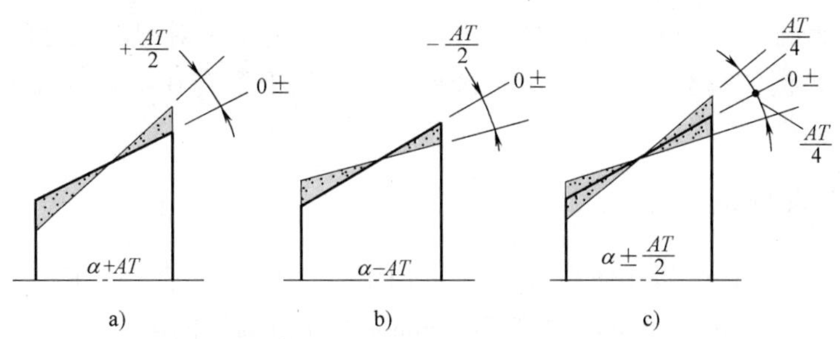

图 9-9 圆锥角的极限偏差

(2) 截面圆度公差 截面圆度公差是指在圆锥轴线法向截面上允许截面形状的最大变动量。截面圆度公差带是指以半径差为公差值 T_F 的两同心圆间的区域（图 9-7）。

（四）给定截面圆锥直径公差 T_{DS}

在垂直于圆锥轴线的给定截面内，允许圆锥直径的变动量。

（五）圆锥公差的给定方法

1. 给定圆锥直径公差 T_D

给定圆锥直径公差 T_D，此时圆锥角误差和圆锥形状误差都应当限制在圆锥直径公差带内（图 9-7）。圆锥直径公差 T_D 所能限制的圆锥角如图 9-10 所示。该方法通常适用于有配合要求的内外锥体，如圆锥滑动轴承、钻头的锥柄等。

如果对圆锥角公差、圆锥形状公差有更高要求，则可再给出圆锥角公差 AT 和圆锥形状公差 T_F，此时，AT 和 T_F 仅占圆锥直径公差的一部分。

2. 给定圆锥截面直径公差 T_{DS} 和圆锥角公差 AT

给定圆锥截面直径公差 T_{DS}，是在一个给定截面内对圆锥直径给定的，它只对这个截面直径有效，而给定的圆锥角公差不包容在圆锥截面直径公差带内。此时，两种公差相互独立，圆锥应分别满足该两项要求。由图 9-11 可知，当圆锥在给定截面上具有下极限尺寸 $d_{x\min}$ 时，其圆锥角公差带为图中下面两条实线限定的两对顶三角形区域，此时，实际圆锥角必须在此公差带内；当圆锥在给定截面上具有上极限尺寸 $d_{x\max}$ 时，其圆锥角公差带为图中上面两条实线限定的两对顶三角形区域；当圆锥在给定截面上具有某一实际尺寸 d_x 时，其圆锥角公差带为图中两条虚线限定的两对顶三角形区域。

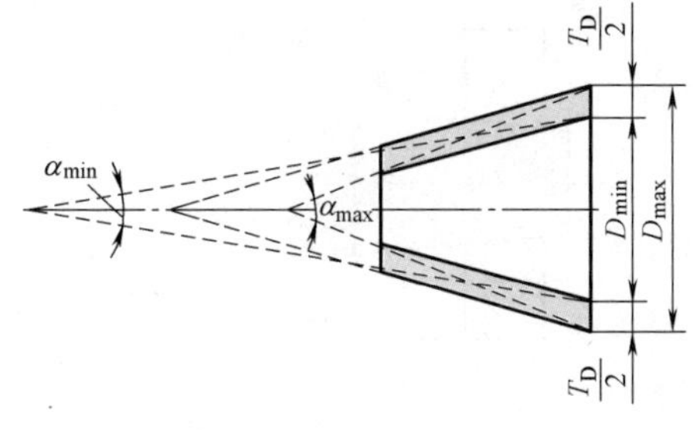

图 9-10 用圆锥直径公差 T_D 控制圆锥角误差

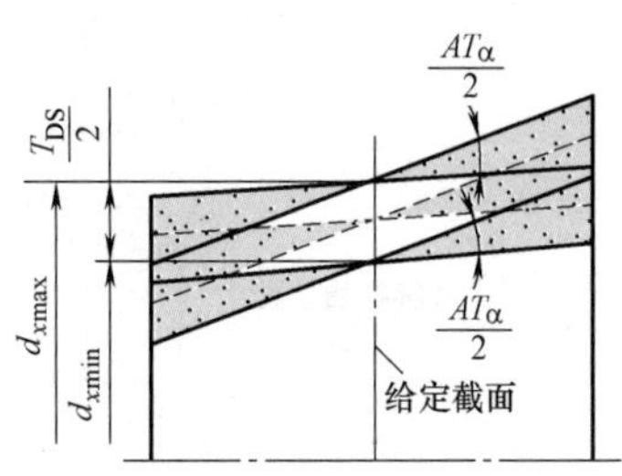

图 9-11 给定圆锥截面直径公差 T_{DS} 与圆锥角公差 AT 的关系

该方法是在圆锥素线为理想直线情况下给定的。它适用于对圆锥工件的给定截面有较高精度要求的情况。例如阀类零件，常采用这种公差使圆锥配合在给定截面上具有良好接触，以保证良好的密封性。

三、圆锥配合标准

GB/T 12360—2005《产品几何量技术规范（GPS） 圆锥配合》适用于锥度 C 从 1∶3～1∶500、圆锥长度 L 从 6～630mm、直径至 500mm 的光滑圆锥的配合。

圆锥配合是以公称圆锥相同的内、外圆锥直径之间，由于结合不同所形成的相互关系。在标准中规定了两种类型的圆锥配合，即结构型圆锥配合和位移型圆锥配合。

1. 结构型圆锥配合

结构型圆锥配合是指由内、外圆锥本身的结构或基面距，来确定装配后的最终轴向相对位置而获得的配合。这种配合方式可以得到间隙配合、过渡配合和过盈配合。

图 9-12a 所示为由内、外圆锥的结构（外圆锥的轴肩与内圆锥大端端面接触）来确定装配后的最终轴向相对位置，以获得指定的圆锥间隙配合的情形。

图 9-12b 所示为由内、外圆锥基准平面之间的结构尺寸 b（内圆锥基准平面与外圆锥基准平面之间的距离，即基面距 b）来确定装配后的最终轴向相对位置，以获得指定的圆锥过盈配合的情形。

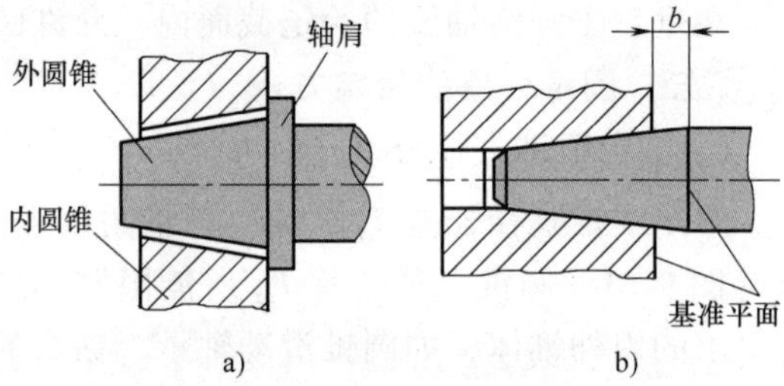

图 9-12 结构型圆锥配合

a）由内、外圆锥结构确定装配的最终位置而获得的配合 b）由内、外圆锥基准平面之间的尺寸确定装配的最终位置而获得的配合

2. 位移型圆锥配合

位移型圆锥配合是指由内、外圆锥的相对轴向位移或产生轴向位移的装配力（轴向力）的大小，来确定最终轴向相对位置而获得的配合。这种方式是通过控制轴向位移 E_a 获得配合，可得到间隙配合和过盈配合。

图 9-13a 所示为由内、外圆锥装配时的实际初始位置 P_a 起，沿轴向做一定量的相对轴向位移 E_a 达到终止位置 P_f 而获得间隙配合的情况。

图 9-13b 所示为由内、外圆锥实际初始位置 P_a 起，施加一定的装配力 F_s 产生轴向位移达到终止位置 P_f 而获得过盈配合的情况。

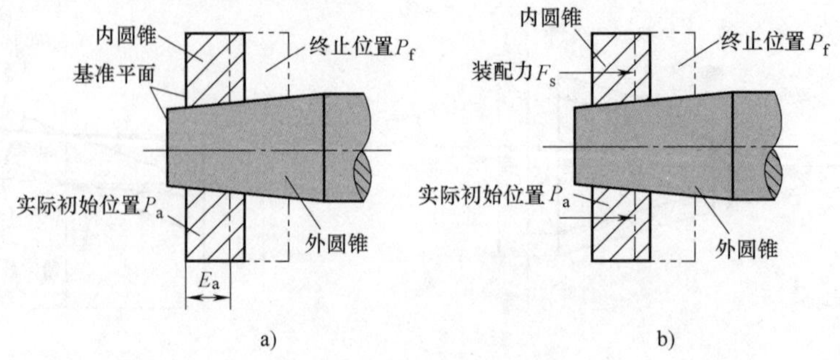

图 9-13 位移型圆锥配合

a）由轴向位移形成圆锥间隙配合 b）施加装配力以形成圆锥过盈配合

对于位移型圆锥配合，其配合性质取决于内、外圆锥相对轴向位移 E_a。轴向位移 E_a 的极限值（E_{amax}、E_{amin}）和轴向位移公差 T_E，按以下公式计算：

（1）对于间隙配合

$$E_{amax}=X_{max}/C;\quad E_{amin}=X_{min}/C$$

$$T_E=E_{amax}-E_{amin}=(X_{max}-X_{min})/C$$

（2）对于过盈配合

$$E_{amax}=Y_{max}/C;\quad E_{amin}=Y_{min}/C$$

$$T_E=E_{amax}-E_{amin}=(Y_{max}-Y_{min})/C$$

式中 X_{max}、X_{min}——配合的最大、最小间隙量；

Y_{max}、Y_{min}——配合的最大、最小过盈量；

C——锥度值。

对于结构型圆锥配合和位移型圆锥配合，在确定相结合内、外圆锥轴向位置的方式上有各自的特点，因而在进行圆锥配合的计算和给定圆锥公差带时要区别对待，它们的主要特点见表 9-5。

表 9-5 结构型圆锥配合和位移型圆锥配合的特点

特　　征	结构型圆锥配合	位移型圆锥配合
装配的终止位置	固定	不定
配合性质的确定	圆锥直径公差带	轴向位移方向及大小
配合精度	圆锥直径公差（T_{De}、T_{Di}）	轴向位移公差（T_E）
圆锥直径公差带	影响配合性质、接触质量	影响初始位置、接触质量
圆锥直径配合公差	$T_{De}+T_{Di}$	$T_E C$

结构型圆锥配合优先选用基孔制，即内圆锥直径基本偏差用 H，根据不同配合的要求，外圆锥直径基本偏差在 a～zc 间选择。同时要注意，给出内、外圆锥直径公差带的公称圆锥直径应一致，其配合按 GB/T 1800.2—2009 选取。另外，由于结构型圆锥配合的圆锥直径公差的大小直接影响配合精度，因此推荐内、外圆锥直径公差等级不低于 IT9。如果对接触精度有更高的要求，则可进一步给出圆锥角公差和圆锥的形状公差。

四、圆锥尺寸及公差标注

GB/T 15754—1995 规定了圆锥尺寸和公差在图样上的标注方法。

（一）圆锥尺寸的标注

（1）尺寸标注　该标准规定的圆锥尺寸的标注如图 9-14 所示。

（2）锥度标注　锥度在图样上的标注如图 9-15 所示。

当所标注的锥度是标准圆锥系列之一（尤其是莫氏锥度或米制锥度）时，可用标准系列号和相应的标记表示，如图 9-15d 所示。

（二）圆锥公差的标注

圆锥公差的标注有以下两种方法：

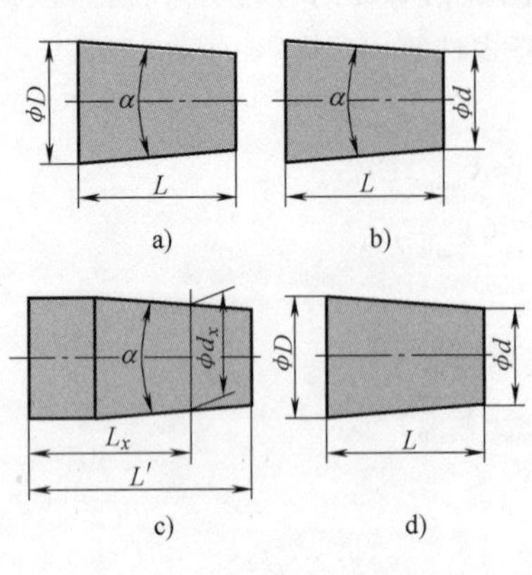

图 9-14 圆锥尺寸的标注

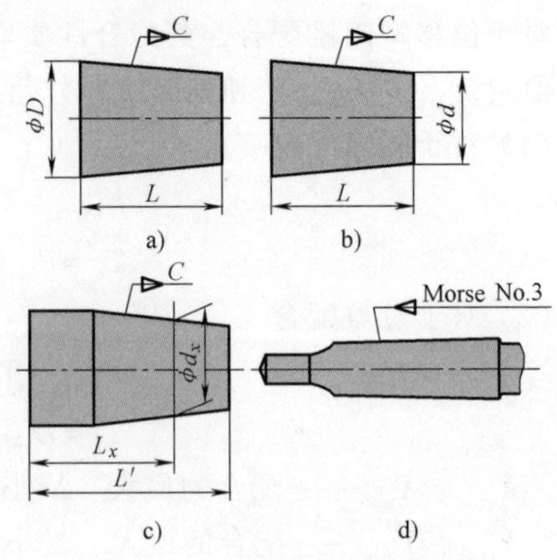

图 9-15 圆锥锥度的标注

1）只标注圆锥某一线值尺寸的公差，将锥度和其他的有关尺寸作为标准尺寸（理想尺寸标注在方框内，不注公差）。

① 给定圆锥角的圆锥公差注法如图 9-16 所示。

② 给定锥度的圆锥公差注法如图 9-17 所示。

③ 给定圆锥轴向位置的圆锥公差注法如图 9-18 所示。

④ 给定圆锥轴向位置公差的圆锥公差注法如图 9-19 所示。

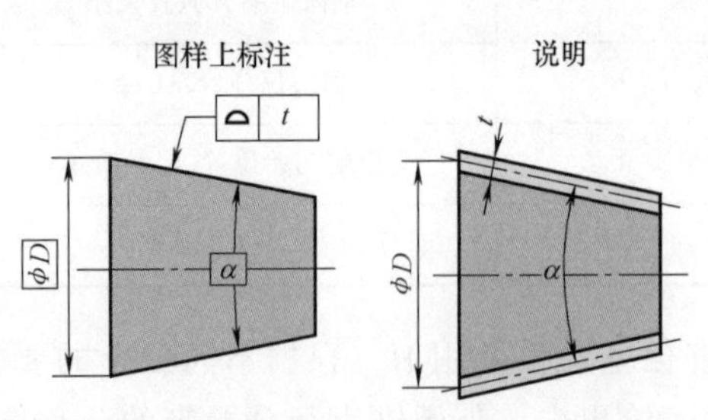

图 9-16 给定圆锥角的圆锥公差注法

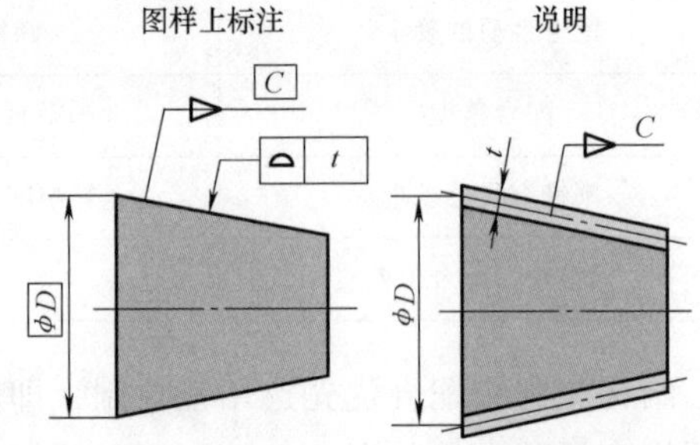

图 9-17 给定锥度的圆锥公差注法

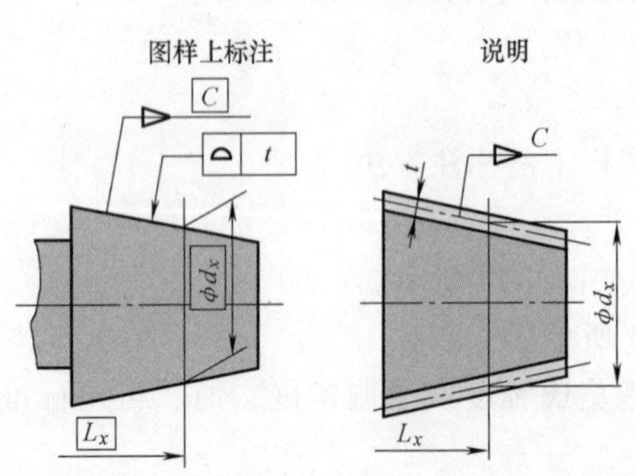

图 9-18 给定圆锥轴向位置的圆锥公差注法

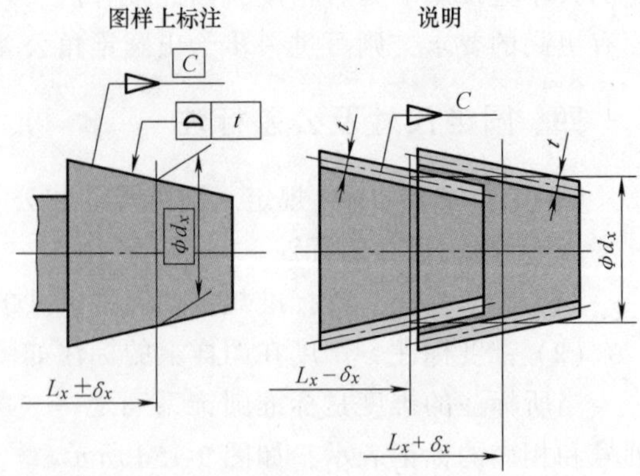

图 9-19 给定圆锥轴向位置公差的圆锥公差注法

若圆锥合格，则其圆锥角误差、形状误差及其直径误差等都应包容在公差带内。这一标注方法的特点是在垂直于圆锥轴线的所有截面内公差值的大小均相同。

2）在标注圆锥某一尺寸（D 或 L）的公差外，还要标注其锥度的公差。这种标注方法的特点是在垂直于圆锥轴线的不同截面内，公差大小不同。如图 9-20 所示，在锥度公差和某一尺寸公差的组合下，形成了圆锥表面最大界限和最小界限。

具体采用哪种方法标注，应根据圆锥零件的使用要求而定。

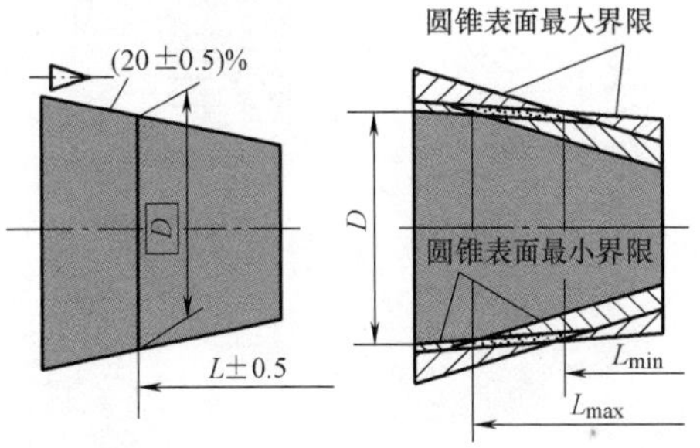

图 9-20　标注圆锥尺寸公差和锥度公差

（三）相配合的圆锥的公差注法

根据 GB/T 12360—2005 的要求，相配合的圆锥应保证各装配件的径向和（或）轴向位置。标注两个相配圆锥的尺寸及公差时，应确定：具有相同的锥度或圆锥角；标注尺寸公差的圆锥直径的公称尺寸应一致，确定直径（图 9-21）和位置（图 9-22）的理论正确尺寸与两装配件的基准平面有关。

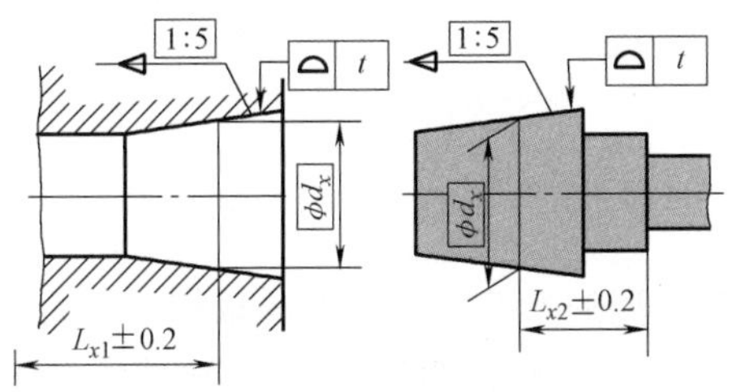

图 9-21　相配合圆锥的公差标注（一）

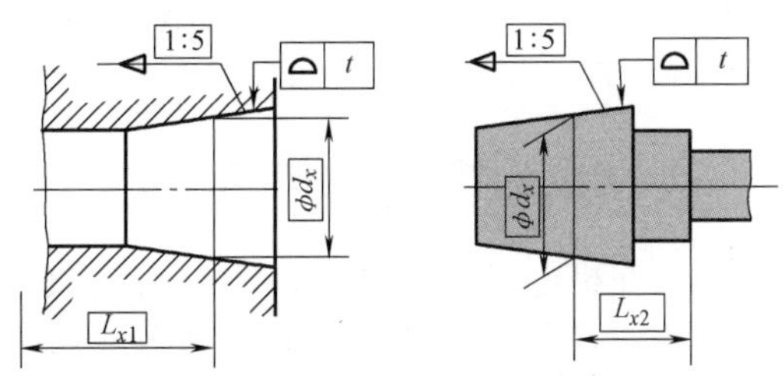

图 9-22　相配合圆锥的公差标注（二）

思　考　题

1. 圆锥结合与光滑圆柱体结合相比有何特点？
2. 确定圆锥公差的方法有哪几种？各适用于什么场合？
3. 圆锥的锥角一般有几种分法？

第十章 螺纹结合的互换性

第一节 概　　述

一、螺纹的种类及使用要求

螺纹在机电产品中的应用十分广泛，它是一种最典型的具有互换性的联接结构。为了满足普通螺纹的使用要求，保证其互换性，我国发布了一系列普通螺纹国家标准，主要有GB/T 14791—2013《螺纹　术语》、GB/T 192—2003《普通螺纹　基本牙型》、GB/T 193—2003《普通螺纹 直径与螺距系列》、GB/T 197—2003《普通螺纹　公差》以及GB/T 3934—2003《普通螺纹量规　技术条件》。螺纹按其结合性质和使用要求可分为以下三类：

（1）紧固螺纹　这类螺纹主要用于联接和紧固零部件，如米制普通螺纹等。这是使用最广泛的一种螺纹结合。对这种螺纹结合的主要要求是可旋合性和联接的可靠性。

（2）传动螺纹　传动螺纹用于传递精确的位移和动力，如机床中的丝杠和螺母、千斤顶的起重螺杆等。对这种螺纹结合的主要要求是传动比恒定，传递动力可靠。

（3）紧密螺纹　紧密螺纹用于要求具有气密性或水密性的条件下，如管螺纹联接，在管道中不得漏气、漏水或漏油。对这种螺纹结合的主要要求是具有良好的旋合性及密封性。

二、螺纹的基本牙型和几何参数

米制普通螺纹的基本牙型如图10-1中粗实线所示，该牙型具有螺纹的基本尺寸。

（1）大径（D或d）　大径是指与外螺纹牙顶或内螺纹牙底相切的假想圆柱的直径。对外螺纹而言，大径为顶径；对内螺纹而言，大径为底径。普通螺纹大径为螺纹的公称直径。

（2）小径（D_1或d_1）　小径是指与外螺纹牙底或内螺纹牙顶相切的假想圆柱的直径。对外螺纹而言，小径为底径；对内螺纹而言，小径为顶径。

（3）中径（D_2或d_2）　中径是一个假想圆柱的直径，该圆柱的母线通过螺纹牙型上沟槽和凸起宽度相等的地方，此假想圆柱称为中径圆柱，如图10-1所示。

上述三种直径的符号中，大写英文字母表示内螺纹，小写英文字母表示外螺纹。在同一结合中，内、外螺纹的大径、小径、中径的基本尺寸对应相同。

（4）单一中径　单一中径是一个假想圆柱的直径，该圆柱的母线通过牙型上沟槽宽度等于二分之一基本螺距的地方。

当螺距无误差时，单一中径和实际中径相等。当螺距有误差时，则两者不相等，如图 10-2 所示。

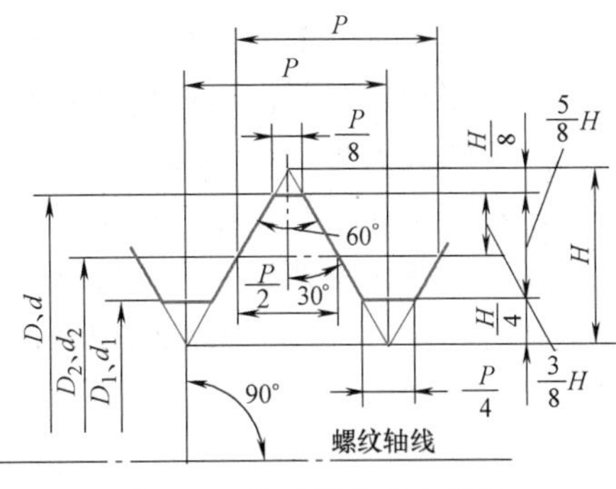

图 10-1　普通螺纹基本牙型

（5）螺距（P）　螺距是指相邻两牙体上的对应牙侧与中径线相交两点间的轴向距离。

（6）导程（P_h）　导程是指同一螺旋线上的相邻两牙在中径线上对应两点间的轴向距离。对于单线螺纹，导程与螺距同值；对于多线螺纹，导程等于螺距 P 与螺纹线数 n 的乘积，即导程 $P_h = nP$。

（7）原始三角形高度和牙型高度　原始三角形高度 H 是指由原始三角形顶点沿垂直于螺纹轴线方向到其底边的距离（$H=\sqrt{3}P/2$）；牙型高度是指在螺纹牙型上牙顶和牙底之间在垂直于螺纹轴线方向上的距离，如图 10-1 中的 $5H/8$。

（8）牙型角（α）和牙型半角（$\alpha/2$）　牙型角 α 是指在螺纹牙型上两相邻牙侧间的夹角，牙型半角 $\alpha/2$ 是牙型角的一半。

米制普通螺纹的牙型角 $\alpha = 60°$，牙型半角 $\alpha/2 = 30°$。

（9）螺纹升角（ψ）　螺纹升角 ψ 是指在中径圆柱上螺旋线的切线与垂直于螺纹轴线平面间的夹角。它与螺距 P 和中径 d_2 之间的关系为

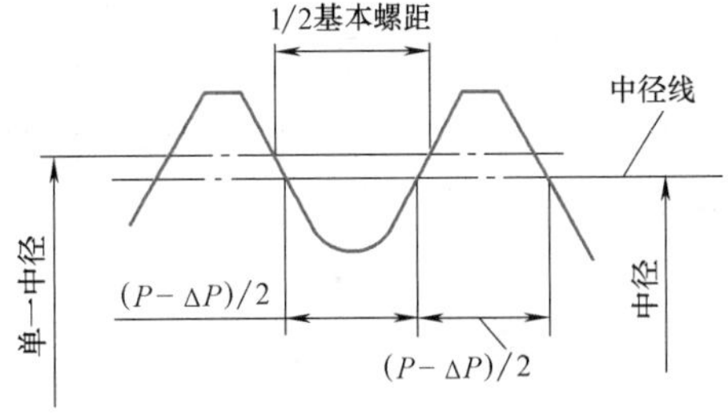

图 10-2　螺纹的单一中径

$$\tan\psi = \frac{nP}{\pi d_2}$$

式中　n——螺纹线数。

（10）螺纹旋合长度　螺纹的旋合长度是指两个相互配合的螺纹，沿螺纹轴线方向相互旋合部分的长度。

第二节　螺纹几何参数误差对螺纹互换性的影响

螺纹的主要几何参数有大径、小径、中径、螺距和牙型半角，这些参数的误差对螺纹互换性的影响不同，其中中径偏差、螺距误差和牙型半角误差是主要的影响因素。

一、螺距误差对互换性的影响

对于紧固螺纹来说，螺距误差主要影响螺纹的可旋合性和联接的可靠性；对于传动螺纹来说，螺距误差直接影响传动精度，影响螺牙上负荷分布的均匀性。

螺距误差包括局部误差和累积误差，前者与旋合长度无关，后者与旋合长度有关。

为了便于探讨，假设内螺纹具有理想牙型，外螺纹中径及牙型角与内螺纹相同，但螺距有误差，并假设外螺纹的螺距比内螺纹的大。假定在 n 个螺牙长度上，螺距累积误差为 ΔP_{Σ}。显然，这对螺纹将发生干涉而无法旋合，如图 10-3 所示。

为了使有螺距误差的外螺纹可旋入标准的内螺纹，在实际生产中，可把外螺纹中径减去一个数值 f_P，f_P 称为螺距误差的中径补偿值。

同理，当内螺纹螺距有误差时，为了保证可旋合性，应把内螺纹的中径加大一个数值 f_P。

从图 10-3 的 $\triangle ABC$ 中可以看出

$$f_P = \Delta P_{\Sigma} \cot\left(\frac{\alpha}{2}\right)$$

对于牙型角 $\alpha = 60°$ 的米制普通螺纹，有

$$f_P = 1.732 \mid \Delta P_{\Sigma} \mid \tag{10-1}$$

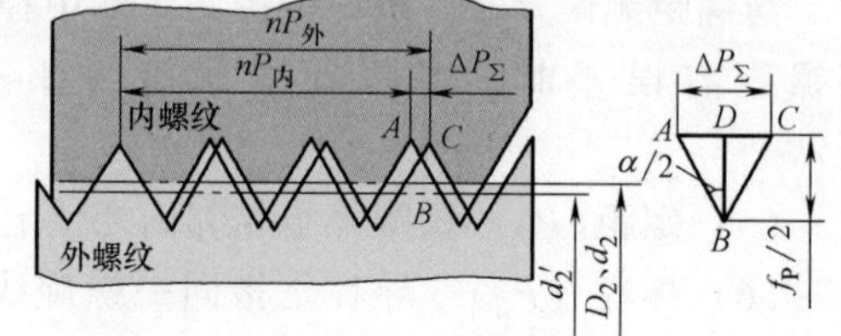

图 10-3　螺距累积误差对可旋合性的影响

二、牙型半角误差对互换性的影响

螺纹牙型半角误差也会影响螺纹的可旋合性与联接强度。

为便于讨论，假设内螺纹具有理想牙型，内、外螺纹的中径及螺距都没有误差，但外螺纹牙型半角有误差，这样牙侧间将发生干涉而不能旋合。其干涉分为以下两种情况。

（一）外螺纹牙型半角小于内螺纹牙型半角

由于外螺纹牙型半角小于内螺纹牙型半角，两螺纹将发生干涉，因而外螺纹将无法旋入内螺纹，如图 10-4a 所示。

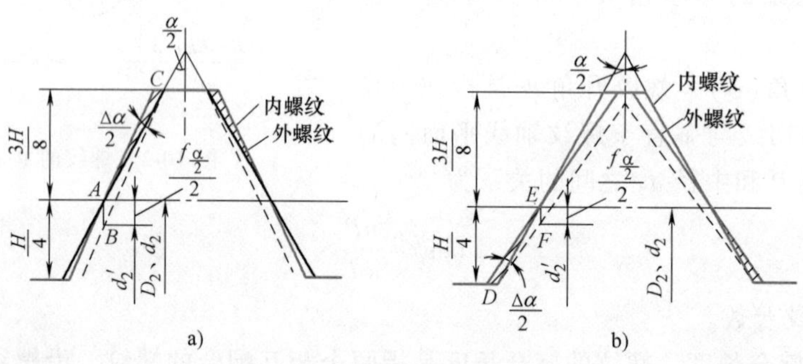

图 10-4　牙型半角误差的影响

为了使有牙型半角误差的外螺纹能旋入内螺纹，就必须把外螺纹的中径减小一个数值 $f_{\frac{\alpha}{2}}$，$f_{\frac{\alpha}{2}}$称为牙型半角误差的中径补偿值。

同理，当内螺纹牙型半角有误差时，为了保证可旋合性，就应该把内螺纹的中径加大 $f_{\frac{\alpha}{2}}$。

对于普通螺纹，由图 10-4a 中的 $\triangle ABC$，按正弦定理并经推导可得

$$f_{\frac{\alpha}{2}} = \left(1.5 \times 0.291 \times 10^{-3} \times 10^{-3} H \Delta \frac{\alpha}{2}\right) \Big/ \sin\alpha = \left(0.44 H \Delta \frac{\alpha}{2}\right) \Big/ \sin\alpha$$

或
$$f_{\frac{\alpha}{2}}=0.44P\Delta\frac{\alpha}{2} \tag{10-2}$$

（二）外螺纹牙型半角大于内螺纹牙型半角

同理，由图 10-4b 中的 $\triangle EFD$ 可得

$$f_{\frac{\alpha}{2}}=\left(0.291H\Delta\frac{\alpha}{2}\right)\Big/\sin\alpha$$

或
$$f_{\frac{\alpha}{2}}=0.291P\Delta\frac{\alpha}{2} \tag{10-3}$$

实际上经常是左、右半角偏差不相等，也可能一边的半角偏差为正，另一边的半角偏差为负，所以应区别不同的情况，按下列公式之一计算：

当 $\Delta\frac{\alpha}{2}(左)>0, \Delta\frac{\alpha}{2}(右)>0$ 时，则

$$f_{\frac{\alpha}{2}}=0.291P\left[\left|\Delta\frac{\alpha}{2}(左)\right|+\left|\Delta\frac{\alpha}{2}(右)\right|\right]\Big/2 \tag{10-4}$$

当 $\Delta\frac{\alpha}{2}(左)<0, \Delta\frac{\alpha}{2}(右)<0$ 时，则

$$f_{\frac{\alpha}{2}}=0.44P\left[\left|\Delta\frac{\alpha}{2}(左)\right|+\left|\Delta\frac{\alpha}{2}(右)\right|\right]\Big/2 \tag{10-5}$$

当 $\Delta\frac{\alpha}{2}(左)>0, \Delta\frac{\alpha}{2}(右)<0$ 时，则

$$f_{\frac{\alpha}{2}}=P\left[0.291\left|\Delta\frac{\alpha}{2}(左)\right|+0.44\left|\Delta\frac{\alpha}{2}(右)\right|\right]\Big/2 \tag{10-6}$$

当 $\Delta\frac{\alpha}{2}(左)<0, \Delta\frac{\alpha}{2}(右)>0$ 时，则

$$f_{\frac{\alpha}{2}}=P\left[0.44\left|\Delta\frac{\alpha}{2}(左)\right|+0.291\left|\Delta\frac{\alpha}{2}(右)\right|\right]\Big/2 \tag{10-7}$$

式中，$\Delta\frac{\alpha}{2}$（左）、$\Delta\frac{\alpha}{2}$（右）的单位为分（′）（$1'=0.291\times10^{-3}$rad），P 的单位为毫米（mm），$f_{\frac{\alpha}{2}}$的单位为微米（μm）。

三、中径偏差对互换性的影响

螺纹中径偏差是指中径实际尺寸与中径基本尺寸的代数差。当外螺纹中径比内螺纹中径大时，会影响螺纹的旋合性；反之，则使配合过松而影响联接的可靠性和紧密性，削弱联接强度，因此对中径偏差也必须加以限制。

四、螺纹中径合格性判断原则

（一）作用中径的概念

实际生产中，螺距误差 ΔP、牙型半角误差 $\Delta\frac{\alpha}{2}$和中径误差 $\Delta d_2(\Delta D_2)$总是同时存在的。前两项可折算成中径补偿值（f_P、$f_{\frac{\alpha}{2}}$），即折算成中径误差的一部分。因此，即使螺纹测得

的中径合格，由于存在 ΔP 和 $\Delta \dfrac{\alpha}{2}$，仍不能确定螺纹是否合格。

对于外螺纹，当有 ΔP 和 $\Delta \dfrac{\alpha}{2}$后，它只能和一个中径较大的内螺纹旋合，其效果就相当于有了 ΔP 和 $\Delta \dfrac{\alpha}{2}$后，外螺纹的中径增大了。这个增大了的假想中径称为外螺纹的作用中径，它是与内螺纹旋合时起作用的中径，其值为

$$d_{2作用} = d_{2实际} + (f_P + f_{\frac{\alpha}{2}}) \tag{10-8}$$

对于内螺纹，螺距误差和牙型半角误差使内螺纹只能和一个中径较小的外螺纹旋合，相当于内螺纹中径减小了。这个减小了的假想中径称为内螺纹的作用中径，其值为

$$D_{2作用} = D_{2实际} - (f_P + f_{\frac{\alpha}{2}}) \tag{10-9}$$

国家标准中对螺纹作用中径定义如下：在规定的旋合长度内，恰好包络实际螺纹的一个假想螺纹的中径，这个螺纹具有理想的螺距、牙型半角以及牙型高度，并在牙顶和牙底留有间隙，以保证包容时不与实际螺纹的大、小径发生干涉。外螺纹的作用中径如图 10-5 所示。

对于普通螺纹来说，没有单独规定螺距及牙型半角的公差，只规定了一个中径公差（T_{D_2}、T_{d_2}），如图 10-6 所示。这个公差同时用来限制实际中径、螺距及牙型半角三个要素的误差。

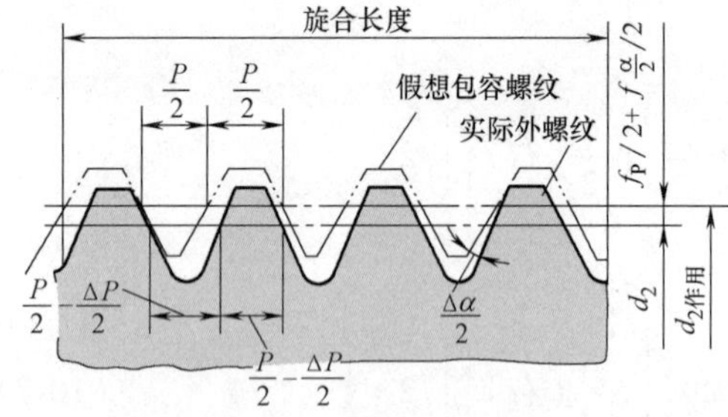

图 10-5 外螺纹的作用中径

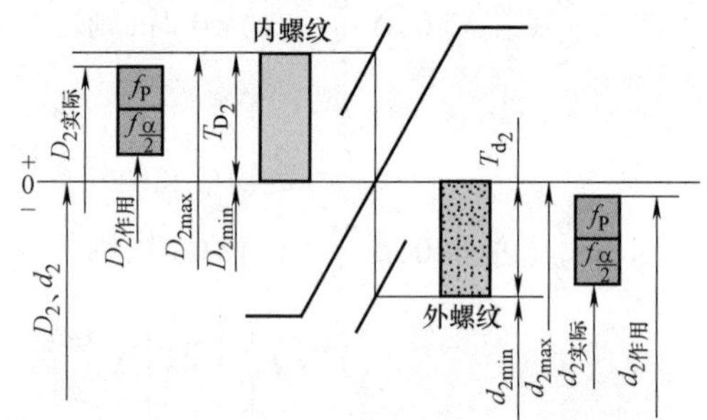

图 10-6 螺纹中径合格性判断示意图

（二）螺纹中径合格性判断

根据以上分析，螺纹中径是衡量螺纹互换性的主要指标。螺纹中径合格性的判断原则与光滑工件极限尺寸判断原则（泰勒原则）类同，即实际螺纹的作用中径不能超出最大实体牙型的中径，而实际螺纹上任何部位的单一中径不能超出最小实体牙型的中径。即

对于外螺纹 $d_{2作用} \leqslant d_{2max}$，$d_{2单一} \geqslant d_{2min}$

对于内螺纹 $D_{2作用} \geqslant D_{2min}$，$D_{2单一} \leqslant D_{2max}$

例 10-1 有一螺母，大径为 24mm，螺距为 3mm，螺母中径的公差带为 6H，加工后测得尺寸为：单一中径 $D_{2单一} = 22.285\text{mm}$，螺距误差 $\Delta P_\Sigma = +50\mu\text{m}$，牙型半角误差 $\dfrac{\Delta\alpha}{2}$(左) = $-80'$，$\dfrac{\Delta\alpha}{2}$(右) = $+60'$。试画出公差带图，并判断该螺母是否合格。

解 根据已知条件由表 10-2、表 10-3、表 10-4 查得 $D_2 = 22.051\text{mm}$，基本偏差 EI = 0，

中径公差 $T_{D_2}=265\mu m$，则中径的上极限偏差 $ES=EI+T_{D_2}=+265\mu m$。因此

$$D_{2max}=D_2+T_{D_2}=(22.051+0.265)mm$$
$$=22.316mm$$
$$D_{2min}=D_2=22.051mm$$

由式（10-1）、式（10-7）可计算螺距误差和牙型半角误差的中径补偿值为

$$f_P=1.732|\Delta P_\Sigma|=1.732\times50\mu m=86.6\mu m\approx0.087mm$$

$$f_{\frac{\alpha}{2}}=P\left[0.44\left|\Delta\frac{\alpha}{2}(左)\right|+0.291\left|\Delta\frac{\alpha}{2}(右)\right|\right]/2$$
$$=3\times(0.44\times80+0.291\times60)\times1/2\mu m=78.99\mu m\approx0.079mm$$

由式（10-9）可计算螺母的作用中径为

$$D_{2作用}=D_{2实际}-(f_P+f_{\frac{\alpha}{2}})$$
$$=[22.285-(0.087+0.079)]mm$$
$$=22.119mm$$

因为 $D_{2单一}=22.285mm<D_{2max}=22.316mm$

$D_{2作用}=22.119mm>D_{2min}=22.051mm$

所以该螺母合格，满足互换性要求。其公差带图如图 10-7 所示。

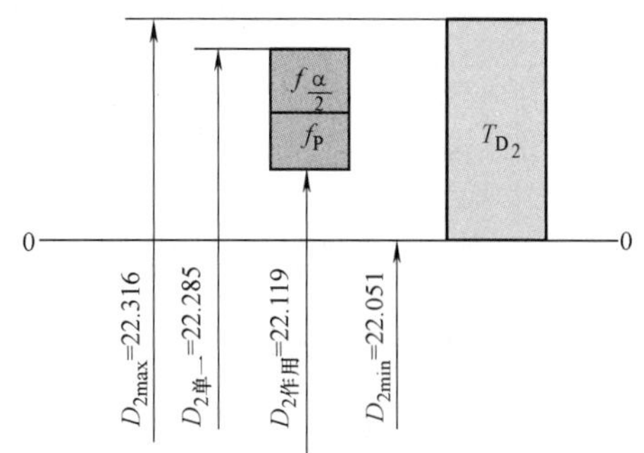

图 10-7 公差带图

第三节 普通螺纹的公差与配合

一、螺纹的公差等级

在螺纹中，普通螺纹是应用最为广泛的一种，由普通螺纹构成的构件品类多、数量大。因此，为了满足客观需要，世界各国对普通螺纹都在不断进行研究，逐步完善其标准。我国的普通螺纹国家标准中普通螺纹公差按 GB/T 197—2003《普通螺纹 公差》规定，考虑到中径（D_2、d_2）是决定配合性质的主要尺寸，并影响测量的便利性和互换性，标准规定有内、外螺纹中径公差（T_{D_2}、T_{d_2}），内螺纹小径公差（T_{D_1}）和外螺纹大径公差（T_d）。至于内螺纹大径（D）和外螺纹小径（d_1），因其属于限制性尺寸，不规定具体的公差数值，而只规定内、外螺纹牙底实际轮廓的任何点均不得超越按基本偏差所确定的最大实体牙型。内、外螺纹中径和顶径公差等级见表 10-1。

表 10-1 螺纹公差等级

螺纹直径			公差等级
内螺纹	中径	D_2	4、5、6、7、8
	小径（顶径）	D_1	
外螺纹	中径	d_2	3、4、5、6、7、8、9
	大径（顶径）	d	4、6、8

各公差等级中3级最高，9级最低，其中6级为基本级。

普通螺纹基本尺寸见表10-2。

表10-2 普通螺纹基本尺寸（摘自GB/T 196—2003） （mm）

公称直径(大径)D、d 第一系列	螺距 P	中径 D_2、d_2	小径 D_1、d_1	公称直径(大径)D、d 第一系列	螺距 P	中径 D_2、d_2	小径 D_1、d_1
10	1.5 1.25 1 0.75	9.026 9.188 9.350 9.513	8.376 8.647 8.917 9.188	20	2.5 2 1.5 1	18.376 18.701 19.026 19.350	17.294 17.835 18.376 18.917
12	1.75 1.5 1.25 1	10.863 11.026 11.188 11.350	10.106 10.376 10.647 10.917	24	3 2 1.5 1	22.051 22.701 23.026 23.350	20.752 21.835 22.376 22.917
16	2 1.5 1	14.701 15.026 15.350	13.835 14.376 14.917	30	3.5 3 2 1.5 1	27.727 28.051 28.701 29.026 29. 350	26.211 26.752 27.835 28.376 28. 917

二、螺纹的基本偏差

螺纹公差带位置是由基本偏差确定的。螺纹的基本牙型是计算螺纹偏差的基准，内、外螺纹的公差带相对于基本牙型的位置，与圆柱体的公差带位置一样，由基本偏差来确定。对于外螺纹，基本偏差是上极限偏差（es）；对于内螺纹，基本偏差是下极限偏差（EI）。

在普通螺纹标准中，对内螺纹规定了代号为G、H两种基本偏差，对外螺纹规定了代号为e、f、g、h四种基本偏差，如图10-8所示。

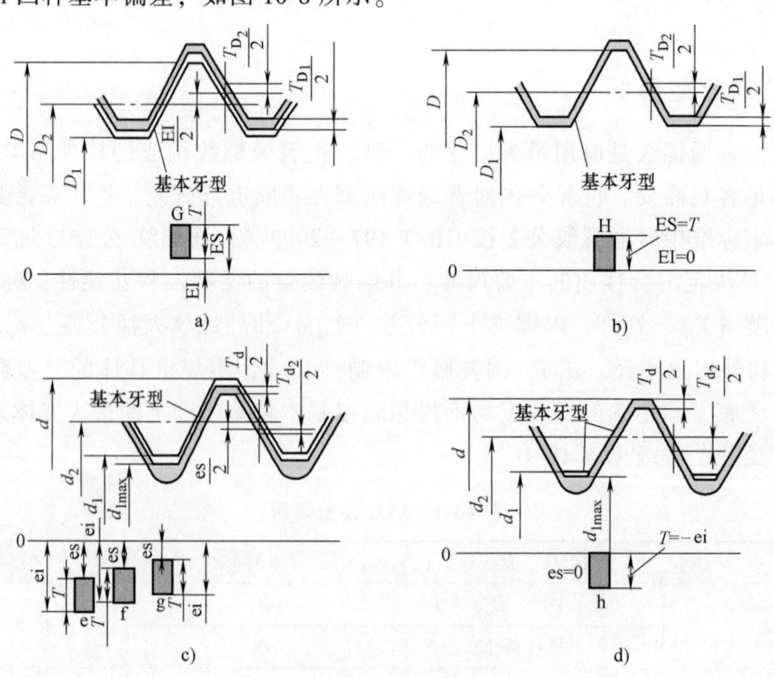

图10-8 普通螺纹的基本偏差

a）内螺纹公差带位置G b）内螺纹公差带位置H c）外螺纹公差带位置e、f、g d）外螺纹公差带位置h

H、h 的基本偏差为零，G 的基本偏差为正值，e、f、g 的基本偏差为负值。

普通螺纹的基本偏差和顶径公差见表 10-3，普通螺纹中径公差见表 10-4。

表 10-3　普通螺纹的基本偏差和顶径公差（摘自 GB/T 197—2003）

螺距 P/mm	内螺纹的基本偏差 EI/μm		外螺纹的基本偏差 es/μm				内螺纹小径公差 T_{D_1}/μm					外螺纹大径公差 T_d/μm		
	G	H	e	f	g	h	4	5	6	7	8	4	6	8
1	+26		-60	-40	-26		150	190	236	300	375	112	180	280
1.25	+28		-63	-42	-28		170	212	265	335	425	132	212	335
1.5	+32		-67	-45	-32		190	236	300	375	475	150	236	375
1.75	+34	0	-71	-48	-34	0	212	265	335	425	530	170	265	425
2	+38		-71	-52	-38		236	300	375	475	600	180	280	450
2.5	+42		-80	-58	-42		280	355	450	560	710	212	335	530
3	+48		-85	-63	-48		315	400	500	630	800	236	375	600

表 10-4　普通螺纹中径公差和中等旋合长度（摘自 GB/T 197—2003）

公称直径 D、d/mm	螺距 P/mm	内螺纹中径公差 T_{D_2}/μm					外螺纹中径公差 T_{d_2}/μm							N 组旋合长度/mm	
		公差等级					公差等级								
		4	5	6	7	8	3	4	5	6	7	8	9	>	≤
>11.2~22.4	1	100	125	160	200	250	60	75	95	118	150	190	236	3.8	11
	1.25	112	140	180	224	280	67	85	106	132	170	212	265	4.5	13
	1.5	118	150	190	236	300	71	90	112	140	180	224	280	5.6	16
	1.75	125	160	200	250	315	75	95	118	150	190	236	300	6	18
	2	132	170	212	265	335	80	100	125	160	200	250	315	8	24
	2.5	140	180	224	280	355	85	106	132	170	212	265	335	10	30
>22.4~45	1	106	132	170	212	—	63	80	100	125	160	200	250	4	12
	1.5	125	160	200	250	315	75	95	118	150	190	236	300	6.3	19
	2	140	180	224	280	355	85	106	132	170	212	265	335	8.5	25
	3	170	212	265	335	425	100	125	160	200	250	315	400	12	36

三、螺纹的公差带及其选用

按不同的公差带位置（G、H、e、f、g、h）及不同的公差等级（3~9）可以组成不同的公差带。公差带代号由表示公差等级的数字和表示基本偏差的字母组成，如 6H、5g 等。

在生产中，为了减少刀具、量具的规格和数量，对公差带的种类应加以限制。标准 GB/T 197—2003 规定了常用的公差带，见表 10-5。除有特殊要求，不应选择标准规定以外的公差带。表中只有一个公差带代号的表示中径和顶径公差带是相同的；有两个公差带代号的，前者表示中径公差带，后者表示顶径公差带。

标准中还将螺纹规定为精密、中等、粗糙三种精度。用于一般机械、仪器和构件的选中等精度；用于要求配合性质变动较小的选精密级精度；对于要求不高或制造困难的选粗糙级精度。

表 10-5 普通螺纹的推荐公差带

公差精度	内螺纹公差带			外螺纹公差带		
	S	N	L	S	N	L
精密	4H	5H	6H	(3h4h)	**4h** (4g)	(5h4h) (5g4g)
中等	**5H** (5G)	**[6H]** **6G**	**7H** (7G)	(5g6g) (5h6h)	**6e** **6f** **[6g]** 6h	(7e6e) (7g6g) (7h6h)
粗糙	—	7H (7G)	8H (8G)	—	(8e) 8g	(9e8e) (9g8g)

注：1. 选用顺序依次为：粗字体公差带、一般字体公差带、括号内的公差带。

2. 带方框的粗字体公差带用于大量生产的紧固件螺纹。

3. 推荐公差带也适用于薄涂镀层的螺纹，如电镀螺纹。所选择的涂镀前公差带应满足涂镀后螺纹实际轮廓上的任何点不超出按公差带位置 H 或 h 确定的最大实体牙型。

标准中将螺纹的旋合长度分为三组，即短旋合长度组（S）、中等旋合长度组（N）和长旋合长度组（L）。一般采用中等旋合长度组。螺纹旋合长度见表 10-6。

表 10-6 螺纹旋合长度（摘自 GB/T 197—2003） （单位：mm）

公称直径 D、d		螺距 P	旋合长度			
			S	N		L
>	≤		≤	>	≤	>
5.6	11.2	0.75	2.4	2.4	7.1	7.1
		1	3	3	9	9
		1.25	4	4	12	12
		1.5	5	5	15	15
11.2	22.4	1	3.8	3.8	11	11
		1.25	4.5	4.5	13	13
		1.5	5.6	5.6	16	16
		1.75	6	6	18	18
		2	8	8	24	24

公称直径 D、d		螺距 P	旋合长度			
			S	N		L
>	≤		≤	>	≤	>
11.2	22.4	2.5	10	10	30	30
22.4	45	1	4	4	12	12
		1.5	6.3	6.3	19	19
		2	8.5	8.5	25	25
		3	12	12	36	36
		3.5	15	15	45	45
		4	18	18	53	53
		4.5	21	21	63	63

螺纹的旋合长度与螺纹的精度密切相关。旋合长度增加，螺纹牙型半角误差和螺距误差就可能增加，以同样的中径公差值加工就会更困难，显然，衡量螺纹的精度应包括旋合长度。表 10-5 反映了内、外螺纹精度与旋合长度的关系。

内、外螺纹选用的公差带可以任意组合，为了保证足够的接触高度，加工好的内、外螺纹最好组成 H/g、H/h 或 G/h 的配合。一般情况采用最小间隙为零的 H/h 配合；对用于经常拆卸、工作温度高或需涂镀的螺纹，通常采用 H/g 或 G/h 具有保证间隙的配合。

四、螺纹在图样上的标注

完整的螺纹标记由螺纹特征代号、尺寸代号、公差带代号及其他有必要做进一步说明的个别信息（包括螺纹的旋合长度和旋向）组成，中间用“-”隔开。

例如：

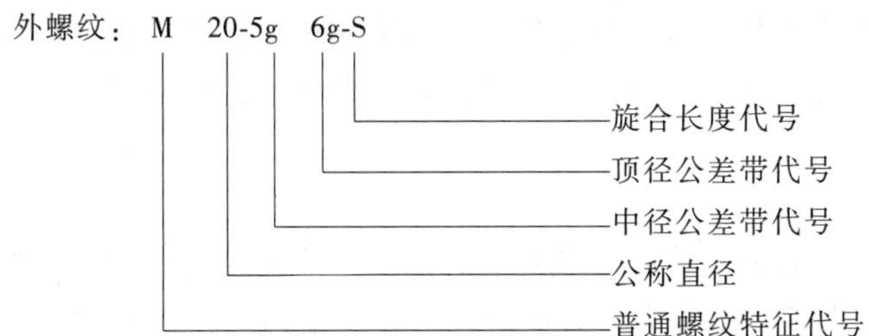

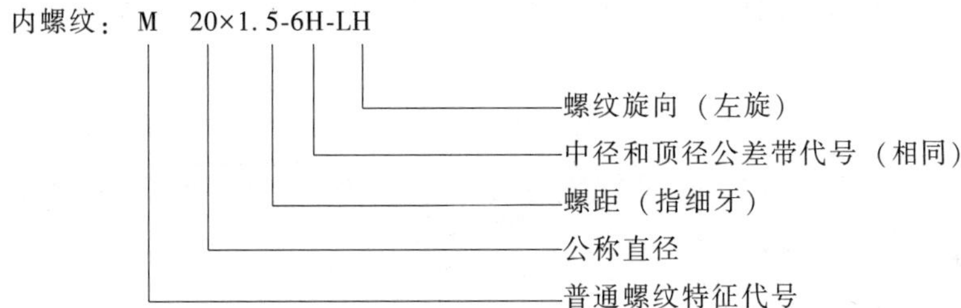

螺纹旋合长度不注时，表示中等旋合长度。必要时，可标注旋合长度数值。例如 M10×1-6H-20，表示旋合长度为 20mm。

内、外螺纹装配在一起，其公差带代号用斜线分开，如 M20×2-6H/5g6g，左边表示内螺纹公差带代号，右边表示外螺纹公差带代号。

例 10-2　查出 M20×2-7g6g 螺纹的极限偏差。

解　螺纹代号 M20×2 表示细牙普通螺纹，公称直径为 20mm，螺距为 2mm；公差带代号 7g6g 表示外螺纹中径公差带代号为 7g，大径公差带代号为 6g。

由表 10-3 可知，g 的基本偏差(es) = −38μm；由表 10-4 可知，公差等级为 7 时，中径公差 $T_{d_2}=200\mu m$；由表 10-3 可知，公差等级为 6 时，大径公差 $T_d=280\mu m$。

故

中径上极限偏差(es) = −38μm

中径下极限偏差(ei) = $es-T_{d_2}=-238\mu m$

大径上极限偏差(es) = −38μm

大径下极限偏差(ei) = $es-T_d=-318\mu m$

普通螺纹螺牙侧面的表面粗糙度 *Ra* 值见表 10-7。

表 10-7 普通螺纹螺牙侧面的表面粗糙度 *Ra* 值

工　件	螺纹中径公差等级		
	4、5	6、7	8、9
	Ra/μm		
螺栓、螺钉、螺母	≤1.6	≤3.2	3.2~6.3
轴及套筒上的螺纹	0.8~1.6	≤1.6	≤3.2

第四节　梯形螺纹简述

各种传动螺纹如机床丝杠、起重机螺杆等，其螺纹牙型多采用梯形螺纹。这是因为梯形螺纹具有传动效率高、精度高和加工方便等优点，并能够满足传动螺纹的使用要求。

一、梯形螺纹基本尺寸

国家标准规定的梯形螺纹是由原始三角形截去顶部和底部所形成的，其原始三角形为顶角等于30°的等腰三角形。为了保证梯形螺纹传动的灵活性，必须使内、外螺纹配合后在大径和小径间留有一个保证间隙 a_c，为此，分别在内、外螺纹的牙底上，由基本牙型让出一个大小等于 a_c 的间隙，如图 10-9 所示。梯形螺纹基本尺寸的名称、代号及关系式见表 10-8。

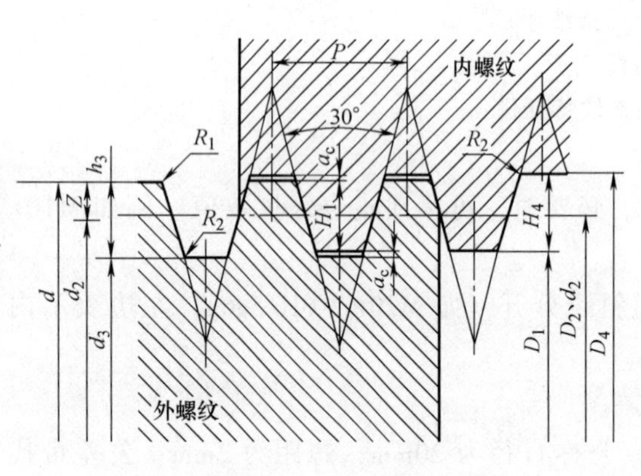

图 10-9　梯形螺纹

表 10-8　梯形螺纹基本尺寸的名称、代号及关系式

名　称	代号	关 系 式
外螺纹大径	d	
螺　距	P	
牙顶间隙	a_c	
基本牙型高度	H_1	$H_1=0.5P$
外螺纹牙高	h_3	$h_3=H_1+a_c=0.5P+a_c$
内螺纹牙高	H_4	$H_4=H_1+a_c=0.5P+a_c$
牙顶高	Z	$Z=0.25P=0.5H_1$
外螺纹中径	d_2	$d_2=d-2Z=d-0.5P$
内螺纹中径	D_2	$D_2=d-2Z=d-0.5P$
外螺纹小径	d_3	$d_3=d-2h_3$
内螺纹小径	D_1	$D_1=d-2H_1=d-P$
内螺纹大径	D_4	$D_4=d+2a_c$
外螺纹牙顶圆角	R_1	$R_{1\max}=0.5a_c$
牙底圆角	R_2	$R_{2\max}=a_c$

二、梯形螺纹公差

梯形螺纹标准中，对内、外螺纹的大、中、小径分别规定了公差等级，见表 10-9。

标准对内螺纹的大径 D_4、中径 D_2 和小径 D_1 只规定了一种基本偏差 H（下极限偏差），其值为零；对外螺纹的中径 d_2 规定了 e 和 c 两种基本偏差，对大径 d 和小径 d_3 规定了一种基本偏差 h（上极限偏差），其值为零，e 和 c 的基本偏差（上极限偏差）为负值。

表 10-9 梯形螺纹公差等级（摘自 GB/T 5796.4—2005）

直　径	公差等级	直　径	公差等级
内螺纹小径 D_1	4	外螺纹中径 d_2	7、8、9
外螺纹大径 d	4	外螺纹小径 d_3	7、8、9
内螺纹中径 D_2	7、8、9		

三、梯形螺纹标记

梯形螺纹的标记由梯形螺纹代号、公差带代号及旋合长度代号组成。

当旋合长度为中等旋合长度时，不标注旋合长度代号。当旋合长度为长旋合长度时，应将组别代号 L 写在公差带代号的后面，并用“-”隔开。

在装配图中，梯形螺纹的公差带要分别注出内、外螺纹的公差带代号。前面是内螺纹公差带代号，后面是外螺纹公差带代号，中间用斜线分开，如 Tr 40×7-7H/7e。

例如：

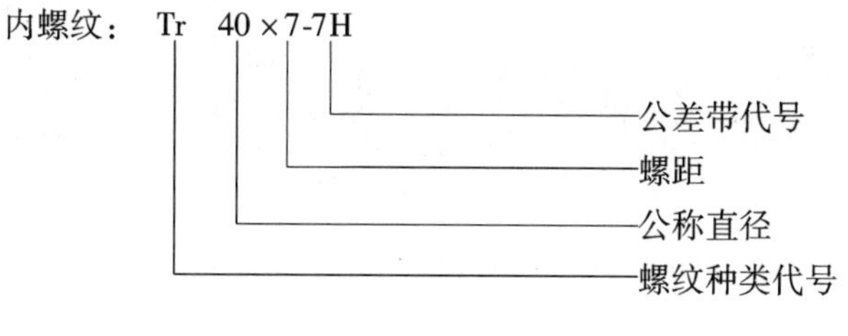

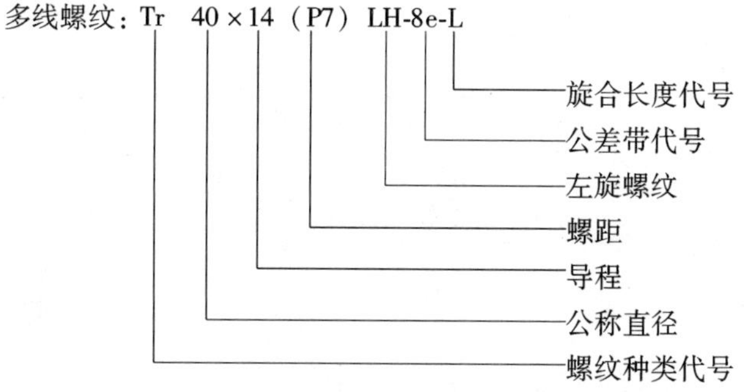

多线螺纹的顶径公差和底径公差与单线螺纹相同，多线螺纹的中径公差是在单线螺纹中径公差的基础上按线数不同分别乘以系数得到的。

第五节　普通螺纹的检测

普通螺纹是多参数要素，其检测方法可分为综合检验和单项测量两类。下面仅介绍螺纹的综合检验，螺纹的单项测量内容详见本书后实验指导书。

综合检验是指按泰勒原则使用螺纹量规检验被测螺纹各几何参数误差的综合结果，用该量规的通规检验被测螺纹的作用中径（含底径），用止规检验被测螺纹的单一中径，还要用光滑极限量规检验被测螺纹顶径的实际尺寸。

检验内螺纹的量规称为螺纹塞规，检验外螺纹的量规称为螺纹环规。

如图 10-10 和图 10-11 所示，螺纹量规通规模拟体现被测螺纹的最大实体牙型，检验被测螺纹的作用中径是否超出其最大实体牙型的中径，并同时检验被测螺纹底径的实际尺寸是否超出其最大实体尺寸。因此，通规应具有完整的牙型，并且其螺纹的长度应等于被测螺纹的旋合长度。止规用来检验被测螺纹的单一中径是否超出其最小实体牙型的中径，因此止规采用截短牙型，并且只有 2~3 个螺距的螺纹长度，以减少牙侧角偏差和螺距误差对检验结果的影响。

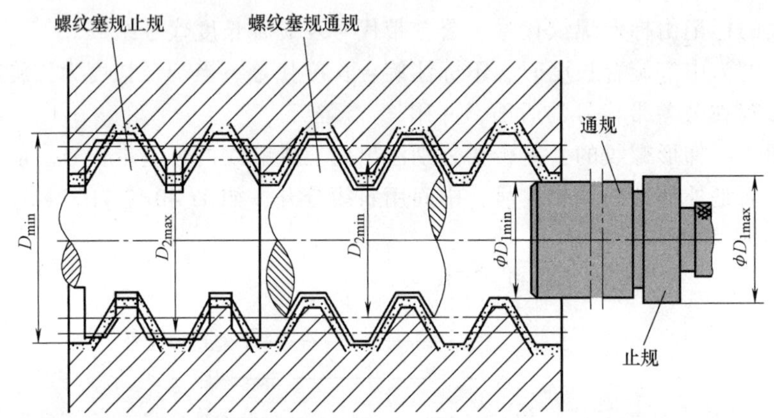

图 10-10　用螺纹塞规和光滑极限塞规检验内螺纹

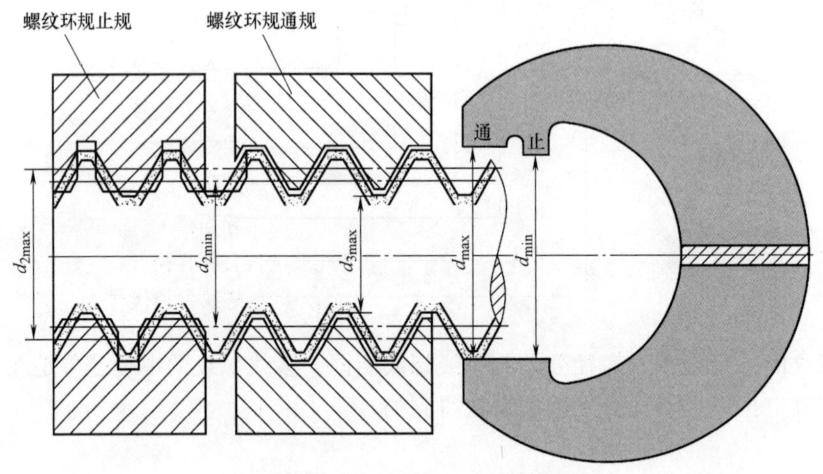

图 10-11　用螺纹环规和光滑极限卡规检验外螺纹

用螺纹量规检验时，若其通规能够旋合通过整个被测螺纹，则认为旋合性合格，否则不合格；若其止规不能旋入或不能完全旋入被测螺纹（只允许与被测螺纹的两端旋合，旋合量不得超过两个螺距），则认为联接强度合格，否则不合格。

螺纹量规通规、止规以及检验螺纹顶径用的光滑极限量规的设计计算，详见 GB/T 3934—2003《普通螺纹量规　技术条件》。

思 考 题

1. 螺纹中径、单一中径和作用中径三者有何区别和联系？

2. 普通螺纹结合中，内、外螺纹中径公差是如何构成的？如何判断中径的合格性？

3. 对于普通紧固螺纹，标准中为什么不单独规定螺距公差与牙型半角公差？

4. 普通螺纹的实际中径在中径极限尺寸内，中径是否一定合格？为什么？

5. 一对螺纹配合代号为 M20×2-6H/5g6g，试查表确定外螺纹中径、大径和内螺纹中径、小径的极限偏差。

6. 为什么要把螺距误差和牙型半角误差折算成中径上的当量值？其计算关系如何？

7. 影响螺纹互换性的参数有哪几项？

键和花键的互换性

第一节 概 述

一、键联接的用途

键联接在机械工程中应用广泛，通常用于轴与轴上零件（齿轮、带轮、联轴器等）之间的联接，用以传递转矩和运动。必要时，配合件之间还可以有轴向相对运动，如变速箱中的齿轮可以沿花键轴移动以达到变换速度的目的。

二、键联接的分类

为了满足键联接的使用要求，并保证其互换性，我国发布了 GB/T 1095—2003《平键 键槽的剖面尺寸》和 GB/T 1144—2001《矩形花键尺寸、公差和检验》等国家标准。键联接可分为单键联接和花键联接两大类。

（一）单键联接

采用单键联接时，在孔和轴上均铣出键槽，再通过单键联接在一起。单键按其结构形状不同分为四种：①平键，包括普通平键、导向平键和滑键；②半圆键；③楔键，包括普通楔键和钩头型楔键；④切向键。

四种单键联接中，以普通平键和半圆键应用最为广泛。单键的类型及示意图见表 11-1。

（二）花键联接

花键联接按其键齿形状分为矩形花键、渐开线花键和三角形花键三种，其结构如图 11-1 所示。

两类键联接比较，花键联接具有以下优点：

1）键与轴或孔为一整体，强度高，负荷分布均匀，可传递较大的转矩。

2）联接可靠，导向精度高，定心性好，易达到较高的同轴度要求。

但是，由于花键的加工制造比单键复杂，故其成本较高。

表 11-1 单键的类型及示意图

类型		图形	类型		图形
平键	普通平键	A型 B型 C型	半圆键		
平键	导向平键	A型 B型	楔键	普通楔键	1:100
平键	滑键		楔键	钩头型楔键	1:100
			切向键		1:100

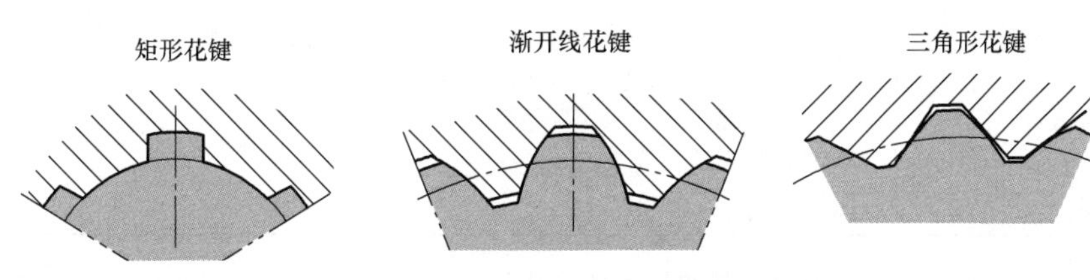

图 11-1 花键联接的三种结构

第二节 单键联接的公差与配合

由于单键联接中普通平键和半圆键应用最广，故这里仅介绍普通平键和半圆键的公差与配合，其结构及尺寸参数如图 11-2 所示。

一、配合尺寸的公差与配合

在键联接中，转矩是通过键的侧面与键槽的侧面相互接触来传递的，因此它们的宽度 b 是主要配合尺寸。

由于键为标准件，所以键与键槽宽 b 的配合采用基轴制，通过规定键槽不同的公差带来满足不同的配合性能要求。按照配合的松紧程度不同，普通平键分为松联接、正常联接和紧密联接；半圆键也分为松联接、正常联接和紧密联接。国家标准 GB/T 1095—2003《平键 键槽的剖面尺寸》对轴键槽和轮毂键槽宽度各规定了三组公差带，构成三组配合，其公差带从 GB/T 1801—2009 中选取。各种配合的配合性质及应用见表 11-2。平键的公差与配合图解如图 11-3 所示。

表 11-3 和表 11-5 所列分别为普通平键和半圆键键槽的尺寸与公差；普通平键和半圆键的尺寸与公差分别见表 11-4 和表 11-6。

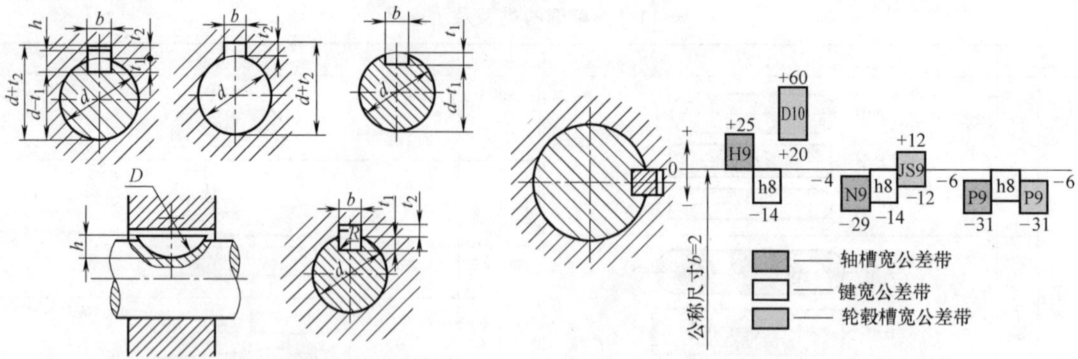

图 11-2　普通平键和半圆键联接结构

图 11-3　平键的公差与配合图解

表 11-2　键宽与轴槽宽及轮毂槽宽的公差、配合性质及应用

键的类型	配合种类	尺寸 b 的公差			配合性质及应用
		键	轴槽	轮毂槽	
平　键	松联接	h8	H9	D10	键在轴上及轮毂中均能滑动。主要用于导向平键上，轮毂需在轴上做轴向移动
	正常联接		N9	JS9	键在轴上及轮毂中固定。用于传递载荷不大的场合，在机械制造中应用广泛
	紧密联接		P9	P9	键在轴上及轮毂中固定，且比正常联接更紧。主要用于传递重载、冲击载荷及双向传递转矩的场合
半圆键	一般联接		N9	JS9	定位及传递转矩
	紧密联接		P9		
	松联接		H9	D10	

表 11-3　普通平键键槽的尺寸与公差（摘自 GB/T 1095—2003）　　（单位：mm）

键尺寸 $b\times h$	键槽										
	宽度 b						深度				半径 r
	公称尺寸	极限偏差					轴 t_1		毂 t_2		
		正常联接		紧密联接	松联接		公称尺寸	极限偏差	公称尺寸	极限偏差	
		轴 N9	毂 JS9	轴和毂 P9	轴 H9	毂 D10					min max
4×4	4	0 −0.030	±0.015	−0.012 −0.042	+0.030 0	+0.078 +0.030	2.5	+0.1 0	1.8	+0.1 0	0. 08 0. 16
5×5	5						3.0		2.3		0.16 0.25
6×6	6						3.5		2.8		
8×7	8	0 −0.036	±0.018	−0.015 −0.051	+0.036 0	+0.098 +0.040	4.0	+0.2 0	3.3	+0.2 0	
10×8	10						5.0		3.3		
12×8	12	0 −0.043	±0.0215	−0.018 −0.061	+0.043 0	+0.120 +0.050	5.0		3.3		
14×9	14						5.5		3.8		0.25 0.40
16×10	16						6.0		4.3		
18×11	18						7.0		4.4		
20×12	20	0 −0.052	±0.026	−0.022 −0.074	+0.052 0	+0.149 +0.065	7.5		4.9		
22×14	22						9.0		5.4		0.40 0.60
25×14	25						9.0		5.4		
28×16	28						10.0		6.4		
32×18	32	0 −0.062	±0.031	−0.026 −0.088	+0.062 0	+0.180 +0.080	11.0		7.4		
36×20	36						12.0	+0.3 0	8.4	+0.3 0	0.70 1.00
40×22	40						13.0		9.4		
45×25	45						15.0		10.4		
50×28	50						17.0		11.4		

注：$(d-t_1)$ 和 $(d+t_2)$ 两组尺寸的偏差，按相应的 t_1 和 t_2 的偏差选取，但 $(d-t_1)$ 的偏差值应取负号（−）。

表 11-4 普通平键的尺寸与公差（摘自 GB/T 1096—2003） （单位：mm）

<table>
<tr><td rowspan="2">宽度 b</td><td>公称尺寸</td><td>8</td><td>10</td><td>12</td><td>14</td><td>16</td><td>18</td><td>20</td><td>22</td><td>25</td><td>28</td></tr>
<tr><td>h8</td><td colspan="2">0
-0.022</td><td colspan="4">0
-0.027</td><td colspan="4">0
-0.033</td></tr>
<tr><td rowspan="2">高度 h</td><td>公称尺寸</td><td>7</td><td>8</td><td>9</td><td>10</td><td>11</td><td>12</td><td>14</td><td>16</td></tr>
<tr><td>h11</td><td colspan="4">0
-0.090</td><td colspan="4">0
-0.110</td></tr>
</table>

表 11-5 半圆键键槽的尺寸与公差（摘自 GB/T 1098—2003） （单位：mm）

<table>
<tr><td rowspan="5">键尺寸
$b \times h \times D$</td><td colspan="13">键槽</td></tr>
<tr><td colspan="6">宽度 b</td><td colspan="4">深度</td><td rowspan="3" colspan="2">半径
R</td></tr>
<tr><td rowspan="3">公称
尺寸</td><td colspan="5">极限偏差</td><td colspan="2">轴 t_1</td><td colspan="2">毂 t_2</td></tr>
<tr><td colspan="2">正常联接</td><td>紧密联接</td><td colspan="2">松联接</td><td rowspan="2">公称
尺寸</td><td rowspan="2">极限
偏差</td><td rowspan="2">公称
尺寸</td><td rowspan="2">极限
偏差</td></tr>
<tr><td>轴 N9</td><td>毂 JS9</td><td>轴和
毂 P9</td><td>轴 H9</td><td>毂 D10</td><td>max</td><td>min</td></tr>
<tr><td>3×5×13</td><td>3</td><td rowspan="2">-0.004
-0.029</td><td rowspan="2">±0.0125</td><td rowspan="2">-0.006
-0.031</td><td rowspan="2">+0.025
0</td><td rowspan="2">+0.060
+0.020</td><td>3.8</td><td rowspan="6">+0.2
0</td><td>1.4</td><td rowspan="8">+0.1
0</td><td rowspan="2">0.16</td><td rowspan="2">0.08</td></tr>
<tr><td>3×6.5×16</td><td>3</td><td>5.3</td><td>1.4</td></tr>
<tr><td>4×6.5×16</td><td>4</td><td rowspan="7">0
-0.030</td><td rowspan="7">±0.015</td><td rowspan="7">-0.012
-0.042</td><td rowspan="7">+0.030
0</td><td rowspan="7">+0.078
+0.030</td><td>5.0</td><td>1.8</td><td rowspan="7">0.25</td><td rowspan="7">0.16</td></tr>
<tr><td>4×7.5×19</td><td>4</td><td>6.0</td><td>1.8</td></tr>
<tr><td>5×6.5×16</td><td>5</td><td>4.5</td><td>2.3</td></tr>
<tr><td>5×7.5×19</td><td>5</td><td>5.5</td><td>2.3</td></tr>
<tr><td>5×9×22</td><td>5</td><td>7.0</td><td rowspan="3">+0.3
0</td><td>2.3</td></tr>
<tr><td>6×9×22</td><td>6</td><td>6.5</td><td>2.8</td></tr>
<tr><td>6×10×25</td><td>6</td><td>7.5</td><td>2.8</td><td>+0.2
0</td></tr>
</table>

表 11-6 半圆键的尺寸与公差（摘自 GB/T 1099.1—2003） （单位：mm）

<table>
<tr><td rowspan="2">键尺寸
$b \times h \times D$</td><td colspan="2">宽度 b</td><td colspan="2">高度 h</td><td colspan="2">直径 D</td></tr>
<tr><td>公称尺寸</td><td>极限偏差</td><td>公称尺寸</td><td>极限偏差
(h12)</td><td>公称尺寸</td><td>极限偏差
(h12)</td></tr>
<tr><td>3×5×13</td><td>3</td><td rowspan="9">0
-0.025</td><td>5</td><td></td><td>13</td><td rowspan="3">0
-0.180</td></tr>
<tr><td>3×6.5×16</td><td>3</td><td>6.5</td><td rowspan="8">0
-0.15</td><td>16</td></tr>
<tr><td>4×6.5×16</td><td>4</td><td>6.5</td><td>16</td></tr>
<tr><td>4×7.5×19</td><td>4</td><td>7.5</td><td>19</td><td>0
-0.210</td></tr>
<tr><td>5×6.5×16</td><td>5</td><td>6.5</td><td>16</td><td>0
-0.180</td></tr>
<tr><td>5×7.5×19</td><td>5</td><td>7.5</td><td>19</td><td rowspan="4">0
-0.210</td></tr>
<tr><td>5×9×22</td><td>5</td><td>9</td><td>22</td></tr>
<tr><td>6×9×22</td><td>6</td><td>9</td><td>22</td></tr>
<tr><td>6×10×25</td><td>6</td><td>10</td><td>25</td></tr>
</table>

二、非配合尺寸的公差

普通平键和半圆键联接的非配合尺寸如图 11-2 所示。

非配合尺寸公差规定如下：

t_1（轴槽深）、t_2（轮毂槽深）见表 11-3，L（轴槽长）为 H14，L（键长）为 h14，h（键高）为 h11，d_1（半圆键直径）为 h12。

键的各要素公差见表 11-3~表 11-6。

三、键和键槽的几何公差

为了保证键和键槽之间具有足够的接触面积和避免装配困难，国家标准还规定了轴键槽对轴的轴线和轮毂键槽对孔的轴线的对称度公差和键的两个配合侧面的平行度公差。轴键槽和轮毂键槽的对称度公差按 GB/T 1184—1996《形状和位置公差　未注公差值》中对称度公差 7~9 级选取。当键长 L 与键宽 b 之比大于或等于 8 时，键的两侧面的平行度应符合 GB/T 1184—1996的规定，当 $b \leqslant 6$mm 时按 7 级选取，当 $b \geqslant 8 \sim 36$mm 时按 6 级选取，当 $b \geqslant 40$mm 时按 5 级选取。

同时还规定轴键槽、轮毂键槽宽 b 的两侧面的表面粗糙度 Ra 值的上限值一般取为 1.6~3.2μm，轴键槽底面、轮毂键槽底面的表面粗糙度 Ra 值的上限值取为 6.3μm。

当形状误差的控制可由工艺保证时，图样上可不给出公差。

第三节　矩形花键联接的公差与配合

一、矩形花键的定心方式

花键联接的主要要求是保证内、外花键联接后具有较高的同轴度，并能传递转矩。矩形花键有大径 D、小径 d 和键与键槽宽 B 三个主要尺寸参数，如图 11-4 所示。若要求这三个尺寸都起定心作用是很困难的，而且也没有必要。定心尺寸应按较高的精度制造，以保证定心精度。

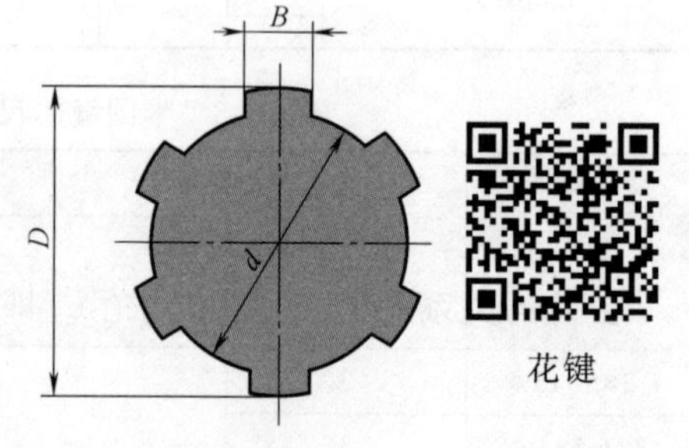

图 11-4　矩形花键主要尺寸

根据定心要求的不同，定心方式可分为：按大径 D 定心，按小径 d 定心，按键宽 B 定心。

国家标准 GB/T 1144—2001《矩形花键尺寸、公差和检验》规定矩形花键用小径定心，因为小径定心有一系列优点。当用大径定心时，内花键定心表面的精度依靠拉刀保证。而当内花键定心表面硬度要求高（40HRC 以上）时，热处理后的变形难以用拉刀修正；当内花键定心表面粗糙度要求高（Ra<0.63μm）时，用拉削工艺也难以保证；在单件、小批量生产及大规格花键中，内花键也难以采用拉削工艺，因为该种加工方法不经济。采用小径定心时，热处理后的变形可用内圆磨修复，而且内圆磨可达到更高的尺寸精度和更小的表面粗糙度值要求。因而小径定心的定心精度高，定心稳定性好，使用寿命长，有利于提高产品质量。外花键小径精度可用成形磨削保证。

二、矩形花键的公差与配合

国家标准 GB/T 1144—2001 规定，矩形花键的尺寸公差采用基孔制，目的是减少拉刀的数目。

对内花键规定了拉削后热处理和不热处理两种。标准中规定，按装配形式分为滑动、紧滑动和固定三种配合。其区别在于，前两种在工作过程中，既可传递转矩，花键套又可在轴上移动；后者只用来传递转矩，花键套在轴上无轴向移动。不同的配合性质或装配形式通过改变外花键的小径和键宽的尺寸公差带达到，其公差带见表 11-7。

表 11-7 矩形花键的尺寸公差带

<table>
<tr><th rowspan="3">用　途</th><th colspan="4">内　花　键</th><th colspan="3">外　花　键</th><th rowspan="3">装配形式</th></tr>
<tr><th rowspan="2">小径 d</th><th rowspan="2">大径 D</th><th colspan="2">键宽 B</th><th rowspan="2">小径 d</th><th rowspan="2">大径 D</th><th rowspan="2">键宽 B</th></tr>
<tr><th>拉削后不热处理</th><th>拉削后热处理</th></tr>
<tr><td rowspan="3">一般用</td><td rowspan="3">H7</td><td rowspan="9">H10</td><td rowspan="3">H9</td><td rowspan="3">H11</td><td>f7</td><td rowspan="9">a11</td><td>d10</td><td>滑动</td></tr>
<tr><td>g7</td><td>f9</td><td>紧滑动</td></tr>
<tr><td>h7</td><td>h10</td><td>固定</td></tr>
<tr><td rowspan="6">精密传动用</td><td rowspan="3">H5</td><td colspan="2" rowspan="6">H7、H9</td><td>f5</td><td>d8</td><td>滑动</td></tr>
<tr><td>g5</td><td>f7</td><td>紧滑动</td></tr>
<tr><td>h5</td><td>h8</td><td>固定</td></tr>
<tr><td rowspan="3">H6</td><td>f6</td><td>d8</td><td>滑动</td></tr>
<tr><td>g6</td><td>f7</td><td>紧滑动</td></tr>
<tr><td>h6</td><td>h8</td><td>固定</td></tr>
</table>

三、矩形花键的几何公差

内、外花键除尺寸公差外，还有几何公差要求，包括小径 d 的形状公差和花键的位置度公差等。

（一）小径 d 的极限尺寸应遵守包容要求Ⓔ

小径 d 是花键联接中的定心配合尺寸，保证花键的配合性能，其定心表面的形状公差和尺寸公差的关系应遵守包容要求Ⓔ。即当小径 d 的实际尺寸处于最大实体状态时，它必须具有理想形状，只有当小径 d 的实际尺寸偏离最大实体状态时，才允许有形状误差。

（二）花键的位置度公差应遵守最大实体要求Ⓜ

花键的位置度公差综合控制花键各键之间的角位置、各键对轴线的对称度误差，以及各键对轴线的平行度误差等。位置度公差应遵守最大实体要求Ⓜ，其图样标注如图 11-5 所示。

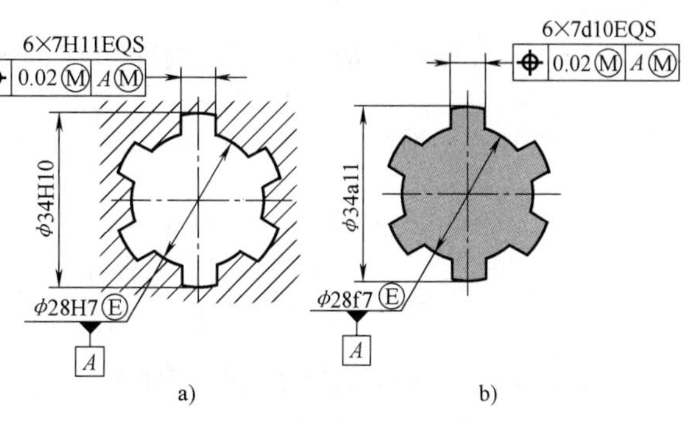

图 11-5 花键位置度公差标注
a）内花键 b）外花键

国家标准对键和键槽规定的位置度公

差见表 11-8。

表 11-8 矩形花键位置度公差 t_1（摘自 GB/T 1144—2001） （单位：mm）

键槽宽或键宽 B		3	3.5~6	7~10	12~18
		t_1			
键槽宽		0.010	0.015	0.020	0.025
键宽	滑动、固定	0.010	0.015	0.020	0.025
	紧滑动	0.006	0.010	0.013	0.016

(三) 键和键槽的对称度公差和等分度公差应遵守独立原则

为保证装配，并能传递转矩，一般应使用综合花键量规检验，控制其几何误差。如果进行单件、小批量生产时没有综合量规，这时为控制花键几何误差，一般在图样上分别规定花键的对称度和等分度公差。

花键的对称度公差、等分度公差均遵守独立原则，其对称度公差的标注如图 11-6 所示。国家标准规定，花键的等分度公差等于花键的对称度公差。表 11-9 所列为矩形花键对称度公差。

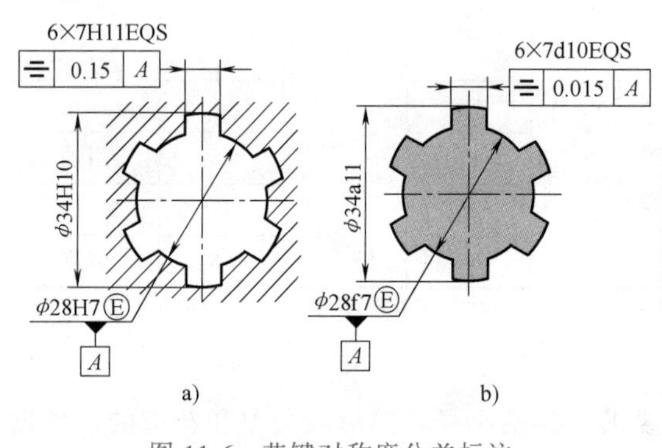

图 11-6 花键对称度公差标注

a）内花键 b）外花键

表 11-9 矩形花键对称度公差 t_2

（摘自 GB/T 1144—2001）

（单位：mm）

键槽宽或键宽 B	3	3.5~6	7~10	12~18
	t_2			
一般用	0.010	0.012	0.015	0.018
精密传动用	0.006	0.008	0.009	0.011

对于较长的花键，可根据产品性能自行规定键侧对轴线的平行度公差。

四、矩形花键的图样标注

花键联接在图样上的标注，按顺序包括以下项目：键数 N、小径 d、大径 D、键宽 B、花键公差代号和标准号。对 $N=6$、$d=23\frac{H7}{f7}$、$D=26\frac{H10}{a11}$、$B=6\frac{H11}{d10}$的花键标记如下：

花键规格：$N \times d \times D \times B$ 6×23×26×6

花键副：⎍ $6\times23\frac{H7}{f7}\times26\frac{H10}{a11}\times6\frac{H11}{d10}$ GB/T 1144—2001

内花键：⎍ 6×23H7×26H10×6H11 GB/T 1144—2001

外花键：⎍ 6×23f7×26a11×6d10 GB/T 1144—2001

以小径定心时，花键表面粗糙度推荐值见表 11-10。

表 11-10 花键表面粗糙度推荐值 （单位：μm）

加工表面	内花键	外花键
	$Ra\leqslant$	
小径	1.6	0.8
大径	6.3	3.2
键侧	6.3	1.6

第四节 键和花键的检测

一、单键的检测

键和键槽的尺寸检测比较简单，在单件、小批量生产中，通常采用游标卡尺、千分尺测量。键槽的几何公差，特别是键槽对其轴线的对称度误差，经常造成装配困难，严重影响键联接的质量。

在单件、小批量生产中，键槽对轴线的对称度误差的检验方法如图 11-7 所示。在槽中塞入量块组，用指示表将量块上平面校平（即量块上平面沿径向与平板平行），记下指示表读数 δ_{x1}；将工件旋转 180°，在同一横截面方向，再将量块校平，记下读数 δ_{x2}，两次读数差为 a，则该截面的对称度误差为

$$f_{截}=at_1/[2(R-t_1/2)]$$

式中 R——轴的半径，$R=d/2$；

t_1——轴槽深。

再沿键槽长度方向测量，取长向两点的最大读数差为长向对称度误差

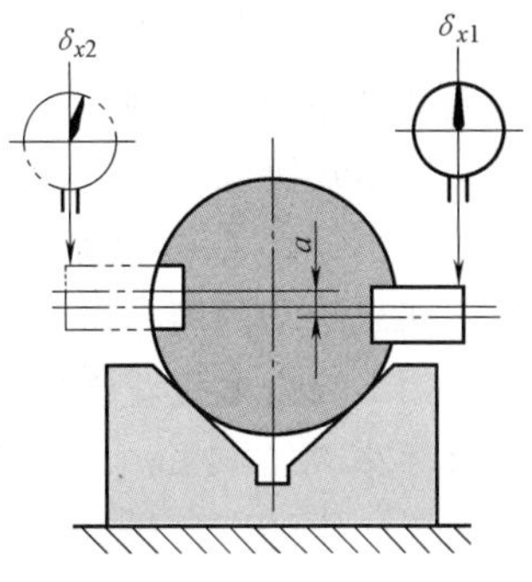

图 11-7 对称度误差检验

$$f_{长}=a_{高}-a_{低}$$

取以上两个方向测得的误差的最大值为该零件键槽的对称度误差。

在成批生产中，键槽尺寸及其对轴线的对称度误差可用量规检验，如图 11-8 所示。图 11-8a 所示为检验槽宽 b 的板式量规，图 11-8b 所示为检验轮毂槽深 $(d+t_2)$ 的深级式量规，图 11-8c 所示为检验轴槽深 $(d-t_1)$ 的量规，图 11-8d 所示为检验轮毂槽对称性的综合量规，图 11-8e所示为检验轴槽对称性的综合量规。

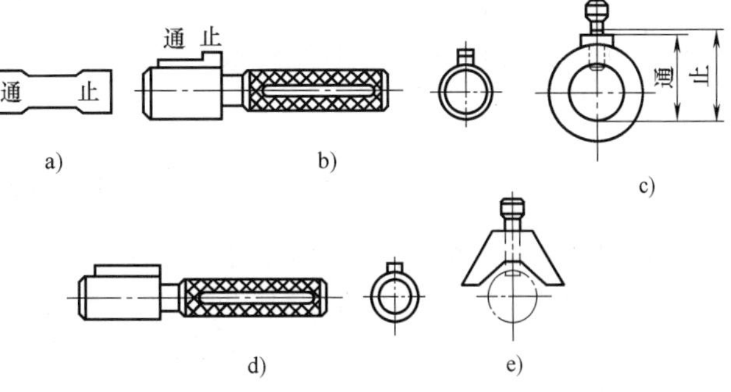

图 11-8 键槽检验用量规

a）检验槽宽的板式量规 b）检验轮毂槽深的深级式量规 c）检验轴槽深的量规 d）检验轮毂槽对称性的综合量规 e）检验轴槽对称性的综合量规

图 11-8a、b、c 所示的三种量规为检验尺寸误差的极限量规，具有通端和止端，检验时通端能通过而止端不能通过为合格。图 11-8d、e 所示的两种量规为检验几何误差的综合量规，只有通端，通过为合格。

二、花键的检测

花键检测分为单项检验和综合检验两种情况。

单项检验主要用于单件、小批量生产，用通用量具分别对各尺寸（d、D 和 B）、大径对小径的同轴度误差及键齿（槽）位置误差进行测量，以保证各尺寸偏差及几何误差在其公差范围内。

花键表面的位置误差是很少进行单项检验的，一般只有在分析花键加工质量（如机床检修后）以及制造花键刀具、花键量规时，或在首件检验和抽查中才进行。

若需对位置误差进行单项测量，可在光学分度头或万能工具显微镜上进行。花键等分累积误差与齿轮齿距累积误差的测量方法相同。

综合检验适用于大批量生产，用量规检验。综合量规用于控制被测花键的最大实体边界，即综合检验小径、大径及键（槽）宽的关联作用尺寸，使其控制在最大实体边界内。然后用单项止端量规分别检验尺寸 d、D 和 B 的最小实体尺寸。检验时，综合量规应能通过工件，单项止规通不过工件，则工件合格。

综合量规的形状与被检测花键相对应，检验内花键用花键塞规，检验外花键用花键环规。矩形花键综合量规如图 11-9 所示。

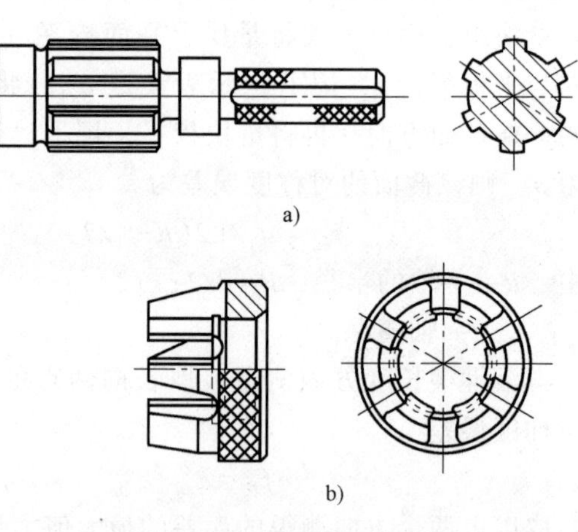

图 11-9 矩形花键综合量规

检验小径定心用的综合塞规如图 11-9a 所示，塞规两端的圆柱做导向及检验内花键的小径用。综合塞规花键部分的小径做成比公称尺寸小 0.5～1mm，不起检验作用，而使导向圆柱体的直径代替综合塞规内径，这样就可以使综合塞规的加工大为简化。

图 11-9b 所示为检验外花键用的综合环规。与综合塞规一样，综合环规的外径也适当加大，而在环规后面的圆柱孔直径相当于环规的外径，外花键的外径即用此孔检验。这种结构便于磨削综合量规的内孔及花键槽侧面。

思 考 题

1. 各种键联接的特点是什么？主要用于哪些场合？
2. 单键与轴槽、轮毂槽的配合分为哪几类？应如何选择？
3. 为什么矩形花键只规定小径定心一种定心方式？其优点何在？
4. 矩形内、外花键除规定尺寸公差外，还规定哪些位置公差？
5. 试按 GB/T 1144—2001 确定矩形花键 $6\times23\frac{H7}{g7}\times26\frac{H10}{a11}\times6\frac{H11}{f9}$ 中内外花键的小径、大径、键宽、键槽宽的极限偏差和位置度公差，并指出各自应遵守的公差原则。
6. 试说明花键综合量规的作用。

圆柱齿轮传动的互换性

第一节　概　　述

齿轮传动是用来传递运动和动力的一种常用机构，广泛应用于机器、仪器制造业。凡有齿轮传动的机械产品，其工作性能、承载能力、使用寿命和工作精度等都与齿轮传动的传动质量密切相关。而齿轮传动的传动质量又取决于各主要组成零部件齿轮副、轴、轴承及箱体的制造和安装精度，其中齿轮本身的制造精度及齿轮副的安装精度起主要作用。

对此，我国发布了两项圆柱齿轮国家标准和四个国家标准化指导文件，即：GB/T 10095.1—2008《圆柱齿轮　精度制　第1部分：轮齿同侧齿面偏差的定义和允许值》、GB/T 10095.2—2008《圆柱齿轮　精度制　第2部分：径向综合偏差与径向跳动的定义和允许值》、GB/Z 18620.1—2008《圆柱齿轮　检验实施规范　第1部分：轮齿同侧齿面的检验》、GB/T 18620.2—2008《圆柱齿轮　检验实施规范　第2部分：径向综合偏差、径向跳动、齿厚和侧隙的检验》、GB/Z 18620.3—2008《圆柱齿轮　检验实施规范　第3部分：齿轮坯、轴中心距和轴线平行度的检验》、GB/Z 18620.4—2008《圆柱齿轮　检验实施规范　第4部分：表面结构和轮齿接触斑点的检验》。下面主要阐述渐开线圆柱齿轮传动的互换性。

对齿轮传动的要求因其在不同机械中的用途不同而异，但可归纳为以下四项：

（1）传递运动的准确性　要求齿轮在一转范围内，最大转角误差限制在一定范围内，以保证从动件与主动件的运动协调一致。

（2）传动的平稳性　要求齿轮传动瞬时传动比的变化尽量小，以保证低噪声、低冲击和较小振动。

（3）载荷分布的均匀性　要求齿轮啮合时齿面接触良好，以免引起应力集中，造成齿面局部磨损加剧，影响齿轮的使用寿命。

（4）传动侧隙　要求齿轮啮合时，非工作齿面间应留有一定的间隙。侧隙的存在对储藏润滑油、补偿齿轮传动受力后的弹性变形、热膨胀以及齿轮传动装置制造误差和装配误差等都是必需的。否则，齿轮在传动过程中可能被卡死或烧伤。

对齿轮传动的上述四项要求，因齿轮的用途和工作条件不同而有所侧重。例如：

1）用于精密机床的分度机构、测量仪器上的读数分度齿轮，由于其分度要求准确，载荷不大，转速低，所以对以上第一项要求较高，且要求侧隙要小。

2）用于传递动力的齿轮，如矿山机械、重型机械中的低速齿轮，工作载荷大，模数和齿宽均较大，转速一般较低，所以这类动力齿轮对以上第三、四项要求较高。

3）用于高速传动的齿轮，如汽轮机、高速发动机、减速器及高速机床变速箱中的齿轮传动，传递功率大，圆周速度高，要求工作时振动、冲击和噪声要小，所以这类高速齿轮对以上第二、三、四项要求均较高。

第二节　齿轮加工误差的来源及其特点

在机械制造中，齿轮加工方法很多，按齿廓形成原理可分为：①仿形法，如用成形铣刀在铣床上铣齿；②展成法，如用滚刀在滚齿机上滚齿。

现以滚齿加工为例，分析产生齿轮加工误差的主要原因。

滚切加工齿轮的误差主要来源于机床—刀具—齿坯系统的周期性误差。图 12-1 所示为滚切加工齿轮时的情况，主要有：

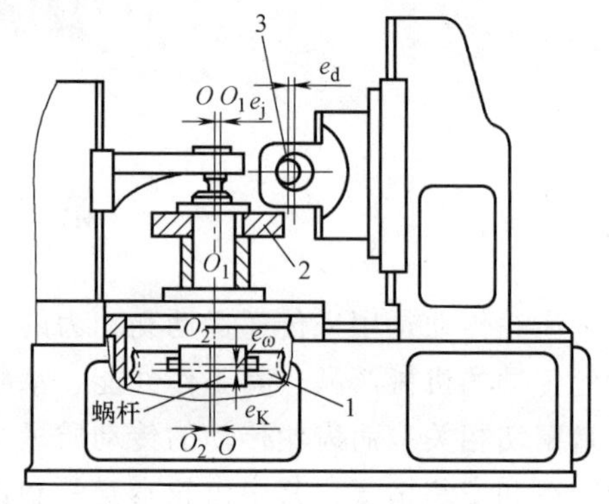

图 12-1　滚切齿轮

1—分度蜗轮　2—齿轮坯　3—滚刀

一、偏心

（一）几何偏心 e_j

这是由于加工时齿坯基准孔轴线 O_1 与滚齿机工作台旋转轴线 O 不重合而引起的安装偏心，如图 12-2a 所示。加工出来的齿轮如图 12-2b 所示。几何偏心使加工过程中齿坯相对于滚刀的距离产生变化，切出的齿一边短而肥、一边瘦而长。当以齿轮基准孔中心 O_1 定位进行测量时，在齿轮一转内产生周期性的齿圈径向圆跳动误差。同时齿距和齿厚也产生周期性变化。

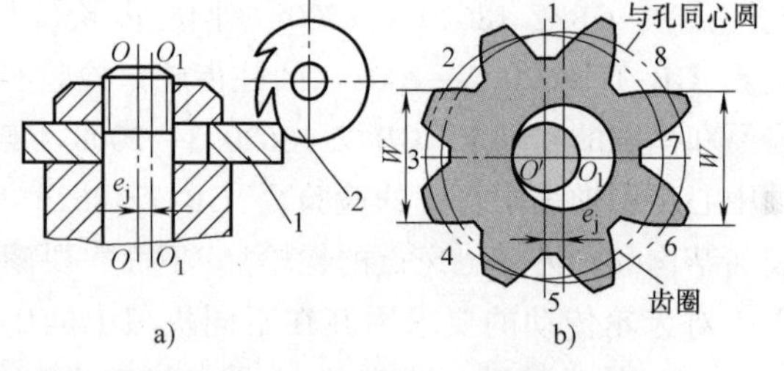

图 12-2　齿坯安装偏心引起齿轮加工误差

a）齿坯安装偏心　b）切出齿轮形状

1—齿坯　2—滚刀

（二）运动偏心 e_y

这是由于滚齿机分度蜗轮加工误差和分度蜗轮轴线 O_2 与工作台旋转轴线 O 有安装偏心 e_K 所致。如图 12-3a 所示，运动偏心使齿坯相对于滚刀的转速不均匀而使被加工齿轮各齿廓产生切向错移。加工齿轮时，蜗轮蜗杆中心距发生周期性变化，相当于蜗轮的节圆半径在变化，而蜗杆的线速度是恒定不变的，则在蜗轮（齿坯）一转内，蜗轮转速必然呈周期性变化，如图12-3b所示。当角速度由 ω 增大到（$\omega+\Delta\omega$）时，使齿距和公法线都变长；当角速度由 ω 减小到（$\omega-\Delta\omega$）时，切齿滞后使齿距和公法线都变短，使齿轮产生切向周期性变化的切向误差。

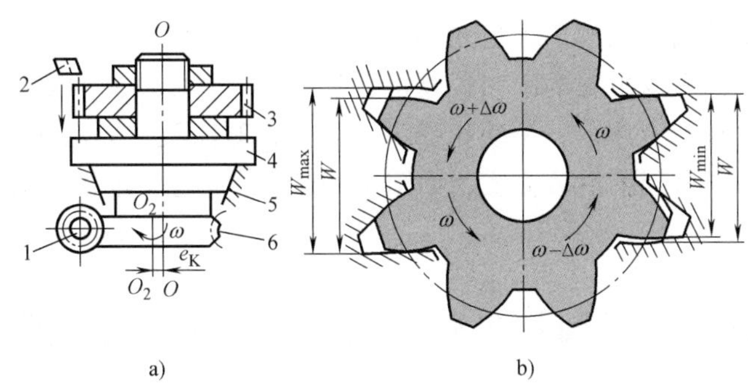

图 12-3　机床分度蜗轮安装偏心引起齿轮切向误差

a）分度蜗轮安装偏心　b）切出齿轮形状

1—蜗杆　2—刀具　3—齿坯　4—工作台

5—圆导轨　6—分度蜗轮

二、机床传动链的高频误差

加工直齿轮时，主要受分度链中各传动元件误差的影响，尤其是分度蜗杆的安装偏心 e_ω（它引起分度蜗杆的径向圆跳动）和轴向窜动的影响，使蜗轮（齿坯）在一周范围内转速出现多次变化，加工出来的齿轮产生齿距偏差和齿形误差。加工斜齿轮时，除分度链误差外，还有差动链误差的影响。

三、滚刀的加工误差

主要是指滚刀本身的基节、齿形等制造误差，它们都会在加工齿轮过程中被复映到被加工齿轮的每一齿上，使加工出来的齿轮产生基节偏差和齿形误差。

四、滚刀的安装误差

滚刀偏心使被加工齿轮产生径向误差。滚刀刀架导轨或齿坯轴线相对于工作台旋转轴线的倾斜及轴向窜动，使滚刀的进刀方向与轮齿的理论方向不一致，直接造成齿面沿齿长方向（轴向）歪斜，产生齿向误差，主要影响载荷分布的均匀性。

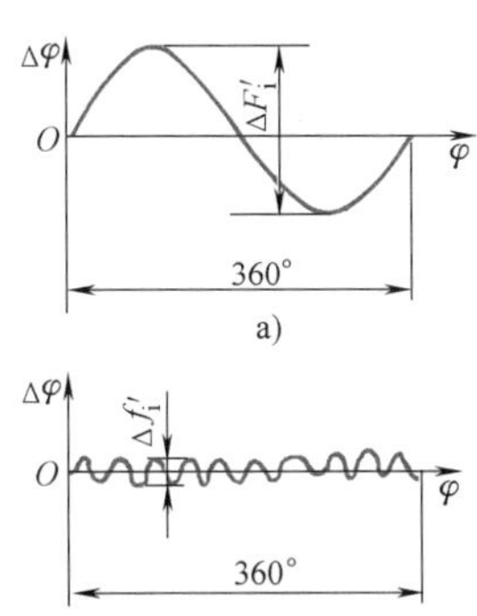

由于齿廓的形成是滚刀对齿坯周期地连续滚切的结果，因此加工误差具有周期性是齿轮误差的特点。

上述几方面产生的齿轮加工误差中，两种偏心所产生的齿轮误差以齿轮一转为周期，称为长周期误差；后三项因素所产生的误差，以分度蜗杆一转或齿轮一齿为周期，而且频率较高，在齿轮一转中多次重复出现，称为短周期误差（或高频误差）。

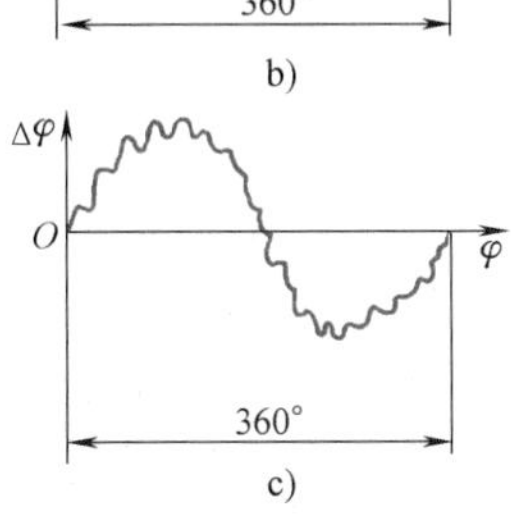

图 12-4　齿轮的周期性误差

在齿轮精度分析中，为了便于分析齿轮各种误差对齿轮传动质量的影响，按误差相对于齿轮的方向，又可分为径向误差、切向误差和轴向误差。

当齿轮只有长周期误差时，其误差曲线如图 12-4a 所示，将产生运动不均匀，是影响齿轮运动准确性的主要误差；但在低速情况下，其传动还是比较平稳的。当齿轮只有短周期误差时，其误差曲线如图 12-4b 所示，这种在齿轮一转中多次重复出现的高频误差将引起齿轮瞬时传动比的变化，使齿轮传动不平稳，在高速运转中，将产生冲击、振动和噪声。因而，对这类误差必须加以控制。实际上，齿轮运动误差是一条复杂周期函数曲线，如图 12-4c 所示，它既包含短周期误差，也包含长周期误差。

第三节 圆柱齿轮精度的评定指标及检测

在齿轮标准中，齿轮误差、偏差统称为偏差，将偏差与公差（允许值）共用一个符号表示。本书为了阐述清楚，齿轮的实际偏差在其符号前加注“Δ”。

一、轮齿同侧齿面偏差

1. 齿距偏差

GB/T 10095.1—2008 中用于控制实际齿廓圆周分布位置变动的齿距精度要求有三项：单个齿距偏差$\pm f_{pt}$、齿距累积偏差$\pm F_{pk}$和齿距累积总偏差 F_p。

（1）齿距累积总偏差 ΔF_p（F_p） ΔF_p 是指在齿轮端平面上，在接近齿高中部的一个与齿轮基准轴线同心的圆上，任意两个同侧齿面间的实际弧长与理论弧长的代数差中的最大绝对值，如图 12-5 所示。齿距累积总偏差 ΔF_p 可以比较全面地反映齿轮传递运动的准确性。

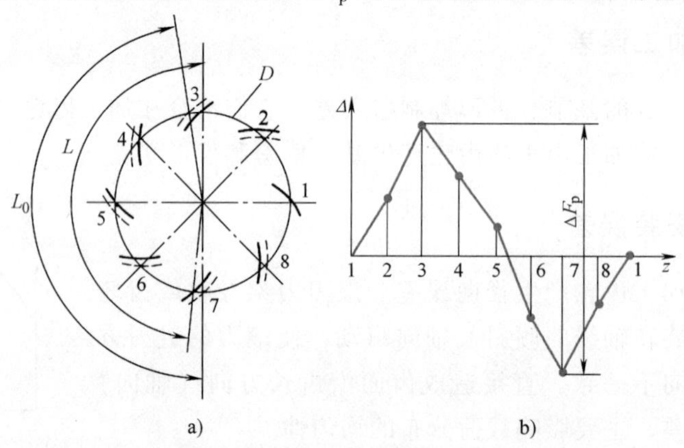

图 12-5 齿轮齿距累积总偏差

a）齿距分布不均匀 b）齿距偏差曲线

L—实际弧长 L_0—理论弧长 D—接近齿高中部的圆 z—齿序

Δ—轮齿实际位置（粗实线齿廓）对其理想位置

（虚线齿廓）的偏差 1~8—轮齿序号

（2）齿距累积偏差 ΔF_{pk}（$\pm F_{pk}$） ΔF_{pk}是指在齿轮端平面上，在接近齿高中部的一个与齿轮基准轴线同心的圆上，任意 k 个齿距的实际弧长与理论弧长的代数差，如图 12-6 所示（本例中，$k=3$，$\Delta F_{pk}=\Delta F_{p3}$），取其中绝对值最大的数值 ΔF_{pkmax} 作为评定值。ΔF_{pk} 值一般限定在不大于 1/8 圆周上评定。因此，k 为从 2 到 $z/8$ 的整数（z 为被评定齿轮的齿数），通常取 $k=z/8$ 就足够了。

测量一个齿轮的 ΔF_p 和 ΔF_{pk}时，它们的合格条件是：ΔF_p 不大于齿距累积总偏差 F_p

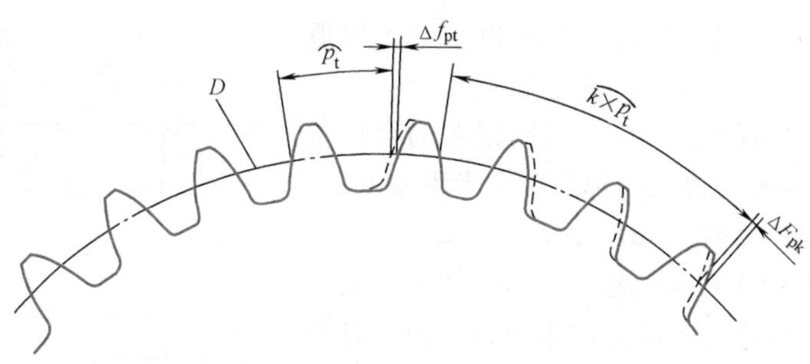

图 12-6 齿轮单个齿距偏差 Δf_{pt} 与齿距累积偏差 ΔF_{pk}

$\widehat{p_t}$—单个理论齿距 D—接近齿高中部的圆

实线齿廓表示轮齿的实际位置，虚线齿廓表示轮齿的理想位置

($\Delta F_p \leqslant F_p$)；所有的 ΔF_{pk} 都在齿距累积偏差 $\pm F_{pk}$ 的范围内（$-F_{pk} \leqslant \Delta F_{pk} \leqslant +F_{pk}$，即 $|\Delta F_{pkmax}| \leqslant F_{pk}$）。

齿距偏差可以用绝对法测量。测量时，把实际齿距直接与理论齿距比较，以获得齿距偏差的角度值或线性值。参看图 12-7，这种测量方法是利用分度装置（如分度盘、分度头，它们的回转轴线与被测齿轮的基准轴线同轴线），按照理论齿距角（$360°/z$，z 为被测齿轮的齿数）精确分度，将位置固定的测量装置的一个测头与齿面在接近齿高中部的一个圆上接触来进行测量，在切向读取示值。

测量时，把被测齿轮 1 安装在分度装置 4 的心轴 5 上（它们应同轴线），之后把被测齿轮的一个齿面调整到起始角 0°的位置，使测量杠杆 2 的测头与该齿面接触，并调整指示表 3 的示值零位，同时固定测量装置的位置。然后转过一个理论齿距角，使测量杠杆 2 的测头与下一个同侧齿面接触，测取用线性值表示的实际齿距角对理论齿距角的偏差。这样，依次每转过一个理论齿距角，测取逐齿累积实际齿距角对相应逐齿累积理论齿距角的偏差（轮齿的实际位置对理论位置的偏差）。这些偏差经过数据处理即可求出 ΔF_p 和 ΔF_{pkmax} 的数值。

齿距偏差还可以用相对法测量。这可以使用双测头式齿距比较仪或在万能测齿仪上测量。参看图 12-8，用齿距比较仪测量齿距偏差时，用定位支脚 1 和 4 在被测齿轮的齿顶圆上定位，令固定量爪 2 和活动量爪 3 的测头分别与相邻的两个同侧齿面在接近齿高中部的一个圆上接触，以被测齿轮上任意一个实际齿距作为基准齿距，用它调整指示表的示值零位。然后用这个调整好示值零位的量仪依次测出其余齿距对基准齿距的偏差，按圆周封闭原理（同一齿轮所有齿距偏差的代数和为零）进行数据处理，求出 ΔF_p 和 ΔF_{pkmax} 的数值。

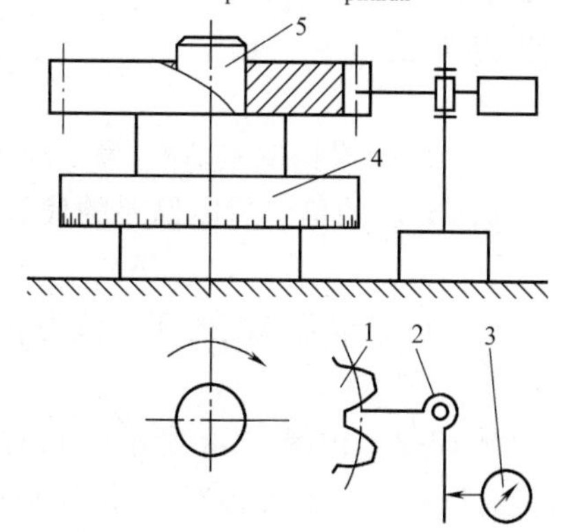

图 12-7 用绝对法在分度装置上测量齿距偏差示意图

1—被测齿轮 2—测量杠杆 3—指示表

4—分度装置 5—心轴

（3）单个齿距偏差 Δf_{pt}（$\pm f_{pt}$） Δf_{pt} 是指在齿轮端平面上，在接近齿高中部的一个与齿轮基准轴线同心的圆上，实际齿距与理论齿距的代数差，如图 12-6 所示，取其中绝对值最大的数值 Δf_{ptmax} 作为评定值。

Δf_{pt} 和齿距累积总偏差 ΔF_p、齿距累积偏差 ΔF_{pk} 是用同一量仪同时测出的。用相对法测

量时（图 12-8），用所测得的各个实际齿距的平均值作为理论齿距。

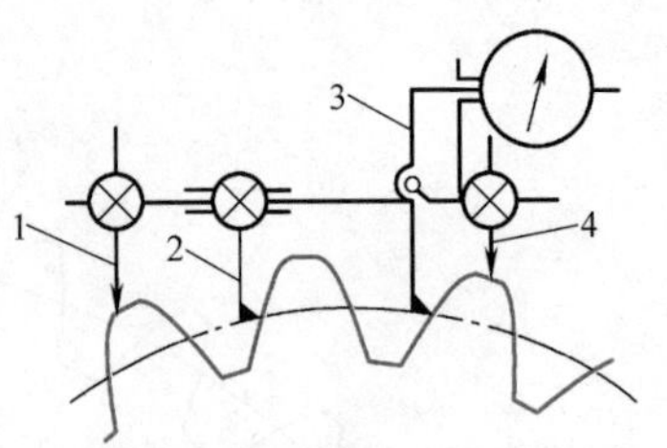

图 12-8　用相对法并使用双测头式齿距比较仪测量齿距偏差示意图

1、4—定位支脚　2—固定量爪　3—活动量爪

测量齿轮的齿距偏差时，单个齿距偏差的合格条件是：所有的单个齿距偏差 Δf_{pt} 都在单个齿距偏差 $\pm f_{pt}$ 的范围内（$-f_{pt} \leqslant \Delta f_{pt} \leqslant +f_{pt}$，即 $|\Delta f_{ptmax}| \leqslant f_{pt}$）。

例 12-1　按图 12-7 所示的绝对测量方法测量某一齿数 $z=8$ 的从动直齿轮左齿面的齿距偏差。测量时指示表的起始读数为零，分度头每旋转 360°/z（即 45°），就用指示表测量一次，并读数一次，由指示表依次测得的数据（指示表示值单位为 μm）如下：+12、+24、+18、+6、−12、−18、−6、0。根据这些数据，求解该齿轮左齿面的齿距累积总偏差 ΔF_p 和两个齿距累积偏差 ΔF_{p2}、单个齿距偏差 Δf_{pt} 的评定值。

解　数据处理过程及结果见表 12-1。

齿距累积总偏差为被测齿轮任意两个同侧齿面间的实际弧长与理论弧长的代数差中的最大绝对值，它等于指示表所有示值中的正、负极值之差的绝对值（本例为第 3 齿至第 7 齿之间）。即

$$\Delta F_p = [(+24)-(-18)]\mu m = 42\mu m$$

表 12-1　用绝对法测量齿距偏差所得的数据及相应的数据处理

轮齿序号	1→2	1→3	1→4	1→5	1→6	1→7	1→8	1→1
齿距序号 p_i	p_1	p_2	p_3	p_4	p_5	p_6	p_7	p_8
指示表示值（齿距偏差逐齿累积值）/μm	+12	+24	+18	+6	−12	−18	−6	0
$p_i-p_{(i-1)}=\Delta f_{pti}$（实际齿距与理论齿距的代数差）/μm	+12	+12	−6	−12	−18	−6	+12	+6

两个齿距累积偏差 ΔF_{p2} 等于连续两个齿距的单个齿距偏差的代数和。其中，它的评定值为 p_4 与 p_5 的单个齿距偏差的代数和。即

$$\Delta F_{p2max} = [(-12)+(-18)]\mu m = -30\mu m$$

单个齿距偏差 Δf_{pt} 的评定值为 p_5 的齿距偏差。即

$$\Delta f_{ptmax} = -18\mu m$$

例 12-2　按图 12-8 所示的相对测量方法测量齿数 $z=12$ 的直齿轮右齿面的齿距偏差。测量时以第一个实际齿距 p_1 作为基准齿距，调整量仪指示表的示值零位，然后依次测出其余齿距对基准齿距的偏差。由指示表依次测得的数据（示值单位为 μm）如下：0、+5、+5、+10、−20、−10、−20、−18、−10、−10、+15、+5。根据这些数据，求解该齿轮右齿面的齿距累积总偏差 ΔF_p 和三个齿距累积偏差 ΔF_{p3}、单个齿距偏差 Δf_{pt} 的评定值。

解　数据处理过程及结果见表 12-2。

齿距累积总偏差为被测齿轮任意两个同侧齿面间的实际弧长与理论弧长的代数差中的最大绝对值，也就是所有齿距偏差逐齿累积值 p_Σ 中的正、负极值之差的绝对值（本例为第 5 齿至第 11 齿之间）。即

$$\Delta F_p = [(+36)-(-28)]\mu m = 64\mu m$$

表 12-2 用相对法测量齿距偏差所得的数据及相应的数据处理

轮齿序号	1→2	2→3	3→4	4→5	5→6	6→7	7→8	8→9	9→10	10→11	11→12	12→1
齿距序号 p_i	p_1	p_2	p_3	p_4	p_5	p_6	p_7	p_8	p_9	p_{10}	p_{11}	p_{12}
指示表示值（实际齿距对基准齿距的偏差）/μm	0	+5	+5	+10	-20	-10	-20	-18	-10	-10	+15	+5
各个示值的平均值/μm $p_m = \frac{1}{12}\sum_{i=1}^{12} p_i$	-4											
$p_i - p_m = \Delta f_{pti}$（实际齿距与理论齿距 p_m 的代数差）/μm	+4	+9	+9	+14	-16	-6	-16	-14	-6	-6	+19	+9
$p_\Sigma = \sum_{i=1}^{j}(p_i - p_m)$（齿距偏差逐齿累积值，$j=1,2,\cdots,12$）/μm	+4	+13	+22	+36	+20	+14	-2	-16	-22	-28	-9	0

三个齿距累积偏差 ΔF_{p3} 等于连续三个齿距的单个齿距偏差的代数和。其中，它的评定值为 p_5、p_6 与 p_7 的单个齿距偏差的代数和。即

$$\Delta F_{p3max} = [(-16)+(-6)+(-16)]\mu m = -38\mu m$$

单个齿距偏差 Δf_{pt} 的评定值为 p_{11} 的齿距偏差。即

$$\Delta f_{ptmax} = +19\mu m$$

2. 齿廓偏差

用于控制实际齿廓对设计齿廓变动的齿廓精度要求有三项：齿廓总偏差 F_α、齿廓形状偏差 $f_{f\alpha}$ 和齿廓倾斜偏差 $\pm f_{H\alpha}$。

(1) 齿廓总偏差 ΔF_α (F_α)　ΔF_α 是指在计值范围 L_α 内，包容实际齿廓迹线的两条设计齿廓迹线间的距离，如图 12-9a 所示。齿廓总偏差 ΔF_α 主要影响齿轮平稳性精度。

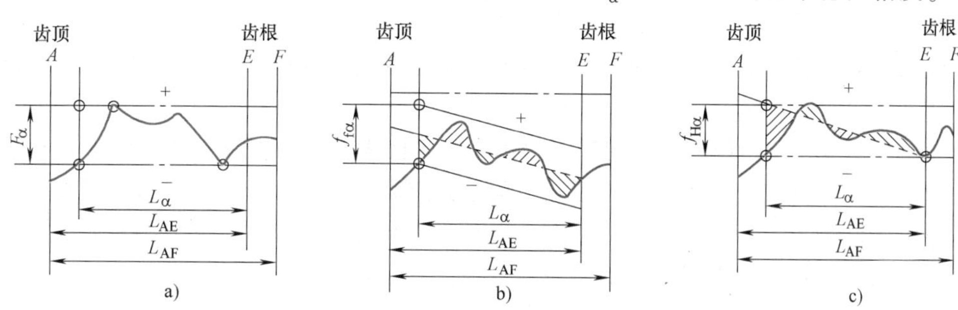

图 12-9 齿廓偏差

a) 齿廓总偏差 b) 齿廓形状偏差 c) 齿廓倾斜偏差

(2) 齿廓形状偏差 $\Delta f_{f\alpha}$ ($f_{f\alpha}$)　$\Delta f_{f\alpha}$ 是指在计值范围 L_α 内，包容实际齿廓迹线的两条与平均齿廓迹线完全相同的曲线间的距离，且两条曲线与平均齿廓迹线的距离为常数，如图

12-9b 所示。

（3）齿廓倾斜偏差 $\Delta f_{H\alpha}$（$\pm f_{H\alpha}$） $\Delta f_{H\alpha}$是指在计值范围 L_α 内，两端与平均齿廓迹线相交的两条设计齿廓迹线间的距离，如图 12-9c 所示。

齿廓偏差主要影响传动平稳性，一般情况下要求满足：$\Delta F_\alpha \leqslant F_\alpha$。

在特定情况下，也可以要求满足：$\Delta f_{f\alpha} \leqslant f_{f\alpha}$，且$-f_{H\alpha} \leqslant \Delta f_{H\alpha} \leqslant +f_{H\alpha}$。

齿廓偏差通常用渐开线测量仪来测量。图 12-10 所示为基圆盘式渐开线测量仪的原理图。按照被测齿轮 3 的基圆直径 d_b 精确制造的基圆盘 2 与该齿轮同轴安装，基圆盘 2 与直尺 1 利用弹簧以一定的压力相接触而相切。杠杆 4 安装在直尺 1 上，随该直尺一起移动；它一端的测头与被测齿面接触，另一端与指示表的测头接触，或者与记录器的记录笔连接。直尺 1 做直线运动时，借摩擦力带动基圆盘 2 旋转，两者做纯滚动，因此直尺工作面与基圆盘最初接触的切点相对于基圆盘运动的轨迹便是一条理论渐开线。同时，被测齿轮与基圆盘同步转动。

测量时，首先要按基圆直径 d_b 调整杠杆 4 测头的位置，使该测头与被测齿面的接触点正好落在直尺工作面与基圆盘最初接触的切点上。

测量过程中，直尺与基圆盘沿箭头方向做纯滚动。最初，直尺的 P'点与基圆盘的 B'点接触，以后两者在 A'点接触。P'点相对于基圆盘运动的轨迹就是直尺从 B'点运动到 P'点的一段曲线，$B'P'$为理论渐开线。同时，杠杆 4 测头从它最初与被测齿面接触的点 B，沿被测齿面移动到 P 点，BP 为实际被测齿廓。

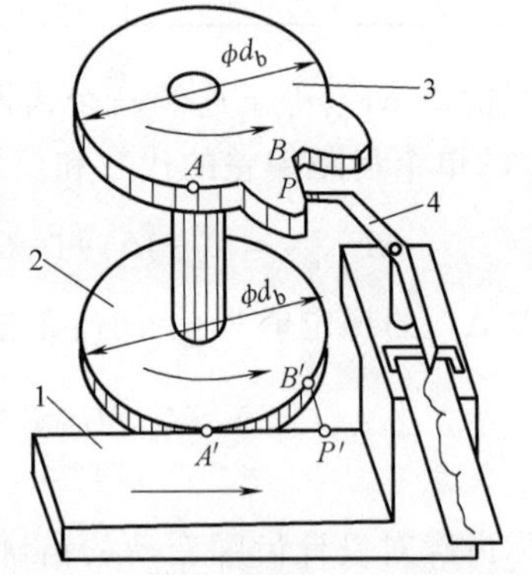

图 12-10 基圆盘式渐开线测量仪的原理图

1—直尺 2—基圆盘

3—被测齿轮 4—杠杆

齿廓总偏差测量

实际被测齿廓 BP 上各个测点相对于理论渐开线 $B'P'$上对应点的偏差，使杠杆 4 测头产生微小的位移。它的大小由指示表的示值读出。在被测齿廓工作部分的范围内的最大示值与最小示值之差即为齿廓总偏差 ΔF_α 的数值。测头位移的大小还可以由记录器记录下来而得到齿廓偏差图形。如果测量过程中杠杆 4 测头不产生位移，因而记录器的记录笔也就不移动，则记录下来的齿廓偏差图形是一条直线。

图 12-11 所示为齿廓偏差测量记录图，图中纵坐标表示被测齿廓上各个测点相对于该齿廓工作起始点的展开长度，齿廓工作终止点与起始点之间的展开长度即为齿廓偏差的测量范围；横坐标表示测量过程中杠杆 4 测头在垂直于记录纸走纸方向的位移大小，即被测齿廓上各个测点相对于设计齿廓上对应点的偏差。

3. 螺旋线偏差

用于控制实际齿面方向变动的齿向精度要求有三项：螺旋线总偏差 F_β、螺旋线形状偏差 $f_{f\beta}$ 和螺旋线倾斜偏差$\pm f_{H\beta}$。

（1）螺旋线总偏差 ΔF_β（F_β） ΔF_β 是指在计值范围 L_β 内，包容实际螺旋线迹线的两条设计螺旋线迹线间的距离，如图 12-12a 所示。

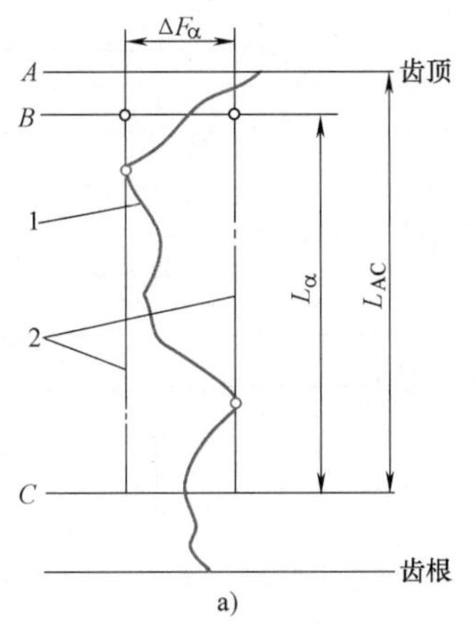

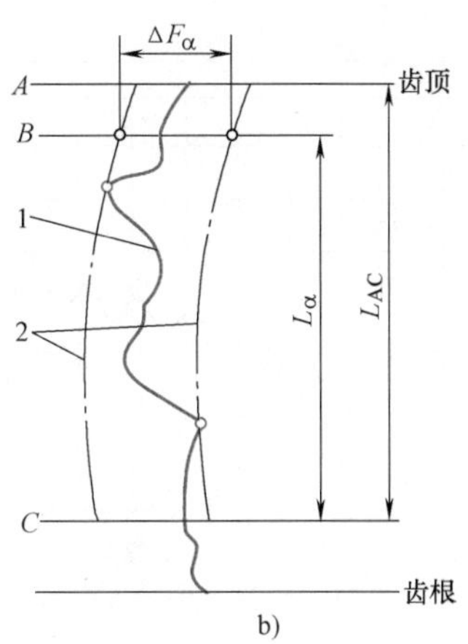

图 12-11 齿廓偏差测量记录图

a）未经修形的渐开线 b）修形的渐开线（凸齿廓）

L_α—齿廓计值范围 L_{AC}—齿廓有效长度 1—实际齿廓迹线 2—设计齿廓迹线

（2）螺旋线形状偏差 $\Delta f_{f\beta}$（$\pm f_{f\beta}$） $\Delta f_{f\beta}$是指在计值范围 L_β 内，包容实际螺旋线迹线的两条与平均螺旋线迹线完全相同的曲线间的距离，且两条曲线与平均螺旋线迹线的距离为常数，如图 12-12b 所示。

（3）螺旋线倾斜偏差 $\Delta f_{H\beta}$（$\pm f_{H\beta}$） $\Delta f_{H\beta}$是指在计值范围 L_β 内，两端与平均螺旋线迹线相交的两条设计螺旋线迹线间的距离，如图 12-12c 所示。

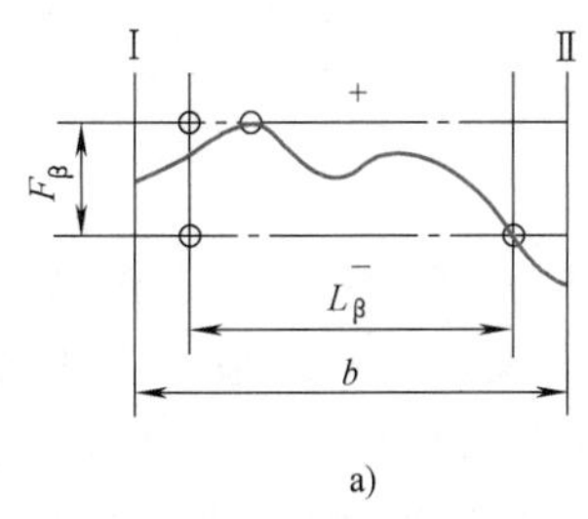

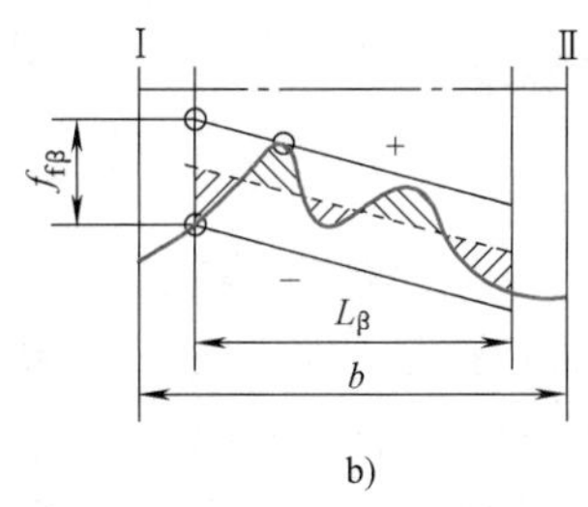

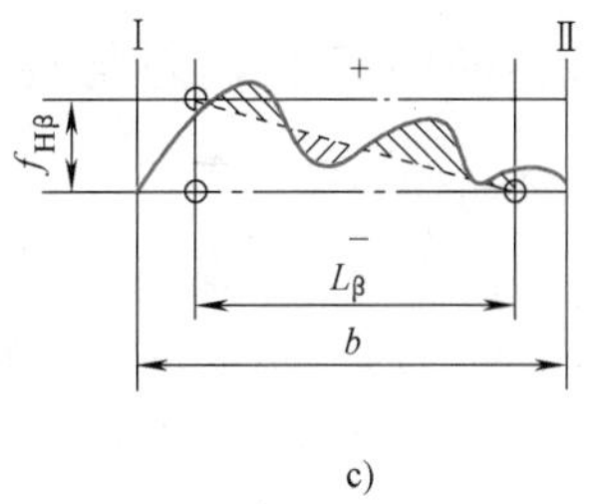

图 12-12 螺旋线偏差

a）螺旋线总偏差 b）螺旋线形状偏差 c）螺旋线倾斜偏差

各种螺旋线偏差都会影响齿轮载荷分布的均匀性。在一般情况下要求满足：$\Delta F_\beta \leqslant F_\beta$。在特定情况下，也可以要求满足：$\Delta f_{f\beta} \leqslant f_{f\beta}$，且$-f_{H\beta} \leqslant \Delta f_{H\beta} \leqslant +f_{H\beta}$。

4. 切向综合偏差

（1）切向综合总偏差 $\Delta F_i'$（F_i'） $\Delta F_i'$是指被测齿轮与测量齿轮（基准）单面啮合检验时，被测齿轮一转内，齿轮分度圆上实际圆周位移与理论圆周位移的最大差值。图 12-13 所示为单面啮合仪上画出的切向综合偏差曲线，横坐标表示被测齿轮转角，纵坐标表示偏差。如果齿轮没有偏差，偏差曲线应是与横坐标重合的直线。在齿轮一转范围内，过曲线最高点、最低点作与横坐标平行的两条直线，则此平行线间的距离即为 $\Delta F_i'$值。

在切向综合总偏差检测中，如果所用的测量齿轮是完全精确的，这就意味着切向综合偏

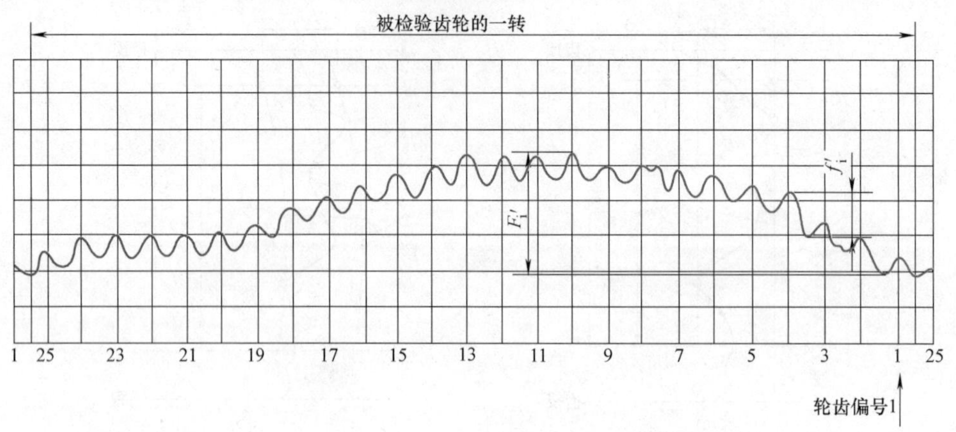

图 12-13　切向综合偏差曲线

差图上所表示的只是被测齿轮的轮齿各要素偏差的综合影响（即齿廓、螺旋线和齿距）。

该误差是评定齿轮传递运动准确性的综合评定指标。

（2）一齿切向综合偏差 $\Delta f_i'$（f_i'）　在一个齿距内，切向综合偏差（图 12-13）反映齿轮传递运动的平稳性。

由于切向综合误差的测量费用较高，但却能较好地反映齿轮的实际传动情况，所以对于较重要的齿轮，为了保证传动精度，应要求满足：$\Delta F_i' \leqslant F_i'$；为了保证传动平稳性，应要求满足：$\Delta f_i' \leqslant f_i'$。

二、径向综合偏差与径向跳动

1. 径向综合偏差

（1）径向综合总偏差 $\Delta F_i''$（F_i''）　$\Delta F_i''$是指在径向（双面）综合检查时，被测齿轮的左、右齿面同时与测量齿轮（基准）接触，并转过一整圈时出现的中心距最大值和最小值之差。图 12-14 所示为双啮仪上测量画出的径向综合偏差曲线，横坐标表示被测齿轮转角，纵坐标表示偏差。过曲线最高点、最低点作与横坐标平行的两条直线，则此平行线间的距离即为 $\Delta F_i''$值。

齿轮旋转一周记录下来的曲线图，接近于正弦形状（幅值为 f_e），表示齿轮的偏心量 f_e，如图 12-14 所示。齿轮的偏心量是指轮齿的几何轴线与基准轴线（即孔或轴）间的偏移。

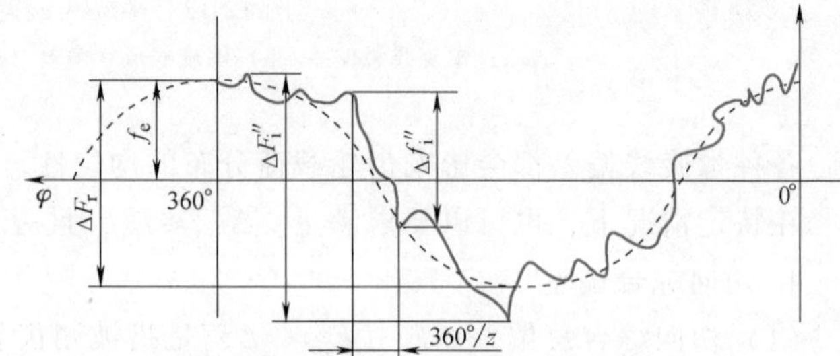

图 12-14　径向综合偏差曲线

（2）一齿径向综合偏差 $\Delta f_i''$（f_i''）　$\Delta f_i''$是指在被测齿轮一转中对应一个齿距角（360°/z）内的径向综合偏差值（取其中最大值），如图 12-14 所示。一齿径向综合偏差有助于揭示齿廓偏差（常为齿廓倾斜偏差），反映齿轮运动平稳性。

2. 径向跳动 ΔF_r（F_r）

ΔF_r 是测头（球形、圆柱形、砧形）相继置于每个齿槽内时，从它到齿轮轴线的最大和最小径向距离之差。检测时，测头在近似齿高中部与左右齿面接触。图 12-15 所示为径向跳动图例，图中偏心量是径向跳动的一部分。

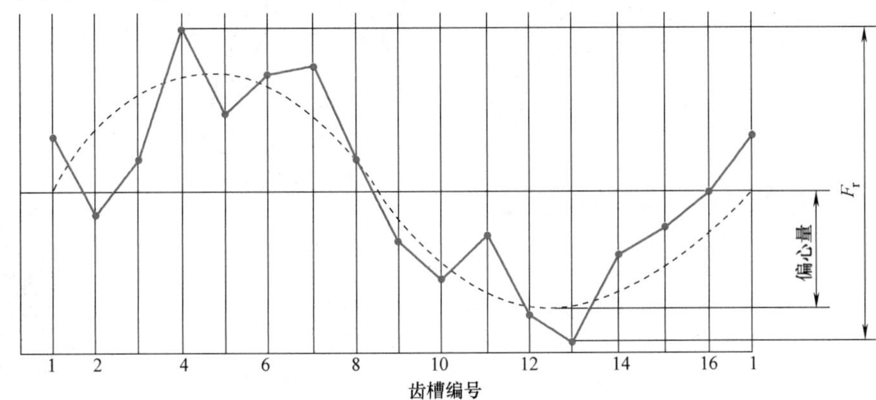

图 12-15 一个齿轮（16 齿）的径向跳动

径向跳动 ΔF_r 与径向综合总偏差 $\Delta F_i''$间的关系如图 12-14 所示。齿圈径向跳动是以齿轮轴线为基准的，它大体上是由两倍偏心量 f_e 组成，另外再加上齿轮的齿距和齿廓偏差的影响。

径向综合总偏差 $\Delta F_i''$与齿圈径向跳动 ΔF_r 都只反映了齿面对齿轮轴线的径向位置误差。所以对于传动准确性要求不高的齿轮，可以只要求满足：$\Delta F_i'' \leqslant F_i''$或 $\Delta F_r \leqslant F_r$。

对于传动平稳性要求不高的齿轮，可以要求满足：$\Delta f_i'' \leqslant f_i''$。

另外，公法线长度变动 ΔF_W（指在齿轮一周内，跨 k 个齿的公法线长度的最大值与最小值之差）反映齿轮的切向误差，可作为齿轮运动准确性的评定指标。在齿轮新标准中没有此项参数，但从我国的齿轮实际生产情况来看，经常用 ΔF_r 和 ΔF_W 组合来代替 ΔF_p 或 $\Delta F_i'$，而且是检验成本不高且行之有效的手段，故在此提出供参考。

三、评定齿轮侧隙指标及其检测

齿轮副侧隙的大小与齿轮齿厚减薄量有着密切的关系。齿轮齿厚减薄量可以用齿厚偏差或公法线长度偏差来评定。

1. 齿厚偏差

对于直齿轮，齿厚偏差 f_{sn} 是指在分度圆柱面上，实际齿厚与公称齿厚（齿厚理论值）之差（图 12-16）。对于斜齿轮，则是指法向实际齿厚与公称齿厚之差。

按照定义，齿厚以分度圆弧长计值（弧齿厚），但弧长不便于测量。因此，实际上是按分度圆上的弦齿高定位来测量弦齿厚的。参看图 12-17，直齿轮分度圆上的公称弦齿厚 s_f 与公称弦齿高 h_f 的计算式为

$$\begin{cases} s_f = mz\sin\delta \\ h_f = r_a - \dfrac{mz}{2}\cos\delta \end{cases} \tag{12-1}$$

式中　　δ——分度圆弦齿厚之半所对应的中心角，$\delta = \dfrac{\pi}{2z} + \dfrac{2x}{z}\tan\alpha$；

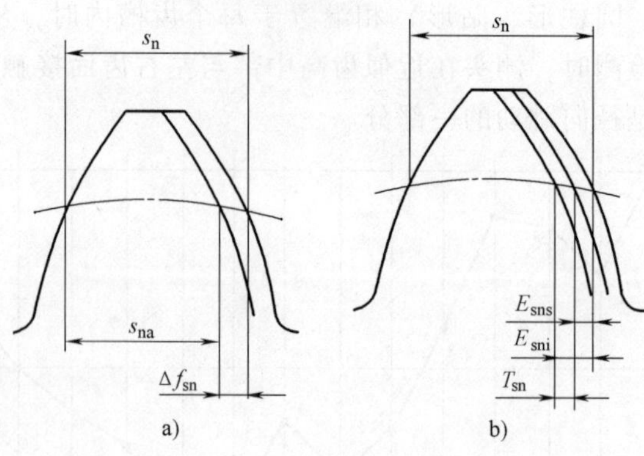

图 12-16 齿厚偏差和齿厚极限偏差

a）齿厚偏差 b）齿厚极限偏差

s_n—公称齿厚 s_{na}—实际齿厚 Δf_{sn}—齿厚偏差

E_{sns}—齿厚上偏差 E_{sni}—齿厚下偏差 T_{sn}—齿厚公差

传动侧隙

r_a——齿轮齿顶圆半径的公称值；

m、z、α、x——齿轮的模数、齿数、标准压力角、变位系数。

图样上标注公称弦齿高 h_f 和公称弦齿厚 s_f 及其上、下偏差（E_{sns}、E_{sni}）：$s_{f+E_{sni}}^{+E_{sns}}$。齿厚偏差 Δf_{sn} 的合格条件是它在齿厚极限偏差范围内（$E_{sni} \leqslant \Delta f_{sn} \leqslant E_{sns}$）。

弦齿厚通常用游标测齿卡尺（图 12-17）或光学测齿卡尺以弦齿高为依据来测量。由于测量弦齿厚以齿轮齿顶圆柱面作为测量基准，因此齿顶圆直径的实际偏差和齿顶圆柱面对齿轮基准轴线的径向圆跳动都对齿厚测量精度产生较大的影响。

一般情况下，E_{sns}、E_{sni} 均为负值。该评定指标由 GB/Z 18620.3—2008 推荐。

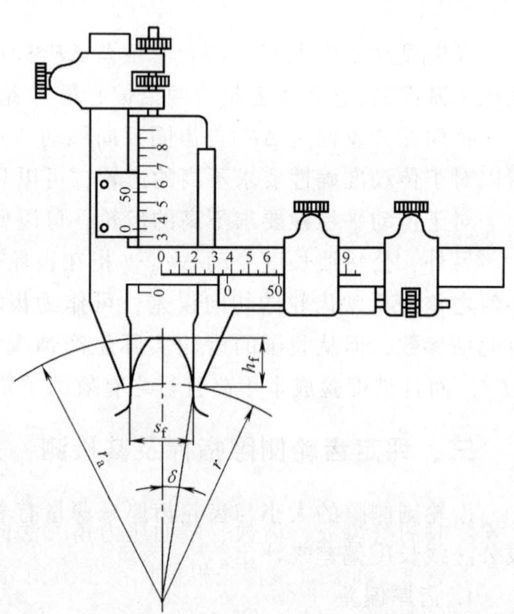

图 12-17 分度圆弦齿厚的测量

r—分度圆半径 r_a—齿顶圆半径

齿轮齿厚的实际尺寸减小或增大，实际公法线长度也相应地减小或增大，因此可以测量公法线长度代替测量齿厚，以评定齿厚减薄量。

2. 公法线长度偏差

参看图 12-18，公法线长度是指齿轮上几个轮齿的两端异向齿廓间所包含的一段基圆圆弧，即该两端异向齿廓间基圆切线线段的长度。公法线长度偏差 ΔE_W 是指实际公法线长度 W_k 与公称公法线长度之差。

（1）直齿轮的公称公法线长度 W 和测量时跨齿数 k 的计算　直齿轮的公称公法线长度 W 的计算公式为

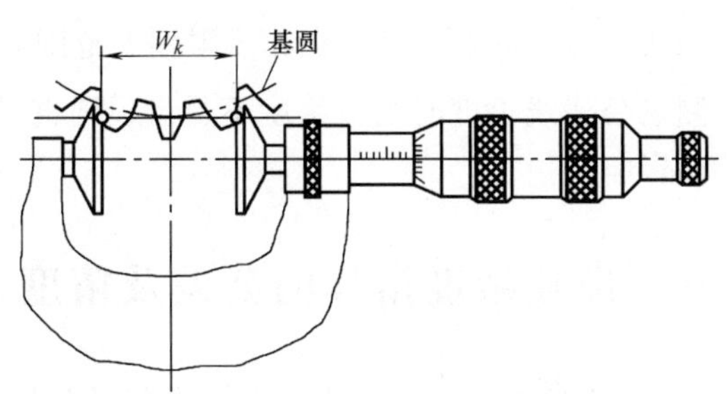

图 12-18　用公法线千分尺测量公法线长度

跨齿数 $k=3$

$$W=m\cos\alpha[\pi(k-0.5)+z\mathrm{inv}\alpha]+2xm\sin\alpha \tag{12-2}$$

式中　m、z、α、x——齿轮的模数、齿数、标准压力角、变位系数；

$\mathrm{inv}\alpha$——渐开线函数，$\mathrm{inv}20°=0.014\ 904$；

k——测量时的跨齿数（整数）。

跨齿数 k 按照量具量仪的测量面与被测齿面大体上在齿高中部接触来选择。

对于标准齿轮（$x=0$）

$$k=z\alpha/180°+0.5$$

当 $\alpha=20°$时，$k=z/9+0.5$。

对于变位齿轮

$$k=z\alpha_m/180°+0.5$$

其中，$\alpha_m=\arccos[d_b/(d+2xm)]$，$d_b$ 和 d 分别为被测齿轮的基圆直径和分度圆直径。

计算出的 k 值通常不是整数，应将它化整为最接近计算值的整数。

（2）斜齿轮的公称法向公法线长度 W_n 和测量时跨齿数 k 的计算　斜齿轮的公法线长度不在圆周方向测量，而在法向测量。其公称法向公法线长度 W_n 的计算公式为

$$W_n=m_n\cos\alpha_n[\pi(k-0.5)+z\mathrm{inv}\alpha_t]+2x_nm_n\sin\alpha_n \tag{12-3}$$

其中，m_n、α_n、k、z、α_t、x_n 分别为斜齿轮的法向模数、标准压力角、法向测量公法线长度时的跨齿数、齿数、端面压力角、法向变位系数。

计算 W_n 和 k 时，首先根据标准压力角 α_n 和分度圆螺旋角 β 计算出端面压力角 α_t，即

$$\alpha_t=\arctan(\tan\alpha_n/\cos\beta)$$

再由 z、α_n 和 α_t 计算出假想齿数 z'，即

$$z'=z\mathrm{inv}\alpha_t/\mathrm{inv}\alpha_n$$

然后由 α_n、z'和 x_n 计算跨齿数 k，即

$$k=\frac{\alpha_n}{180°}z'+0.5+\frac{2x_n\cot\alpha_n}{\pi}$$

对于标准斜齿轮（$x_n=0$），跨齿数 $k=z'\alpha_n/180°+0.5$。当 $\alpha_n=20°$时，跨齿数 $k=z'/9+0.5$。

应当指出，当斜齿轮的齿宽 $b>1.015W_n\sin\beta_b$（β_b 为基圆螺旋角）时，才能采用公法线长度偏差作为侧隙指标。

图样上标注跨齿数 k 和公称公法线长度 W(或 W_n)及其上、下偏差(E_{Ws}、E_{Wi})：W(或

$W_n)^{+E_{Ws}}_{+E_{Wi}}$。公法线长度偏差 ΔE_W 的合格条件是它在其极限偏差范围内（$E_{Wi} \leqslant \Delta E_W \leqslant E_{Ws}$）。

与测量齿厚相比较，测量公法线长度时测量精度不受齿顶圆直径偏差和齿顶圆柱面对齿轮基准轴线的径向圆跳动的影响。

第四节　齿轮精度指标的公差及精度等级

GB/T 10095.1~2—2008 对齿轮规定了一系列的偏差项目及其精度等级。

一、齿轮精度指标的公差的精度等级和计算公式

1. 精度等级

国家标准对单个渐开线圆柱齿轮轮齿同侧齿面的精度规定了 13 个精度等级，从高到低分别用阿拉伯数字 0、1、2、…、12 表示；对径向综合总偏差和一齿径向综合偏差分别规定了 9 个精度等级（4、5、6、…、12），其中 4 级最高，12 级最低。

5 级精度为基本等级，它是计算其他等级偏差允许值的基础。0~2 级齿轮要求非常高，目前几乎没有能够制造和测量的手段，因此属于有待发展的展望级；3~5 级为高精度等级；6~8 级为中等精度等级（用得最多）；9 级为较低精度等级；10~12 级为低精度等级。

齿轮的精度等级应根据齿轮的用途、使用要求、传递功率、圆周速度以及其他技术要求而定，同时要考虑加工工艺与经济性。

2. 评定参数允许值的确定

当齿轮精度等级选定后，可按表 12-3 所列的计算公式，根据尺寸（如模数 m_n、分度圆直径 d、齿宽 b 等）计算出各评定参数的允许值（公差或偏差）。计算时，m_n、d 和 b 应以分段界限值的几何平均值代入，当参数不在给定的范围内或供需双方同意时，可以在公式中代入实际值。为方便设计，也可在表 12-4~表 12-9 中直接查取评定参数的允许值。

表 12-3　评定参数允许值的计算公式

项目代号	允许值计算公式
单个齿距偏差 $\pm f_{pt}$	$\pm f_{pt}=[0.3(m_n+0.4\sqrt{d})+4]\times 2^{0.5(Q-5)}$
齿距累积偏差 $\pm F_{pk}$	$\pm F_{pk}=[f_{pt}+1.6\sqrt{(k-1)m_n}]\times 2^{0.5(Q-5)}$
齿距累积总偏差 F_p	$F_p=(0.3m_n+1.25\sqrt{d}+7)\times 2^{0.5(Q-5)}$
齿廓总偏差 F_α	$F_\alpha=(3.2\sqrt{m_n}+0.22\sqrt{d}+0.7)\times 2^{0.5(Q-5)}$
螺旋线总偏差 F_β	$F_\beta=(0.1\sqrt{d}+0.63\sqrt{b}+4.2)\times 2^{0.5(Q-5)}$
一齿切向综合偏差 f_i'	$f_i'=[K(9+0.3m_n+3.2\sqrt{m_n}+0.34\sqrt{d})]\times 2^{0.5(Q-5)}$ 当 $\varepsilon_\gamma<4$ 时，$K=0.2\left(\frac{\varepsilon_\gamma+4}{\varepsilon_\gamma}\right)$；当 $\varepsilon_\gamma \geqslant 4$ 时，$K=0.4$
切向综合总偏差 F_i'	$F_i'=(F_p+f_i')\times 2^{0.5(Q-5)}$
径向综合总偏差 F_i''	$F_i''=(3.2m_n+1.01\sqrt{d}+6.4)\times 2^{0.5(Q-5)}$
一齿径向综合偏差 f_i''	$f_i''=(2.96m_n+0.01\sqrt{d}+0.8)\times 2^{0.5(Q-5)}$
径向跳动公差 F_r	$F_r=(0.24m_n+1.0\sqrt{d}+5.6)\times 2^{0.5(Q-5)}$

表 12-4 单个齿距偏差 $\pm f_{pt}$、齿距累积总偏差 F_p （单位：μm）

分度圆直径 d/mm	偏差项目	单个齿距偏差 $\pm f_{pt}$				齿距累积总偏差 F_p			
	精度等级 / 法向模数 m_n/mm	5	6	7	8	5	6	7	8
>20~50	>2~3.5	5.5	7.5	11.0	15.0	15.0	21.0	30.0	42.0
	>3.5~6	6.0	8.5	12.0	17.0	15.0	22.0	31.0	44.0
>50~125	>2~3.5	6.0	8.5	12.0	17.0	19.0	27.0	38.0	53.0
	>3.5~6	6.5	9.0	13.0	18.0	19.0	28.0	39.0	55.0
	>6~10	7.5	10.0	15.0	21.0	20.0	29.0	41.0	58.0
>125~280	>2~3.5	6.5	9.0	13.0	18.0	25.0	35.0	50.0	70.0
	>3.5~6	7.0	10.0	14.0	20.0	25.0	36.0	51.0	72.0
	>6~10	8.0	11.0	16.0	23.0	26.0	37.0	53.0	75.0
>280~560	>2~3.5	7.0	10.0	14.0	20.0	33.0	46.0	65.0	92.0
	>3.5~6	8.0	11.0	16.0	22.0	33.0	47.0	66.0	94.0
	>6~10	8.5	12.0	17.0	25.0	34.0	48.0	68.0	97.0

表 12-5 齿廓总偏差 F_α、齿廓形状偏差 $f_{f\alpha}$ 和齿廓倾斜偏差 $\pm f_{H\alpha}$ （单位：μm）

分度圆直径 d/mm	偏差项目	齿廓总偏差 F_α				齿廓形状偏差 $f_{f\alpha}$				齿廓倾斜偏差 $\pm f_{H\alpha}$			
	精度等级 / 法向模数 m_n/mm	5	6	7	8	5	6	7	8	5	6	7	8
>20~50	>2~3.5	7.0	10.0	14.0	20.0	5.5	8.0	11.0	16.0	4.5	6.5	9.0	13.0
	>3.5~6	9.0	12.0	18.0	25.0	7.0	9.5	14.0	19.0	5.5	8.0	11.0	16.0
>50~125	>2~3.5	8.0	11.0	16.0	22.0	6.0	8.5	12.0	17.0	5.0	7.0	10.0	14.0
	>3.5~6	9.5	13.0	19.0	27.0	7.5	10.0	15.0	21.0	6.0	8.5	12.0	17.0
	>6~10	12.0	16.0	23.0	33.0	9.0	13.0	18.0	25.0	7.5	10.0	15.0	21.0
>125~280	>2~3.5	9.0	13.0	18.0	25.0	7.0	9.5	14.0	19.0	5.5	8.0	11.0	16.0
	>3.5~6	11.0	15.0	21.0	30.0	8.0	12.0	16.0	23.0	6.5	9.5	13.0	19.0
	>6~10	13.0	18.0	25.0	36.0	10.0	14.0	20.0	28.0	8.0	11.0	16.0	23.0
>280~560	>2~3.5	10.0	15.0	21.0	29.0	8.0	11.0	16.0	22.0	6.5	9.0	13.0	18.0
	>3.5~6	12.0	17.0	24.0	34.0	9.0	13.0	18.0	26.0	7.5	11.0	15.0	21.0
	>6~10	14.0	20.0	28.0	40.0	11.0	15.0	22.0	31.0	9.0	13.0	18.0	25.0

表 12-6　螺旋线总偏差 F_β、螺旋线形状偏差 $f_{f\beta}$ 和螺旋线倾斜偏差 $\pm f_{H\beta}$　（单位：μm）

分度圆直径 d/mm	偏差项目 / 精度等级 / 齿宽 b/mm	螺旋线总偏差 F_β				螺旋线形状偏差 $f_{f\beta}$ 和螺旋线倾斜偏差 $\pm f_{H\beta}$			
		5	6	7	8	5	6	7	8
>20~50	>10~20	7.0	10.0	14.0	20.0	5.0	7.0	10.0	14.0
	>20~40	8.0	11.0	16.0	23.0	6.0	8.0	12.0	16.0
>50~125	>10~20	7.5	11.0	15.0	21.0	5.5	7.5	11.0	15.0
	>20~40	8.5	12.0	17.0	24.0	6.0	8.5	12.0	17.0
	>40~80	10.0	14.0	20.0	28.0	7.0	10.0	14.0	20.0
>125~280	>10~20	8.0	11.0	16.0	22.0	5.5	8.0	11.0	16.0
	>20~40	9.0	13.0	18.0	25.0	6.5	9.0	13.0	18.0
	>40~80	10.0	15.0	21.0	29.0	7.5	10.0	15.0	21.0
>280~560	>20~40	9.5	13.0	19.0	27.0	7.0	9.5	14.0	19.0
	>40~80	11.0	15.0	22.0	31.0	8.0	11.0	16.0	22.0
	>80~160	13.0	18.0	26.0	36.0	9.0	13.0	18.0	26.0

表 12-7　f_i'/K 的比值　（单位：μm）

分度圆直径 d/mm	精度等级 / 法向模数 m_n/mm	f_i'/K 值			
		5	6	7	8
>20~50	>2~3.5	17.0	24.0	34.0	48.0
	>3.5~6	19.0	27.0	38.0	54.0
>50~125	>2~3.5	18.0	25.0	36.0	51.0
	>3.5~6	20.0	29.0	40.0	57.0
	>6~10	23.0	33.0	47.0	66.0
>125~280	>2~3.5	20.0	28.0	39.0	56.0
	>3.5~6	22.0	31.0	44.0	62.0
	>6~10	25.0	35.0	50.0	70.0
>280~560	>2~3.5	22.0	31.0	44.0	62.0
	>3.5~6	24.0	34.0	48.0	68.0
	>6~10	27.0	38.0	54.0	76.0

注：1. 一齿切向综合偏差 f_i' 的公差值由表中给出的 f_i'/K 数值乘以系数 K 求得。

2. $f_i'=K(4.3+f_{pt}+F_\alpha)$，式中，当总重合度 $\varepsilon_\gamma<4$ 时，取系数 $K=0.2[(\varepsilon_\gamma+4)/\varepsilon_\gamma]$；当 $\varepsilon_\gamma\geqslant4$ 时，取 $K=0.4$。

3. 切向综合总偏差 $F_i'=F_p+f_i'$。

表 12-8 径向综合总偏差 F_i''和一齿径向综合偏差 f_i'' （单位：μm）

分度圆直径 d/mm	偏差项目	径向综合总偏差 F_i''				一齿径向综合偏差 f_i''			
	法向模数 m_n/mm \ 精度等级	5	6	7	8	5	6	7	8
>20~50	>1.0~1.5	16	23	32	45	4.5	6.5	9.0	13
	>1.5~2.5	18	26	37	52	6.5	9.5	13	19
>50~125	>1.0~1.5	19	27	39	55	4.5	6.5	9.0	13
	>1.5~2.5	22	31	43	61	6.5	9.5	13	19
	>2.5~4.0	25	36	51	72	10	14	20	29
>125~280	>1.0~1.5	24	34	48	68	4.5	6.5	9.0	13
	>1.5~2.5	26	37	53	75	6.5	9.5	13	19
	>2.5~4.0	30	43	61	86	10	15	21	29
	>4.0~6.0	36	51	72	102	15	22	31	44
>280~560	>1.0~1.5	30	43	61	86	4.5	6.5	9.0	13
	>1.5~2.5	33	46	65	92	6.5	9.5	13	19
	>2.5~4.0	37	52	73	104	10	15	21	29
	>4.0~6.0	42	60	84	119	15	22	31	44

表 12-9 径向跳动公差 F_r 和公法线长度变动公差 F_W （单位：μm）

分度圆直径 d/mm	偏差项目	径向跳动公差 F_r				公法线长度变动公差 F_W			
	法向模数 m_n/mm \ 精度等级	5	6	7	8	5	6	7	8
>20~50	>2~3.5	12	17	24	34	12	16	23	32
	>3.5~6	12	17	25	35				
>50~125	>2~3.5	15	21	30	43	14	19	28	37
	>3.5~6	16	22	31	44				
	>6~10	16	23	33	46				
>125~280	>2~3.5	20	28	40	56	16	22	31	44
	>3.5~6	20	29	41	58				
	>6~10	21	30	42	60				
>280~560	>2~3.5	26	37	52	74	19	26	37	53
	>3.5~6	27	38	53	75				
	>6~10	27	39	55	77				

注：本表中 F_W 是根据我国的生产实践提出的，供参考。

二、齿轮精度等级的选择

同一齿轮的三项精度（传递运动的准确性、传动的平稳性和载荷分布的均匀性精度）要求，可以取成相同的精度等级，也可以以不同的精度等级相组合。设计者应根据所设计的齿轮传动在工作中的具体使用条件，对齿轮的加工精度规定最合理的技术要求。

精度等级的选择恰当与否，不仅影响齿轮传动的质量，而且影响制造成本。选择精度等级的主要依据是齿轮的用途和工作条件，应考虑齿轮的圆周速度、传递的功率、工作持续时间、传递运动准确性的要求、振动和噪声、承载能力、寿命等。选择精度等级的方法有类比法和计算法。

类比法按齿轮的用途和工作条件等进行对比选择。表 12-10 列出了某些机器中的齿轮所采用的精度等级，表 12-11 列出了齿轮某些精度等级的应用范围，供参考。

表 12-10 某些机器中的齿轮所采用的精度等级

应用范围	精度等级	应用范围	精度等级
单啮仪、双啮仪(测量齿轮)	2~5	载重汽车	6~9
涡轮机减速器	3~5	通用减速器	6~8
金属切削机床	3~8	轧钢机	5~10
航空发动机	4~7	矿用绞车	6~10
内燃机车、电气机车	5~8	起重机	6~9
轿车	5~8	拖拉机	6~10

表 12-11 齿轮某些精度等级的应用范围

精度等级		4级	5级	6级	7级	8级	9级
应用范围		极精密分度机构的齿轮，非常高速并要求平稳、无噪声的齿轮，高速涡轮机齿轮	精密分度机构的齿轮，高速并要求平稳、无噪声的齿轮，高速涡轮机齿轮	高速、平稳、无噪声、高效率齿轮，航空、汽车、机床中的重要齿轮，分度机构齿轮，读数机构齿轮	高速、动力小而需逆转的齿轮，机床中的进给齿轮，航空齿轮，读数机构齿轮，具有一定速度的减速器齿轮	一般机器中的普通齿轮，汽车、拖拉机、减速器中的一般齿轮，航空器中不重要的齿轮，农机中的重要齿轮	精度要求低的齿轮
齿轮圆周速度/(m/s)	直齿	<35	<20	<15	<10	<6	<2
	斜齿	<70	<40	<30	<15	<10	<4

计算法主要用于精密齿轮传动系统。当精度要求很高时，可按使用要求计算出所允许的回转角误差，以确定齿轮传递运动准确性的精度等级，如对于读数齿轮传动链就应该进行这方面的分析和计算。对于高速动力齿轮，可按其工作时最高转速计算出的圆周速度，或按允许的噪声大小，来确定齿轮传动平稳性的精度等级。对于重载齿轮，可在强度计算或寿命计算的基础上确定轮齿载荷分布均匀性的精度等级。

三、齿轮检验项目的选择

在检验中，测量全部轮齿要素的偏差既不经济也没有必要。

精度等级较高的齿轮，应该选用同侧齿面的精度项目，如齿廓偏差、齿距偏差、螺旋线偏差、切向综合偏差等。精度等级较低的齿轮，可以选用径向综合偏差或齿圈径向跳动等双侧齿面的精度项目。因为同侧齿面的精度项目比较接近齿轮的实际工作状态；而双侧齿面的精度项目受非工作齿面精度的影响，反映齿轮实际工作状态的可靠性较差。

为了评定单个齿轮的加工精度，应检验齿距累积总偏差或齿距累积偏差、单个齿距偏差、齿廓总偏差、螺旋线总偏差以及齿厚偏差。齿厚极限偏差由设计者按齿轮副侧隙计算确定。

根据我国企业齿轮生产的技术和质量控制水平，建议供货方依据齿轮的使用要求和生产批量，在下述检验组中选取一个用于评定齿轮质量。经需方同意后，也可用于验收。

1) f_{pt}、F_p、F_α、F_β、F_r。

2) f_{pt}、F_p、F_{pk}、F_α、F_β、F_r。

3) F_i''、f_i''。

4）f_{pt}、F_r（10~12 级）。

5）F_i'、f_i'（协议有要求时）。

四、图样上齿轮精度等级的标注

当齿轮所有精度指标的公差同为某一精度等级时，图样上可标注该精度等级和标准号。例如，同为 7 级时，可标注为

7　GB/T 10095. 1—2008

当齿轮各精度指标的公差的精度等级不同时，图样上可按齿轮传递运动准确性、齿轮传动平稳性和轮齿载荷分布均匀性的顺序分别标注它们的精度等级及带括号的对应公差、偏差符号和标准号，或分别标注它们的精度等级和标准号。例如，齿距累积总偏差 F_p 和单个齿距偏差 f_{pt}、齿廓总偏差 F_α 皆为 8 级，而螺旋线总偏差 F_β 为 7 级时，可标注为

8(F_p、f_{pt}、F_α)、7(F_β)GB/T 10095. 1—2008

或标注为　　8-8-7　GB/T 10095. 1—2008

第五节　齿轮副精度的评定指标

如图 12-19 所示，圆柱齿轮减速器的箱体上有两对轴承孔，这两对轴承孔分别用来支承与两个相互啮合齿轮各自连成一体的两根轴。这两对轴承孔的公共轴线应平行，它们之间的距离称为齿轮副中心距 a，箱体上支承同一根轴的两个轴承各自中间平面之间的距离称为轴承跨距 L，它相当于被支承轴的两个轴颈各自中间平面之间的距离。中心距偏差和轴线平行度偏差对齿轮传动的使用要求都有影响。前者影响侧隙的大小，后者影响轮齿载荷分布的均匀性。

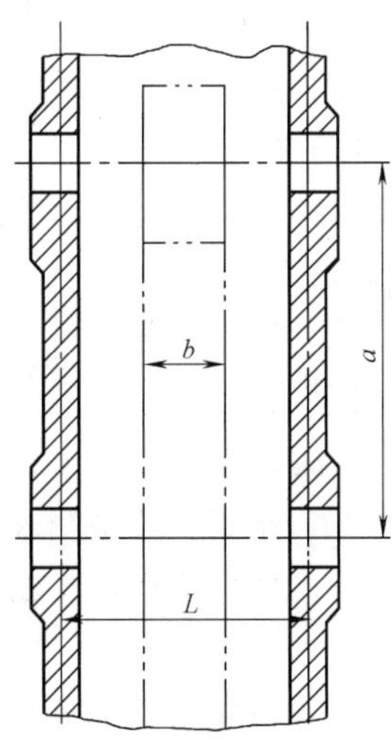

图 12-19　箱体上轴承跨距和齿轮副中心距

b—齿宽　L—轴承跨距　a—齿轮副中心距（公称中心距）

一、齿轮副中心距偏差

如图 12-19 所示，齿轮副中心距偏差 Δf_a 是指在箱体两侧轴承跨距 L 的范围内，齿轮副

两条轴线之间的实际中心距与公称中心距 a 之差。该评定指标由 GB/Z 18620.3—2008 推荐。图样上标注公称中心距及其极限偏差($\pm f_a$):$a\pm f_a$。f_a 的数值按齿轮精度等级可从表 12-12 中选用。中心距偏差的合格条件是它在中心距极限偏差范围内（$-f_a \leqslant \Delta f_a \leqslant +f_a$）。

表 12-12 齿轮副的中心距极限偏差 $\pm f_a$ 值 （单位：μm）

齿轮精度等级		1~2	3~4	5~6	7~8	9~10	11~12
f_a		$\frac{1}{2}$IT4	$\frac{1}{2}$IT6	$\frac{1}{2}$IT7	$\frac{1}{2}$IT8	$\frac{1}{2}$IT9	$\frac{1}{2}$IT11
齿轮副中心距/mm	>80~120	5	11	17.5	27	43.5	110
	>120~180	6	12.5	20	31.5	50	125
	>180~250	7	14.5	23	36	57.5	145
	>250~315	8	16	26	40.5	65	160
	>315~400	9	18	28.5	44.5	70	180

二、齿轮副轴线平行度偏差

GB/Z 18620.3—2008 规定了轴线平面内的平行度偏差和垂直平面内的平行度偏差，并推荐了最大允许值。

测量齿轮副两条轴线之间的平行度偏差时，应根据两对轴承的跨距 L 选取跨距较大的那条轴线作为基准轴线；如果两对轴承的跨距相同，则可取其中任何一条轴线作为基准轴线。如图 12-20 所示，被测轴线对基准轴线的平行度偏差应在相互垂直的轴线平面 [H] 和垂直平面 [V] 上测量。轴线平面 [H] 是指包含基准轴线并通过被测轴线与一个轴承中间平面的交点所确定的平面。垂直平面 [V] 是指通过上述交点确定的垂直于轴线平面 [H] 且平行于基准轴线的平面。

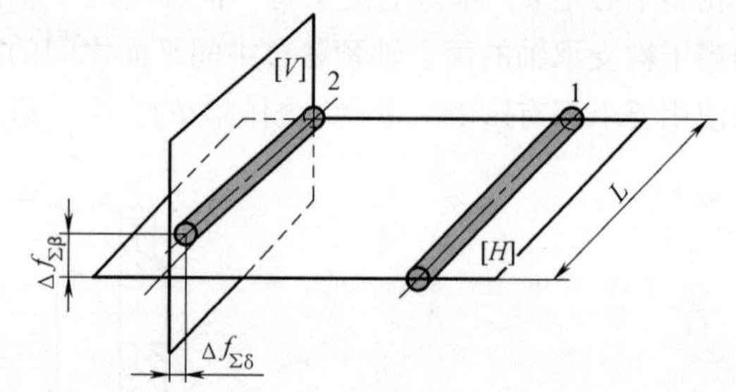

图 12-20 齿轮副轴线平行度偏差

1—基准轴线 2—被测轴线 [H]—轴线平面 [V]—垂直平面

轴线平面 [H] 上的平行度偏差 $\Delta f_{\Sigma\delta}$ 是指实际被测轴线 2 在 [H] 平面上的投影对基准轴线 1 的平行度偏差。垂直平面 [V] 上的平行度偏差 $\Delta f_{\Sigma\beta}$ 是指实际被测轴线 2 在 [V] 平面上的投影对基准轴线 1 的平行度偏差。

$\Delta f_{\Sigma\delta}$ 的公差 $f_{\Sigma\delta}$ 和 $\Delta f_{\Sigma\beta}$ 的公差 $f_{\Sigma\beta}$ 推荐按轮齿载荷分布均匀性的精度等级分别用下列两个公式计算确定。即

$$f_{\Sigma\delta}=(L/b)F_{\beta} \tag{12-4}$$

$$f_{\Sigma\beta}=0.5(L/b)F_{\beta}=0.5f_{\Sigma\delta} \tag{12-5}$$

式中 L、b 和 F_{β}——箱体上轴承跨距、齿轮齿宽和齿轮螺旋线总偏差。

齿轮副轴线平行度偏差的合格条件为

$$\Delta f_{\Sigma\delta} \leqslant f_{\Sigma\delta} \text{且} \Delta f_{\Sigma\beta} \leqslant f_{\Sigma\beta}$$

三、齿轮副的接触斑点

齿轮副的接触斑点是指安装好的齿轮副，在轻微制动下，运转后齿面上分布的接触擦亮痕迹，如图 12-21 所示。该评定指标由 GB/Z 18620. 4—2008 推荐。

接触痕迹的大小在齿面展开图上用百分比计算。

沿齿长方向，接触痕迹的长度 b''（扣除超过模数值的断开部分 c）与工作长度 b'之比的百分数，即$\frac{b''-c}{b'}\times 100\%$。

沿齿高方向，接触痕迹的平均高度 h''与工作高度 h'之比的百分数，即$\frac{h''}{h'}\times 100\%$。

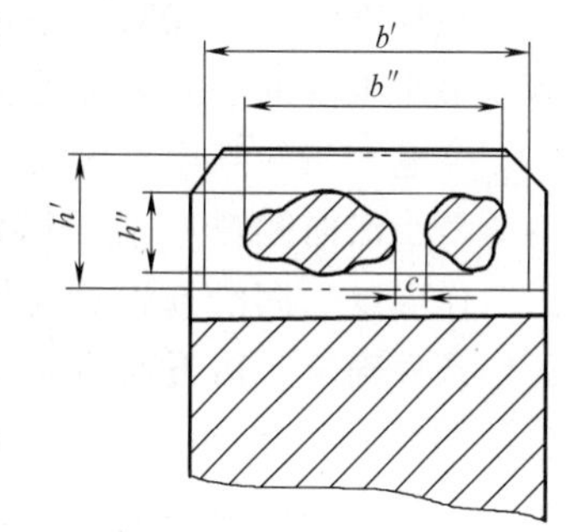

图 12-21　接触斑点

沿齿长方向的接触斑点主要影响齿轮副的承载能力，沿齿高方向的接触斑点主要影响工作平稳性。齿轮副的接触斑点综合反映了齿轮副的加工误差和安装误差，是一个特殊的非几何量的检验项目。对于接触斑点，GB/Z 18620. 4—2008 给出了直齿轮装配后的推荐值，见表 12-13。

表 12-13　直齿轮装配后的接触斑点

精度等级	b_{c1}占齿宽的百分比	h_{c1}占有效齿面高度的百分比	b_{c2}占齿宽的百分比	h_{c2}占有效齿面高度的百分比
≤4	50%	70%	40%	50%
5、6	45%	50%	35%	30%
7、8	35%	50%	35%	30%
9～12	25%	50%	25%	30%

注：b_{c1}为接触斑点的较大长度，b_{c2}为接触斑点的较小长度，h_{c1}为接触带的较大高度，h_{c2}为接触带的较小高度。

第六节　齿轮侧隙指标的确定和齿轮坯公差

一、齿厚极限偏差的确定

相互啮合齿轮的相邻非工作齿面间的侧隙是齿轮副装配后自然形成的。适当的侧隙可以用改变齿轮副中心距的大小或（和）通过减小齿轮轮齿厚度来获得。当齿轮副中心距不能调整时，就必须在加工齿轮时按规定的齿厚极限偏差将轮齿切薄。

齿厚上偏差可以根据齿轮副所需要的最小侧隙通过计算或用类比法确定。齿厚下偏差则按齿轮精度等级和加工齿轮时的径向进刀公差和几何偏心确定。齿轮精度等级和齿厚极限偏差确定后，齿轮副的最大侧隙就自然形成，一般不必验算。

1. 齿轮副所需的最小侧隙

侧隙通常在相互啮合齿轮齿面的法向平面上或沿啮合线测量，如图 12-22 所示，它称为法向侧隙 j_{bn}，可用塞尺测量。为了保证齿轮转动的灵活性，根据润滑和补偿热变形的需要，齿轮副必须具有一定的最小侧隙。

在标准温度（20℃）下齿轮副无载荷时所需最小限度的法向侧隙称为最小法向侧隙 j_{bnmin}。它与齿轮精度等级无关。

最小法向侧隙 j_{bnmin} 可以根据传动时允许的工作温度、润滑方法及齿轮的圆周速度等工作条件确定，由下列两部分组成。

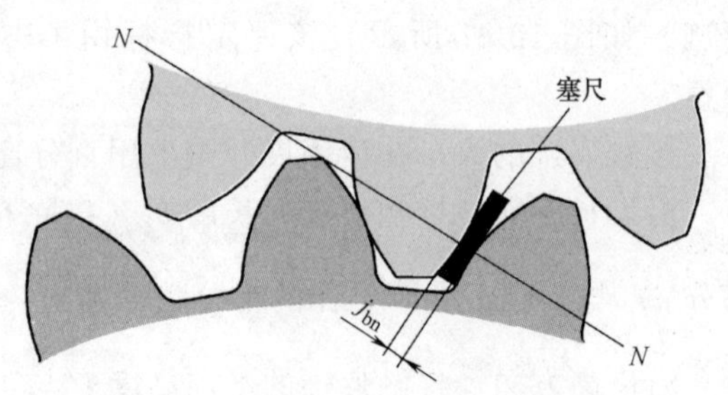

图 12-22 用塞尺测量法向侧隙

NN—啮合线 j_{bn}—法向侧隙

(1) 补偿传动时温度升高使齿轮和箱体产生的热变形所需的法向侧隙 j_{bn1} j_{bn1} 的计算公式为

$$j_{bn1}=a(\alpha_1\Delta t_1-\alpha_2\Delta t_2)\times 2\sin\alpha_n \tag{12-6}$$

式中 a——齿轮副的公称中心距；

α_1、α_2——齿轮和箱体材料的线胀系数（1/°C）；

Δt_1、Δt_2——齿轮温度 t_1 和箱体温度 t_2 分别对 20°C 的偏差；

α_n——齿轮的法向压力角。

(2) 保证正常润滑条件所需的法向侧隙 j_{bn2} j_{bn2} 取决于润滑方法和齿轮的圆周速度，可参考表 12-14 选取。

表 12-14 保证正常润滑条件所需的法向侧隙 j_{bn2}

润滑方式	齿轮的圆周速度 v/(m/s)			
	≤10	>10~25	>25~60	>60
喷油润滑	$0.01m_n$	$0.02m_n$	$0.03m_n$	$(0.03\sim0.05)m_n$
油池润滑	$(0.005\sim0.01)m_n$			

注：m_n——齿轮法向模数（mm）。

齿轮副的最小法向侧隙为

$$j_{bnmin}=j_{bn1}+j_{bn2}$$

j_{bnmin} 或用公式 $j_{bnmin}=\frac{2}{3}(0.06+0.0005|a|+0.03m_n)$ 确定。

2. 齿厚上偏差的确定

确定齿厚上偏差 E_{sns} 即齿厚最小减薄量，如图 12-16 所示，它除了要保证齿轮副所需的最小法向侧隙 j_{bnmin} 外，还要补偿齿轮和齿轮副加工和安装误差所引起的侧隙减小量 J_{bn}。它包括两个互相啮合齿轮的基圆齿距偏差 Δf_{pb}、螺旋线总偏差 ΔF_β、轴线平行度偏差 $\Delta f_{\Sigma\delta}$ 和 $\Delta f_{\Sigma\beta}$。计算 J_{bn} 时，应考虑要将偏差都转化到法向侧隙的方向上，并用公差（或极限偏差）代替其偏差，再按独立随机量合成的方法合成，可得

$$J_{bn}=\sqrt{f_{pb1}^2+f_{pb2}^2+2(F_\beta\cos\alpha_n)^2+(f_{\Sigma\delta}\sin\alpha_n)^2+(f_{\Sigma\beta}\cos\alpha_n)^2} \tag{12-7}$$

其中，$f_{pb1}=f_{pt1}\cos\alpha_n$，$f_{pb2}=f_{pt2}\cos\alpha_n$（$f_{pt1}$、$f_{pt2}$ 分别为大、小齿轮的单个齿距偏差），$f_{\Sigma\delta}=$

$(L/b)\ F_\beta$，$f_{\Sigma\beta}=0.5\ (L/b)\ F_\beta$（$L$ 为齿轮副轴承跨距，b 为齿宽）和 $\alpha_n=20°$，将它们代入式（12-7）得到

$$J_{bn}=\sqrt{0.88(f_{pt1}^2+f_{pt2}^2)+[1.77+0.34(L/b)^2]F_\beta^2} \tag{12-8}$$

考虑到实际中心距为下极限尺寸，即中心距实际偏差为下极限偏差 $-f_a$ 时，会使法向侧隙减少 $2f_a\sin\alpha_n$，同时将齿厚偏差换算到法向（乘以 $\cos\alpha_n$），则可得齿厚上偏差 E_{sns1}、E_{sns2} 与 j_{bnmin}、J_{bn} 和中心距下极限偏差 $-f_a$ 的关系为

$$(E_{sns1}+E_{sns2})\cos\alpha_n=-(j_{bnmin}+J_{bn}+2f_a\sin\alpha_n) \tag{12-9}$$

通常为了方便设计与计算，令 $E_{sns1}=E_{sns2}=E_{sns}$，于是可得齿厚上偏差为

$$E_{sns}=-\left(\frac{j_{bnmin}+J_{bn}}{2\cos\alpha_n}+|f_a|\tan\alpha_n\right) \tag{12-10}$$

3. 齿厚下偏差的确定

齿厚下偏差 E_{sni} 由齿厚上偏差 E_{sns} 和齿厚公差 T_{sn} 求得。即

$$E_{sni}=E_{sns}-T_{sn}$$

齿厚公差 T_{sn} 的大小主要取决于切齿时的径向进刀公差 b_r 和齿轮径向跳动公差 F_r（考虑切齿时几何偏心的影响，它使被切齿轮的各轮齿的齿厚不相同）。b_r 和 F_r 按独立随机变量合成，并把它们从径向计值换算到齿厚偏差方向（乘以 $2\tan\alpha_n$），则得

$$T_{sn}=2\tan\alpha_n\sqrt{b_r^2+F_r^2} \tag{12-11}$$

其中，b_r 的数值推荐按表 12-15 选取，F_r 的数值按齿轮传递运动准确性的精度等级、分度圆直径和法向模数确定（可从表 12-9 查取）。

表 12-15 切齿时的径向进刀公差 b_r

齿轮传递运动准确性的精度等级	4 级	5 级	6 级	7 级	8 级	9 级
b_r	1.26IT7	IT8	1.26IT8	IT9	1.26IT9	IT10

注：标准公差值 IT 按齿轮分度圆直径从表 2-4 查取。

二、公法线长度极限偏差的确定

公法线长度的上、下偏差（E_{Ws}、E_{Wi}）分别由齿厚的上、下偏差（E_{sns}、E_{sni}）换算得到。外齿轮的换算公式为

$$\left.\begin{aligned}E_{Ws}&=E_{sns}\cos\alpha-0.72F_r\sin\alpha\\E_{Wi}&=E_{sni}\cos\alpha+0.72F_r\sin\alpha\end{aligned}\right\} \tag{12-12}$$

内齿轮的换算公式为

$$\left.\begin{aligned}E_{Ws}&=-E_{sni}\cos\alpha-0.72F_r\sin\alpha\\E_{Wi}&=-E_{sns}\cos\alpha+0.72F_r\sin\alpha\end{aligned}\right\} \tag{12-13}$$

三、齿轮坯公差

切齿前的齿轮坯基准表面的精度对齿轮的加工精度和安装精度的影响很大。用控制齿轮

坯精度来保证和提高齿轮的加工精度是一项有效的技术措施。因此，在齿轮零件图上除了明确地表示齿轮的基准轴线和标注齿轮公差以外，还必须标注齿轮坯公差。齿轮坯公差标注示例如图 12-23 所示。

1. 盘形齿轮的齿轮坯公差

如图 12-23 所示，盘形齿轮的基准表面是：齿轮安装在轴上的基准孔、切齿时的定位端面、齿顶圆柱面。公差项目主要有：基准孔的尺寸公差并采用包容要求、齿顶圆柱面的直径公差、定位端面对基准孔轴线的轴向圆跳动公差。有时还要规定齿顶圆柱面对基准孔轴线的径向圆跳动公差。

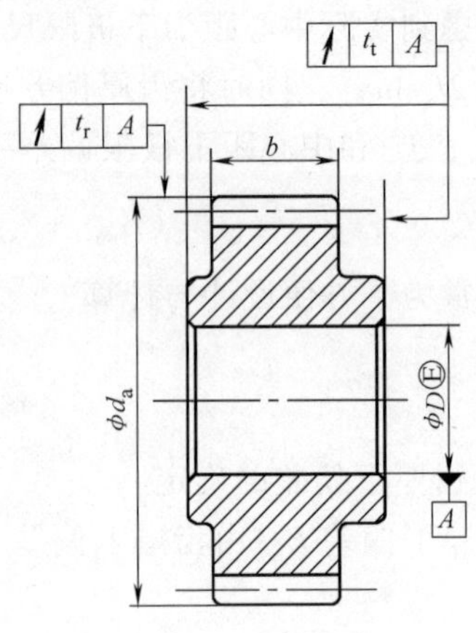

图 12-23　盘形齿轮的齿轮坯公差

基准孔尺寸公差和齿顶圆柱面的直径公差按齿轮精度等级从表 12-16 中选用。

基准端面对基准孔轴线的轴向圆跳动公差 t_t 由该端面的直径 D_d、齿宽 b 和齿轮螺旋线总偏差 F_β 按下式确定，即

$$t_t = 0.2(D_d/b)F_\beta \tag{12-14}$$

切齿时，如果齿顶圆柱面用来在切齿机床上将齿轮基准孔轴线相对于工作台回转轴线找正，或者以齿顶圆柱面作为测量齿厚的基准时，则需规定齿顶圆柱面对齿轮基准孔轴线的径向圆跳动公差。该公差 t_r 由齿轮齿距累积总偏差 F_p 按下式确定，即

$$t_r = 0.3F_p \tag{12-15}$$

表 12-16　齿轮坯公差

齿轮精度等级	1	2	3	4	5	6	7	8	9	10	11	12
盘形齿轮基准孔尺寸公差	IT4				IT5	IT6	IT7		IT8		IT9	
齿轮轴轴颈直径公差和形状公差	通常按滚动轴承的公差等级确定											
齿顶圆柱面的直径公差	IT6		IT7			IT8			IT9		IT11	
基准端面对齿轮基准孔轴线的轴向圆跳动公差 t_t	$t_t = 0.2(D_d/b)F_\beta$											
齿顶圆柱面对齿轮基准孔轴线的径向圆跳动公差 t_r	$t_r = 0.3F_p$											

注：1. 齿轮的三项精度等级不同时，齿轮基准孔的尺寸公差按最高的精度等级确定。

2. 齿顶圆柱面不作为测量齿厚的基准面时，齿顶圆柱面的直径公差按 IT11 给定，但不得大于 $0.1m_n$。

3. 齿顶圆柱面不作为基准面时，图样上不必给出 t_r。

2. 齿轮轴的齿轮坯公差

如图 12-24 所示，齿轮轴的基准表面是：安装滚动轴承的两个轴颈、齿顶圆柱面。公差项目主要有：

两个轴颈的直径公差（采用包容要求）和形状公差：通常按滚动轴承的公差等级确定。

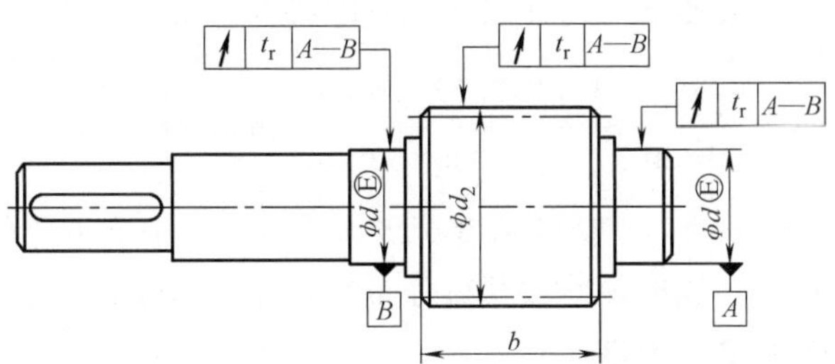

图 12-24 齿轮轴的齿轮坯公差

齿顶圆柱面的直径公差：按齿轮精度等级从表 12-16 中选用。

两个轴颈分别对它们的公共轴线（基准轴线）的径向圆跳动公差：按式（12-15）确定。

以齿顶圆柱面作为测量齿厚的基准时，则需规定齿顶圆柱面对两个轴颈的公共轴线（基准轴线）的径向圆跳动公差，按式（12-15）确定。

四、齿轮齿面和基准面的表面粗糙度轮廓要求

齿轮齿面、盘形齿轮的基准孔、齿轮轴的轴颈、基准端面、径向找正用的圆柱面和作为测量基准的齿顶圆柱面的表面粗糙度轮廓幅度参数 *Ra* 的上限值可从表 12-17 中查取。

表 12-17 齿轮齿面和齿轮坯基准面的表面粗糙度轮廓幅度参数 *Ra* 值（单位：μm）

齿轮精度等级	3	4	5	6	7	8	9	10
齿面	≤0.63	≤0.63	≤0.63	≤0.63	≤1.25	≤5	≤10	≤10
盘形齿轮的基准孔	≤0.2	≤0.2	0.2~0.4	≤0.8	0.8~1.6	≤1.6	≤3.2	≤3.2
齿轮轴的轴颈	≤0.1	0.1~0.2	≤0.2	≤0.4	≤0.8	≤1.6	≤1.6	≤1.6
端面、齿顶圆柱面	0.1~0.2	0.2~0.4	0.4~0.8	0.4~0.8	0.8~1.6	1.6~3.2	≤3.2	≤3.2

注：齿轮的三项精度等级不同时，按最高的精度等级确定。齿轮轴轴颈的 *Ra* 值可按滚动轴承的公差等级确定。

第七节 圆柱齿轮精度设计及应用

圆柱齿轮精度设计一般包括下列内容：①确定齿轮的精度等级；②确定齿轮检验项目及允许值；③确定齿轮的侧隙指标及其极限偏差；④确定齿轮坯精度和齿轮各表面粗糙度。此外，还应包括确定齿轮副中心距的极限偏差和两轴线的平行度公差。下面举例加以说明。

例 12-3 某机床主轴箱传动轴上的一对直齿圆柱齿轮，小齿轮和大齿轮的齿数分别为 $z_1=26$、$z_2=56$，模数 $m=2.75$mm，齿宽分别为 $b_1=28$mm、$b_2=24$mm，小齿轮基准孔的公称尺寸为 $\phi30$mm，转速 $n_1=1650$r/min，箱体上两对轴承孔的跨距 L 相等，均为 90mm。齿轮材料为钢，箱体材料为铸铁，单件小批生产。试设计小齿轮精度，并画出齿轮工作图。

解 1. 确定齿轮精度等级

因为该齿轮为机床主轴箱传动齿轮，由表 12-10 可以大致得出，齿轮精度在 3~8 级之间，进一步分析，该齿轮既传递运动又传递动力，因此可根据圆周速度确定其精度等级。

$$v=\frac{\pi d n_1}{1000\times60}=\frac{3.14\times2.75\times26\times1650}{1000\times60}\text{m/s}=6.2\text{m/s}$$

参照表 12-11 确定齿轮传动的平稳性精度等级为 7 级，由于该齿轮传递运动准确性要求不高，传递动力也不是很大，故准确性和载荷分布均匀性也都可取 7 级，则齿轮精度在图样上标注为：7GB/T 10095.1~2—2008。

2. 确定齿轮检验项目及允许值

（1）齿距累积总偏差 F_p　由表 12-4 查得 $F_p=0.038\text{mm}$。

（2）单个齿距偏差 $\pm f_{pt}$　由表 12-4 查得 $\pm f_{pt}=\pm0.012\text{mm}$。

（3）齿廓总偏差 F_α　由表 12-5 查得 $F_\alpha=0.016\text{mm}$。

（4）螺旋线总偏差 F_β　由表 12-6 查得 $F_\beta=0.017\text{mm}$。

3. 确定最小法向侧隙和齿厚极限偏差

中心距　$a=\frac{m}{2}(z_1+z_2)=\frac{2.75}{2}\times(26+56)\text{mm}=112.75\text{mm}$

最小法向侧隙 j_{bnmin} 可由中心距 a 计算确定，即

$$j_{bnmin}=\frac{2}{3}\times(0.06+0.0005\,|a|+0.03m_n)$$

$$=\frac{2}{3}\times(0.06+0.0005\times112.75+0.03\times2.75)\text{mm}=0.133\text{mm}$$

确定齿厚极限偏差时，首先要确定补偿齿轮和齿轮箱体的制造、安装误差所引起的侧隙减少量 J_{bn}。按式(12-8)，由表 12-4 和表 12-6 查得 $f_{pt1}=12\mu\text{m}$，$f_{pt2}=13\mu\text{m}$，$F_\beta=17\mu\text{m}$，且 $L=90\text{mm}$，$b=28$，得

$$J_{bn}=\sqrt{0.88(f_{pt1}^2+f_{pt2}^2)+[1.77+0.34(L/b)^2]F_\beta^2}$$

$$=\sqrt{0.88\times(12^2+13^2)+[1.77+0.34\times(90/28)^2]\times17^2}\ \mu\text{m}=42.5\mu\text{m}$$

然后按式（12-10），由表 12-12 查得 $f_a=27\mu\text{m}$，则齿厚上偏差为

$$E_{sns}=-\left(\frac{j_{bnmin}+J_{bn}}{2\cos\alpha_n}+|f_a|\tan\alpha_n\right)=-\left(\frac{0.133+0.0425}{2\cos20^\circ}+27\times\tan20^\circ\right)\text{mm}=-0.107\text{mm}$$

按式（12-11），由表 12-9 查得 $F_r=30\mu\text{m}$，从表 12-15 查得 $b_r=\text{IT9}=74\mu\text{m}$，因此齿厚公差为

$$T_{sn}=\sqrt{b_r^2+F_r^2}\times2\tan\alpha_n=\sqrt{30^2+74^2}\times2\tan20^\circ\mu\text{m}=58\mu\text{m}$$

最后，可得齿厚下偏差为

$$E_{sni}=E_{sns}-T_{sn}=(-0.107-0.058)\text{mm}=-0.165\text{mm}$$

通常对于中等模数齿轮，用检查公法线长度极限偏差来代替齿厚偏差。

按式（12-12），由表 12-9 查得 $F_r=30\mu m$，可得公法线长度上、下偏差为

$$E_{Ws}=E_{sns}\cos\alpha_n-0.72F_r\sin\alpha_n=[(-0.107\times\cos20°)-0.72\times0.030\times\sin20°]\text{mm}$$
$$=-0.108\text{mm}$$
$$E_{Wi}=E_{sni}\cos\alpha_n+0.72F_r\sin\alpha_n=[(-0.165\times\cos20°)+0.72\times0.030\times\sin20°]\text{mm}$$
$$=-0.148\text{mm}$$

跨齿数 k 和公称公法线长度 W_k 分别为

$$k=\frac{z}{9}+0.5=\frac{26}{9}+0.5=3.38(\text{取 }k=3)$$

$$W_k=m[2.952\times(k-0.5)+0.014z]$$
$$=2.75\times[2.952\times(3-0.5)+0.014\times26]\text{mm}=21.297\text{mm}$$

则公法线长度及极限偏差为 $W_k=21.297_{-0.148}^{-0.108}\text{mm}$。

4. 确定齿轮坯精度和齿轮各表面粗糙度

（1）基准孔的尺寸公差和形状公差　查表 12-16，取基准孔的尺寸公差等级为 IT7，并采用包容要求，即 $\phi30\text{H7}=\phi30_{0}^{+0.021}\text{mm}$。

基准孔的圆柱度公差取 0.04（L/b）F_β 或 0.1F_p 中较小者：$0.04(L/b)F_\beta=0.04\times(90/28)\times0.017\text{mm}=0.002\text{mm}$，$0.1F_p=0.1\times0.038\text{mm}=0.0038\text{mm}$，取 $t_{\text{⌭}}=0.002\text{mm}$。

（2）齿顶圆的尺寸公差和形状公差　查表 12-16，取齿顶圆的尺寸公差等级为 IT8，即 $\phi77\text{h8}=\phi77_{-0.046}^{0}\text{mm}$。

齿顶圆的圆柱度公差取 0.04（L/b）F_β 或 0.1F_p 中较小者：取 $t_{\text{⌭}}=0.002\text{mm}$。

按表 12-16 计算得齿顶圆对基准孔轴线的径向圆跳动公差值 $t_r=0.3F_p=0.3\times0.038\text{mm}=0.011\text{mm}$。

如果齿顶圆柱面不做基准，则图样上不必给出 $t_{\text{⌭}}$和 t_r。

（3）基准端面的圆跳动公差　按表 12-16 确定基准端面对基准孔轴线的轴向圆跳动公差值，即

$$t_t=0.2(D_d/b)F_\beta=0.2\times(65/28)\times0.017\text{mm}=0.008\text{mm}$$

（4）径向基准面的圆跳动公差　由于齿顶圆柱面做测量和加工基准，因此不必另选径向基准面。

（5）齿坯表面粗糙度值　查表 12-17，取齿坯表面粗糙度的 Ra 值为 1.25μm。

5. 确定齿轮副精度

（1）齿轮副中心距极限偏差 $\pm f_a$　由表 12-12 查得 $\pm f_a=\pm27\mu m$，则在图上标注：$a=112.75\pm0.027$。

（2）轴线平行度公差 $f_{\Sigma\delta}$ 和 $f_{\Sigma\beta}$　轴线平面上的轴线平行度公差和垂直平面上的轴线平行度公差分别按式（12-4）和式（12-5）确定，即

$$f_{\Sigma\beta}=0.5(L/b)F_\beta=0.028\text{mm},\ f_{\Sigma\delta}=2f_{\Sigma\beta}=0.056\text{mm}$$

（3）轮齿接触斑点　由表 12-13 查得轮齿接触斑点要求：在齿长方向上的 $b_{c1}/b\geqslant35\%$ 和 $b_{c2}/b\geqslant35\%$；在齿高方向上的 $h_{c1}/h\geqslant50\%$ 和 $h_{c2}/h\geqslant30\%$。

中心距极限偏差 $\pm f_a$ 和轴线平行度公差 $f_{\Sigma\delta}$、$f_{\Sigma\beta}$ 在箱体图上注出。

图 12-25 所示为该齿轮的工作图。

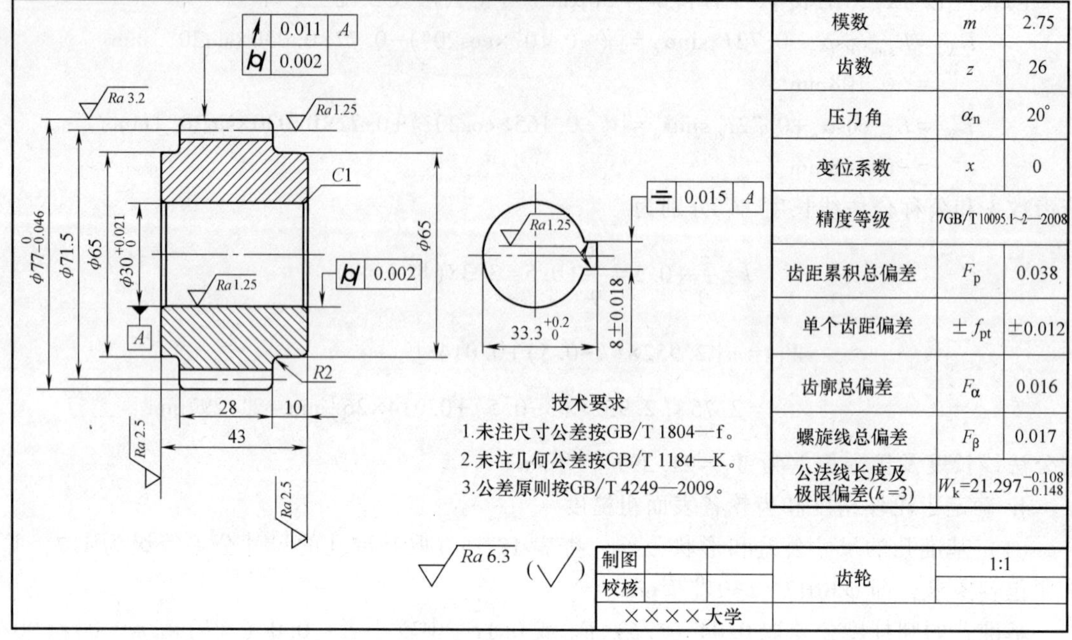

图 12-25　齿轮工作图

思　考　题

1. 简述评定渐开线圆柱齿轮精度时评定指标的名称、符号和定义。评定齿轮侧隙时评定指标的名称、符号和定义。

2. 为什么要规定齿轮坯公差？齿轮坯要求检验哪些精度项目？

3. 对齿轮传动有哪些使用要求？

4. 齿轮加工误差产生的原因有哪些？

5. 齿轮副精度评定指标有哪些？

习　　题

第二章　光滑圆柱体结合的公差与配合

1. 用已知数值，确定习题表 1 中各项数值（单位为 mm）。

习题表 1　填表

孔或轴	上极限尺寸	下极限尺寸	上极限偏差	下极限偏差	公　差	尺寸标注
孔：$\phi10$	9.985	9.970				
孔：$\phi18$						$\phi18^{+0.017}_{0}$
孔：$\phi30$			+0.012		0.021	
轴：$\phi40$			-0.050	-0.112		
轴：$\phi60$	60.041				0.030	
轴：$\phi85$		84.978			0.022	

2. 已知下列六对孔、轴相配合。要求：

（1）分别计算三对配合的最大与最小间隙（X_{max}、X_{min}）或过盈（Y_{max}、Y_{min}）及配合公差。

（2）分别绘出公差带图，并说明它们的配合类别。

1）孔：$\phi20^{+0.033}_{0}$mm　　轴：$\phi20^{-0.065}_{-0.098}$mm

2）孔：$\phi55^{+0.030}_{0}$mm　　轴：$\phi55^{+0.060}_{+0.041}$mm

3）孔：$\phi35^{+0.007}_{-0.018}$mm　　轴：$\phi35^{0}_{-0.016}$mm

4）孔：$\phi40^{+0.039}_{0}$mm　　轴：$\phi40^{+0.027}_{+0.002}$mm

5）孔：$\phi60^{+0.074}_{0}$mm　　轴：$\phi60^{-0.030}_{-0.140}$mm

6）孔：$\phi80^{+0.009}_{-0.021}$mm　　轴：$\phi80^{0}_{-0.019}$mm

3. 下列配合中，分别属于哪种基准制的配合和哪类配合，并确定孔和轴的最大间隙或最小过盈、最小间隙或最大过盈。

（1）ϕ50H8/f7　　（2）ϕ80G10/h10

（3）ϕ30K7/h6　　（4）ϕ140H8/r8

（5）ϕ180H7/u6　　（6）ϕ18M6/h5

（7）ϕ50H7/js6　　（8）ϕ100H7/k6

（9）ϕ30H7/n6　　（10）ϕ50K7/h6

4. 将下列基孔（轴）制配合改换成配合性质相同的基轴（孔）制配合，并查表 2-4、表 2-7 和表 2-8，确定改换后的极限偏差。

（1）ϕ60H9/d9　　（2）ϕ30H8/f8

（3）ϕ50K7/h6　　（4）ϕ30S7/h6

（5）ϕ50H7/u6

5. 设有一孔、轴配合，公称尺寸为 40mm，要求配合的间隙为 0.025～0.066mm，试确定基准制以及孔、轴公差等级和配合种类。

6. 有下列三组孔与轴相配合，根据给定的数值，试分别确定它们的公差等级，并选用适当的配合。

（1）配合的公称尺寸为 25mm，X_{max}=+0.086mm，X_{min}=+0.020mm。

（2）配合的公称尺寸为 40mm，Y_{max}=-0.076mm，Y_{min}=-0.035mm。

（3）配合的公称尺寸为 60mm，Y_{max}=-0.032mm，X_{max}=+0.046mm。

7. 参看习题图 1，根据结构要求，黄铜套与玻璃透镜间在工作温度 t=-50℃时，应有 0.009～0.075mm 的间隙量。如果设计者选择 ϕ50H8/f7 配合，在 20℃时进行装配，问所选配合是否合适。若不合适，应选哪种配合？（注：线胀系数 $\alpha_{黄铜}$ = 19.5×10^{-6}/℃，$\alpha_{玻璃}$ = 8×10^{-6}/℃）。

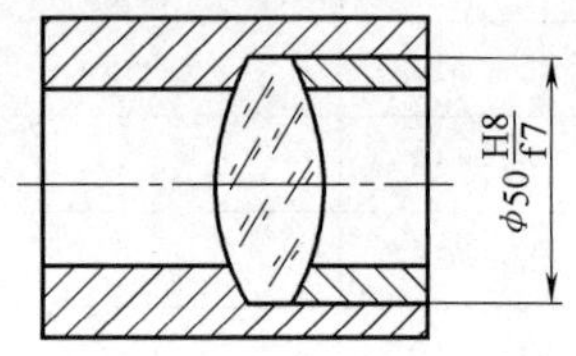

习题图 1　黄铜套与玻璃透镜的装配

8. 试验确定活塞与气缸壁之间在工作时的间隙应在0.04～0.097mm 范围内，假设在工作时活塞的温度 t_s = 150℃，气缸的温度 t_h = 100℃，装配温度 t = 20℃。气缸的线胀系数 α_h = 12×10^{-6}/℃，活塞的线胀系数 α_s = 22×10^{-6}/℃，活塞与气缸的公称尺寸为 95mm。试求活塞与气缸的装配间隙，并根据装配间隙确定合适的配合及孔、轴的极限偏差。

第三章　测量技术基础

1. 试从 83 块一套的量块中同时组合下列尺寸（单位为 mm）：29.875，48.98，40.79，10.56。

2. 仪器读数在 20mm 处的示值误差为+0.002mm，当用它测量工件时，读数正好为 20mm，问工件的实际尺寸是多少？

3. 用名义尺寸为 20mm 的量块调整机械比较仪零位后测量一塞规的尺寸，指示表的读数为+6μm。若量块的实际尺寸为 19.9995mm，不计仪器的示值误差，试确定该仪器的调零误差（系统误差）和修正值，并求该塞规的实际尺寸。

4. 用两种不同的方法分别测量两个尺寸，若测量结果分别为（20±0.001）mm 和（300±0.01）mm，问哪种测量方法的精度高？

5. 对某几何量进行了 15 次等精度测量，测得值如下（单位为 mm）：30.742，30.743，30.740，30.741，30.739，30.740，30.739，30.741，30.742，30.743，30.739，30.740，30.743，30.742，30.741。求单次测量的标准偏差和极限误差。

6. 用某一测量方法在等精度情况下对某一试件测量了 4 次，其测得值如下（单位为 mm）：20.001，20.002，20.000，19.999。若已知单次测量的标准偏差为 1μm，求测量结果及极限误差。

7. 三个量块的实际尺寸和检定时的极限误差分别为（20±0.0003）mm、（1.005±0.0003）mm、（1.48±0.0003）mm，试计算这三个量块组合后的尺寸和极限误差。

8. 需要测出习题图 2 所示阶梯零件的尺寸 N。现用千分尺测量尺寸 A_1 和 A_2，测得 $N=A_1-A_2$。若千分尺的测量极限误差为±5μm，问测得尺寸 N 的测量极限误差是多少？

9. 在万能显微镜上用影像法测量圆弧样板（习题图 3），测得弦长 $L=95$mm，弓高 $h=30$mm，测量弦长的测量极限误差 $\delta_{\lim L}=\pm2.5\mu m$，测量弓高的测量极限误差 $\delta_{\lim h}=\pm2\mu m$，试确定圆弧的半径及其测量极限误差。

10. 用游标卡尺测量箱体孔的中心距（习题图 4），有如下三种测量方案：①测量孔径 d_1、d_2 和孔边距 L_1；②测量孔径 d_1、d_2 和孔边距 L_2；③测量孔边距 L_1 和 L_2。若已知它们的测量极限误差 $\delta_{\lim d_1}=\delta_{\lim d_2}=\pm40\mu m$，$\delta_{\lim L_1}=\pm60\mu m$，$\delta_{\lim L_2}=\pm70\mu m$，试计算三种测量方案的测量极限误差。

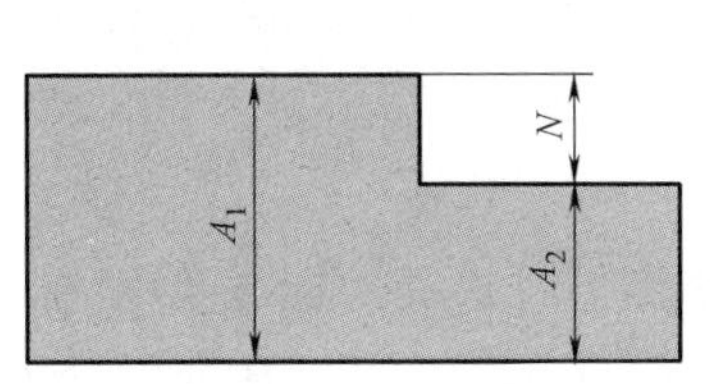

习题图 2　阶梯零件

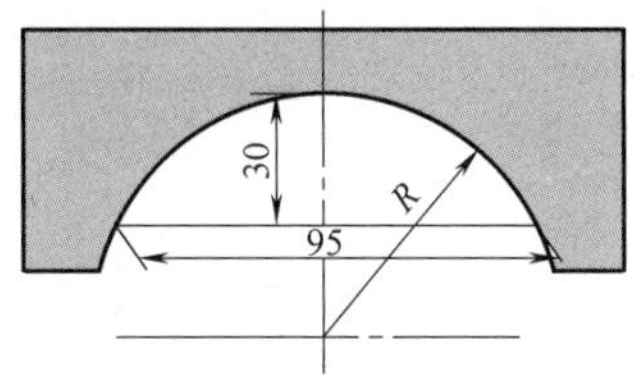

习题图 3　圆弧样板

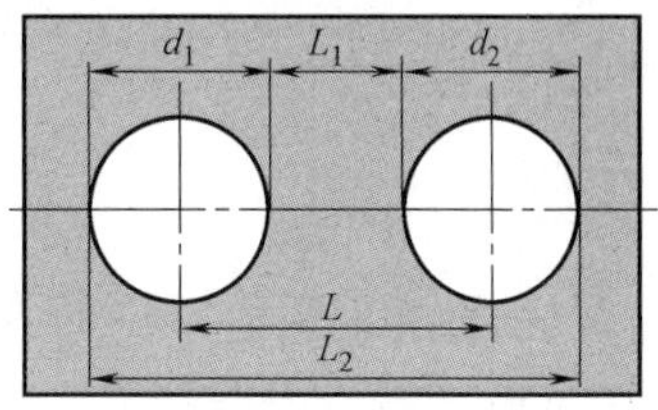

习题图 4　箱体零件图

第四章　几何公差及检测

1. 习题图 5 所示为销轴的三种几何公差标注方式，它们的公差带有何不同？

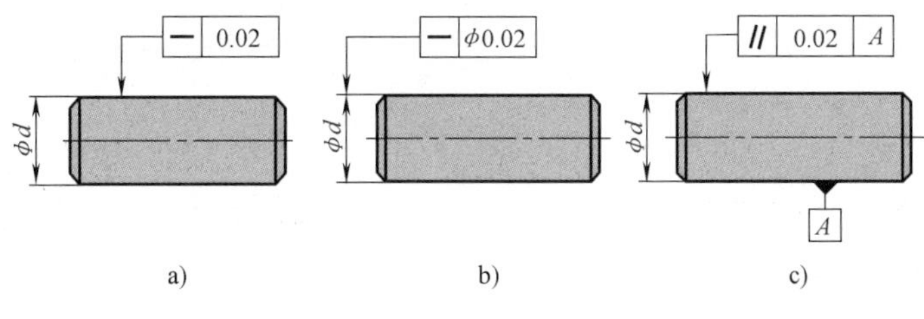

习题图 5　销轴

2. 习题图 6 所示零件标注的几何公差不同，它们所要控制的几何误差有何区别？试加以分析说明。

3. 习题图 7 所示的两种零件标注了不同的几何公差，它们的要求有何不同？

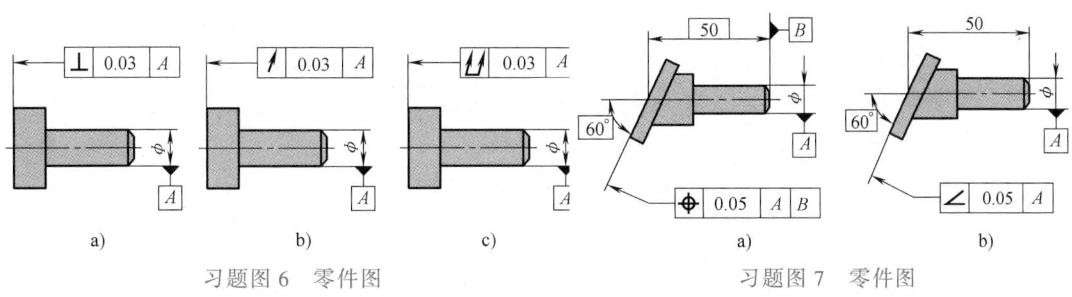

习题图 6　零件图　　习题图 7　零件图

4. 在底板的边角上有一孔，要求位置度公差为 ϕ0.1mm，习题图 8 所示的四种标注方法哪种正确？为什么另一些标注方法不正确？

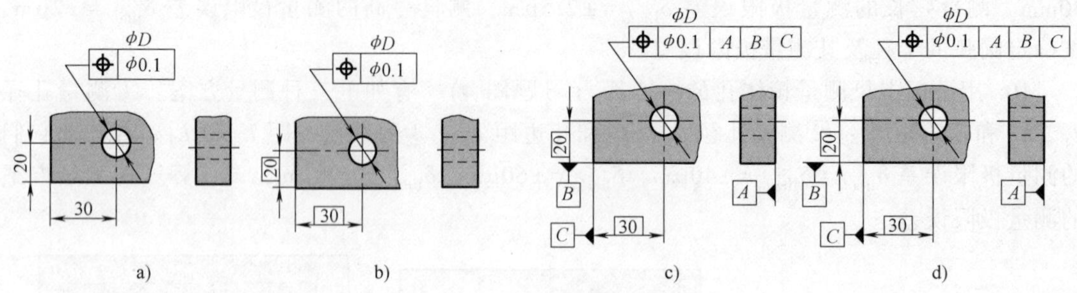

习题图 8　零件图

5. 习题图 9 所示零件的技术要求是：（1）2×ϕd 轴线对其公共轴线的同轴度公差为 ϕ0.02mm；（2）ϕD 轴线对 2×ϕd 公共轴线的垂直度公差为 100∶0.02；（3）ϕD 轴线对 2×ϕd 公共轴线的偏离量不大于±10μm。试用几何公差代号标出这些技术要求。

6. 习题图 10 所示零件的技术要求是：（1）法兰盘端面 A 对 ϕ18H8 孔的轴线垂直度公差为 0.015mm；（2）ϕ35mm 圆周上均匀分布的 4×ϕ8H8 孔，要求以 ϕ18H8 孔的轴线和法兰盘端面 A 为基准能互换装配，位置度公差为 ϕ0.05mm；（3）4×ϕ8H8 四孔组中，有一个孔的轴线与 ϕ4H8 孔的轴线应在同一平面内，它的偏离量不得大于±10μm。试用几何公差代号标出这些技术要求。

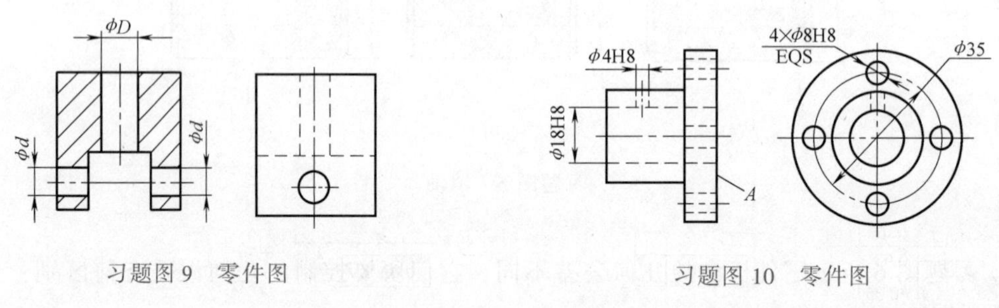

习题图 9　零件图　　习题图 10　零件图

7. 试按习题图 11 的几何公差要求填习题表 2。

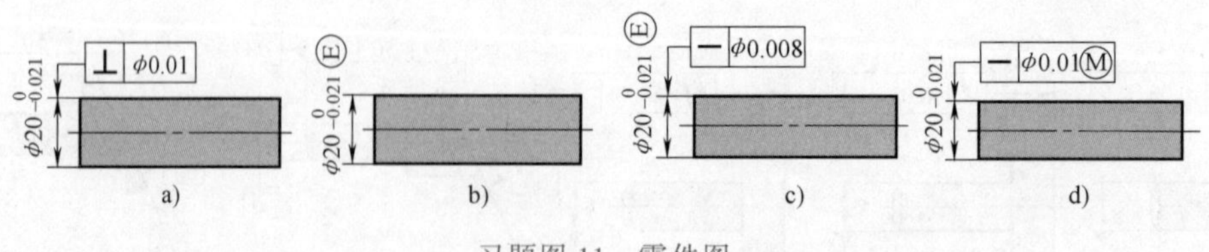

习题图 11　零件图

习题表 2 填表

图样序号	采用的公差原则	理想边界及边界尺寸/mm	允许最大形状公差值/mm	实际尺寸合格范围/mm
a)				
b)				
c)				
d)				

8. 某零件表面的平面度公差为 0.02mm，经实测，实际表面上的九点对测量基准的读数（单位为 μm）如习题图 12 所示，问该表面的平面度误差是否合格？

-8	-9	-2
-1	-12	+4
-8	+9	0

习题图 12 某零件表面平面度公差图

9. 改正习题图 13 中的标注错误。

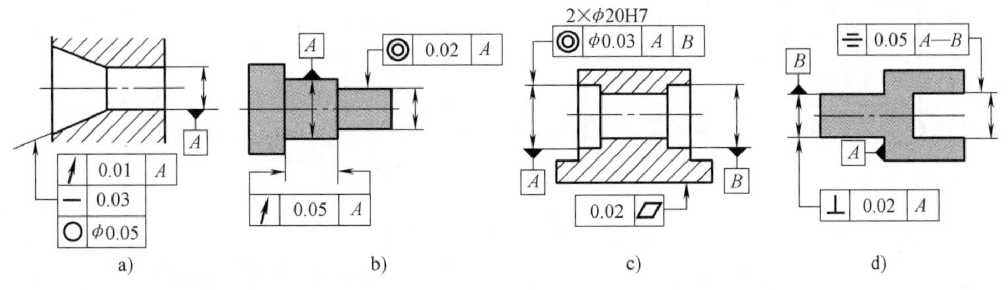

习题图 13 零件图

10. 试将下列技术要求标注在习题图 14 上：（1）ϕ30K7 和 ϕ50M7 采用包容要求；（2）底面 F 的平面度公差为 0.02mm；ϕ30K7 孔和 ϕ50M7 孔的内端面对它们的公共轴线的圆跳动公差为 0.04mm；（3）ϕ30K7 孔和 ϕ50M7 孔对它们的公共轴线的同轴度公差为 ϕ0.03mm；（4）6×ϕ11 对 ϕ50M7 孔的轴线和 F 面的位置度公差为 0.05mm；基准要素的尺寸和被测要素的位置度公差的关系采用最大实体要求。

11. 习题图 15 中，用四种方法标注位置度公差，它们所表示的公差带有何不同？试加以分析说明。

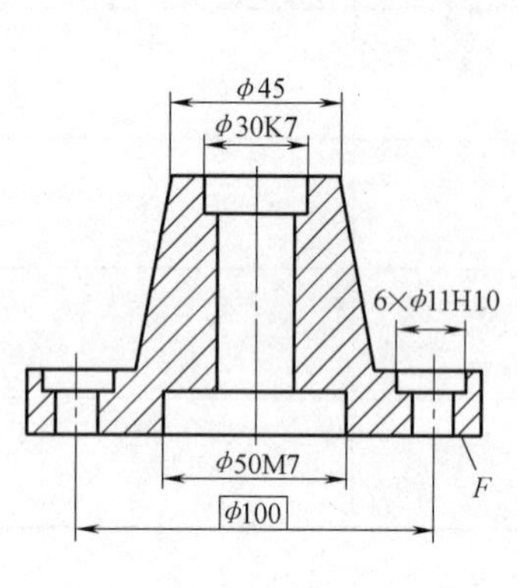

习题图 14 在图上标注技术要求

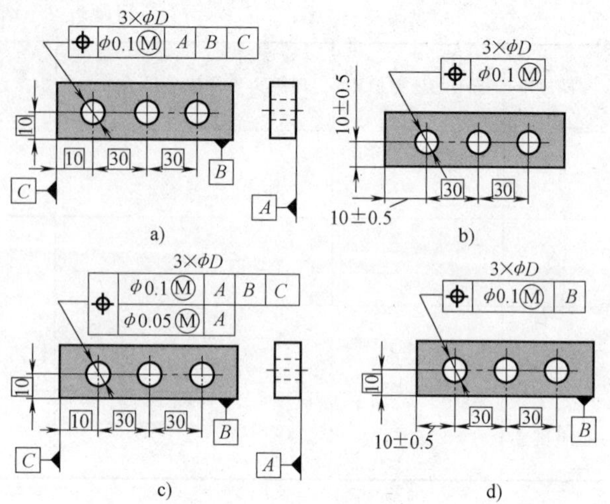

习题图 15 位置度公差的标注

12. 习题图 16 中的四种标注方法，分析说明它们所表示的要求有何不同（包括采用的公差原则、理想边界尺寸、允许的垂直度误差等）。

13. 参看习题图 17，用 0.02mm/m 水平仪 A 测量一零件的直线度误差和平行度误差，所用桥板 B 的跨距为 200mm，对基准要素 D 和被测要素 M 分别测量后，得各测点读数（单位为格）见习题表 3。试按最小条件和两端点连线法，分别求出基准要素和被测要素的直线度误差值；按适当比例画出误差曲线图。

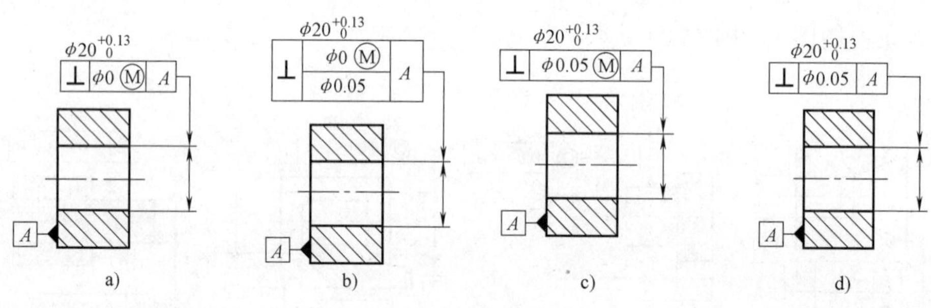

习题图 16 公差的标注

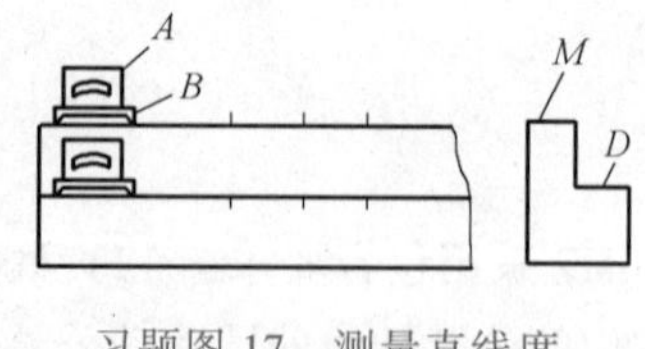

习题图 17 测量直线度误差和平行度误差

习题表 3 测量读数表

测点序号	0	1	2	3	4	5	6	7
被测要素读数/格	0	+1.5	−3	−0.5	−2	+3	+2	+1
基准要素读数/格	0	−2	+1.5	+3	−2.5	−1	−2	+1

14. 用分度值为 0.02/1000mm 的水平仪，按“节距法”测量习题图 18 所示机床床身导轨在垂直平面内的直线度误差，节距长度为 300mm，共测量五个节距六个测点，其中一导轨面的六个测点的水平仪读数（单位为格）依次为：0，+1，+4.5，+2.5，−0.5，−1。若按习题图 18 标注的直线度公差，该导轨面的直线度误差是否合格？

15. 习题图 18 所示机床床身导轨的导向面 *A* 和 *B*，以工字形平尺为基准（平尺调好后固定不动，如习题图 18 中虚线所示），用装在专用表座上的指示表分别测量它们的直线度误差。每一表面按长度方向四等分，共测量五点，*A* 面的测得值（单位为 μm）依次为：0，+5，+15，+8，+5；*B* 面的测得值（单位同上）依次为：0，−15，−8，−5，+5。若平尺上、下工作面的平行度误差很小，可忽略不计。按习题图 18 标注的几何公差要求，*A* 面的直线度误差和 *B* 面的平行度误差是否合格？

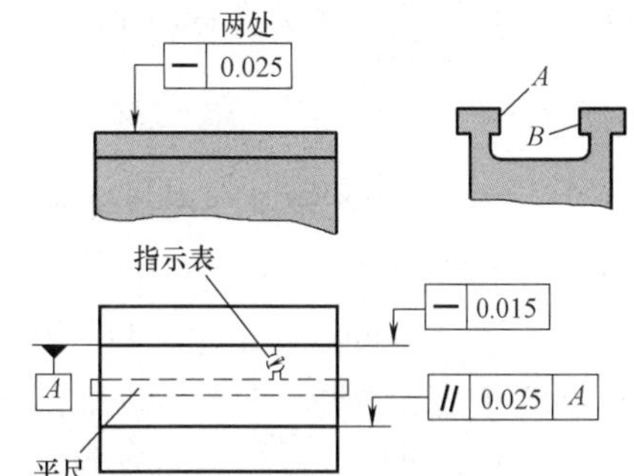

习题图 18　机床床身导轨

16. 分析计算习题图 19 所注零件的中心距变化范围。

17. 分析计算习题图 20 所注零件，求中心距变化范围。

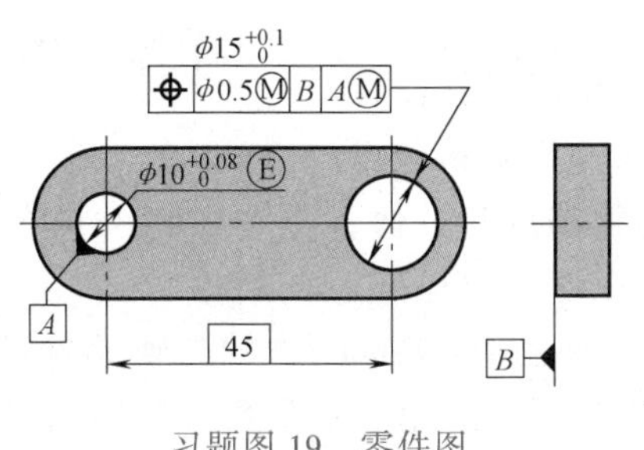

习题图 19　零件图

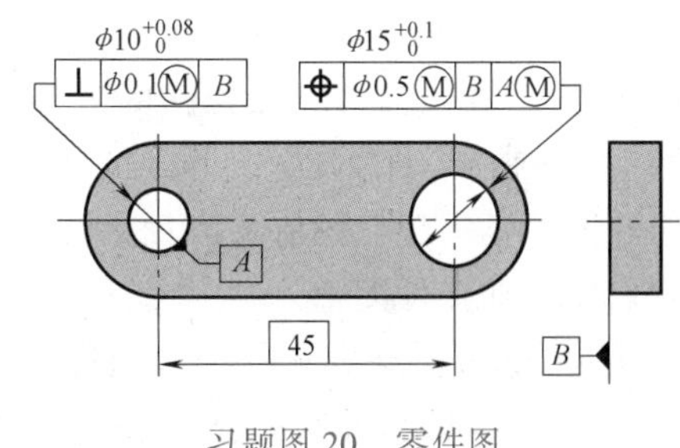

习题图 20　零件图

第五章　表面粗糙度

1. 有一轴，其尺寸为 $\phi 40^{+0.016}_{+0.002}$ mm，圆柱度公差为 2.5μm，试参照尺寸公差和几何公差确定该轴的表面粗糙度评定参数 *Ra* 的数值。

2. 表面粗糙度常用的检测方法有几种？

3. 表面粗糙度与形状误差有何区别？

第六章　光滑工件尺寸的检测

1. 测量如下工件，选择适当的计量器具，并确定验收极限：

（1）ϕ60H10　　（2）ϕ30f7　　（3）ϕ60F8　　（4）ϕ125T9

2. 计算检验 ϕ80K8、ϕ30H7 孔用工作量规的极限尺寸，并画出量规公差带图。

3. 计算检验 ϕ18p7、ϕ60f7 轴用工作量规及校对量规的工作尺寸，并画出量规公差带图。

4. 计算检验 ϕ50H7/f6 用工作量规及轴用校对量规的工作尺寸，并画出量规公差带图。

5. 有一配合 $\phi 50\text{H8}\left({}^{+0.039}_{\ \ 0}\right)/\text{f7}\left({}^{-0.025}_{-0.050}\right)$，试按泰勒原则分别写出孔、轴尺寸合格的条件。

6. 加工习题图 21 所示的轴、孔，实测数

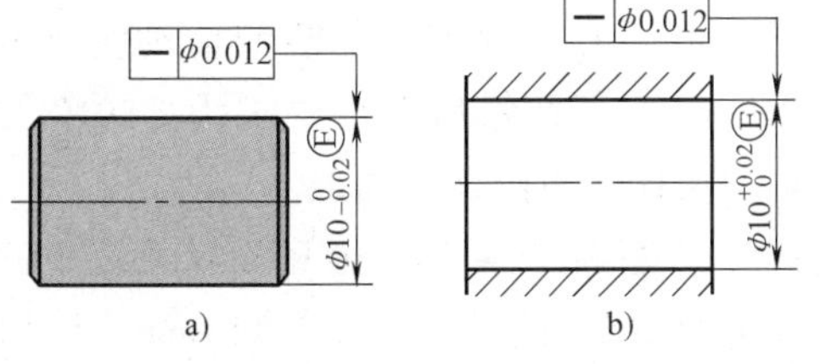

习题图 21　零件图

据如下：①轴直径 $\phi 9.99$mm；②轴的轴线直线度误差 $\phi 0.012$mm；③孔直径 $\phi 10.01$mm；④孔的轴线直线度误差 $\phi 0.012$mm。试分别确定该孔、轴是否合格。

第七章 滚动轴承与孔、轴结合的互换性

1. 有一 6208 轻系列滚动轴承（6 级精度，公称内径为 40mm，公称外径为 90mm），测得内、外圈的单一内径尺寸为：$d_{smax1}=40$mm，$d_{smax2}=40.003$mm，$d_{smin1}=39.992$mm，$d_{smin2}=39.997$mm；单一外径尺寸为：$D_{smax1}=90$mm，$D_{smax2}=89.987$mm，$D_{smin1}=89.996$mm，$D_{smin2}=89.985$mm。试确定该轴承内、外圈是否合格。

2. 如习题图 22 所示，有一 N 级 6207 滚动轴承（内径为 35mm，外径为 72mm，额定动负荷 C 为 19 700N），应用于闭式传动的减速器中。其工作情况为：外壳固定，轴旋转，转速为 980r/min，承受的定向径向负荷为 1300N。

试确定：（1）轴颈和外壳孔的公差带，并将公差带代号标注在装配图上（$\phi 35$j6，$\phi 72$H7）；（2）轴颈和外壳孔的尺寸极限偏差以及它们和滚动轴承配合的有关表面的几何公差、表面粗糙度参数值，并将它们标注在零件图上。

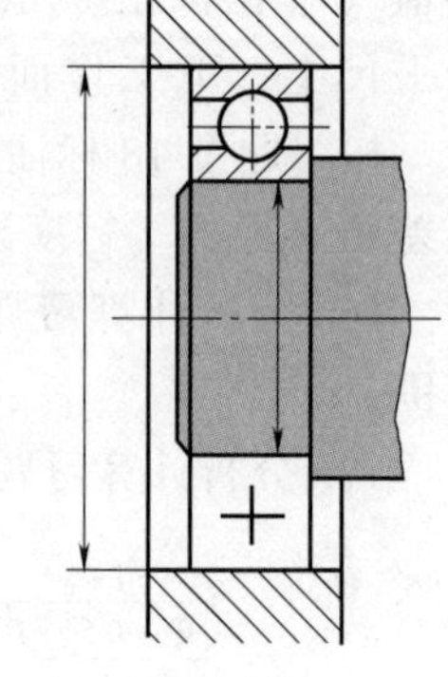

习题图 22　标注几何公差和表面粗糙度

3. 有一 6306 滚动轴承（公称内径 $d=30$mm，公称外径 $D=72$mm），轴与轴承内圈配合为 js5，壳体孔与轴承外圈配合为 J6。试画出公差带图，并计算出它们的配合间隙与过盈以及平均间隙或过盈。

第八章 尺 寸 链

1. 习题图 23 所示为一齿轮机构，已知 $A_1=30_{-0.06}^{0}$ mm，$A_2=5_{-0.04}^{0}$ mm，$A_3=43_{+0.10}^{+0.16}$mm，$A_4=3_{-0.05}^{0}$mm，$A_5=5_{-0.04}^{0}$ mm，试计算齿轮右端面与挡圈左端面的轴向间隙 A_Σ 的变动范围。

2. 习题图 24 所示零件上各尺寸为：$A_1=30_{-0.052}^{0}$ mm，$A_2=16_{-0.043}^{0}$ mm，$A_3=(14\pm0.021)$ mm，$A_4=6_{0}^{+0.048}$ mm，$A_5=24_{-0.084}^{0}$ mm。试分析习题图 25 所示的四种尺寸标注中哪种尺寸注法可以使 A_6（封闭环）的变动范围最小。

3. 习题图 26 所示齿轮端面与垫圈之间的间隙应保证在 0.04~0.15mm 范围内，试用完全互换法确定有关零件尺寸的极限偏差。

4. 有一孔、轴配合，装配前轴需镀铬，镀铬层厚度为（10±2）μm，镀铬后配合要求为 $\phi 50$H8/f7，试确定轴在镀铬前应按什么极限尺寸加工。

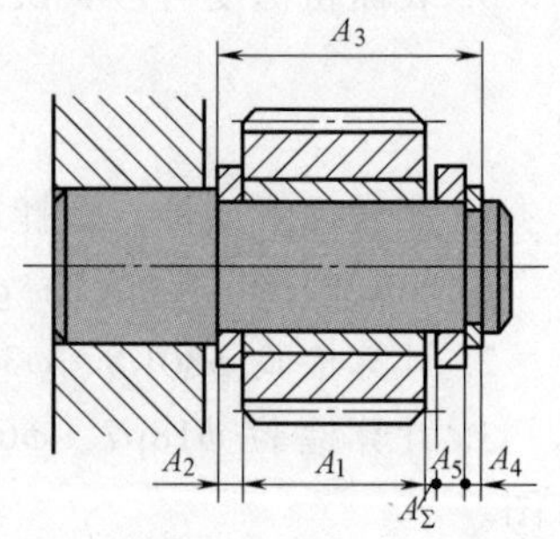

习题图 23　齿轮机构

5. 习题图 27 所示为液压操纵系统中的电气推杆活塞，活塞座的端盖螺母压在轴套上，从而控制活塞行程为（12±0.4）mm，试用完全互换法确定有关零件尺寸的极限偏差。

提示：活塞行程（12±0.4）mm 为封闭环，以限制活塞行程的端盖螺母内壁做基准线，

查明尺寸链的组成环。

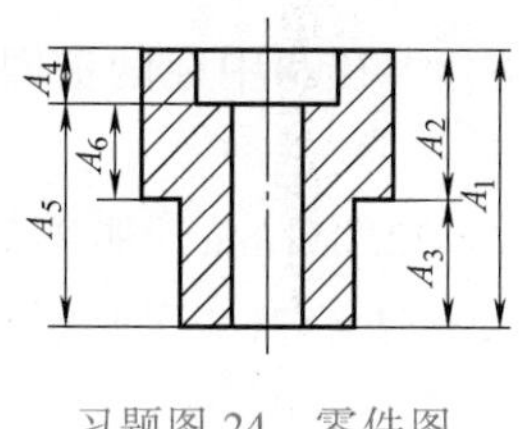

习题图 24　零件图

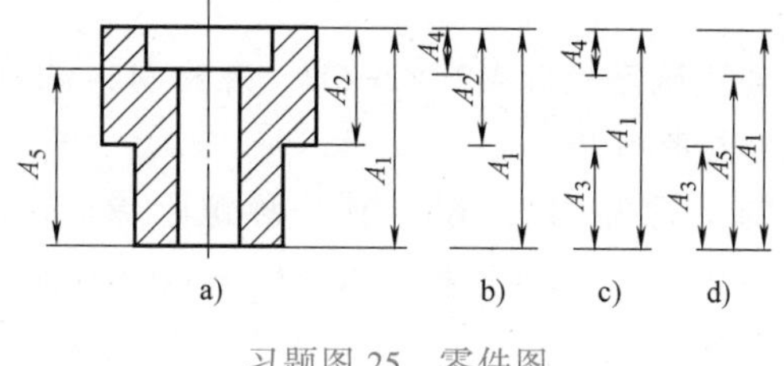

习题图 25　零件图

6. 加工习题图 28 所示的钻套时，先按 $\phi30^{+0.041}_{+0.020}$mm 磨内孔，再按 $\phi42^{+0.033}_{+0.017}$mm 磨外圆，外圆对内孔的同轴度公差为 $\phi0.012$mm，试计算该钻套壁厚的尺寸变动范围。

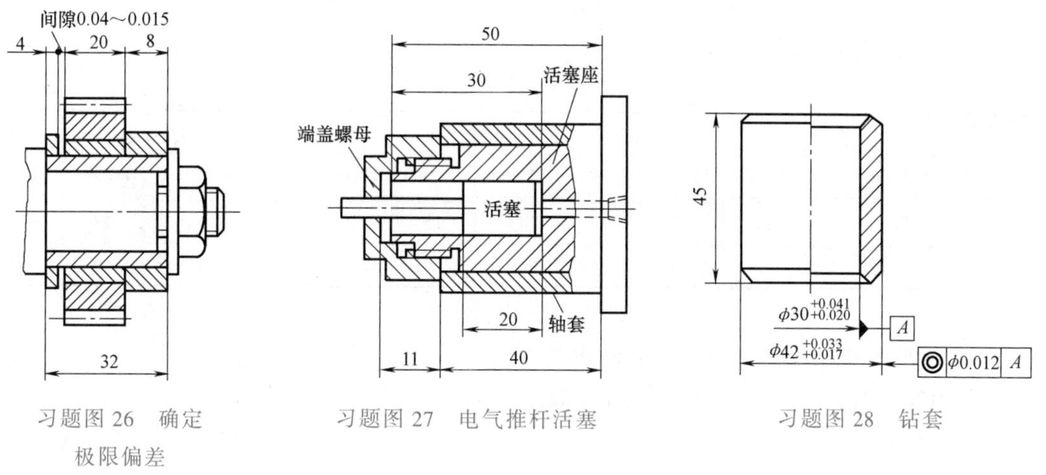

习题图 26　确定极限偏差　　习题图 27　电气推杆活塞　　习题图 28　钻套

第九章　圆锥结合的互换性

1. 有一圆锥配合，其锥度 $C=1:20$，结合长度 $H=80$mm，内、外圆锥角的公差等级均为 IT9，试按下列不同情况确定内、外圆锥直径的极限偏差：

（1）内、外圆锥直径公差带均按单向分布，且内圆锥直径下极限偏差 EI=0，外圆锥直径上极限偏差 es=0。

（2）内、外圆锥直径公差带均对称于零线分布。

2. 铣床主轴端部锥孔及刀杆锥体以锥孔最大圆锥直径 $\phi70$mm 为配合直径，锥度 $C=7:24$，配合长度 $H=106$mm，基面距 $b=3$mm，基面距极限偏差 $\Delta b=\pm0.4$mm，试确定直径和圆锥角的极限偏差。

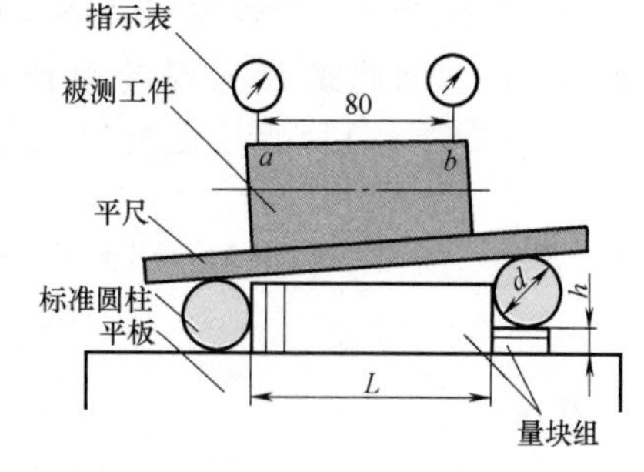

习题图 29　简易组合测量示意图

3. 习题图 29 所示为简易组合测量示意图，被测外圆锥锥度 $C=1:50$，锥体长度为 90mm，标准圆柱直径 $d=\phi10$mm，试合理确定量块组 L、h 的尺寸。设 a 点读数为 36μm，b 点读数为 32μm，试确定该锥体的圆锥角偏差。

第十章　螺纹结合的互换性

1. 查表确定螺母 M24×2-6H、螺栓 M24×2-6h 的小径和中径、大径和中径的极限尺寸，并画出公差带图。

2. 有一螺栓 M24-6h，其公称螺距 $P=3$mm，公称中径 $d_2=22.051$mm，加工后测得 $d_{2实际}=21.9$mm，螺距累积误差 $\Delta P_\Sigma=+0.05$mm，牙型半角误差 $\Delta\alpha/2=52'$，问此螺栓的中径是否合格？

3. 有一螺母 M20-7H，其公称螺距 $P=2.5$mm，公称中径 $D_2=18.376$mm，测得其实际中径 $D_{2实际}=18.61$mm，螺距累积误差 $\Delta P_\Sigma=+40\mu$m，牙型实际半角 $\alpha/2$(左) $=30°30'$，$\alpha/2$(右) $=29°10'$，问此螺母的中径是否合格？

4. 有一 Tr60×12-8e（公称大径为 60mm，公称螺距为 12mm，8 级精度）的丝杠，对它的 20 个螺牙的螺距进行了测量，测得值见习题表 4，问该丝杠的单个螺距误差（ΔP）及螺距累积误差（ΔP_Σ）是多少？

习题表 4　测量数据表

螺牙序号	1	2	3	4	5	6	7	8	9	10
螺距实际值/mm	12.003	12.005	11.995	11.998	12.003	12.003	11.990	11.995	11.998	12.005
螺牙序号	11	12	13	14	15	16	17	18	19	20
螺距实际值/mm	12.005	11.998	12.003	11.998	12.010	12.005	11.995	11.998	12.000	11.995

5. 试说明下列螺纹标注中各代号的含义：

（1）M24-6H　　（2）M36×2-5g6g-20

（3）M30×2-6H/5g6g

6. 用某种方法加工 M16-6g 的螺栓，已知该加工方法所产生的误差为：螺距累积误差 $\Delta P_\Sigma=\pm10\mu$m，牙型半角误差 $\Delta\alpha_1=\Delta\alpha_2=30'$，问单一中径应加工在什么范围内螺栓才能合格？

7. 用三针法测量 M20 螺纹塞规，测量出 $M=21.151$mm，螺距误差 $\Delta P=+0.002$mm，牙型角误差 $\Delta\alpha=+5'$（即+0.0015rad），三针直径偏差 $\Delta d_m=-0.001$mm。

已知螺纹塞规中径极限尺寸为 $\phi18.376^{+0.015}_{+0.005}$mm，公称螺距 $P=2.5$mm，公称中径 $d_2=\phi18.376$mm，问此螺纹塞规的中径是否合格？如果各参数的测量极限误差为：$\delta_{\lim M}=\pm0.5\mu$m，$\delta_{\lim P}=\pm1.7\mu$m，$\delta_{\lim d_0}=\pm0.5\mu$m，$\delta_{\lim\alpha}=\pm0.0006$rad，求塞规实际中径的测量极限误差。提示：$\Delta M=\Delta d_2+\Delta d_0\left(1+\dfrac{1}{\sin\dfrac{\alpha}{2}}\right)-\dfrac{1}{2}\Delta P\cot\dfrac{\alpha}{2}+\dfrac{1}{2\sin^2\dfrac{\alpha}{2}}\left(\dfrac{P}{2}-d_0\cos\dfrac{\alpha}{2}\right)\Delta d$，式中 Δd 的单位为 rad。

第十一章　键和花键的互换性

1. 减速器中有一传动轴与一零件孔采用平键联接，要求键在轴槽和轮毂槽中均固定，且承受的载荷不大，轴与孔的直径为 $\phi40$mm，现选定键尺寸为 12mm×8mm。试确定槽宽及槽深的公称尺寸及其极限偏差，并确定相应的几何公差值和表面粗糙度参数值，并标注在习题图 30 上。

2. 在装配图上，花键联接的标注为：$6\times23\frac{H8}{g8}\times26\frac{H9}{a10}\times6\frac{H10}{f8}$，试指出该花键的键数和三个主要参数的公称尺寸，并查表确定内、外花键各尺寸的极限偏差。

3. 某变速器有一个 6 级精度齿轮的内花键与外花键的联接采用小径定心矩形花键滑动配合，要求定心精度高，设内、外花键的键数和公称尺寸为“8×32×36×6”，结合长度为 60mm，作用长度为 80mm，试确定内、外花键的公差代号、尺寸极限偏差和几何公差，并把它们分别标注在习题图 31a 装配图和习题图 31b、c 零件图中。

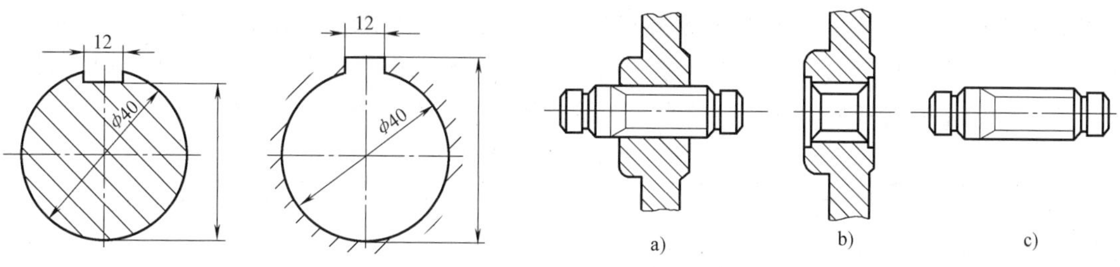

习题图 30　传动轴与零件孔的零件图

习题图 31　标注花键公差

第十二章　圆柱齿轮传动的互换性

1. 设有一直齿圆柱齿轮副，模数 $m=2$mm，齿数 $z_1=25$、$z_2=75$，齿宽 $b_1=b_2=20$mm，精度等级为 7 级，齿轮的工作温度 $t_1=50$℃，箱体的工作温度 $t_2=30$℃，圆周速度为 8m/s，钢齿轮线胀系数 $\alpha_1=11.5\times10^{-6}/℃$，铸铁箱体线胀系数 $\alpha_2=10.5\times10^{-6}/℃$，试计算齿轮副的最小法向侧隙（$j_{bnmin}$）及小齿轮公法线长度的上偏差（$E_{Ws}$）、下偏差（$E_{Wi}$）。

2. 单级直齿圆柱齿轮减速器中相配齿轮的模数 $m=3.5$mm，标准压力角 $\alpha=20°$，传递功率为 5kW。小齿轮和大齿轮的齿数分别为 $z_1=18$、$z_2=79$，齿宽分别为 $b_1=55$mm、$b_2=50$mm，小齿轮的齿轮轴的两个轴颈皆为 ϕ40mm，大齿轮基准孔的公称尺寸为 ϕ60mm。小齿轮的转速为 1440r/min，减速器工作时温度会增高，要求保证最小法向侧隙 $j_{bnmin}=0.21$mm。试确定：

（1）大、小齿轮的精度等级。

（2）大、小齿轮的检验精度指标的公差或偏差。

（3）大、小齿轮的公称公法线长度及相应的跨齿数和极限偏差。

（4）大、小齿轮齿面的表面粗糙度轮廓幅度参数值。

（5）大、小齿轮的齿轮坯公差。

（6）大齿轮轮毂键槽宽度和深度的公称尺寸与它们的极限偏差，以及键槽中心平面对基准孔轴线的对称度公差。

（7）画出齿轮轴和大齿轮的零件图，并将上述技术要求标注在零件图上（齿轮结构可参考有关图册或手册来设计）。

3. 某 7 级精度直齿圆柱齿轮的模数 $m=5$mm，齿数 $z=12$，标准压力角 $\alpha=20°$。该齿轮加工后采用绝对法测量其各个左齿面齿距偏差，测量数据（指示表示值）列于习题表 5 中。

试处理这些数据，确定该齿轮的齿距累积总偏差和单个齿距偏差，并按表12-3所列公式计算出或者查公差表格获取前者的公差和后者的极限偏差，以判断它们合格与否。

习题表5 测量数据表

齿距序号	1	2	3	4	5	6	7	8	9	10	11	12
理论累积齿距角	30°	60°	90°	120°	150°	180°	210°	240°	270°	300°	330°	360°
指示表示值/μm	+6	+10	+16	+20	+16	+6	−1	−6	−8	−10	−4	0

注：$\Delta F_p=30\mu m$，$\Delta f_{ptmax}=-10\mu m$。

4. 某8级精度直齿圆柱齿轮的模数 $m=5mm$，齿数 $z=12$，标准压力角 $\alpha=20°$。该齿轮加工后采用相对法测量其各个右齿面齿距偏差，测量数据(指示表示值)列于习题表6中。试处理这些数据，确定该齿轮的齿距累积总偏差和单个齿距偏差，并按表12-3所列公式计算出或者查公差表格获取前者的公差和后者的极限偏差，以判断它们合格与否。

习题表6 测量数据表

齿距序号	1	2	3	4	5	6	7	8	9	10	11	12
指示表示值/μm	0	+8	+12	−4	−12	+20	+12	+16	0	+12	+12	−4

注：$\Delta F_p=36\mu m$，$\Delta f_{ptmax}=-18\mu m$。

实验指导书

实验一　尺 寸 测 量

实验 1-1　用立式光学计测量塞规

一、实验目的

（一）了解立式光学计的测量原理。

（二）熟悉立式光学计测量外径的方法。

（三）加深理解计量器具与测量方法的常用术语。

二、实验内容

（一）用立式光学计测量塞规。

（二）由 GB/T 1957—2006《光滑极限量规　技术条件》查出被测塞规的尺寸公差和形状公差，与测量结果进行比较，判断其适用性。

三、计量器具及测量原理

立式光学计是一种精度较高而结构简单的常用光学测量仪。其所用长度基准为量块，按比较测量法测量各种工件的外尺寸。

实验图 1 所示为立式光学计外形图。它由底座 1、立柱 5、支臂 3、直角光管 6 和工作台 11 等几部分组成。立式光学计是利用光学杠杆放大原理进行测量的仪器，其光学系统如实验图 2b 所示。照明光线经反射镜 1 照射到刻度尺 8 上，再经直角棱镜 2、物镜 3，照射到反射镜 4 上。由于刻度尺 8 位于物镜 3 的焦平面上，故从刻度尺 8 上发出的光线经物镜 3 后成为平行光束。若反射镜 4 与物镜 3 之间相互平行，则反射光线折回到焦平面，刻度尺的像 7 与刻度尺 8 对称。若被测尺寸变动使测杆 5 推动反射镜 4 绕支点转动某一角度 α（实验图 2a），则反射光线相对于入射光线偏转 2α 角度，从而使刻度尺的像 7 产生位移 t（实验图 2c），它代表被测尺寸的变动量。物镜 3 至刻度尺 8 间的距离为物镜焦距 f，设 b 为测杆中心至反射镜支点间的距离，s 为测杆 5 移动的距离，则仪器的放大比 K 为

$$K=\frac{t}{s}=\frac{f\tan 2\alpha}{b\tan\alpha}$$

当 α 很小时，$\tan 2\alpha\approx 2\alpha$，$\tan\alpha\approx\alpha$，因此

$$K=\frac{2f}{b}$$

立式光学计的目镜放大倍数为 12，$f=200\text{mm}$，$b=5\text{mm}$，故仪器的总放大倍数 n 为

$$n=12K=12\times\frac{2f}{b}=12\times\frac{2\times 200}{5}=960$$

由此说明，当测杆移动 0.001mm 时，在目镜中可见到 0.96mm 的位移量。

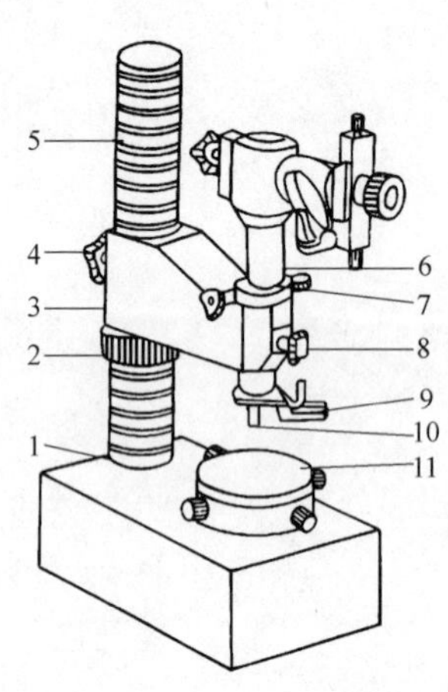

实验图 1　立式光学计外形图

1—底座　2—调节螺母　3—支臂　4、8—紧固螺钉　5—立柱　6—直角光管　7—调节凸轮　9—测头提升杠杆　10—测头　11—工作台

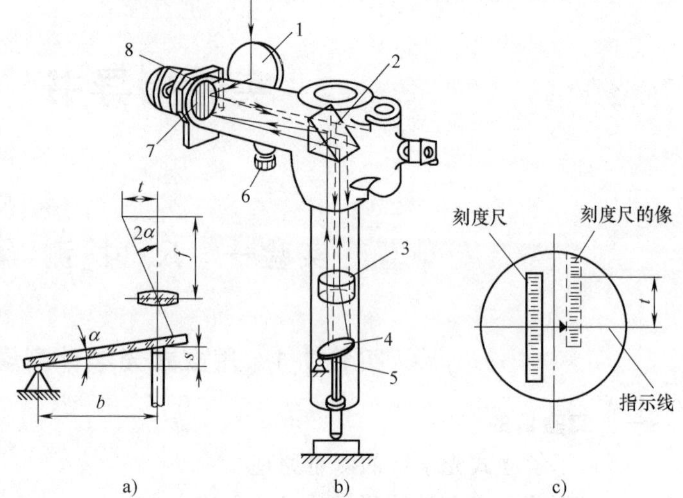

实验图 2　立式光学计测量原理图

1、4—反射镜　2—直角棱镜　3—物镜　5—测杆　6—微调螺钉　7—刻度尺的像　8—刻度尺

四、实验步骤

（一）按被测塞规的公称尺寸组合量块。

（二）选择测头。测头有球形、平面形和刀口形三种，根据被测零件表面的几何形状来选择，使测头与被测表面尽量满足点接触。所以，测量平面或圆柱面工件时，选用球形测头；测量球面工件时，选用平面形测头；测量直径小于 10mm 的圆柱面工件时，选用刀口形测头。

（三）调整仪器零位

1）参看实验图 1，将所选好的量块组的下测量面置于工作台 11 的中央，并使测头 10 对准上测量面中央。

2）粗调节。松开支臂紧固螺钉 4，转动调节螺母 2，使支臂 3 缓慢下降，直到测头与量块上测量面轻微接触，并能在视场中看到刻度尺像时，将紧固螺钉 4 锁紧。

3）细调节。松开紧固螺钉 8，转动调节凸轮 7，直至在目镜中观察到刻度尺像与 μ 指示线接近为止（实验图 3a），然后拧紧紧固螺钉 8。

4）微调节。转动刻度尺微调螺钉 6（实验图 2b），使刻度尺的零线影像与 μ 指示线重合（实验图 3b），然后压下测头提升杠杆 9 数次，使零位稳定。

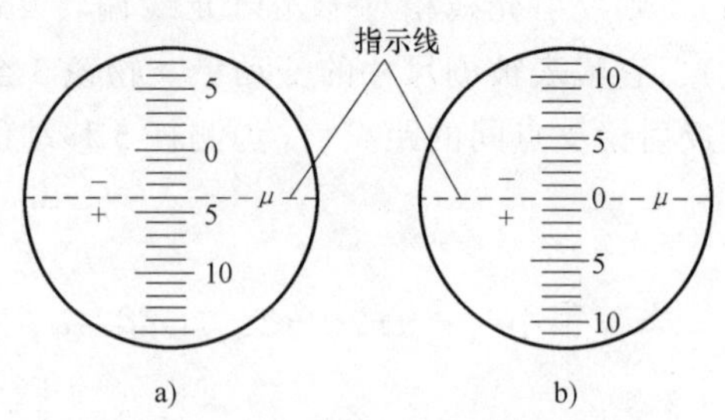

实验图 3　立式光学计的目镜刻度尺

5）将测头抬起，取下量块。

（四）测量塞规。按实验规定的部位（沿轴向取三个横截面，每个截面上取两个互相垂直的径向位置）进行测量，把测量结果填入实验报告。

（五）从 GB/T 1957—2006 查出塞规的尺寸公差和形状公差，并判断塞规的适用性。

思考题

1. 用立式光学计测量塞规属于何种测量方法？绝对测量与相对测量各有何特点？
2. 什么是分度值、标尺间距？两者与放大比的关系如何？
3. 若仪器工作台与测杆轴线不垂直，对测量结果有何影响？如何调节工作台与测杆轴线的垂直度？
4. 仪器的测量范围和刻度尺的示值范围有何区别？

实验 1-2　用内径百分表或卧式测长仪测量内径

一、实验目的

（一）了解测量内径常用计量器具、测量原理及使用方法。

（二）加深对内尺寸测量特点的了解。

二、实验内容

（一）用内径百分表测量内径。

（二）用卧式测长仪测量内径。

三、计量器具及测量原理

内径可用内径千分尺直接测量。但对深孔或公差等级较高的孔，则常用内径百分表或卧式测长仪做比较测量。

（一）内径百分表

国产的内径百分表，常由活动测头工作行程不同的七种规格组成一套，用以测量 10～450mm 的内径，特别适用于测量深孔，其典型结构如实验图 4 所示。

内径百分表是用它的可换测头 3（测量中固定不动）和活动测头 2 与被测孔壁接触进行测量的。仪器盒内有几个长短不同的可换测头，使用时可按被测尺寸的大小来选择。测量时，活动测头 2 受到一定的压力，向内推动镶在等臂直角杠杆 1 上的钢球 4，使杠杆 1 绕支轴 6 回转，并通过长接杆 5 推动百分表的测杆而进行读数。

在活动测头的两侧，有对称的定位板 8，装上活动测头 2 后，即与定位板连成一个整体。定位板在弹簧 9 的作用下对称地压靠在被测孔壁上，以保证测头的轴线处于被测孔的直径截面内。

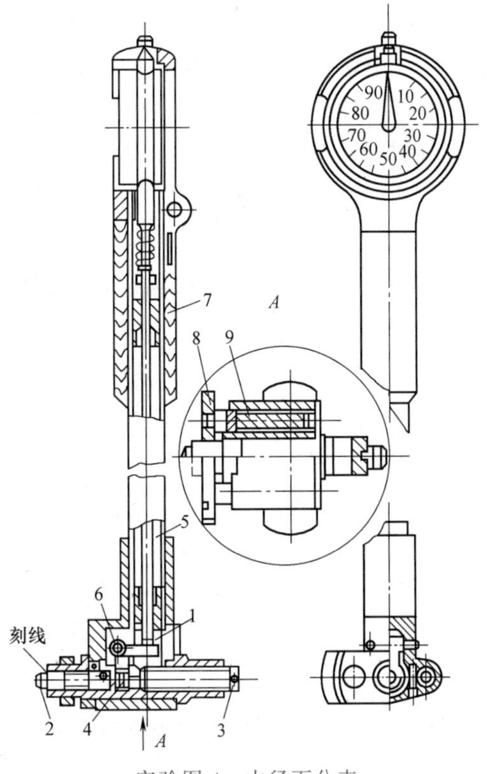

实验图 4　内径百分表

1—等臂直角杠杆　2—活动测头　3—可换测头　4—钢球　5—长接杆　6—支轴　7—隔热手柄　8—定位板　9—弹簧

（二）卧式测长仪

卧式测长仪是以精密刻度尺为基准，利用平面螺旋线式读数装置的精密长度计量器具。该仪器带有多种专用附件，可用于测量外尺寸、

内尺寸和内、外螺纹中径。根据测量需要，既可用于绝对测量，又可用于相对（比较）测量，故常称为万能测长仪。卧式测长仪的外观如实验图5所示。

在测量过程中，镶有一条精密毫米刻度尺（实验图6a中的6）的测量轴3随着被测尺寸的大小在测量轴承座内做相应的滑动。当测头接触被测部分后，测量轴就停止滑动。测微目镜1的光学系统如实验图6a所示。在目镜组1中可以观察到毫米数值，但还需细分读数，以满足精密测量的要求。测微目镜中有一个固定分划板4，它的上面刻有10个相等的标尺间距，毫米刻度尺的一个间距成像在它上面时恰与这10个间距总长相等，故其分度值为0.1mm。在它的附近，还有一块通过细分手轮3可以旋转的平面螺旋线分划板2，其上刻有十圈平面螺旋双刻线。螺旋双刻线的螺距恰与固定分划板上的标尺间距相等，其分度值也为0.1mm。在分划板2的中央，有一圈等分为100格的圆周刻度。当分划板2转动一格圆周分度时，其分度值为1×0.1/100mm＝0.001mm，这样就可达到细分读数的目的。这种仪器的读数方法如下：从目镜中观察，可同时看到三种刻线（实验图6b），先读毫米数（7mm），然后按毫米刻线在固定分划板4上的位置读出零点几毫米数（0.4mm）。再转动细分手轮3，使靠近零点几毫米刻度值的一圈平面螺旋双刻线夹住毫米刻线，再从指示线对准的圆周刻度上读得微米数（0.051mm）。所以从实验图6b中读得的数是7.451mm。

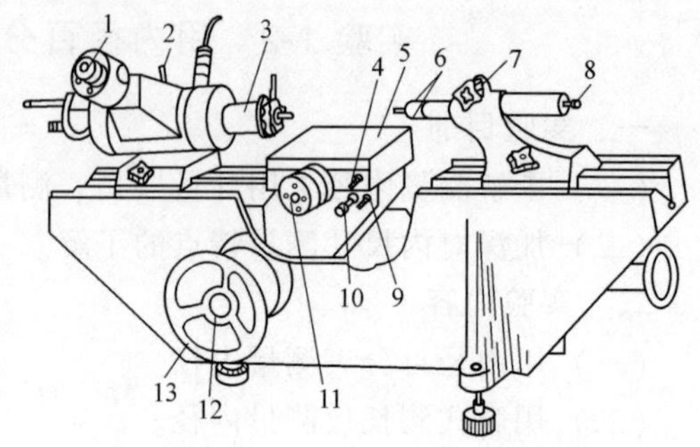

实验图5 卧式测长仪的外观

1—测微目镜 2—螺钉 3—测量轴 4、9、10—手柄 5—工作台 6—尾管 7、12—紧固螺钉 8—微调螺钉 11、13—手轮

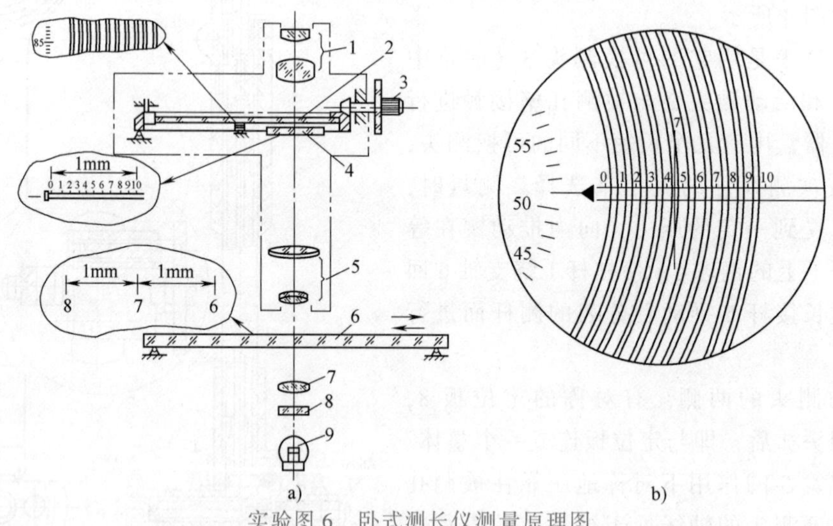

实验图6 卧式测长仪测量原理图

1—目镜组 2—螺旋线分划板 3—细分手轮 4—固定分划板 5—物镜组 6—毫米刻度尺 7—聚光镜 8—滤光片 9—灯泡

四、实验步骤

（一）用内径百分表测量内径

1）按被测孔的公称尺寸组合量块。选取相应的可换测头并拧入仪器的相应螺孔内。

2）将选用的量块组和专用测块（实验图 7 中 1 和 2）一起放入量块夹内夹紧（实验图 7），以便仪器对零位。在大批量生产中，也常按照与被测孔径公称尺寸相同的标准环的实际尺寸对准仪器的零位。

3）将仪器对好零位。一手握着隔热手柄（实验图 4 中 7），另一只手的食指和中指轻轻压按定位板，将活动测头压靠在测块上（或标准环内）使活动测头内缩，以保证放入可换测头时不与测块（或标准环内壁）摩擦而避免磨损。然后松开定位板和活动测头，使可换测头与测块接触，就可在垂直和水平两个方向上摆动内径百分表找最小值。反复摆动几次，并相应地旋转表盘，使百分表的零刻度正好对准示值变化的最小值。零位对好后，用手轻压定位板使活动测头内缩，当可换测头脱离接触时，缓缓地将内径百分表从测块（或标准环）内取出。

4）进行测量。将内径百分表插入被测孔中，沿被测孔的轴线方向测几个截面，每个截面要在相互垂直的两个部位上各测一次。测量时轻轻摆动百分表，如实验图 8 所示，记下示值变化的最小值。将测量结果与被测孔的要求公差进行比较，判断被测孔是否合格。

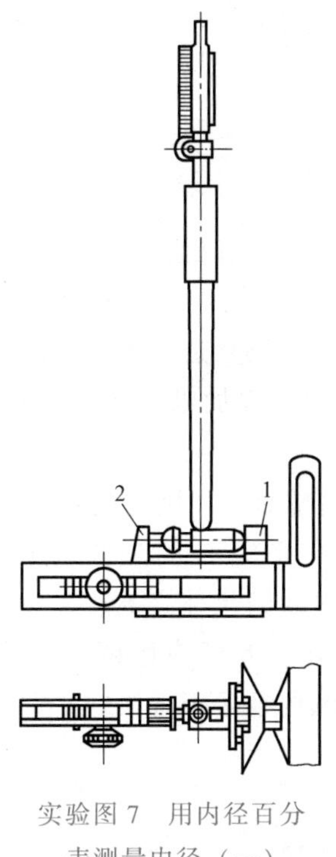

实验图 7　用内径百分表测量内径（一）

1—固定卡脚　2—活动卡脚

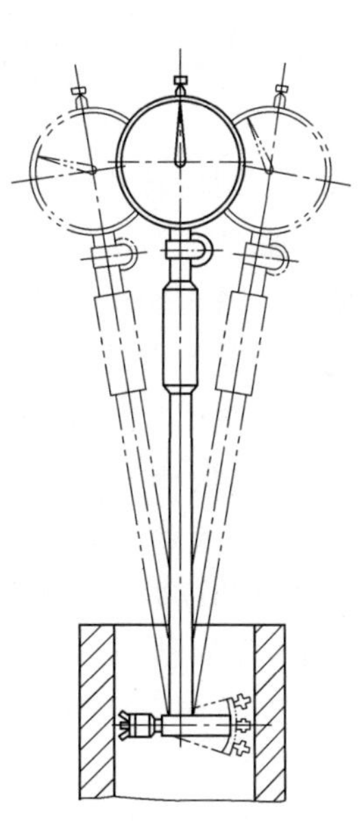

实验图 8　用内径百分表测量内径（二）

（二）用卧式测长仪测量内径

1）接通电源，转动测微目镜的调节环以调节视度。

2）参看实验图 5，松开紧固螺钉 12，转动手轮 13，使工作台 5 下降到较低的位置。然后在工作台上安好标准环或装有量块组的量块夹子，如实验图 9 所示。

3）将一对测钩分别装在测量轴和尾管上，如实验图 9 所示，测钩方向垂直向下，沿轴向移动测量轴和尾管，使两测钩头部的楔槽对齐，然后旋紧测钩上的螺钉，将测钩固定。

4）上升工作台，使两测钩伸入标准环内或量块组两侧块之间，再将手轮 13 的紧固螺钉 12 拧紧。

5）移动尾管 6（8 是尾管的微调螺钉），同时转动工作台横向移动手轮 11，使测钩的内测头在标准环端面上刻有标线的直线方向或量块组的侧块上接触，用紧固螺钉 7 锁紧尾管，然后用手扶稳测量轴 3，挂上重锤，并使测量轴上的测钩内测头缓慢地与标准环或侧块接触。

6）找准仪器对零的正确位置（第一次读数）。若为标准环，则需转动手轮 11，同时应从目镜中找准转折点（实验图 10a 中的最大值），在此位置上，扳动手柄 10，再找转折点（实验图 10b 中的最小值），此处即为直径的正确位置，然后将手柄 9 压下固紧。

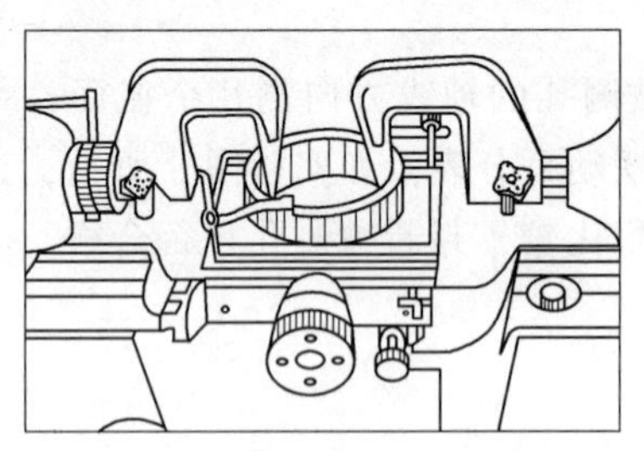

实验图 9　用卧式测长仪测量内径

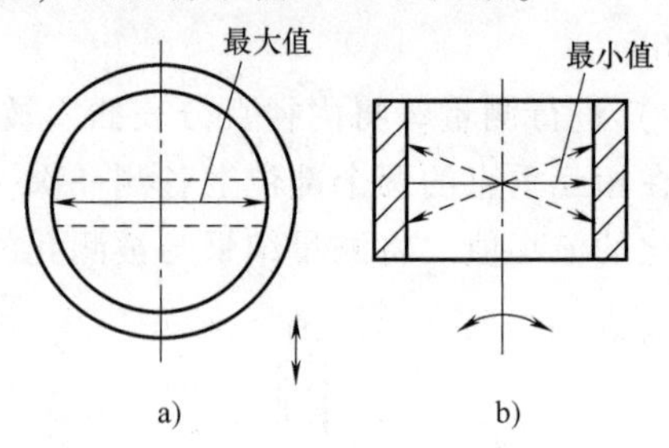

实验图 10　仪器对零

若为量块组，则需转动手柄 4，找准转折点（最小值）。在此位置上扳动手柄 10 仍找最小值的转折点，此处即为正确对零位置。要特别注意，在扳动手柄 4 和 10 时，其摆动幅度要适当，以防测头滑出侧块，从而使测量轴在重锤的作用下急剧后退产生冲击，损坏毫米刻度尺。为避免发生此类事故，通过重锤挂绳长度对测量轴的行程加以控制。当零位找准后，便可按前述读数方法读数。

7）用手扶稳测量轴 3，使测量轴右移一个距离，固紧螺钉 2（尾管是定位基准，不能移动），取下标准环或量块组，然后安装被测工件，松开螺钉 2，使测头与工件接触，按前述的方法进行调整和读数，即可读出被测尺寸与标准环或量块组尺寸之差。

8）沿被测内径的轴线方向测几个截面，每个截面要在相互垂直的两个部位上各测一次。将测量结果与被测内径的要求公差进行比较，判断被测内径是否合格。

思　考　题

1. 用内径千分尺与内径百分表测量孔的直径时，测量方法是否相同？

2. 卧式测长仪上有手柄 4（实验图 5），能使万能工做台做水平转动，测量哪些形状的工件需要用它来操作？

实验二　几何误差测量

几何误差是指被测要素对理想要素或基准的变动量。制造没有几何误差的零件既不可能也没必要，只要其误差在所允许的变动范围内，就可以满足使用要求。因此，对于完工零件应测量其几何误差，以判断其是否在图样规定的几何公差之内。

实验 2-1　直线度误差的测量

一、实验目的

（一）通过测量加深理解直线度误差的定义。

（二）熟练掌握直线度误差的测量及数据处理。

二、实验内容

用合像水平仪测量直线度误差。

三、计量器具及测量原理

为了控制机床、仪器导轨或其他窄而长平面的直线度误差，常在给定平面（垂直平面、水平平面）内进行检测。常用的计量器具有框式水平仪、合像水平仪、电子水平仪和自准直仪等。使用这类器具的共同特点是测定微小角度的变化。由于被测表面存在直线度误差，当计量器具置于不同的被测部位时，其倾斜角度就要发生相应的变化。如果节距（相邻两测点的距离）一经确定，这个变化的微小角度与被测相邻两点的高低差就有确切的对应关系。通过对逐个节距的测量，得出变化的角度，用作图或计算的方法即可求出被测表面的直线度误差值。由于合像水平仪具有测量准确度高、测量范围大（±10mm/m）、测量效率高、价格便宜、携带方便等优点，因此在检测工作中得到了广泛的应用。

合像水平仪的结构如实验图 11a、d 所示，它由底板 1 和壳体 4 组成外壳基体，其内部由杠杆 2、水准器 8、两个棱镜 7、测量系统 9、10、11 以及放大镜 6 组成。测量时将合像水平仪放于桥板（实验图 12）上相对不动，再将桥板置于被测表面上。若被测表面无直线度误差，并与自然水平面基准平行，此时水准器的气泡位于两棱镜的中间位置，气泡边缘通过合像棱镜 7 所产生的影像，在放大镜 6 中观察将出现如实验图 11b 所示的情况。但在实际测量中，由于被测表面安放位置不理想和被测表面本身不直，致使气泡移动，其视场情况将如实验图 11c 所示。此时可转动测微螺杆 10，使水准器转动一角度，从而使气泡返回棱镜组 7 的中间位置，则实验图 11c 中两影像的错移量 Δ 将消失而恢复成一个光滑的半圆头（实验图 11b）。测微螺杆移动量 s 导致水准器的转角 α（实验图 11d）与被测表面相邻两点的高低差 $h(\mu m)$ 有确切的对应关系，即

$$h=0.01L\alpha$$

式中　0.01——合像水平仪的分度值（mm/m）；

L——桥板节距（mm）；

α——角度读数值（用格数来计数）。

如此逐点测量，就可得到相应的 α_i 值。后面将用实例来阐述直线度误差的评定方法。

四、实验步骤

（一）首先量出被测表面总长，继而确定相邻两点之间的距离（节距），按节距 L 调整桥板两圆柱中心距，如实验图 12 所示。

（二）置合像水平仪于桥板之上，然后将桥板依次放在各节距的位置。每放一个节距后，要旋转微分筒 9 合像，使放大镜中出现如实验图 11b 所示的情况，此时即可进行读数。先在放大镜 11 处读数，它反映的是螺杆 10 的旋转圈数；微分筒 9（标有+、-旋转方向）的读数则是螺杆 10 旋转一圈（100 格）的细分读数；如此顺测（从首点到终点）、回测（由终点到首点）各一次。回测时注意桥板不能调头，各测点两次读数的平均值作为该点的测

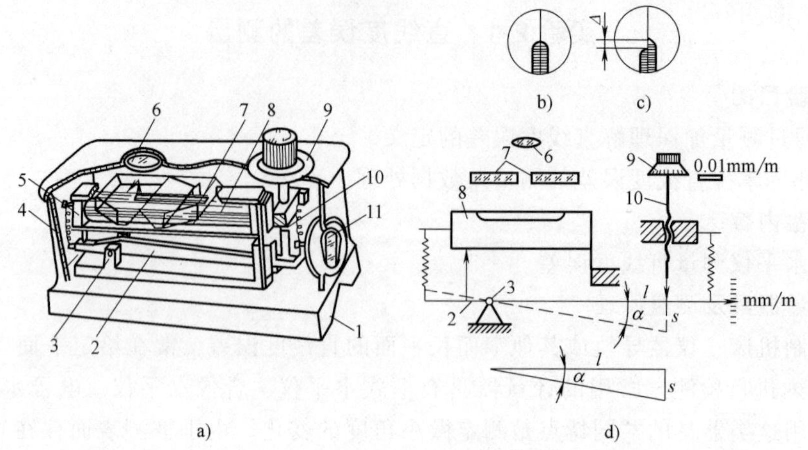

实验图 11 用合像水平仪测量直线度误差

1—底板 2—杠杆 3—支轴 4—壳体 5—（水准器）支架 6、11—放大镜 7—棱镜 8—水准器 9—微分筒 10—螺杆

量数据，将所测数据记入表中。必须注意，假如某一测点两次读数相差较大，说明测量情况不正常，应仔细查找原因并加以消除后重测。

五、数据处理

用合像水平仪测量一窄长平面的直线度误差，仪器的分度值为 0.01mm/m，选用的桥板节距 $L=200$mm，测量直线度记录数值见实验表 1。若被测平面直线度的公差等级为 5 级，试判断该平面的直线度误差是否合格。

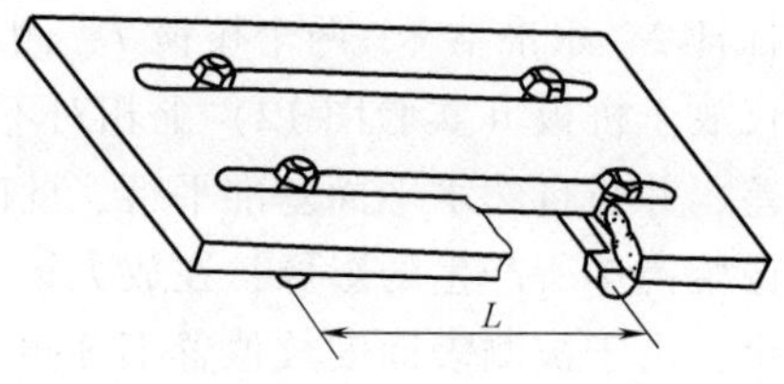

实验图 12 调整中心距

（一）作图法求直线度误差值

1）为了作图方便，将各测点的读数平均值同减一个数而得出相对差（实验表 1）。

实验表 1 测量数据表

测点序号 i		0	1	2	3	4	5	6	7	8
仪器读数 α_i/格	顺测	—	298	300	290	301	302	306	299	296
	回测	—	296	298	288	299	300	306	297	296
	平均	—	297	299	289	300	301	306	298	296
相对差/格 $\Delta\alpha_i=\alpha_i-\alpha$		0	0	+2	−8	+3	+4	+9	+1	−1

注：1. 表中读数，其百位数是从实验图 11 的位置 11 处读得，十位、个位数是从实验图 11 的位置 9 处读得。

2. α 值可取任意数，但要有利于相对差数字的简化。本例取 $\alpha=297$ 格。

2）根据各测点的相对差，在坐标纸上取点。注意作图时不要漏掉首点，同时后一测点的坐标位置是以前一测点为基准，根据相邻差数取点的。将各点连接起来，得出误差折线。

3）用两条平行直线包容误差折线，其中一条直线与实际误差折线的两个最高点 M_1、M_2 相接触，另一平行线与实际误差折线的最低点 M_3 相接触，且该最低点 M_3 在第一条平行

线上的投影应位于 M_1 和 M_2 两点之间，如实验图 13 所示。

从平行于纵坐标方向画出这两条平行直线间的距离，此距离就是被测表面的直线度误差值 $f=11$（格），按公式 $f(\mu m)=0.01Lf$（格），将 f（格）换算为 $f(\mu m)$，有

$$f=0.01\times200\times11\mu m=22\mu m$$

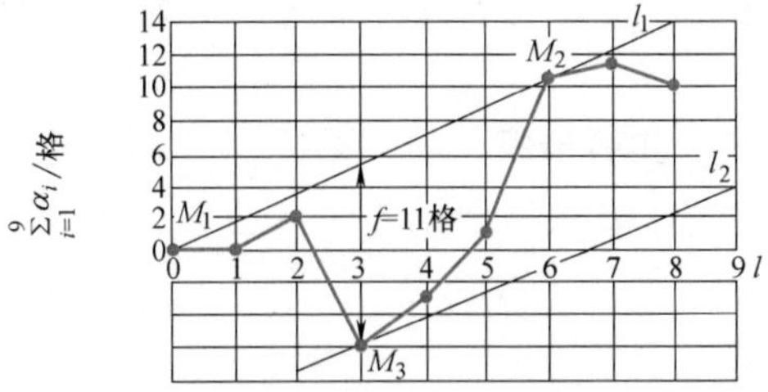

实验图 13 作图法求直线度误差

（二）计算法求直线度误差值

如实验图 13 中 $M_1(0,0)$、$M_2(6,10)$、$M_3(3,-6)$，设包容线的理想方程为 $Ax+By+C=0$，因包容理想直线 l_1 通过 M_1、M_2，因此通过两点法求得 l_1 的方程为 $11x-7y=0$。

又因 M_3 所在直线 l_2 平行于 l_1，其方程为

$$11x-7y+C_2=0$$

将 M_3 代入上式，求得 $C_2=-66$，故 l_2 的方程为

$$11x-7y-66=0$$

令 $11x-7y=0$ 中 $x=0$，则 $y=0$；令 $11x-7y-66=0$ 中 $x=0$，则 $y=-11$。所以，l_1、l_2 在 y 轴上的截距之差为 11 格，即 l_1、l_2 在平行于纵轴方向上的距离为 11 格。由公式 $f=0.01Lf$（格），求得 $f=0.01\times200\times11\mu m=22\mu m$。

按 GB/T 1184—1996 直线度 5 级公差值为 25μm，误差值小于公差值，所以被测工件直线度误差合格。

思 考 题

1. 目前部分工厂用作图法求解直线度误差时，仍沿用以往的两端点连线法，即把误差折线的首点和终点连成一条直线作为评定标准，然后再作平行于评定标准的两条包容直线，从平行于纵坐标来计量两条包容直线之间的距离作为直线度误差值。

（1）以例题作图为例，试比较按两端点连线和最小条件评定的误差值哪个准确，为什么？

（2）假如误差折线只偏向两端点连线的一侧（单凹、单凸），上述两种评定误差值的方法情况又如何？

（3）同样是最小条件评定误差值，那么直接读取法与计算法比较哪个更准确？

2. 用作图法求解直线度误差值时，如前所述，总是按平行于纵坐标计量，而不是垂直于两条平行包容直线之间的距离，原因是什么？

实验 2-2 平行度与垂直度误差的测量

一、实验目的

（一）了解平行度与垂直度误差的测量原理及方法。

（二）熟悉通用量具的使用方法。

（三）加深对几何公差的理解。

二、实验内容

（一）工件——角座（实验图 14）。图样上提出四个几何公差要求：

（1）顶面对底面的平行度公差为 0.15mm。

（2）两孔轴线对底面的平行度公差为 0.05mm。

(3) 两孔轴线之间的平行度公差为0.35mm。

(4) 侧面对底面的垂直度公差为0.20mm。

(二) 量具——测量平板、心轴、精密直角尺、塞尺、指示表、表架、外径游标卡尺等。

三、实验步骤

(一) 按检测原则1(与理想要素比较原则)测量顶面对底面的平行度误差(实验图15)。

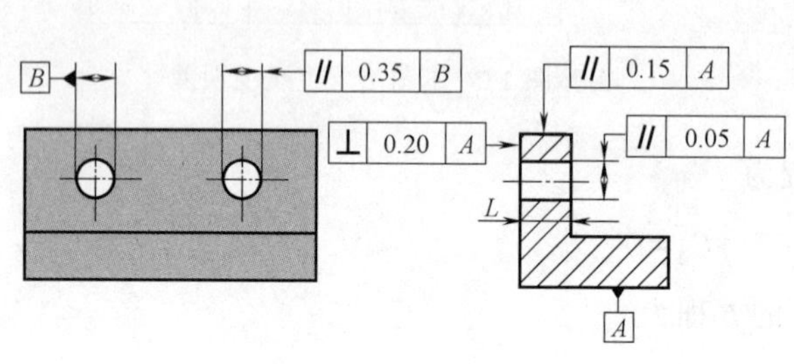

实验图14 角座零件图

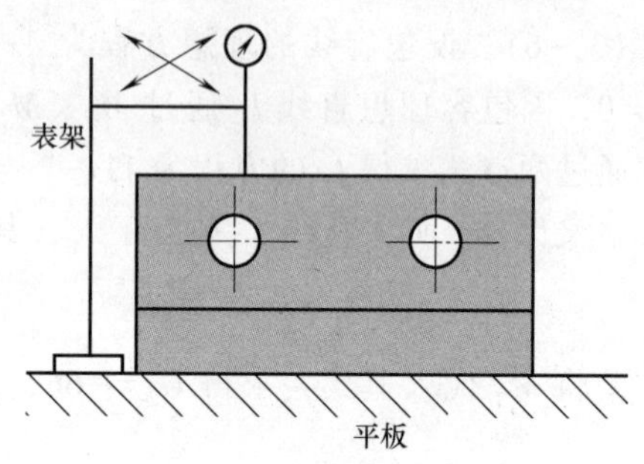

实验图15 测量顶面对底面的平行度误差

将被测件放在测量平板上,以平板面做模拟基准;调整指示表在支架上的高度,将指示表测头与被测面接触,使指示表指针倒转1~2圈,固定指示表,然后在整个被测表面上沿规定的各测量线移动指示表支架,取指示表的最大与最小读数之差作为被测表面的平行度误差。

(二) 按检测原则,测量两孔轴线对底面的平行度误差。用心轴模拟被测孔的轴线(实验图16),以平板模拟基准,按心轴上的素线调整指示表的高度,并固定(调整方法同上),在距离为L_1的两个位置上测得两个读数M_1和M_2,被测轴线的平行度误差应为

$$f=\frac{L}{L_1}|M_1-M_2|$$

式中 L——被测轴线的长度。

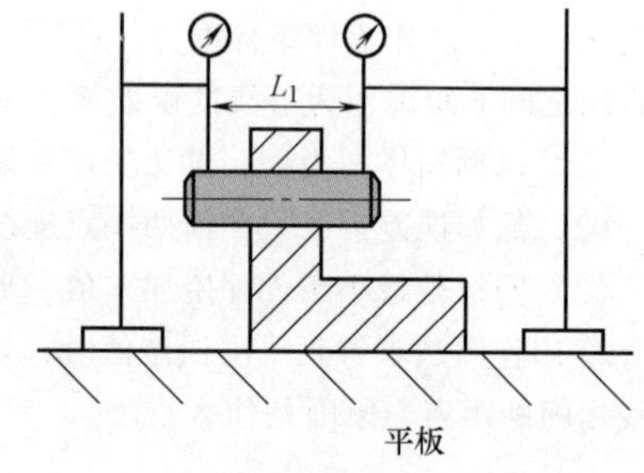

实验图16 测量两孔轴线对底面的平行度误差

(三) 按检测原则1测量两孔轴线之间的平行度误差(实验图17)。用心轴模拟两孔轴线,用游标卡尺在靠近孔口端面处测量尺寸a_1及a_2,差值(a_1-a_2)即为所求平行度误差。

(四) 按检测原则3(测量特征参数原则)测量侧面对底面的垂直度误差(实验图18)。用平板模拟基准,将精密直角尺的短边置于平板上,长边靠在被测侧面上,此时长边即为理想要素。用塞尺测量直角尺长边与被测侧面之间的最大间隙,测得值即为该位置的垂直度误差。移动直角尺,在不同位置重复上述测量,取最大误差值为该被测侧面的垂直度误差。

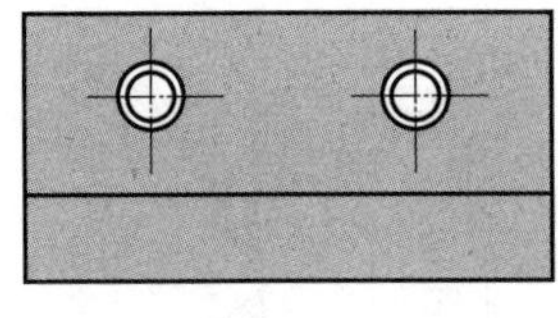

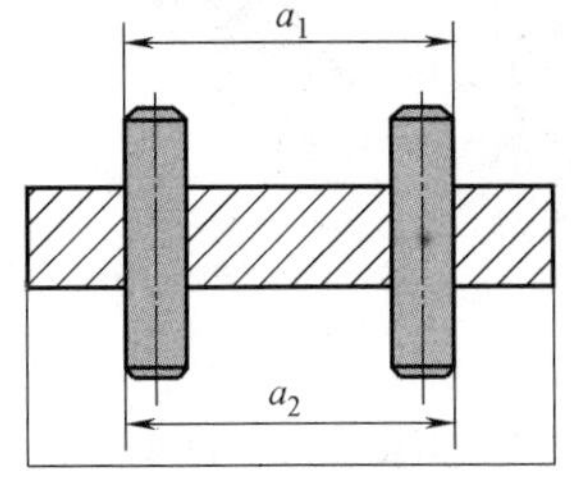

实验图 17 测量两孔轴线之间的平行度误差

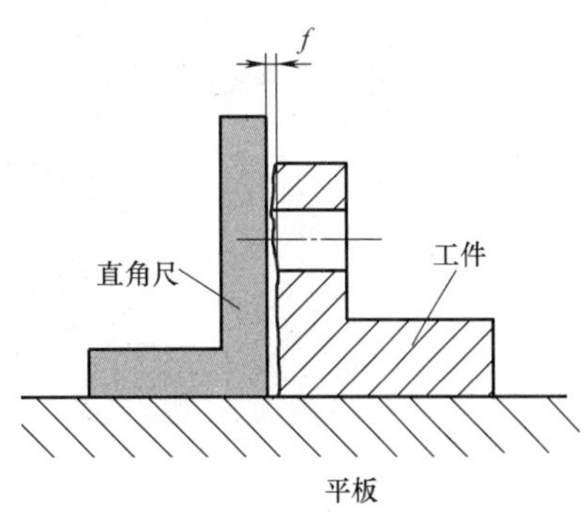

实验图 18 测量侧面对底面的垂直度误差

实验三 表面粗糙度测量

实验 3-1 用干涉显微镜测量表面粗糙度

一、实验目的

（一）熟悉用干涉显微镜测量表面粗糙度的原理和方法。

（二）加深对轮廓最大高度 Rz 的理解。

二、实验内容

用6JA型干涉显微镜测量表面粗糙度 Rz 值。

三、计量器具及测量原理

干涉显微镜是干涉仪和显微镜的组合，用光波干涉原理来反映出被测工件的表面粗糙度。由于表面粗糙度是微观不平度，所以用显微镜进行高倍放大后以便观察和测量。干涉显微镜一般用于测量 1~0.03μm 的表面粗糙度 Rz 值。

6JA 型干涉显微镜的外形图如实验图 19 所示。该仪器的光学原理图如实验图 20 所示，由光源 1 发出的光束，通过聚光镜 2、4、8（3 是滤色片）经分光镜 9 分成两束。其中一束经补偿板 10、物镜 11 至被测表面 18，再经原光路返回至分光镜 9，反射至目镜 19。另一光束由分光镜 9 反射（遮光板 20 移出），经物镜 12 射至参考镜 13 上，再由原光路返回，并透过分光镜 9 也射向目镜 19。两路光束相遇叠加产生干涉，通过目镜 19 来观察。由于被测表面有微小的峰、谷存在，峰谷处的光程不一样，造成干涉条纹的弯曲。相应部位峰、谷的高度差 h 与干涉条纹弯曲量 a 和干涉条纹间距 b 有关（实验图 23b），其关系式为

$$h=\frac{a}{b}\frac{\lambda}{2}$$

式中 λ——测量中的光波波长。

本实验就是利用测量干涉条纹弯曲量 a 和干涉条纹间距 b 来确定 Rz 值的。

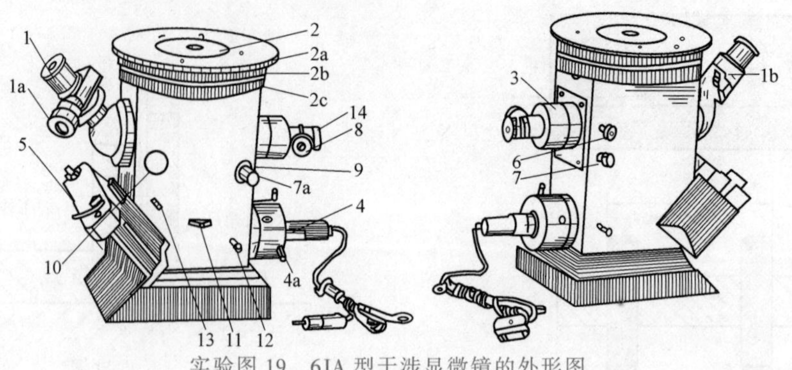

实验图 19　6JA 型干涉显微镜的外形图

1—测微目镜　1a—测微器　1b—螺母　2—工作台　2a、2b、2c—滚花轮　3—物镜　4—光源　4a—调节螺母　5—照相机　6、7、7a、8、9、10、11、14—手轮　12—手柄　13—螺钉

四、实验步骤

（一）调整仪器

测量时调整仪器的方法如下：

1）开亮灯泡，转动手轮 10 和 6（实验图 19），使实验图 20 中的遮光板 20 从光路中转出。如果视场亮度不均匀，可转动调节螺母 4a，使视场亮度均匀。

2）转动手轮 8，使目镜视场中弓形直边清晰，如实验图 21 所示。

3）在工作台上放置好洗净的被测工件。被测表面向下，朝向物镜。转动手轮 6，遮去实验图 20 中的参考镜 13 的一路光束。转动实验图 19 中滚花轮 2c，使工作台升降直到目镜视场中观察到清晰的工件表面像为止，再转动手轮 6，使实验图 20 中的遮光板从光路中转出。

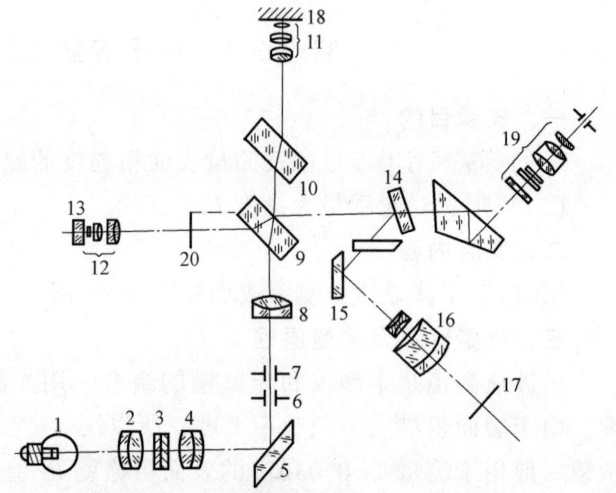

实验图 20　6JA 型干涉显微镜的光学原理图

1—光源　2、4、8—聚光镜　3—滤色片　5、15—反光镜　6—孔径光阑　7—视场光阑　9—分光镜　10—补偿板　11、12—物镜　13—参考镜　14—可调反光镜　16—照相物镜　17—照相底片　18—被测面　19—目镜　20—遮光板

4）松开实验图 19 中螺母 1b，取下测微目镜 1，直接从目镜管中观察，可以看到两个灯丝像。转动手轮 11，使实验图 20 中的孔径光阑 6 开至最大，转动手轮 7 和 9，使两个灯丝像完全重合，同时调节实验图 19 中调节螺母 4a，使灯丝像位于孔径光阑中央，如实验图 22 所示，然后装上测微目镜，旋紧螺母 1b。

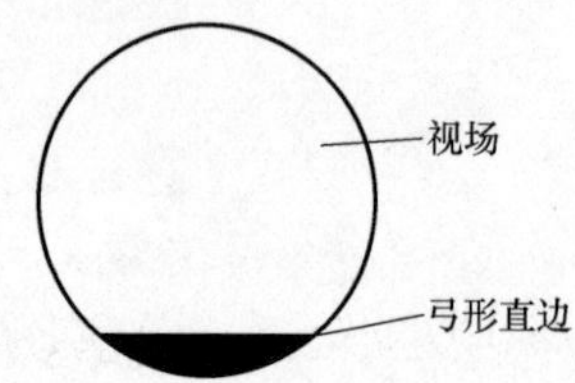

实验图 21　弓形直边图（一）

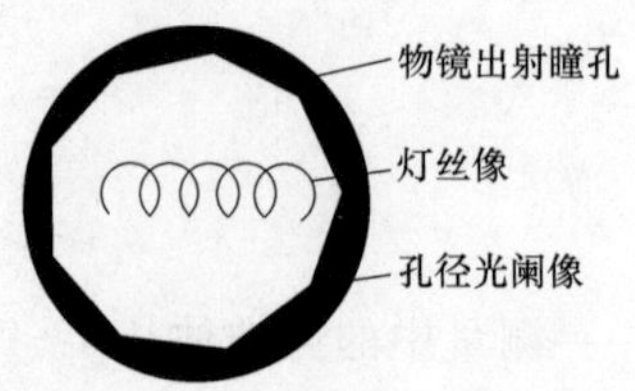

实验图 22　弓形直边图（二）

5）在精密测量中，通常采用光波波长稳定的单色光（本仪器采用绿光），此时应将手柄 12 推到底，使实验图 20 中的滤色片 3 插入光路。当被测表面的表面粗糙度值较大而加工痕迹又不规则时，干涉条纹将呈现出急剧的弯曲和断裂现象。这时则不推动手柄 12，而采用白光，因为白光干涉成彩色条纹，其中零次干涉条纹可清晰地显示出条纹的弯曲情况，便于观察和测量。如在目镜中看不到干涉条纹，可慢慢转动手轮 14，直到出现清晰的干涉条纹为止（实验图 23a）。

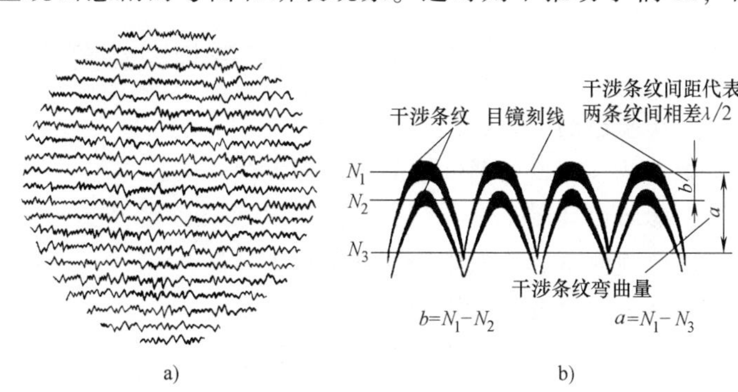

实验图 23　干涉条纹图

6）转动手轮 7 和 9 以及手轮 8 和 14，可以得到所需的干涉条纹亮度和宽度。

7）转动实验图 19 中工作台 2，使加工痕迹的方向与干涉条纹垂直。

8）松开实验图 19 中螺母 1b，转动测微目镜 1，使视场中十字线之一与干涉条纹平行，然后拧紧螺母 1b，此时即可进行具体的测量工作。

（二）测量方法

在此仪器上，表面粗糙度可以用两种方法测量。

1. 用测微目镜测量

1）转动实验图 19 中测微目镜的测微器 1a，使视场中与干涉条纹平行的十字线中的一条线对准一条干涉条纹峰顶中心（实验图 23b），这时在测微器上的读数为 N_1。然后再对准相邻的另一条干涉条纹峰顶中心，读数为 N_2。N_1-N_2 即为干涉条纹间距 b。

2）对准一条干涉条纹峰顶中心读数 N_1 后，移动十字线，对准同一条干涉条纹谷底中心，读数为 N_3。N_1-N_3 即为干涉条纹弯曲量 a。按轮廓最大高度 Rz 的定义，在各个取样长度范围内的最大峰值读数和最小谷值读数之差，为各个取样长度的轮廓最大高度 $R'z_i$ 值，选取其中最大的 $R'z_{\max}$ 值，按下式计算轮廓最大高度 Rz 值，即

$$Rz=\frac{R'z_{\max}}{b}\frac{\lambda}{2}$$

采用白光时，$\lambda=0.55\mu m$；采用单色光时，则按仪器所附滤色片检定书载明的波长取值。

2. 用目视估计判定

用肉眼观察视场，直接估读出弯曲量 a 为干涉条纹间距 b 的多少倍或几分之一，用目视估读的 a/b 值来代替测微目镜的读数。在各个取样长度范围内，估读这样的比值，取其中最大值，然后再计算 Rz 值。

目视估读法效率高、方法简便，但不够准确，因此只能作为一种近似的测量方法。

思　考　题

仪器使用说明书上写着：用光波干涉原理测量表面粗糙度，就是以光波为尺子来计量被测面上微观峰谷的高度差。这把尺子的标尺间距和分度值如何体现？

实验四 锥 度 测 量

实验 4-1 用正弦规测量圆锥角偏差

一、实验目的

了解正弦规测量外圆锥度的原理和方法。

二、实验内容

用正弦规测量圆锥塞规的圆锥角偏差。

三、计量器具及测量原理

正弦规是一种间接测量角度的常用计量器具，它需要和量块、指示表等配合使用。正弦规的结构如实验图 24 所示。它由主体和两个圆柱等组成，分为窄型和宽型两种。

正弦规测量角度的原理是利用直角三角形的正弦函数，如实验图 25 所示。

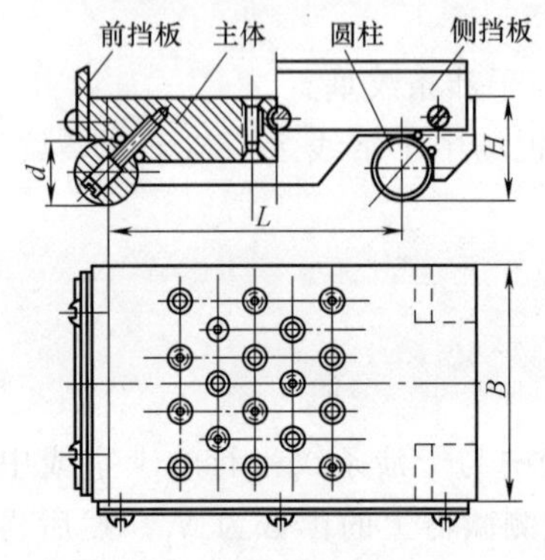

实验图 24 正弦规的结构

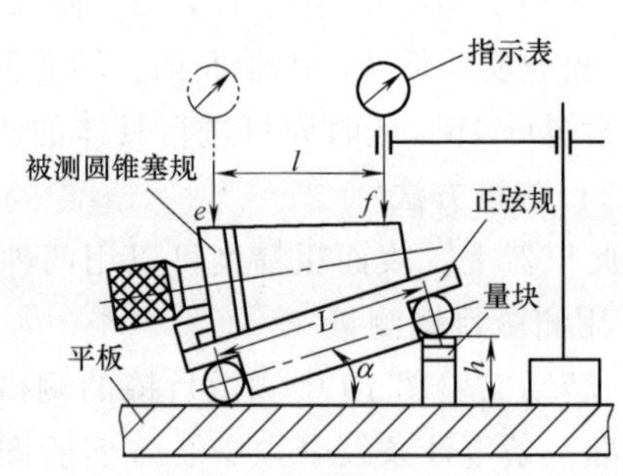

实验图 25 正弦规测量角度原理图

测量时，先根据被测圆锥塞规的公称圆锥角 α，按下式计算出量块组的高度 h，即

$$h=L\sin\alpha$$

式中 L——正弦规两圆柱间的中心距（100mm 或 200mm）。

根据计算的 h 值组合量块，垫在正弦规的下面，如实验图 25 所示，因此正弦规的工作面与平板的夹角为 α。然后将圆锥塞规放在正弦规的工作面上，如果被测圆锥角恰好等于公称圆锥角，则指示表在 e、f 两点的示值相同，即圆锥塞规的素线与平板平行。反之，e、f 两点的示值必有一差值 n，这表明存在圆锥角偏差。若实际被测圆锥角 $\alpha'>\alpha$，则 $e-f=+n$（实验图 26a）；若 $\alpha'<\alpha$，则 $e-f=-n$（实验图 26b）。

由实验图 26 可知，圆锥角偏差 $\Delta\alpha$ 的计算公式为

$$\Delta\alpha=\tan(\Delta\alpha)=\frac{n}{l}$$

式中 l——e、f 两点间的距离；

n——指示表在 e、f 两点的读数差。

$\Delta\alpha$ 的单位为弧度，1 弧度(rad)= 2×10^5 秒(″)。

四、实验步骤

（一）根据被测圆锥塞规的公称圆锥度 α 及正弦规圆柱中心距 L，按公式 $h=L\sin\alpha$ 计算

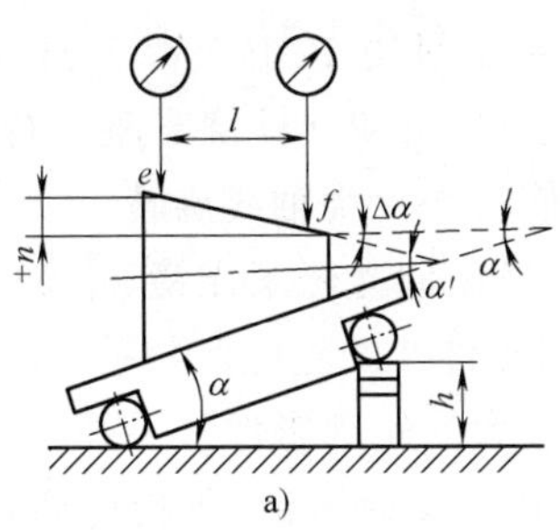

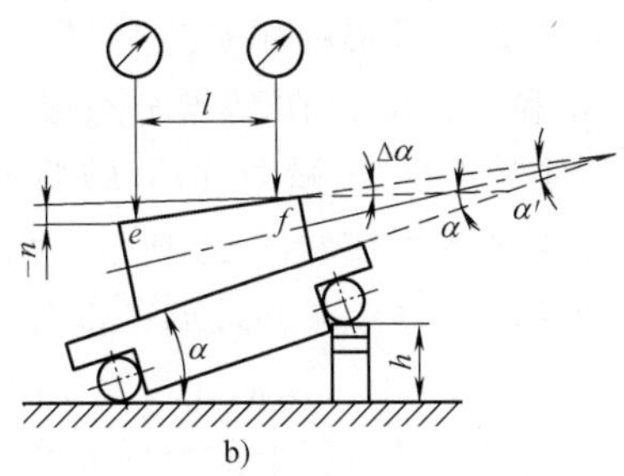

实验图 26　用正弦规测量圆锥角偏差

a) $\alpha'>\alpha$　b) $\alpha'<\alpha$

量块组的尺寸，并组合好量块。

（二）将组合好的量块组放在正弦规一端的圆柱下面，然后将圆锥塞规稳放在正弦规的工作面上（应使圆锥塞规轴线垂直于正弦规的圆柱轴线）。

（三）用带架的指示表在被测圆锥塞规素线上距离两端分别不小于 2mm 的 e、f 两点进行测量和读数。测量前指示表的测头应先压缩 1~2mm。

（四）如实验图 26 所示，将指示表在 e 点处前后推移，记下最大读数。再在 f 点处前后推移，记下最大读数。在 e、f 两点各重复测量三次，取平均值后，求出 e、f 两点的高度差 n，然后测量 e、f 两点间的距离 l。圆锥角偏差的计算公式为

$$\Delta\alpha=\frac{n}{l}(\text{rad})=\frac{n}{l}\times2\times10^{5}('')$$

（五）将测量结果记入实验报告，查出圆锥角极限偏差，并判断被测圆锥塞规的适用性。

思　考　题

1. 用正弦规、量块和指示表测量圆锥角偏差时（实验图 26），e、f 两点间距离 l 的偏差对测量结果有何影响？
2. 用正弦规测量锥度时，有哪些测量误差？
3. 为什么用正弦规测量锥度属于间接测量？

实验五　螺 纹 测 量

实验 5-1　影像法测量螺纹主要参数

一、实验目的

（一）了解工具显微镜的测量原理及结构特点。

（二）熟悉用大型（或小型）工具显微镜测量外螺纹主要参数的方法。

二、实验内容

用大型或小型工具显微镜测量螺纹塞规的中径、牙型半角和螺距。

三、计量器具及测量原理

工具显微镜用于测量螺纹量规、螺纹刀具、齿轮滚刀以及轮廓样板等，它分为小型、大型、万能和重型等四种形式。它们的测量精度和测量范围虽各不相同，但基本原理是相似的。下面以大型工具显微镜为例，介绍用影像法测量中径、牙型半角和螺距的方法。

大型工具显微镜的外形图如实验图 27 所示，它主要由目镜 1、工作台 5、底座 7、支座 12、立柱 13、悬臂 14 和千分尺 6、10 等部分组成。转动手轮 11，可使立柱绕支座左右摆动；转动千分尺 6 和 10，可使工作台纵、横向移动；转动手轮 8，可使工作台绕轴线旋转。

仪器的光学系统图如实验图 28 所示。由主光源 1 发出的光经聚光镜 2、滤色片 3、透镜 4、光阑 5、反射镜 6、透镜 7 和玻璃工作台 8，将被测工件 9 的轮廓经物镜 10、反射棱镜 11 投射到目镜的焦平面 13 上，从而在目镜 15 中观察到放大的轮廓影像。另外，也可用反射光源照亮被测工件，以工件表面上的反射光线，经物镜 10、反射棱镜 11 投射到目镜的焦平面 13 上，同样在目镜 15 中可观察到放大的轮廓影像。

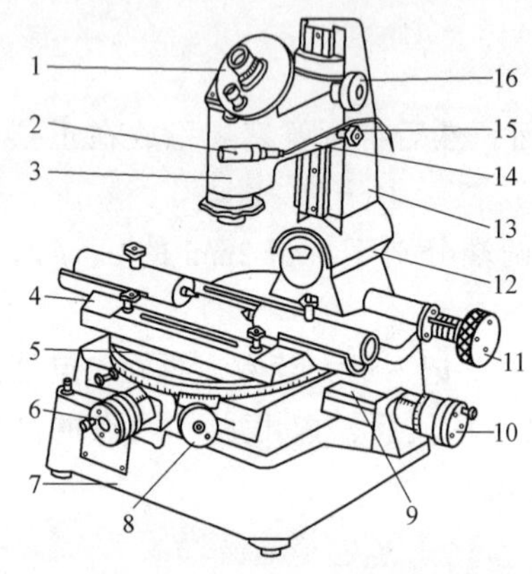

实验图 27 大型工具显微镜的外形图

1—目镜 2—照明灯 3—物镜 4—支架 5—工作台 6、10—千分尺 7—底座 8、11—手轮 9—量块 12—支座 13—立柱 14—悬臂 15—固定螺钉 16—高度调节手轮

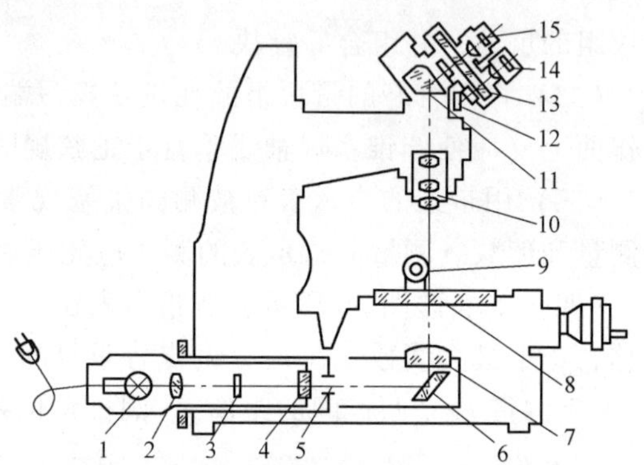

实验图 28 工具显微镜的光学系统图

1—主光源 2—聚光镜 3—滤色片 4、7—透镜 5—光阑 6—反射镜 8—玻璃工作台 9—被测工件 10—物镜 11—反射棱镜 12—反光镜 13—焦平面 14—角度目镜 15—目镜

仪器的目镜外形如实验图 29a 所示。它由玻璃分划板、中央目镜、角度读数目镜、反光镜和手轮等组成。目镜的结构原理如实验图 29b 所示，从中央目镜可观察到被测工件的轮廓影像和分划板的米字刻线，如实验图 29c 所示。从角度读数目镜中，可以观察到分划板上 0°~360°的度值刻线和固定游标分划板上 0′~60′的分值刻线（实验图 29d）。转动手轮，可使刻有米字刻线的度值刻线的分划板转动，它转过的角度可从角度读数目镜中读出。当该目镜中固定游标的零刻线与度值刻线的零位对准时，则米字刻线中间虚线 *A—A* 正好垂直于仪器工作台的纵向移动方向。

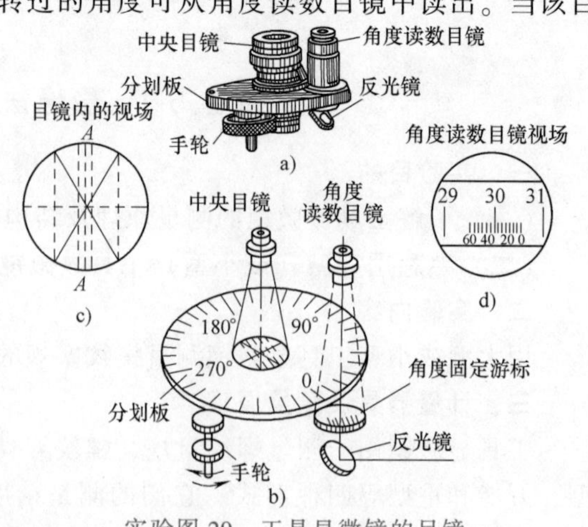

实验图 29 工具显微镜的目镜

四、实验步骤

（一）擦净仪器及被测螺纹，将工件小心地安装在两顶尖之间，拧紧顶尖的固紧螺钉（避免工件掉下砸坏玻璃工作台）。同时，检查工作台圆周刻度是否对准零位。

（二）接通电源。

（三）用调焦筒（仪器专用附件）调节主光源 1（实验图 28），旋转主光源外罩上的三个调节螺钉，直至灯丝位于光轴中央成像清晰，则表示灯丝已位于光轴上并在聚光镜 2 的焦点上。

（四）根据被测螺纹尺寸，从仪器说明书中查出适宜的光阑直径，然后调好光阑的大小。

（五）旋转手轮 11（实验图 27），按被测螺纹的螺纹升角 ψ 调整立柱 13 的倾斜度。

（六）调整目镜 14、15（实验图 28）上的调节环，使米字刻线和度值、分值刻线清晰。松开固定螺钉 15（实验图 27），旋转高度调节手轮 16，调整仪器的焦距，使被测轮廓影像清晰（若要求严格，可使用专门的调焦棒在两顶尖中心线的水平内调焦）。然后，旋紧固定螺钉 15。

（七）测量螺纹主要参数

1. 测量中径

螺纹中径 d_2 是指螺纹截成牙凸和牙凹宽度相等并和螺纹轴线同心的假想圆柱面直径。对于单线螺纹，它的中径也等于在轴截面内沿着与轴线垂直的方向量得的两个相对牙型侧面间的距离。

为了使轮廓影像清晰，需将立柱顺着螺旋线方向倾斜一个螺纹升角 ψ，其值的计算公式为

$$\tan\psi = \frac{nP}{\pi d_2}$$

式中 P——螺纹螺距（mm）；

d_2——螺纹中径公称值（mm）；

n——螺纹线数。

测量时，转动纵向千分尺 10 和横向千分尺 6（实验图 27），并移动工作台，使目镜中的 A—A 虚线与螺纹投影牙型的一侧重合，如实验图 30 所示，记下横向千分尺的第一次读数。然后，将显微镜立柱反向倾斜螺纹升角 ψ，转动横向千分尺，使 A—A 虚线与对面牙型轮廓重合，如实验图 30 所示，记下横向千分尺的第二次读数。两次读数之差即为螺纹的实际中径。为了消除被测螺纹安装误差的影响，必须测出 $d_{2左}$ 和 $d_{2右}$，取两者的平均值作为实际中径

$$d_{2实际} = \frac{d_{2左} + d_{2右}}{2}$$

2. 测量牙型半角

螺纹牙型半角 $\alpha/2$ 是指在螺纹牙型上，牙侧与螺纹轴线的垂线间的夹角。

测量时，转动纵向和横向千分尺并调节手轮（实验图 27），使目镜中的 A—A 虚线与螺纹投影牙型的某一侧面重合，如实验图 31 所示。此时，角度读数目镜中显示的读数即为该牙侧的牙型半角数值。

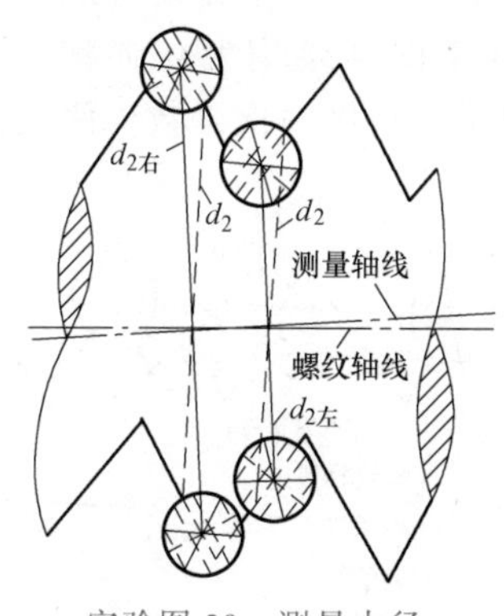

实验图 30　测量中径

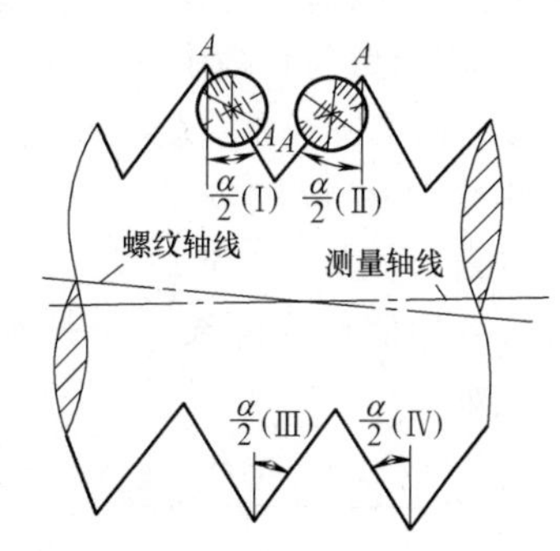

实验图 31　测量牙型半角（一）

在角度读数目镜中，当角度读数为0°0′时，则表示 A—A 虚线垂直于工作台纵向轴线，如实验图32a所示。当 A—A 虚线与被测螺纹牙型边对准时，如实验图32b所示，得到该牙型半角的数值为

$$\frac{\alpha}{2}(右)=360°-330°4'=29°56'$$

同理，当 A—A 虚线与被测螺纹牙型另一边对准时，如实验图32c所示，则得到另一牙型半角的数值为

$$\frac{\alpha}{2}(左)=30°8'$$

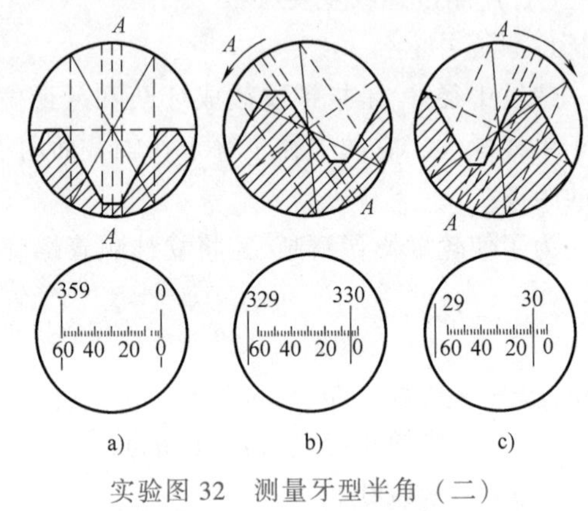

实验图32 测量牙型半角（二）

为了消除被测螺纹安装误差的影响，需分别测出 $\frac{\alpha}{2}(\text{Ⅰ})$、$\frac{\alpha}{2}(\text{Ⅱ})$、$\frac{\alpha}{2}(\text{Ⅲ})$、$\frac{\alpha}{2}(\text{Ⅳ})$。并按下述方式处理

$$\frac{\alpha}{2}(左)=\frac{\frac{\alpha}{2}(\text{Ⅱ})+\frac{\alpha}{2}(\text{Ⅳ})}{2}$$

$$\frac{\alpha}{2}(右)=\frac{\frac{\alpha}{2}(\text{Ⅰ})+\frac{\alpha}{2}(\text{Ⅲ})}{2}$$

将它们与牙型半角公称值 $\left(\frac{\alpha}{2}\right)$ 比较，则得牙型半角偏差为

$$\Delta\frac{\alpha}{2}(左)=\frac{\alpha}{2}(左)-\frac{\alpha}{2}$$

$$\Delta\frac{\alpha}{2}(右)=\frac{\alpha}{2}(右)-\frac{\alpha}{2}$$

$$\Delta\frac{\alpha}{2}=\frac{\left|\Delta\frac{\alpha}{2}(左)\right|+\left|\Delta\frac{\alpha}{2}(右)\right|}{2}$$

为了使轮廓影像清晰，测量牙型半角时，同样要使立柱倾斜一个螺纹升角 ψ。

3. 测量螺距

螺距 P 是指相邻两牙在中径线上对应两点间的轴向距离。

测量时，转动纵向和横向千分尺，且移动工作台，使目镜中的 A—A 虚线与螺纹投影牙型的一侧重合，记下纵向千分尺第一次读数。然后，移动纵向工作台，使牙型纵向移动几个螺距的长度，以同侧牙型与目镜中的 A—A 虚线重合，记下纵向千分尺第二次读数。两次读数之差即为 n 个螺距的实际长度（实验图33）。

为了消除被测螺纹安装误差的影响，同样要测出 $nP_{左(实)}$ 和 $nP_{右(实)}$，然后取它们的平均值作为螺纹 n 个螺距的实际尺寸，即

$$nP_{实}=\frac{nP_{左(实)}+nP_{右(实)}}{2}$$

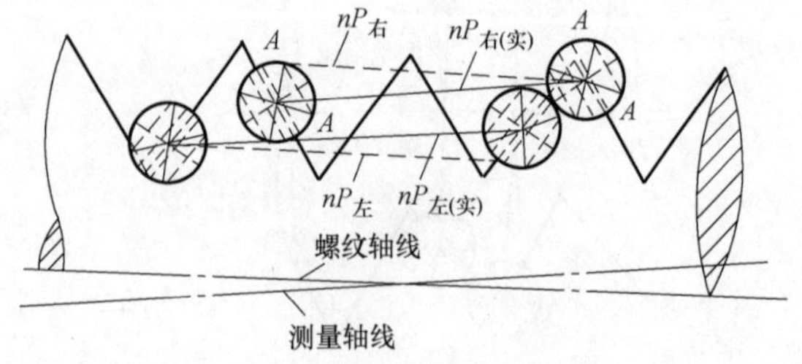

实验图33 测量螺距

n 个螺距的累积偏差为

$$\Delta P = nP_{实} - nP$$

（八）按图样给定的技术要求，判断被测螺纹塞规的适用性。

思考题

1. 用影像法测量螺纹时，立柱为什么要倾斜一个螺纹升角 ψ 的角度？
2. 用工具显微镜测量外螺纹的主要参数时，为什么测量结果要取平均值？
3. 测量平面样板时，如何安置被测样板？立柱是否需要倾斜？

实验 5-2　外螺纹中径的测量

一、实验目的

熟悉测量外螺纹中径的原理和方法。

二、实验内容

（一）用螺纹千分尺测量外螺纹中径。

（二）用三针测量外螺纹中径。

三、计量器具及测量原理

（一）用螺纹千分尺测量外螺纹中径

螺纹千分尺的外形图如实验图 34 所示。它的构造与外径千分尺基本相同，只是在测量砧和测头上装有特殊的测头 1 和 2，用它来直接测量外螺纹的中径。螺纹千分尺的分度值为 0.01mm。测量前，用尺寸样板 3 来调整零位。每对测头只能测量一定螺距范围内的螺纹，使用时根据被测螺纹的螺距大小，按螺纹千分尺附表来选择。测量时可由螺纹千分尺直接读出螺纹中径的实际尺寸。

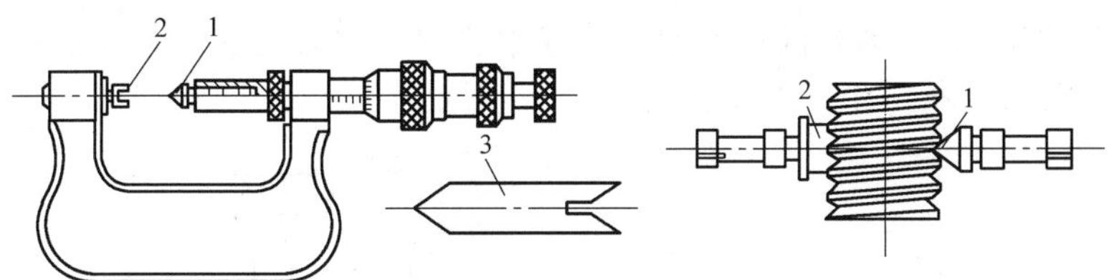

实验图 34　螺纹千分尺的外形图

1、2—测头　3—尺寸样板

（二）用三针测量外螺纹中径

三针法测量外螺纹中径的原理图如实验图 35 所示，这是一种间接测量螺纹中径的方法。测量时，将三根精度很高、直径相同的量针放在被测螺纹的牙凹中，用测量外尺寸的计量器具（如千分尺、机械比较仪、光较仪、测长仪等）测量出尺寸 M，再根据被测螺纹的螺距 P、牙型半角 $\alpha/2$ 和量针直径 d_m，计算出螺纹中径 d_2。

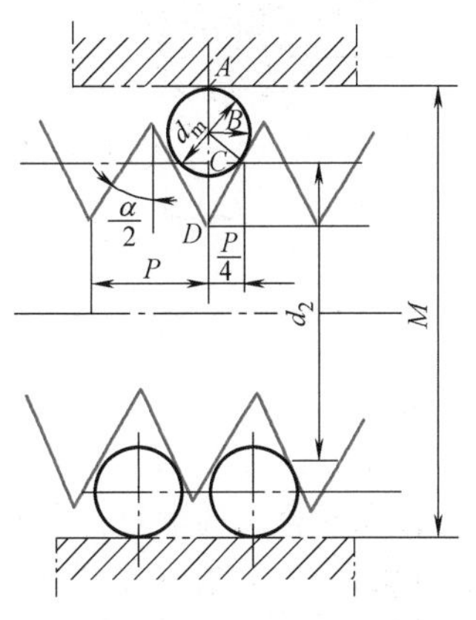

实验图 35　三针法测量外螺纹中径的原理图

由实验图 35 可知

$$d_2 = M - 2AC = M - 2(AD - CD)$$

而 $$AD = AB + BD = \frac{d_m}{2} + \frac{d_m}{2\sin\frac{\alpha}{2}} = \frac{d_m}{2}\left(1 + \frac{1}{\sin\frac{\alpha}{2}}\right)$$

$$CD=\frac{P\cot\frac{\alpha}{2}}{4}$$

将 AD 和 CD 值代入上式，得

$$d_2=M-d_m\left(1+\frac{1}{\sin\frac{\alpha}{2}}\right)+\frac{P}{2}\cot\frac{\alpha}{2}$$

对于米制螺纹，$\alpha=60°$，则

$$d_2=M-3d_m+0.866P$$

为了减少螺纹牙型半角偏差对测量结果的影响，应选择合适的量针直径，使该量针与螺纹牙型的切点恰好位于螺纹中径处，此时所选择的量针直径 d_m 为最佳量针直径。由实验图36 可知

$$d_m=\frac{P}{2\cos\frac{\alpha}{2}}$$

对于米制螺纹，$\alpha=60°$，则

$$d_m=0.577P$$

在实际工作中，如果成套的三针中没有所需的最佳量针直径，则可选择与最佳量针直径相近的三针来测量。

量针的精度分为0级和1级两种：0级用于测量中径公差为4~8μm 的螺纹塞规；1级用于测量中径公差大于 8μm 的螺纹塞规或螺纹工件。

测量 M 值所用的计量器具的种类很多，通常根据工件的精度要求来选择。本实验采用杠杆千分尺来测量，如实验图 37 所示。

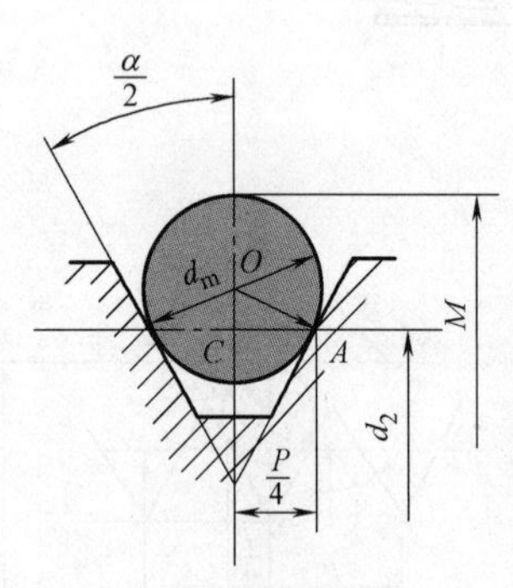

实验图 36　选择合适的量针直径

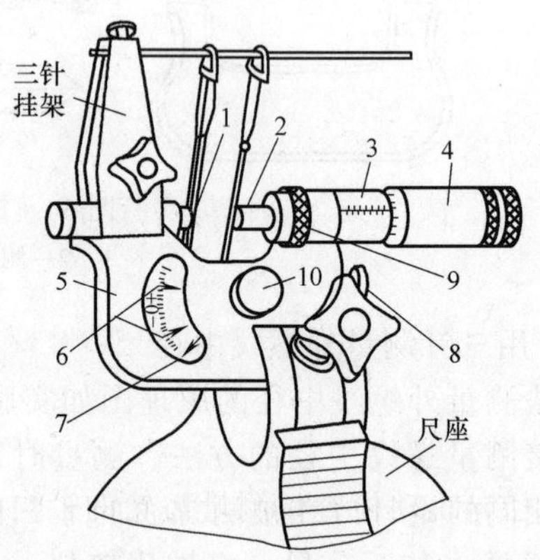

实验图 37　杠杆千分尺

1—固定量砧　2—活动量砧　3—刻度套管　4—微分筒　5—尺体　6—指针　7—指示表　8—按钮　9—锁紧轮　10—旋钮

杠杆千分尺的测量范围有 0~25mm、25~50mm、50~75mm、75~100mm 四种，分度值为 0.002mm。它有一个活动量砧 2，其移动量由指示表 7 读出。测量前将尺体 5 装在尺座上，然后校对千分尺的零位，使刻度套管 3、微分筒 4 和指示表 7 的示值都分别对准零位。测量时，当被测螺纹放入或退出两个量砧之间时，必须按下右侧的按钮 8 使量砧离开，以减

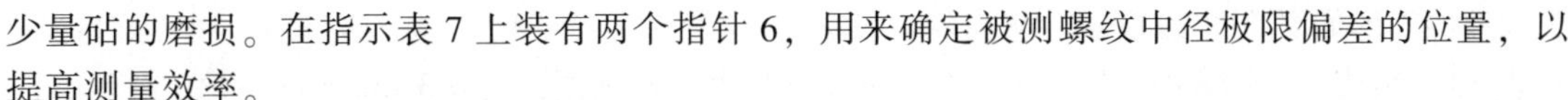

少量砧的磨损。在指示表 7 上装有两个指针 6，用来确定被测螺纹中径极限偏差的位置，以提高测量效率。

四、实验步骤

（一）用螺纹千分尺测量外螺纹中径

1）根据被测螺纹的螺距选取一对测头。

2）擦净仪器和被测螺纹，校正螺纹千分尺零位。

3）将被测螺纹放入两测头之间，找正中径部位。

4）分别在同一截面相互垂直的两个方向上测量螺纹中径，取它们的平均值作为螺纹的实际中径，然后判断被测螺纹中径的适用性。

（二）用三针测量外螺纹中径

1）根据被测螺纹的螺距，计算并选择最佳量针直径 d_m。

2）在尺座上安装好杠杆千分尺和三针。

3）擦净仪器和被测螺纹，校正仪器零位。

4）将三针放入螺纹牙凹中，旋转杠杆千分尺的微分筒 4，使两端测头与三针接触，然后读出尺寸 M 的数值。

5）在同一截面相互垂直的两个方向上测出尺寸 M，并按平均值用公式计算螺纹中径，然后判断螺纹中径的适用性。

思考题

1. 用三针测量螺纹中径时有哪些测量误差？
2. 用三针测得的中径是否是作用中径？
3. 用三针测量螺纹中径的方法属于哪一种测量方法？为什么要选用最佳量针直径？
4. 用杠杆千分尺能否进行相对测量？相对测量法和绝对测量法相比，哪种测量方法精确度较高？为什么？

实验六 齿轮测量

实验 6-1 齿轮径向跳动的测量

一、实验目的

（一）熟悉测量齿轮径向跳动的方法。

（二）加深理解齿轮径向跳动的定义。

二、实验内容

用齿轮径向跳动检查仪测量齿轮的径向跳动。

三、计量器具及测量原理

齿轮径向跳动误差 ΔF_r 是指在齿轮一转范围内，测头在齿槽内或在轮齿上，与齿高中部双面接触，测头相对于齿轮轴线的最大变动量，如实验图 38 所示。

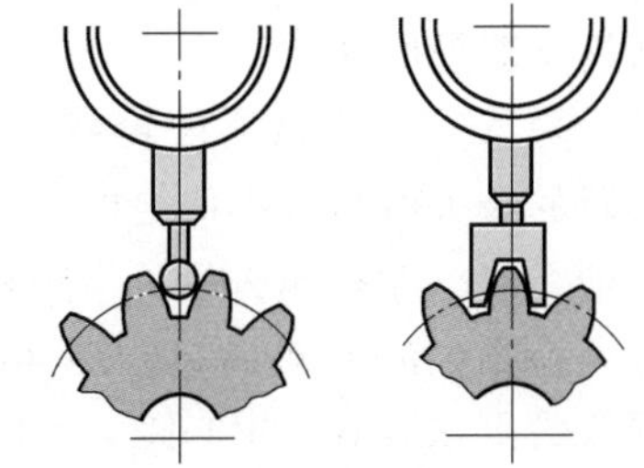

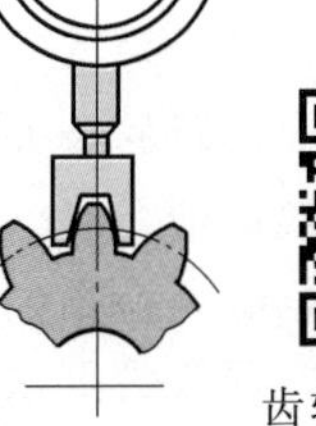

实验图 38　齿轮径向跳动误差 ΔF_r

齿轮径向圆跳动

齿轮径向跳动误差可用齿轮径向跳动检查仪、万能测齿仪或普通的偏摆检查仪等仪器测量。本实验采用齿轮径向跳动检查仪来测量，

该仪器的外形如实验图 39 所示。它主要由底座 1、滑板 2、顶尖座 6、调节螺母 7、回转盘 8 和指示表 10 等组成，指示表的分度值为 0.001mm。该仪器可测量模数为 0.3~5mm 的齿轮。

为了测量各种不同模数的齿轮，仪器备有不同直径的球形测头。

按 GB/Z 18620.2—2008 规定，测量齿轮径向跳动误差应在分度圆附近与齿面接触，故测量球或圆柱的直径 d 应按下述尺寸制造或选取，即

$$d=1.68m$$

式中　m——齿轮模数（mm）。

此外，齿轮径向跳动检查仪还备有内接触杠杆和外接触杠杆。前者成直线形，用于测量内齿轮的齿轮径向跳动和孔的径向跳动；后者成直角三角形，用于测量锥齿轮的径向跳动和轴向圆跳动。本实验测量圆柱齿轮的径向跳动。测量时，将需要的球形测头装入指示表测量杆的下端进行测量。

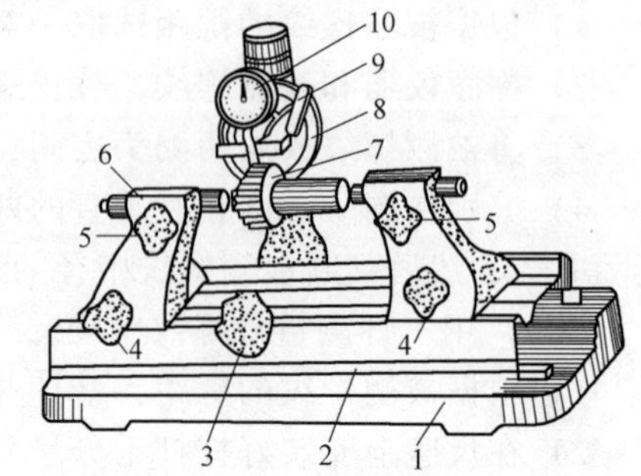

实验图 39　齿轮径向跳动检查仪的外形

1—底座　2—滑板　3—手柄　4、5—紧固螺钉　6—顶尖座　7—调节螺母　8—回转盘　9—提升把手　10—指示表

四、实验步骤

（一）根据被测齿轮的模数，选择合适的球形测头，装入指示表 10 测量杆的下端（实验图 39）。

（二）将被测齿轮和心轴装在仪器的两顶尖上，拧紧紧固螺钉 4 和 5。

（三）旋转手柄 3，调整滑板 2 的位置，使指示表测头位于齿宽的中部。通过升降调节螺母 7 和提升把手 9，使测头位于齿槽内。调整指示表 10 的零位，并使其指针压缩 1~2 圈。

（四）每测一齿，必须抬起提升把手 9，使指示表的测头离开齿面。逐齿测量一圈，并记录指示表的读数。

（五）处理测量数据。从 GB/T 10095.2—2008 中查出齿轮的径向跳动公差 F_r，判断被测齿轮的适用性。

思考题

1. 齿轮径向跳动误差产生的主要原因是什么？它对齿轮传动有什么影响？
2. 为什么测量齿轮的径向跳动时要根据齿轮的模数不同选用不同直径的球形测头？

实验 6-2　齿轮径向综合误差的测量

一、实验目的

（一）了解双面啮合综合检查仪的测量原理和测量方法。

（二）加深理解齿轮径向综合总误差与一齿径向综合误差的定义。

二、实验内容

用双面啮合综合检查仪测量齿轮径向综合总误差和一齿径向综合误差。

三、计量器具及测量原理

径向综合总误差 $\Delta F_i''$ 是指被测齿轮与理想精确的测量齿轮双面啮合时，在被测齿轮一转内，双啮中心距的最大值与最小值之差。一齿径向综合误差 $\Delta f_i''$ 是指被测齿轮与理想精确的测量齿轮双面啮合时，在被测齿轮一齿距角内，双啮中心距变动的最大值。

双面啮合综合检查仪的外形如实验图 40 所示。它能测量圆柱齿轮、锥齿轮和蜗杆副。其测量范围：模数为 1~10mm，中心距为 50~300mm。仪器的底座 1 上安放着浮动滑板 2 和固定滑板 3。浮动滑板 2 与刻度尺 4 连接，它受压缩弹簧作用，使两齿轮紧密啮合（双面啮

合)。浮动滑板 2 的位置用凸轮 10 控制。固定滑板 3 与游标 5 连接，可用手轮 6 调整其位置。仪器的读数与记录装置由指示表 11、记录器 12、记录笔 13、记录滚轮 14 和摩擦盘 15 组成。

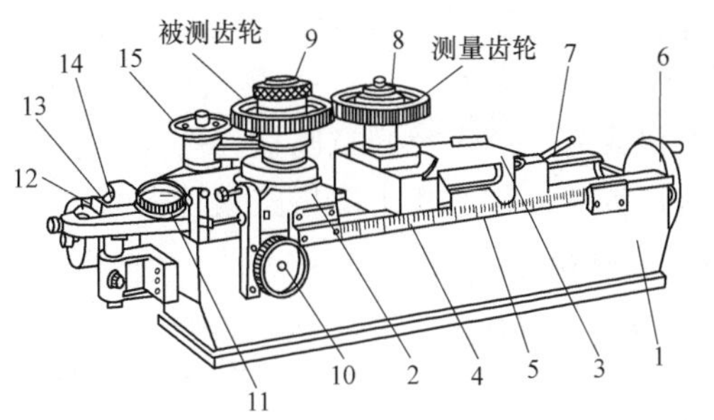

实验图 40　双面啮合综合检查仪的外形

1—底座　2—浮动滑板　3—固定滑板　4—刻度尺　5—游标　6—手轮　7—锁紧手柄　8—测量齿轮安装轴　9—被测齿轮安装轴　10—凸轮　11—指示表　12—记录器　13—记录笔　14—记录滚轮　15—摩擦盘

径向综合总偏差

理想精确的测量齿轮安装在固定滑板 3 的心轴上，被测齿轮安装在浮动滑板 2 的心轴上。由于被测齿轮存在各种误差（如基节偏差、齿距偏差、齿圈径向跳动和齿形误差等），这两个齿轮转动时，双啮中心距发生变动，变动量通过浮动滑板 2 的移动传递到指示表 11 读出数值，或者由仪器附带的机械式记录器绘出连续曲线。

四、实验步骤

（一）旋转凸轮 10，将浮动滑板 2 大约调整在浮动范围的中间。

（二）在浮动滑板 2 和固定滑板 3 的心轴上分别装上被测齿轮和理想精确的测量齿轮。旋转手轮 6，使两齿轮双面啮合；然后锁紧固定滑板 3。

（三）调节指示表 11 的位置，使指针压缩 1~2 圈并对准零位。

（四）在记录滚轮 14 上包扎坐标纸。

（五）调整记录笔的位置，将记录笔尖调到记录纸的中间，并使笔尖与记录纸接触。

（六）放松凸轮 10，由弹簧力作用使两个齿轮双面啮合。

（七）进行测量。缓慢转动测量齿轮，由于被测齿轮的加工误差，双啮中心距就产生变动，其变动情况从指示表或记录曲线图中反映出来。

在被测齿轮转一转时，由指示表读出双啮中心距的最大值与最小值，两读数之差就是齿轮径向综合总误差 $\Delta F_i''$。

在被测齿轮转一齿距角时，从指示表读出双啮中心距的最大变动量，即为一齿径向综合误差 $\Delta f_i''$。

（八）处理测量数据。从 GB/T 10095.2—2008 中查出齿轮的径向综合总偏差 F_i''和一齿径向综合偏差 f_i''，将测量结果与其比较，判断被测齿轮的适用性。

思　考　题

1. 双啮中心距与安装中心距有何区别？
2. 测量径向综合总误差 $\Delta F_i''$与一齿径向综合误差 $\Delta f_i''$的目的是什么？
3. 若无理想精确的测量齿轮，能否进行双面啮合测量？为什么？

实验 6-3　齿轮单个齿距误差与齿距累积误差的测量

一、实验目的

（一）熟悉测量齿轮单个齿距误差与齿距累积误差的方法。

（二）加深理解单个齿距误差与齿距累积误差的定义。

二、实验内容

（一）用齿距仪或万能测齿仪测量圆柱齿轮齿距误差。

（二）用列表计算法或作图法求解齿距累积误差。

三、计量器具及测量原理

单个齿距误差 Δf_{pt} 是指在分度圆上实际齿距与公称齿距之差（用相对法测量时，公称齿距是指所有实际齿距的平均值）。齿距累积误差 ΔF_{pk} 是指在分度圆上，任意两个同侧齿面间的实际弧长与公称弧长之差的最大绝对值。

在实际测量中，通常采用某一齿距作为基准齿距，测量其余的齿距对基准齿距的偏差。然后，通过数据处理来求解单个齿距误差 Δf_{pt} 和齿距累积误差 ΔF_{pk}。测量应在齿高中部同一圆周上进行，因此测量时必须保证测量基准的精度。对于齿轮来说，其测量基准可选用内孔、齿顶圆和齿根圆。为了使测量基准与装配基准统一，以内孔定位最好。当用齿顶定位时，必须控制齿顶圆对内孔轴线的径向圆跳动。实际生产中，通常根据所用量具的结构来确定测量基准。

用相对法测量齿距相对偏差的仪器有齿距仪和万能测齿仪。

（一）手持式齿距仪的构成及测量原理

手持式齿距仪的外形如实验图41所示，它以齿顶圆作为测量基准，指示表的分度值为0.005mm，测量范围为模数3~15mm。

齿距仪有4、5和8三个定位脚，用以支承仪器。测量前，调整定位脚的相对位置，使测头2和3在分度圆附近与齿面接触，按被测齿轮模数来调整固定测头2的位置，将活动测头3与指示表7相连。测量时，将两个定位脚4、5前端的定位爪紧靠齿轮端面，并使它们与齿顶圆接触，再用螺钉6紧固，然后将辅助定位脚8也与齿顶圆接触，同样用螺钉紧固。以被测齿轮的任一齿距作为基准齿距，调整指示表7的零位，并且将指针压缩1~2圈。然后逐齿测量其余的齿距，指示表读数即为这些齿距与基准齿距之差，将测量的数据记入表中。

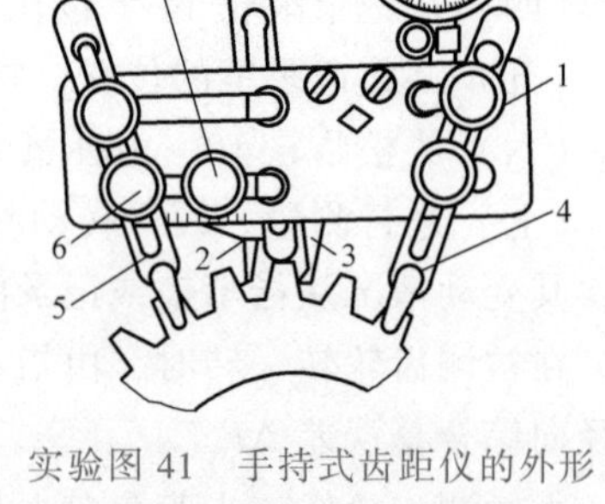

实验图41 手持式齿距仪的外形

1、6、9—螺钉 2、3—测头

4、5—定位脚 7—指示表

8—辅助定位脚

（二）万能测齿仪的构成及测量原理

万能测齿仪是应用比较广泛的齿轮测量仪器，除测量圆柱齿轮的齿距、基节、齿轮径向跳动和齿厚外，还可以测量锥齿轮和蜗轮。其测量基准为齿轮的内孔。

万能测齿仪的外形如实验图42所示。仪器的弧形支架7可绕基座1的垂直轴线旋转，安装被测齿轮心轴的顶尖装在弧形支架上。支架2可以在水平面内做纵向和横向移动，工作台装在支架2上，工作台上装有能够做径向移动的滑板4，通过锁紧装置3可将滑板4固定在任意位置上，当松开锁紧装置3，靠弹簧的作用，滑板4能匀速地移到测量位置，这样就能进行逐齿测量。测量装置5上有指示表6，其分度值为0.001mm。用这种仪器测量齿轮齿距时，其测量力是靠装在齿轮心轴上的重锤来保证的，如实验图43所示。

测量前，将齿轮安装在两顶尖之间，调整测量装置5，使球形测量爪位于齿轮分度圆附近，并与相邻两个同侧齿面接触。选定任一齿距作为基准齿距，将指示表6调零，然后逐齿测量出其余齿距对基准齿距之差。

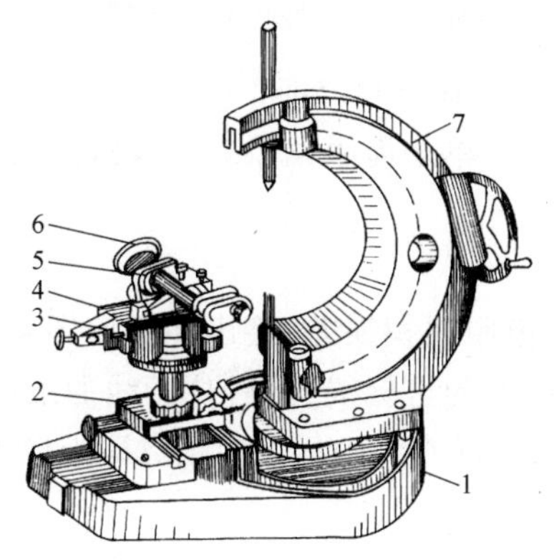

实验图42　万能测齿仪的外形

1—基座　2—支架　3—锁紧装置　4—滑板

5—测量装置　6—指示表　7—弧形支架

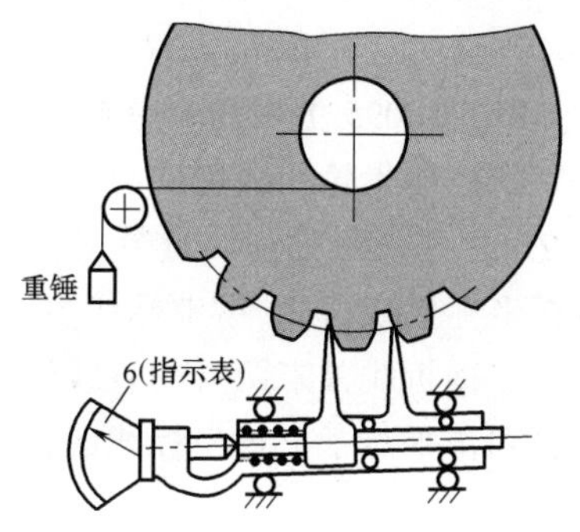

实验图43　用万能测齿仪测量齿轮齿距

四、实验步骤

（一）用手持式齿距仪测量（参看实验图41）

1）调整测头的位置。将固定测头2按被测齿轮的模数调整到模数标尺的相应刻线上，然后用螺钉9紧固。

2）调整定位脚的相对位置。调整定位脚4和5的位置，使测头2和3在齿轮分度圆附近与两相邻同侧齿面接触，并使两接触点分别与两齿顶距离接近相等，然后用螺钉6紧固。最后调整辅助定位脚8，并用螺钉紧固。

3）调节指示表零位。以任一齿距作为基准齿距（注上标记），将指示表7对准零位，然后将仪器测头稍微移开轮齿，再重新使它们接触，以检查指示示值的稳定性。这样重复三次，待指示表稳定后，再调节指示表7对准零位。

4）逐齿测量各齿距的相对偏差，并将测量结果记入表中。

5）处理测量数据。

以下以实例说明齿距累积误差用计算法和作图法的求解过程。

例1　用计算法处理测量数据

为了计算方便，可以将测量数据列成表格形式（实验表2）。将测得的单个齿距相对误差（$\Delta f_{\text{pt相对}}$）记入表中相应位置。根据测得的$\Delta f_{\text{pt相对}}$逐齿累积，计算出相对齿距累积误差$\left(\sum_{1}^{n}\Delta f_{\text{pt相对}}\right)$，记入表中。

计算基准齿距对公称齿距的误差。因为第一个齿距是任意选定的，假设它对公称齿距的误差为k，以后每测一齿都引入了该误差k，k值为各个齿距相对误差的平均值，其计算公式为

$$k=\sum_{1}^{n}\Delta f_{\text{pt相对}}/z=6/12\mu\text{m}=0.5\mu\text{m}$$

式中　z——齿轮的齿数。

各齿距相对误差分别减去k值，得到各齿距误差，记入表中。其中绝对值最大者即为被

测齿轮的单个齿距误差 $\Delta f_{pt}=3.5\mu m$。

根据各齿距误差逐齿累积，求得各齿的齿距累积误差，记入表中，该列中的最大值与最小值之差即为被测齿轮的齿距累积误差 ΔF_{pk}，其计算公式为

$$\Delta F_{pk}=\Delta F_{pkmax}-\Delta F_{pkmin}=[3-(-8.5)]\mu m=11.5\mu m$$

从 GB/T 10095.1—2008 中查出齿距累积总偏差 F_p 和单个齿距偏差 $\pm f_{pt}$，将测得值与之比较，判断被测齿轮的适用性。

例 2　用作图法处理测量数据

以横坐标代表齿序，纵坐标代表实验表 2 中的相对齿距累积误差，绘出如实验图 44 所示的折线。连接折线首末两点的直线作为相对齿距累积误差的坐标线，然后从折线的最高点与最低点分别作平行于上述坐标线的直线。这两条平行直线间在纵坐标上的距离即为齿距累积误差 ΔF_{pk}。

实验表 2　测量数据表　（单位：μm）

齿序	单个齿距相对误差	相对齿距累积误差	单个齿距误差	齿距累积误差	齿序	单个齿距相对误差	相对齿距累积误差	单个齿距误差	齿距累积误差
n	$\Delta f_{pt相对}$	$\sum_1^n \Delta f_{pt相对}$	Δf_{pt}	ΔF_{pk}	n	$\Delta f_{pt相对}$	$\sum_1^n \Delta f_{pt相对}$	Δf_{pt}	ΔF_{pk}
1	0	0	-0.5	-0.5	7	+2	-1	+1.5	-4.5
2	-1	-1	-1.5	-2.0	8	+3	+2	+2.5	-2.0
3	-2	-3	-2.5	-4.5	9	+2	+4	+1.5	-0.5
4	-1	-4	-1.5	-6.0	10	+4	+8	+3.5	+3.0
5	-2	-6	-2.5	-8.5	11	-1	+7	-1.5	+1.5
6	+3	-3	+2.5	-6.0	12	-1	+6	-1.5	0

（二）用万能测齿仪测量

1）擦净被测齿轮，然后把它安装在仪器的两顶尖间。

2）调整仪器，使测量装置上的两个测量爪进入齿间，在分度圆附近与相邻两个同侧齿面接触。

3）在齿轮心轴上挂上重锤，使齿轮紧靠在定位爪上。

4）测量时，先以任一齿距为基准齿距，调整指示表的零位，然后将测量爪反复退出与进入被测齿面，以检查指示表示值的稳定性。

5）退出测量爪，将齿轮转动一齿，使两个测量爪与另一对齿面接触。逐齿测量齿距，从指示表读出齿距相对偏差（$\Delta f_{pt相对}$）。

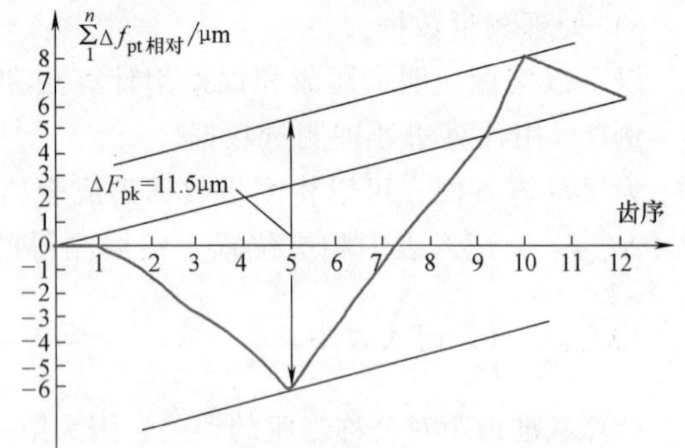

实验图 44　用作图法处理测量数据

6）处理测量数据（方法同前）。

7）从 GB/T 10095.1—2008 中查出齿距累积总偏差 F_p 和单个齿距偏差 $\pm f_{pt}$，与测得的误差值相比较，判断被测齿轮的适用性。

思　考　题

1. 用齿距仪和万能测齿仪测量齿轮齿距时，各选用齿轮的什么表面作为测量基准？哪一种比较好？
2. 测量齿距累积误差 ΔF_{pk} 与单个齿距误差 Δf_{pt} 的目的分别是什么？
3. 若因检验条件的限制不能测量齿距累积误差 ΔF_{pk}，可测量哪些误差来代替？

实验 6-4　齿轮齿厚误差的测量

一、实验目的

（一）熟练掌握测量齿轮齿厚的方法。

（二）加深对齿轮齿厚误差定义的理解。

二、实验内容

用齿厚游标卡尺测量齿轮的齿厚误差。

三、计量器具及测量原理

齿厚误差 ΔE_{sn} 是指在分度圆柱面上法向齿厚的实际值与公称值之差。

测量齿厚误差的齿厚游标卡尺如实验图 45 所示，它由两套相互垂直的游标卡尺组成。其中垂直游标卡尺用于控制测量部位（分度圆至齿顶圆）的弦齿高 h_f，水平游标卡尺用于测量所测部位（分度圆）的弦齿厚 $s_{f(实际)}$。齿厚游标卡尺的分度值为 0.02mm，其原理和读数方法与普通游标卡尺相同。

用齿厚游标卡尺测量齿厚误差，是以齿顶圆为基准的。当齿顶圆直径为公称值时，直齿圆柱齿轮分度圆处的弦齿高 h_f 和弦齿厚 s_f 由实验图 46 可得

$$h_f = h' + x = m + \frac{zm}{2}\left(1 - \cos\frac{90^\circ}{z}\right)$$

$$s_f = zm\sin\frac{90^\circ}{z}$$

式中　m——齿轮模数（mm）；

　　z——齿轮齿数。

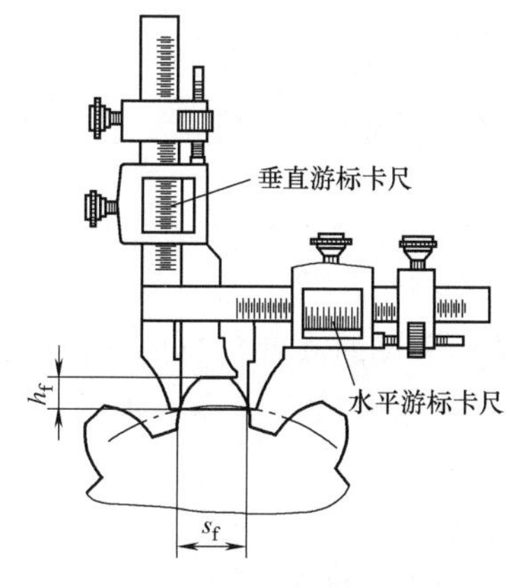

实验图 45　测量齿厚误差的齿厚游标卡尺

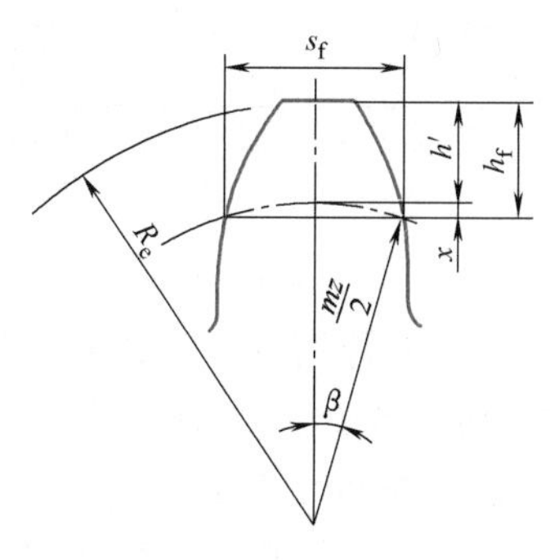

实验图 46　测量齿厚误差

当齿轮为变位齿轮且齿顶圆直径有误差时，分度圆处的弦齿高 h_f 和弦齿厚 s_f 的计算公式为

$$h_f=m+\frac{zm}{2}\left[1-\cos\left(\frac{\pi+4x\tan\alpha_f}{2z}\right)\right]-(R_e-R_e')$$

$$s_f=zm\sin\left[\frac{\pi+4x\sin\alpha_f}{2z}\right]$$

式中　x——变位系数；

α_f——齿形角；

R_e——齿顶圆半径的公称值；

R_e'——齿顶圆半径的实际值。

四、实验步骤

（一）用外径千分尺测量齿顶圆的实际直径。

（二）计算分度圆处弦齿高 h_f 和弦齿厚 s_f（可查实验表 3）。

实验表 3　m=1mm 时分度圆处弦齿高和弦齿厚的数值

z	$z\sin\frac{90°}{z}$	$1+\frac{z}{2}\left(1-\cos\frac{90°}{z}\right)$	z	$z\sin\frac{90°}{z}$	$1+\frac{z}{2}\left(1-\cos\frac{90°}{z}\right)$	z	$z\sin\frac{90°}{z}$	$1+\frac{z}{2}\left(1-\cos\frac{90°}{z}\right)$
11	1.5655	1.0560	29	1.5700	1.0213	47	1.5705	1.0131
12	1.5663	1.0513	30	1.5701	1.0205	48	1.5705	1.0128
13	1.5669	1.0474	31	1.5701	1.0199	49	1.5705	1.0126
14	1.5673	1.0440	32	1.5702	1.0193	50	1.5705	1.0124
15	1.5679	1.0411	33	1.5702	1.0187	51	1.5705	1.0121
16	1.5683	1.0385	34	1.5702	1.0181	52	1.5706	1.0119
17	1.5686	1.0363	35	1.5703	1.0176	53	1.5706	1.0116
18	1.5688	1.0342	36	1.5703	1.0171	54	1.5706	1.0114
19	1.5690	1.0324	37	1.5703	1.0167	55	1.5706	1.0112
20	1.5692	1.0308	38	1.5703	1.0162	56	1.5706	1.0110
21	1.5693	1.0294	39	1.5704	1.0158	57	1.5706	1.0108
22	1.5694	1.0280	40	1.5704	1.0154	58	1.5706	1.0106
23	1.5695	1.0268	41	1.5704	1.0150	59	1.5706	1.0104
24	1.5696	1.0257	42	1.5704	1.0146	60	1.5706	1.0103
25	1.5697	1.0247	43	1.5705	1.0143	61	1.5706	1.0101
26	1.5698	1.0237	44	1.5705	1.0140	62	1.5706	1.0100
27	1.5698	1.0228	45	1.5705	1.0137	63	1.5706	1.0098
28	1.5699	1.0220	46	1.5705	1.0134	64	1.5706	1.0096

注：对于其他模数的齿轮，则将表中的数值乘以模数。

（三）按 h_f 值调整齿厚游标卡尺的垂直游标卡尺。

（四）将齿厚游标卡尺置于被测齿轮上，使垂直游标卡尺的高度尺与齿顶相接触。然后移动水平游标卡尺的卡脚，使卡脚靠紧齿廓。从水平游标卡尺上读出弦齿厚的实际尺寸(用透光法判断接触情况)。

（五）分别在圆周上相隔相同个数的轮齿上进行测量。

（六）按齿轮图样标注的技术要求，确定齿厚上偏差 E_{sns} 和下偏差 E_{sni}，判断被测齿厚的适用性。

思 考 题

1. 测量齿轮齿厚误差的目的是什么？
2. 齿厚极限偏差（E_{sns}、E_{sni}）和公法线平均长度极限偏差（E_{Ws}、E_{Wi}）有何关系？
3. 齿厚的测量精度与哪些因素有关？

实验 6-5 齿轮公法线平均长度偏差及公法线长度变动的测量

一、实验目的

（一）掌握测量齿轮公法线长度的方法。

（二）加深对齿轮公法线平均长度偏差和齿轮公法线长度变动定义的理解。

二、实验内容

用公法线指示卡规测量齿轮公法线平均长度偏差和齿轮公法线长度变动。

三、计量器具及测量原理

公法线平均长度偏差 ΔE_W 是指在齿轮一周范围内公法线实际长度的平均值与公称值之差。公法线长度变动 ΔF_W 是指实际公法线的最大长度与最小长度之差。

公法线长度可用公法线指示卡规（实验图 47）、公法线千分尺（实验图 48）或万能测齿仪（实验图 49 和实验图 42）测量。

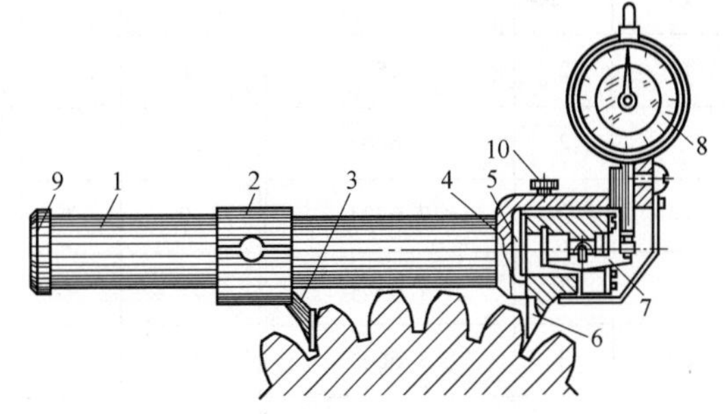

实验图 47 用公法线指示卡规测量公法线长度

1—圆管 2—切口套筒 3—固定卡脚 4—框架 5—螺钉 6—活动卡脚 7—杠杆 8—指示表 9—扳手 10—螺钉

公法线指示卡规适用于测量 6~7 级精度的齿轮。其结构如实验图 47 所示。在卡规的圆管 1 上装有切口套筒 2，靠自身的弹力夹紧。用扳手 9（可从圆管尾部取下）上的凸头插入切口套筒的空槽后再转 90°，就可使切口套筒移动，以便按公法线长度的公称值（量块组合）调整固定卡脚 3 到活动卡脚 6 之间的距离，然后调整指示表 8 的零位。活动卡脚 6 是通过杠杆 7 与指示表 8 的测头相连的。测量齿轮时，公法线长度的偏差可从指示表 8（分度值为 0.005mm）读出。

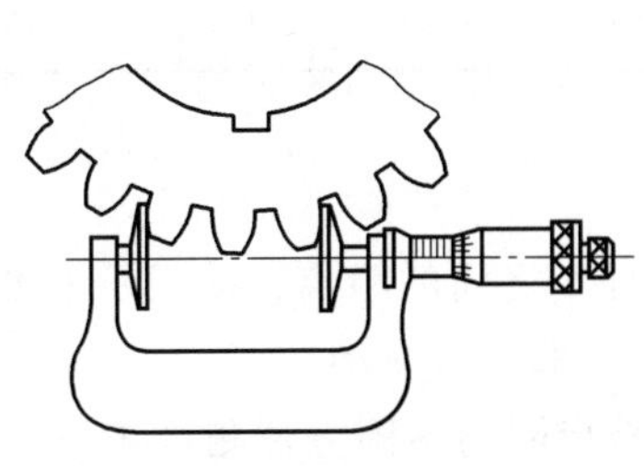
实验图 48 用公法线千分尺测量公法线长度

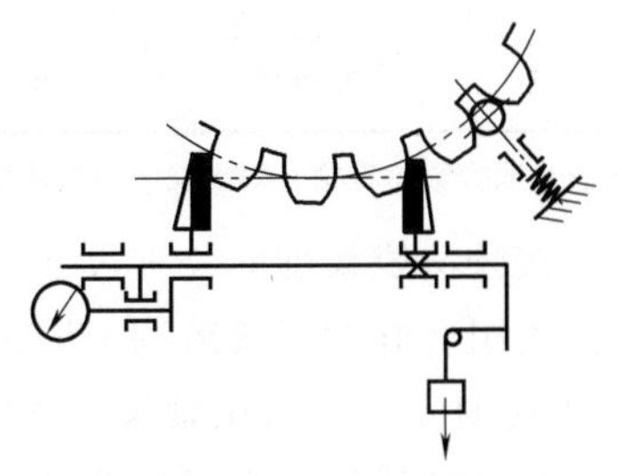
实验图 49 用万能测齿仪测量公法线长度

四、实验步骤

（一）按公式计算直齿圆柱齿轮公法线公称长度 W

$$W=m\cos\alpha_f[\pi(n-0.5)+z\mathrm{inv}\alpha_f]+2xm\sin\alpha_f$$

式中　m——被测齿轮模数（mm）；

α_f——齿形角；

z——被测齿轮齿数；

x——变位系数；

n——跨齿数，$n\approx\frac{\alpha_f}{\pi}z+0.5$，取为整数。

当 $\alpha_f=20°$，变位系数 $x=0$ 时，则

$$W=m[1.476\times(2n-1)+0.014z]$$

$$n=0.111z+0.5$$

W 和 n 值也可以直接从实验表 4 中查出。

实验表 4　m=1mm、α_f=20°的标准直齿圆柱齿轮的公法线公称长度

齿轮齿数 z	跨齿数 n	公法线公称长度 W/mm	齿轮齿数 z	跨齿数 n	公法线公称长度 W/mm	齿轮齿数 z	跨齿数 n	公法线公称长度 W/mm
15	2	4.6383	27	4	10.7106	39	5	13.8308
16	2	4.6523	28	4	10.7246	40	5	13.8448
17	2	4.6663	29	4	10.7386	41	5	13.8588
18	3	7.6324	30	4	10.7526	42	5	13.8728
19	3	7.6464	31	4	10.7666	43	5	13.8868
20	3	7.6604	32	4	10.7806	44	5	13.9008
21	3	7.6744	33	4	10.7946	45	6	16.8670
22	3	7.6884	34	4	10.8086	46	6	16.8881
23	3	7.7024	35	4	10.8226	47	6	16.8950
24	3	7.7165	36	5	13.7888	48	6	16.9090
25	3	7.7305	37	5	13.8028	49	6	16.9230
26	3	7.7445	38	5	13.8168	50	6	16.9370

注：对于其他模数的齿轮，则将表中的数值乘以模数。

（二）按公法线长度的公称尺寸组合量块。

（三）用组合好的量块组调节固定卡脚 3 与活动卡脚 6 之间的距离，使指示表 8 的指针压缩一圈后再对零。然后压紧镙钉 10，使活动卡脚退开，取下量块组。

（四）在公法线指示卡规的两个卡脚中卡入齿轮，沿齿圈的不同方位测量 4~5 个以上的值（最好测量全齿圈值）。测量时应轻轻摆动卡规，按指针移动的转折点（最小值）进行读数。读数值即为公法线长度偏差。

（五）所有读数的平均值即为公法线平均长度偏差 ΔE_W。所有读数中最大值与最小值之差即为公法线长度变动 ΔF_W。按齿轮图样的技术要求，确定公法线长度上偏差 E_{W_s}和下偏差

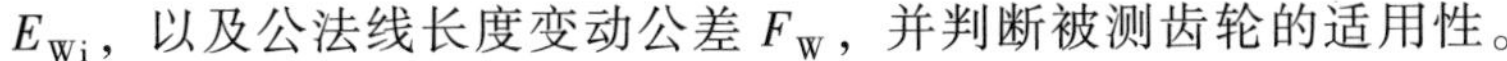

E_{Wi}，以及公法线长度变动公差 F_W，并判断被测齿轮的适用性。

思 考 题

1. 测量公法线长度变动是否需要先用量块组将公法线指示卡规的指示表调整零位？
2. 测量公法线长度偏差时取平均值的原因是什么？
3. 有一个齿轮经测量后，公法线平均长度偏差合格而公法线长度变动不合格，试分析其原因。

*实验七　用三坐标测量机测量轮廓度误差

一、实验目的

（一）了解三坐标测量机的测量原理、方法以及计算机采集测量数据和处理测量数据的过程。

（二）加深对轮廓度误差定义的理解。

二、实验内容

用 F604 型三坐标测量机测量一曲面零件的轮廓度误差。

三、计量器具及测量原理

三坐标测量机是用计算机采集处理测量数据的新型高精度自动测量仪器。它有三个互相垂直的运动导轨，上面分别装有光栅作为测量基准，并有高精度测量头，可测空间各点的坐标位置。任何复杂的几何表面与几何形状，只要测量机的测头能够瞄准（或感受到）的地方，均可测得它们的空间坐标值，然后借助计算机经数学运算可求得待测的几何尺寸和相互位置尺寸，并由打印机或绘图仪清晰直观地显示出测量结果。由于三坐标测量机配有丰富的计量软件，因此其测量功能很多，而且可按要求任意建立工件坐标系，测量时不需找正，故可大大减少测量时间。三坐标测量机的测量范围大，效率高，具有“测量中心”的称号。

用三坐标测量机测量轮廓度误差时，应先按图样要求，建立与理论基准一致的工件坐标系，以便实测数据同理论设计数据进行比较。然后用测头连续跟踪扫描被测表面，计算机按给定节距采样，记录表面轮廓坐标数据。由于记录的是测头中心的坐标轨迹，需由计算机补偿一个测头半径值，才能得到实际表面轮廓坐标数据。最后与存入计算机内的设计数据进行比较，便可得到轮廓度误差值。

四、实验步骤

（一）按实验图 50 所示安装工件和测头。

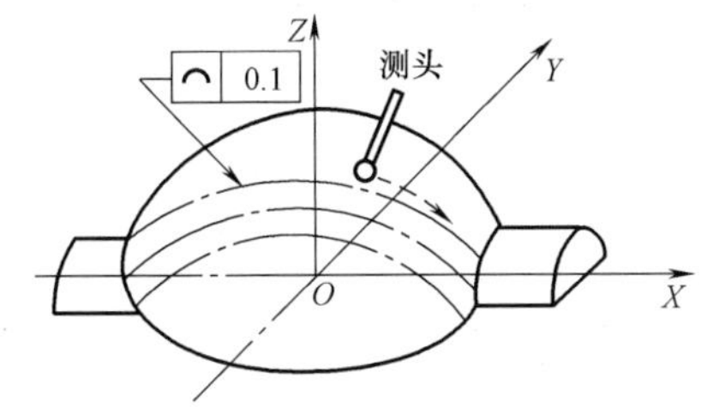

实验图 50　用三坐标测量机测量轮廓度误差

（二）接通电源、气源，启动计算机、打印机和绘图仪。

（三）建立工件坐标系和指定测量条件。

（四）数据采样。

（五）数据处理。

PRG 41：定节距指定——给定所要求的数据格式和范围，见实验表5。

实验表5　数据格式表

程　序	内　容　说　明
PRG　1200	输入所用测头直径，以便在补偿测量数据时使用
PRG　2000	指定 *XOY* 平面为测量平面
PRG　10	平面校正：用三点确定基准面，再加一点虚输入指定测头半径补偿方向
PRG　11	原点指定：通过测两点，取其中点为坐标原点
PRG　12	*X* 轴校正：通过测两点，使 *X* 轴通过其中点
PRG　2200	指定 *ZOX* 平面为测量平面
PRG　22	给定采样节距(0.04~30mm)，采用连续扫描形式，让测头在轮廓表面上慢慢移动，计算机自动采集数据
PRG　20	指定测量形状类型：三维型
PRG　21	指定测头半径补偿方向

PRG 42：打印处理后的数据。

（六）公差比较

PRG 30：从软盘上调入设计数据文件。

PRG 31：将实测数据同设计数据相比，得到轮廓度误差值。

（七）轮廓绘图

PRG 50：指定作图形式——实体图（或展开图）。

PRG 51：指定作图原点。

PRG 53：指定作图放大倍率。

PRG 61：绘图。

PRG 60：画辅助线。

思　考　题

1. 为什么说三坐标测量机是万能测量机？试述其测量原理。
2. 在三坐标测量机上测量轮廓度时，为什么要首先建立工件坐标系？建立坐标系有何要求？
3. 用三坐标测量机测量时，为什么要先指定测头直径？

附　　录

附录 A　新旧标准对照表

（idt——等同采用，eqv——等效采用，neq——非等效采用）

新　标　准	代替的旧标准	采 标 情 况
GB/T 321—2005《优先数和优先数系》	GB/T 321—1980	
GB/T 1800.1—2009《产品几何技术规范（GPS）　极限与配合 第1部分：公差、偏差和配合的基础》	GB/T 1800.1—1997 GB/T 1800.2—1998 GB/T 1800.3—1998	
GB/T 1800.2—2009《产品几何技术规范（GPS）　极限与配合 第2部分：标准公差等级和孔、轴极限偏差表》	GB/T 1800.4—1999	
GB/T 1801—2009《产品几何技术规范（GPS）　极限与配合　公差带和配合的选择》	GB/T 1801—1999	
GB/T 1804—2000《一般公差　未注公差的线性和角度尺寸的公差》	GB/T 1804—1992 GB/T 11335—1989	eqv ISO 2768—1：1989
GB/T 6093—2001《几何量技术规范（GPS）　长度标准　量块》	GB/T 6093—1985	eqv ISO 3650：1998
GB/T 1182—2008《产品几何技术规范（GPS）　几何公差　形状、方向、位置和跳动公差标注》	GB/T 1182—1996	
GB/T 1184—1996《形状和位置公差　未注公差值》	GB 1184—1980	eqv ISO 2768-2：1989
GB/T 4249—2009《产品几何技术规范（GPS）　公差原则》	GB/T 4249—1996	
GB/T 16671—2009《产品几何技术规范（GPS）　几何公差　最大实体要求、最小实体要求和可逆要求》	GB/T 16671—1996	
GB/T 1958—2017《产品几何量技术规范（GPS）　几何公差　检测与验证》	GB/T 1958—2004	
GB/T 1031—2009《产品几何技术规范（GPS）　表面结构　轮廓法　表面粗糙度参数及其数值》	GB/T 1031—1995	
GB/T 131—2006《产品几何技术规范（GPS）　技术产品文件中表面结构的表示法》	GB/T 131—1993	
GB/T 3505—2009《产品几何技术规范（GPS）　表面结构　轮廓法　术语、定义及表面结构参数》	GB/T 3505—2000	
GB/T 10610—2009《产品几何技术规范（GPS）　表面结构　轮廓法　评定表面结构的规则和方法》	GB/T 10610—1998	
GB/T 3177—2009《产品几何技术规范（GPS）　光滑工件尺寸的检验》	GB/T 3177—1997	
GB/T 1957—2006《光滑极限量规　技术条件》	GB/T 1957—1981	

（续）

新　标　准	代替的旧标准	采 标 情 况
GB/T 8069—1998《功能量规》	GB 8069—1987	
GB/T 307.1—2005《滚动轴承　向心轴承　公差》	GB/T 307.1—1994	eqv ISO/DIS 492:2002
GB/T 307.2—2005《滚动轴承　测量和检验的原则及方法》	GB /T 307.2—1995	neq ISO/TR 1132-2:2001
GB/T 307.3—2017《滚动轴承　通用技术规则》	GB/T 307.3—2005	
GB/T 307.4—2012《滚动轴承　公差　第 4 部分:推力轴承公差》	GB 307.4—2002	idt ISO 199:2005
GB/T 4604.1—2012《滚动轴承　游隙　第 1 部分:向心轴承的径向游隙》	GB/T 4604—2006	
GB/T 275—2015《滚动轴承　配合》	GB/T 275—1993	
GB/T 5847—2004《尺寸链　计算方法》	GB/T 5847—1986	
GB/T 157—2001《产品几何量技术规范(GPS)　圆锥的锥度与锥角系列》	GB/T 157—1989	epv ISO 1119:1998
GB/T 11334—2005《产品几何量技术规范(GPS)　圆锥公差》	GB/T 11334—1989	
GB/T 12360—2005《产品几何量技术规范(GPS)　圆锥配合》	GB/T 12360—1990	
GB/T 192—2003《普通螺纹　基本牙型》	GB/T 192—1981	
GB/T 196—2003《普通螺纹　基本尺寸》	GB/T 196—1981	
GB/T 197—2003《普通螺纹　公差》	GB/T 197—1981	
GB/T 14791—2013《螺纹　术语》	GB/T 14791—1993	neq ISO 5408:2009
GB/T 1095—2003《平键　键槽的剖面尺寸》	GB/T 1095—1979	
GB/T 1096—2003《普通型　平键》	GB/T 1096—1979	
GB/T 1097—2003《导向型　平键》	GB/T 1097—1979	
GB/T 1098—2003《半圆键　键槽的剖面尺寸》	GB/T 1098—1979	
GB/T 1099.1—2003《普通型　半圆键》	GB/T 1099—1979	
GB/T 1144—2001《矩形花键尺寸、公差和检验》	GB/T 1144—1987	neq ISO 14:1982
GB/T 10095.1—2008《圆柱齿轮　精度制　第 1 部分:轮齿同侧齿面偏差的定义和允许值》	GB/T 10095.1—2001	idt ISO 1328-1:1995
GB/T 10095.2—2008《圆柱齿轮　精度制　第 2 部分:径向综合偏差与径向跳动的定义和允许值》	GB/T 10095.2—2001	idt ISO 1328-2:1997
GB/Z 18620.1—2008《圆柱齿轮　检验实施规范　第 1 部分:轮齿同侧齿面的检验》	GB/Z 18620.1—2002	
GB/Z 18620.2—2008《圆柱齿轮　检验实施规范　第 2 部分:径向综合偏差、径向跳动、齿厚和侧隙的检验》	GB/Z 18620.2—2002	
GB/Z 18620.3—2008《圆柱齿轮　检验实施规范　第 3 部分:齿轮坯、轴中心距和轴线平行度的检验》	GB/Z 18620.3—2002	
GB/Z 18620.4—2008《圆柱齿轮　检验实施规范　第 4 部分:表面结构和轮齿接触斑点的检验》	GB/Z 18620.4—2002	
GB/T 1356—2001《通用机械和重型机械用圆柱齿轮　标准基本齿条齿廓》	GB/T 1356—1988	idt ISO 53:1998

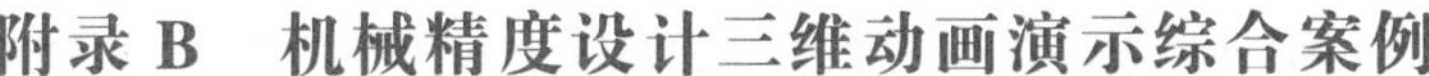

附录 B　机械精度设计三维动画演示综合案例

一、机械精度合理设计的重要性

机械精度设计是机械设计中的一个重要环节，既要保证机械准确、可靠、持久地完成功能任务及规定动作，又要使机械制造成本低廉。机器的精度直接影响机器的工作性能、振动、噪声、寿命、制造加工的难易和成本等。机械精度设计能力是学生学习本课程的基本目标，应学会根据机器和零件的功能要求，设计合适的公差与配合等各项精度指标。这些精度指标包括设计确定机器零、部件的尺寸公差与极限偏差、几何公差、表面粗糙度、与滚动轴承配合的公差与极限偏差、键联接的公差与极限偏差、螺纹配合的公差与极限偏差、齿轮的精度等级及各项公差与极限偏差等，以保证机器能正确地进行装配和使用、满足工作精确度并使制造成本经济。

为了加深学生对公差与配合的理解，弥补一般学生没有结合实际工业产品进行过机械精度合理设计的实践训练的短板，提高学生机械精度合理设计的实践能力，本书增加了作者开发制作的机械精度设计三维动画综合案例，用三维动画形式演示一个完整的实际工业机械产品各主要零、部件相配合的各种精度合理设计，配合本课程教学使用（任课教师可向出版社申请）。

二、机械精度设计三维动画综合案例的内容

（一）综合案例的内容

机械精度设计三维动画综合案例选择了实际工业产品中的一种一级圆柱齿轮减速器为例，综合案例内容分为三个部分：

1）减速器主要零件三维动画演示。

2）减速器主要相关零件配合及精度设计演示。

3）圆柱齿轮减速器总装配三维动画演示。

可手机扫码观看视频展示（请在 WiFi 环境下观看）

目　录

圆柱齿轮减速器机械精度设计案例

一. 减速器主要零件三维动画演示

二. 减速器主要相关零件配合及精度设计演示

三. 圆柱齿轮减速器总装配三维动画演示

结束

案例图 1　目录

机械精度设计
三维动画演示

综合案例第一部分共选择、制作了 19 个减速器主要零件，包括箱座、箱盖、轴、齿轮轴、大齿轮、轴承、轴承端盖、键、调整垫片、销等（案例图 2）。这些零件在零件配合及精度设计演示中非常重要。

一. 减速器主要零件三维动画演示

1. 箱座
2. 箱盖
3. 销
4. 调整垫片A
5. 轴承端盖A
6. 键A
7. 轴承A
8. 轴承端盖B
9. 调整垫片B
10. 轴承端盖C
11. 键B
12. 齿轮轴
13. 轴承端盖D
14. 螺栓
15. 轴承B
16. 轴
17. 键C
18. 大齿轮
19. 挡环

返回

案例图 2　分目录一

综合案例第二部分共选择、设计制作了 16 种组合（案例图 3），每一种组合中包含若干零件的相互配合关系，并提供该组合配合表面所应合理设计出的各种机械精度值供参考（尺寸公差、几何公差、表面粗糙度等）。这 16 种组合基本涵盖了本课程所涉及的精度设计中最基本和常用的轴、孔、平面、键、销、轴承、齿轮等的多种配合表面，是一个多种零件、多种表面、多种精度类型的三维动画演示的综合教学案例。

二. 减速器主要相关零件配合及精度设计演示

1. 齿轮轴与轴承A内圈组合
2. 齿轮轴与键B组合
3. 轴与键C组合
4. 轴与键A组合
5. 轴与键C、大齿轮组合
6. 轴与轴承B内圈组合
7. 轴与挡环内圈组合
8. 销与箱座、箱盖组合
9. 轴承端盖D与箱座、箱盖组合
10. 轴承端盖B与箱座、箱盖组合
11. 箱座与箱盖组合
12. 箱座与轴承B外圈组合
13. 箱座与轴承A外圈组合
14. 齿轮轴与轴承端盖C组合
15. 轴与轴承端盖A组合
16. 齿轮轴、轴承A、轴、轴承B、键C、大齿轮、机座组合

返回

案例图 3　分目录二

综合案例第三部分是将减速器中各零件形象直观的分部件、按步骤进行组合装配，最后形成一个完整的一级圆柱齿轮减速器三维图。

（二）综合案例教学课件的使用

使用机械精度设计三维动画演示综合案例教学时，将该程序打开，进入目录页面（见案例图 1），根据教学需要可以选择减速器主要零件三维动画演示、减速器主要相关零件配合及精度设计演示、圆柱齿轮减速器总装配三维动画演示三个标题选项。

如选择“一、减速器主要零件三维动画演示”，则进入综合案例的分目录一页面（见案例图 2），该页面有 19 个主要零件，根据教学需要可以选择某一主要零件，则进入该零件的三维动画页面。点击“播放”按钮，可以控制该三维零件不同角度的转动，呈现零件多方位的立体造型，直观生动；点击“暂停”按钮，零件可暂停在某一方位，可以在此方位上对零件仔细观察结构；再按“暂停”按钮，又从刚才停止的方位上继续进行转动，可以随动随停进行控制（如案例图 4）。

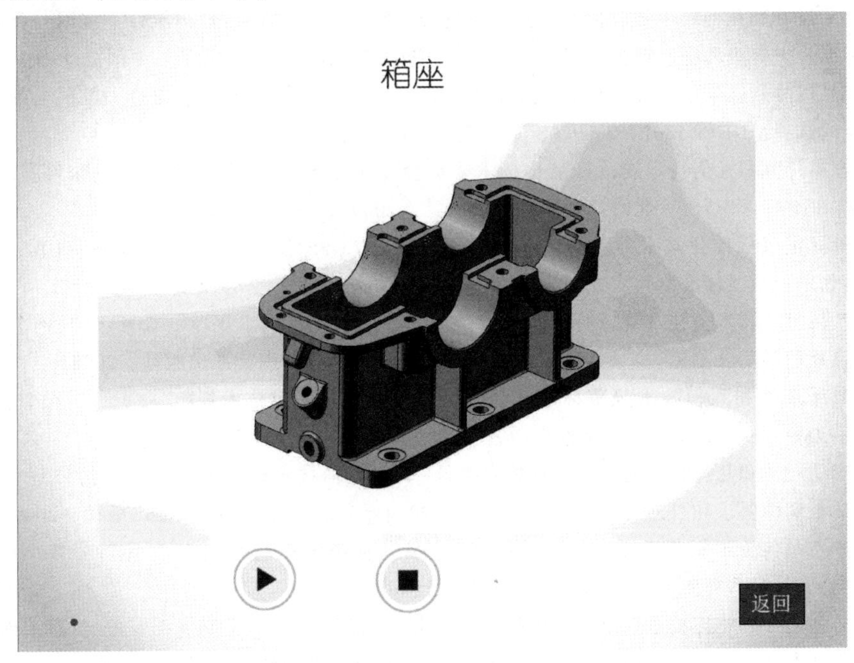

案例图 4　箱座

参考文献

[1] 廖念钊，古莹菴，莫雨松，等. 互换性与技术测量 [M]. 5 版. 北京：中国计量出版社，2007.

[2] 周彩荣. 互换性与测量技术 [M]. 北京：机械工业出版社，2011.

[3] 赵丽娟，冷岳峰. 机械几何量精度设计与检测 [M]. 北京：清华大学出版社，2011.

[4] 甘永立. 几何量公差与检测 [M]. 10 版. 上海：上海科学技术出版社，2013.

[5] 徐茂功. 公差配合与技术测量 [M]. 4 版. 北京：机械工业出版社，2017.

[6] 全国产品尺寸和几何技术规范标准化技术委员会. 优先数和优先数系：GB/T 321—2005 [S]. 北京：中国标准出版社，2005.

[7] 全国产品尺寸和几何技术规范标准化技术委员会. 产品几何技术规范（GPS） 极限与配合 第 1 部分：公差、偏差和配合的基础：GB/T 1800.1—2009 [S]. 北京：中国标准出版社，2009.

[8] 全国产品尺寸和几何技术规范标准化技术委员会. 产品几何技术规范（GPS） 极限与配合 第 2 部分：标准公差等级和孔、轴极限偏差表：GB/T 1800.2—2009 [S]. 北京：中国标准出版社，2009.

[9] 全国产品尺寸和几何技术规范标准化技术委员会. 产品几何技术规范（GPS） 极限与配合 公差带和配合的选择：GB/T 1801—2009 [S]. 北京：中国标准出版社，2009.

[10] 全国产品尺寸和几何技术规范标准化技术委员会. 一般公差 未注公差的线性和角度尺寸的公差：GB/T 1804—2000 [S]. 北京：中国标准出版社，2000.

[11] 全国量具量仪标准化技术委员会. 几何量技术规范（GPS） 长度标准 量块：GB/T 6093—2001 [S]. 北京：中国标准出版社，2004.

[12] 全国产品尺寸和几何技术规范标准化技术委员会. 产品几何技术规范（GPS） 几何公差形状、方向、位置和跳动公差标注：GB/T 1182—2008 [S]. 北京：中国标准出版社，2008.

[13] 全国产品尺寸和几何技术规范标准化技术委员会. 产品几何技术规范（GPS） 公差原则：GB/T 4249—2009 [S]. 北京：中国标准出版社，2009.

[14] 全国产品尺寸和几何技术规范标准化技术委员. 产品几何技术规范（GPS） 几何公差 最大实体要求、最小实体要求和可逆要求：GB/T 16671—2009 [S]. 北京：中国标准出版社，2009.

[15] 全国产品几何技术规范标准化技术委员会. 产品几何技术规范（GPS） 几何公差 检测与验证：GB/T 1958—2017 [S]. 北京：中国标准出版社，2017.

[16] 全国产品尺寸和几何技术规范标准化技术委员会. 产品几何技术规范（GPS） 表面结构 轮廓法 表面粗糙度参数及其数值：GB/T 1031—2009 [S]. 北京：中国标准出版社，2009.

[17] 全国产品尺寸和几何技术规范标准化技术委员会. 产品几何技术规范（GPS） 技术产品文件中表面结构的表示法：GB/T 131—2006 [S]. 北京：中国标准出版社，2007.

[18] 全国产品尺寸和几何技术规范标准化技术委员会. 产品几何技术规范（GPS） 表面结构轮廓法 术语、定义及表面结构参数：GB/T 3505—2009 [S]. 北京：中国标准出版社，2009.

[19] 全国产品尺寸和几何技术规范标准化技术委员会. 产品几何技术规范（GPS） 表面结构轮廓法 评定表面结构的规则和方法：GB/T 10610—2009 [S]. 北京：中国标准出版社，2009.

[20] 全国产品尺寸和几何技术规范标准化技术委员会. 产品几何技术规范（GPS） 光滑工件尺寸的检验：GB/T 3177—2009 [S]. 北京：中国标准出版社，2009.

[21] 全国量具量仪标准化技术委员. 光滑极限量规 技术条件：GB/T 1957—2006 [S]. 北京：中国标准出版社，2006.

[22] 全国滚动轴承标准化技术委员会. 滚动轴承 向心轴承 公差：GB/T 307.1—2005 [S]. 北京：中国标准出版社，2005.

[23] 全国滚动轴承标准化技术委员会．滚动轴承　测量和检验的原则及方法：GB/T 307.2—2005 [S]. 北京：中国标准出版社，2005.

[24] 全国滚动轴承标准化技术委员会. 滚动轴承　通用技术规则：GB/T 307.3—2017 [S]. 北京：中国标准出版社，2017.

[25] 全国滚动轴承标准化技术委员会. 滚动轴承　配合：GB/T 275—2015 [S]. 北京：中国标准出版社，2015.

[26] 全国滚动轴承标准化技术委员会. 滚动轴承　游隙　第1部分：向心轴承的径向游隙：GB/T 4604.1—2012 [S]. 北京：中国标准出版社，2013.

[27] 全国产品尺寸和几何技术规范标准化技术委员会. 尺寸链　计算方法：GB/T 5847—2004 [S]. 北京：中国标准出版社，2005.

[28] 全国产品尺寸和几何技术规范标准化技术委员会. 产品几何量技术规范（GPS）　圆锥公差：GB/T 11334—2005 [S]. 北京：中国标准出版社，2005.

[29] 全国产品尺寸和几何技术规范标准化技术委员会. 产品几何量技术规范（GPS）　圆锥配合：GB/T 12360—2005 [S]. 北京：中国标准出版社，2005.

[30] 全国螺纹标准化技术委员会. 螺纹　术语：GB/T 14791—2013 [S]. 北京：中国标准出版社，2013.

[31] 全国螺纹标准化技术委员会. 普通螺纹　公差：GB/T 197—2003 [S]. 北京：中国标准出版社，2004.

[32] 全国机器轴与附件标准化技术委员会. 平键　键槽的剖面尺寸：GB/T 1095—2003 [S]. 北京：中国标准出版社，2004.

[33] 全国机器轴与附件标准化技术委员会. 花键基本术语：GB/T 15758—2008 [S]. 北京：中国标准出版社，2009.

[34] 全国机器轴与附件标准化技术委员会. 矩形花键尺寸、公差和检验：GB/T 1144—2001 [S]. 北京：中国标准出版社，2002.

[35] 全国齿轮标准化技术委员会. 圆柱齿轮 精度制　第1部分：轮齿同侧齿面偏差的定义和允许值：GB/T 10095.1—2008 [S]. 北京：中国标准出版社，2008.

[36] 全国齿轮标准化技术委员会. 圆柱齿轮　精度制　第2部分：径向综合偏差与径向跳动的定义和允许值：GB/T 10095.2—2008 [S]. 北京：中国标准出版社，2008.

[37] 全国齿轮标准化技术委员会. 圆柱齿轮　检验实施规范　第1部分：轮齿同侧齿面的检验：GB/Z 18620.1—2008 [S]. 北京：中国标准出版社，2008.

[38] 全国齿轮标准化技术委员会. 圆柱齿轮　检验实施规范　第2部分：径向综合偏差、径向跳动、齿厚和侧隙的检验：GB/Z 18620.2—2008 [S]. 北京：中国标准出版社，2008.

[39] 全国齿轮标准化技术委员会. 圆柱齿轮　检验实施规范　第3部分：齿轮坯、轴中心距和轴线平行度的检验：GB/Z 18620.3—2008 [S]. 北京：中国标准出版社，2008.

[40] 全国齿轮标准化技术委员会. 圆柱齿轮　检验实施规范　第4部分：表面结构和轮齿接触斑点的检验：GB/Z 18620.4—2008 [S]. 北京：中国标准出版社，2008.

[illegible]